U0193302

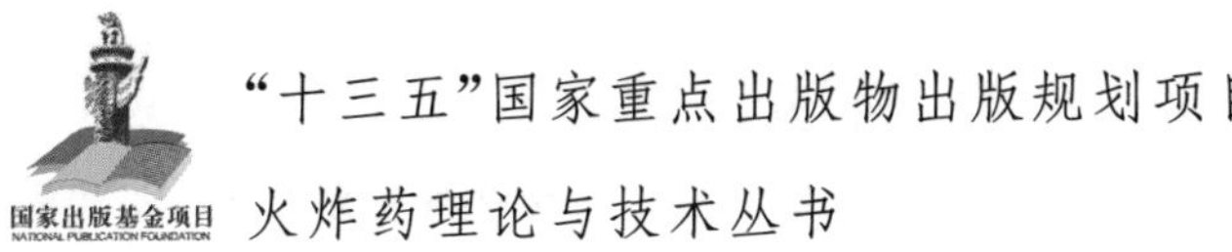

“十三五”国家重点出版物出版规划项目

火炸药理论与技术丛书

含能黏合剂化学与工艺学

罗运军　葛　震　著

国防工業出版社

·北京·

内 容 简 介

本书为国家出版基金项目、“十三五”国家重点出版物出版规划项目“火炸药理论与技术丛书”之一。本书介绍了含能黏合剂的性能、制备化学原理和工艺方法。重点阐述了含能黏合剂单体、热塑性含能黏合剂、含能预聚物、热固性含能黏合剂以及硝化纤维素的合成与制备工艺技术，同时注重了具有潜在应用价值新型含能黏合剂的介绍，使读者能够全方面了解含能黏合剂国内外最新发展动态。

本书可作为高等院校含能材料专业和弹药专业的教材，也可作为火炸药技术人员的参考书。

图书在版编目(CIP)数据

含能黏合剂化学与工艺学 / 罗运军，葛震著.
—北京：国防工业出版社，2020.4
(火炸药理论与技术丛书)
ISBN 978-7-118-11840-7

Ⅰ.①含…　Ⅱ.①罗…②葛…　Ⅲ.①胶粘剂-研究
Ⅳ.①TQ430.7

中国版本图书馆 CIP 数据核字(2020)第 060596 号

※

国防工业出版社 出版发行
(北京市海淀区紫竹院南路 23 号　邮政编码 100048)
北京龙世杰印刷有限公司印刷
新华书店经售

*

开本 710×1000　1/16　**印张** 19　**字数** 380 千字
2020 年 4 月第 1 版第 1 次印刷　**印数** 1—2 000 册　**定价** 98.00 元

(本书如有印装错误，我社负责调换)

国防书店：(010)88540777　发行邮购：(010)88540776
发行传真：(010)88540755　发行业务：(010)88540717

总序

国防与安全为国家生存之基。国防现代化是国家发展与强大的保障。火炸药始于中国，它催生了世界热兵器时代的到来。火炸药作为武器发射、推进、毁伤等的动力和能源，是各类武器装备共同需求的技术和产品，在现在和可预见的未来，仍然不可替代。火炸药科学技术已成为我国国防建设的基础学科和武器装备发展的关键技术之一。同时，火炸药又是军民通用产品（工业炸药及民用爆破器材等），直接服务于国民经济建设和发展。

经过几十年的不懈努力，我国已形成火炸药研发、工业生产、人才培养等方面较完备的体系。当前，世界新军事变革的发展及我国国防和军队建设的全面推进，都对我国火炸药行业提出了更高的要求。近年来，国家对火炸药行业予以高度关注和大力支持，许多科研成果成功应用，产生了许多新技术和新知识，大大促进了火炸药行业的创新与发展。

国防工业出版社组织国内火炸药领域有关专家编写“火炸药理论与技术丛书”，就是在总结和梳理科研成果形成的新知识、新方法，对原有的知识体系进行更新和加强，这很有必要也很及时。

本丛书按照火炸药能源材料的本质属性与共性特点，从能量状态、能量释放过程与控制方法、制备加工工艺、性能表征与评价、安全技术、环境治理等方面，对知识体系进行了新的构建，使其更具有知识新颖性、技术先进性、体系完整性和发展可持续性。丛书的出版对火炸药领域新一代人才培养很有意义，对火炸药领域的专业技术人员具有重要的参考价值。

张维民，原国防科学技术工业委员会副主任。

前言

黏合剂是火炸药的重要组成部分，它是火炸药的基体和骨架，只有在它的作用下，火炸药中其他组分才能够黏结在一起；同时，它又决定着火炸药的主要性能(如能量性能、力学性能、燃烧性能或爆炸性能等)及成型加工工艺。提高能量始终是火炸药研究的重要目标之一，而将含能黏合剂应用于火炸药中是提高其能量水平的重要技术途径。含能黏合剂不仅能起到惰性黏合剂在武器推进及毁伤系统中的功能，而且其本身还携带着不同程度的能量单元。与传统的惰性黏合剂相比，含能黏合剂的密度比较大，使得武器系统在相同的体积情况下可以携带更多的火炸药，进而使推进剂取得更大的比冲、炸药具备更高的毁伤效能。而且由于其具有较高的能量，又可使混合炸药保持性能不变的同时减少含能固体填料量。另外，一些含能黏合剂(如 GAP 等)还可降低炸药中硝酸酯增塑剂及含能固体填料的感度。含能黏合剂是武器系统远程精确打击、高效毁伤的重要技术支撑，将会极大地推动武器装备的发展，提高火炸药的威力，现已成为高性能火炸药研究领域的前沿和热点。

20 世纪 80 年代以来，我国含能黏合剂科研和生产有了长足的发展，结合科研和教学的成果，本书系统介绍了含能黏合剂的基本概念、含能黏合剂的单体及其合成、含能预聚物的合成方法、热固性含能黏合剂的制备工艺方法、热塑性含能黏合剂的合成、硝化纤维素的生产工艺，并且对近年来研制的新型含能黏合剂及其发展趋势也进行了综合论述。本书对新型火炸药的研究具有重要参考价值。

本书可作为高等院校有关专业的教科书和研究生的参考书，也可供从事火炸药、含能功能材料助剂科研和生产的工程技术人员参考。

本书第 1、2、3、5 章由罗运军撰写，第 4、6 章由葛震撰写。编写过程中，还得到了张在娟、王刚、毛科铸、李雅津等人的帮助和支持，在此一并表示感谢。限于作者水平所限，书中不足之处在所难免，敬请读者批评指正。

目录

01 第1章 绪论

1.1 概述

火炸药是陆军、海军、空军、火箭军各类武器完成发射、推进和毁伤的能源材料，火炸药的性能与武器的性能密切相关，是决定武器威力、精度和射程的关键技术。现代武器的发展历史表明，武器重大技术的发展和新武器的形成，无不依赖于火炸药技术的进步。面向新时期，未来战争对火炸药提出了除具备应有的高能量外，还应具有耐热、不敏感等特性的要求。从火炸药的发展来看，推动其进步的原动力始终是新材料，包括新型黏合剂、高能密度化合物、含能增塑剂、新型金属燃烧剂等，在这些材料中，黏合剂始终占据重要的地位。设计并合成出新型黏合剂是实现火炸药上述综合性能提升的重要途径之一。黏合剂是发射药、固体推进剂、高聚物粘结炸药(PBX 炸药)炸药等火炸药的重要组成部分，是其基体和骨架，只有在它的作用下，发射药、固体推进剂、PBX 炸药中的其他组分才能够黏结在一起，从而使其保持一定的几何形状和良好的力学性能。此外，它还能提供给发射药、固体推进剂、混合炸药等燃烧和爆炸所需的碳、氢、氧等元素。黏合剂的性质既对发射药、固体推进剂、PBX 炸药的各种主要性能(如能量性能、力学性能、储存性能、燃烧性能等)有着重要的影响，又决定了它们的成型加工工艺。

黏合剂技术一直被认为是推动整个火炸药发展的关键技术之一。尤其在固体推进剂中，黏合剂被认为是固体推进剂的“心脏”，是固体推进剂更新换代的标志。提高黏合剂的性能对新型火炸药的研制具有重要意义。为此，不断提出新概念，合成各种新型聚合物，就成为含能材料领域的前沿和研究热点。随着高分子合成技术的发展，人们开始将一些合成高分子用作火炸药的黏合剂，从而产生了复合固体推进剂和 PBX 炸药。

提高能量始终是含能材料研究的重要目标之一，将含能基团引入到聚合物中形成含能聚合物成为世界各国含能材料工作者的研究热点。含能聚合物不仅能起到惰性聚合物在含能材料中的功能，而且其本身还携带着不同程度的能量单元。与传统的惰性黏合剂相比，含能聚合物黏合剂的密度一般比较大，使得武器系统在体积相同的情况下可以携带更多的含能材料，进而使武器系统具备更远的射程、更快的推进速度、更高的毁伤效能。

含能材料中最早使用的含能聚合物是硝化纤维素，其在发射药和固体推进剂发展的最初阶段发挥了重要作用，目前仍然是发射药和双基推进剂的主要黏合剂。但是随着现代武器装备的不断发展，对火炸药的性能(尤其是能量性能)要求也越来越高。针对发射药和推进剂的高能量要求，新型发射药和固体推进剂应运而生。在单基和双基发射药的基础上，为了提高能量，不断加入高能固体填料，如黑索今(RDX)、奥克托今(HMX)等高能炸药，但发射药的强度，尤其是低温力学强度大幅度降低，制约了一些高能发射药的应用，就需要发展与 RDX、HMX 具有良好黏结性能的新型黏合剂。与以硝化棉为黏合剂的双基和改性双基推进剂相比，复合推进剂可以引入更高能量的高能添加剂以及氧化剂，从而使推进剂的能量水平大幅度提高。复合推进剂发展历程中所用的黏合剂主要有聚硫橡胶、聚氯乙烯、聚氨酯和聚丁二烯(HTPB)等，其中，HTPB 因其良好的力学性能和相容性，目前仍在广泛使用，近来又发展了能量水平更高的以聚乙二醇(DEG)、环氧乙烷一四氢呋喃无规共聚醚(PET)为黏合剂的 NEPE 推进剂；目前的 PBX 炸药也主要以 HTPB 为黏合剂。但 HTPB 和 PEG、PET 都属于惰性黏合剂，不利于进一步提高固体推进剂的能量，因此迫切需要发展能量水平更高的新型黏合剂。

20 世纪 50 年代中期，国内外都试图在已有聚合物的分子链上引入含能基团，如硝酸酯基($—ONO_2$)、硝基($—NO_2$)、硝胺基($—NNO_2$)、叠氮基($—N_3$)、二氟氨基($—NF_2$)和氟二硝基($—CF(NO_2)_2$)等，更为复杂的研究还包括在聚合物主链或侧链中引入氧化剂和金属燃烧剂。所有这些工作，或是由于相容性问题，或是因为含能基团的化学安定性问题，或是因为得率低、原材料价格昂贵以及难以接受的力学/流变性能等原因，不得不中途停止或者放弃。

直至 20 世纪 70 年代后期，Frankel 等人发现单叠氮环烷烃和 2,2 -双(叠氮甲基)环丙烷有着良好的撞击感度，具有类似结构的叠氮类含能聚合物才重新引起人们的重视，并得到了迅速发展。以聚叠氮缩水甘油醚(GAP)、聚 3,3 -双(叠氮甲基)环氧丁环-四氢呋喃共聚醚(BAMO/THF)等为代表的叠氮含能黏合剂，现已成为世界各国竞相研究和发展的高能、钝感且与环境友好的重要含能材料。

含能黏合剂是黏合剂发展的方向，也是目前研究的前沿和热点。本书将主要对含能黏合剂的合成化学和工艺进行介绍。

1.2 含能黏合剂的定义与分类

1.2.1 含能黏合剂的定义

含能黏合剂是一种分子链上带有大量含能基团的聚合物，也称为含能聚合物。这些含能基团主要包括—C—O—NO_2、—C—NO_2、—N—NO_2、—C—N_3和—C—NF_2等，它们最显著的特点是燃烧时能够释放出大量的热，并生成大量低相对分子质量气体，从而提高火炸药的燃烧热和做功能力。表 1-1 列出了几种典型含能基团的生成热数据。在这些含能基团中，生成热最高的是叠氮基团，每个—N_3基团具有高达 355kJ/mol 的生成热。因此叠氮类聚合物是目前研究最多的含能聚合物，也是最具应用前景的含能聚合物。

表 1-1　含能基团的生成热

基团	生成热/(kJ·mol^{-1})
—C—O—NO_2	-81.2
—C—NO_2	-66.2
—N—NO_2	74.5
—C—N_3	355.0
—C—NF_2	-32.7

1.2.2 含能聚合物的分类

1. 按使用功能分类

按照含能聚合物在火炸药中的使用功能和存在形式，可将其分为用作含能黏合剂的含能聚合物、用作含能材料功能助剂的含能聚合物和用作硝胺炸药包覆材料的含能聚合物等。

1) 用作含能黏合剂的含能聚合物

火炸药的含能黏合剂主要有两种：热固性含能黏合剂(热固性弹性体，化学交联弹性体)和热塑性含能黏合剂(热塑性弹性体，物理交联弹性体)。热固性弹性体是将带有末端双官能团的含能预聚物与固化剂(如异氰酸酯或环氧化合物)发生固化交联化学反应，生成三维网络结构，该网络结构不能溶解和熔融。热塑性弹性体是由硬链段和软链段形成的三嵌段共聚物或多嵌段共聚物。硬链段一般是结晶性含能高分子链或玻璃化转变温度高于室温的含能高分子链，而软链段则是玻璃化转变温度低于室温的高分子链。热塑性弹性体可以溶解和熔融，能热塑成型加工，加工周期短，便于大规模生产。

2）用作含能材料功能助剂的含能聚合物

在发射药、固体推进剂和混合炸药配方组成中，除了黏合剂、氧化剂、金属燃料等主要组分外，还包括增塑剂、固化剂等功能助剂。随着对火炸药能量的要求不断提高，对于这些功能助剂的研制也更加注重其能量特性。

含能预聚物可以用作增塑剂，并且可以解决普通小分子增塑剂的析出问题。一方面，含能预聚物与黏合剂具有相似的单元结构，因而具有良好的相容性；另一方面，含能预聚物与小分子增塑剂相比，具有更高的相对分子质量，不易从黏合剂基体中析出。含能预聚物还可以用作固化剂，该类预聚物带有含能基团，并与黏合剂具有良好的相容性。

3）用作硝胺炸药包覆材料的含能聚合物

硝胺类化合物在具有高能量、高密度的同时，也具有高感度，使其在生产、运输、储存和使用中都具有较高的危险性。另外，硝胺炸药作为非补强型固体颗粒在火炸药的应用中，由于其特殊的表面性质，火炸药受到一定载荷作用时，硝胺颗粒易与黏合剂基体剥离，产生“脱湿”现象，对火炸药的力学性能、燃烧性能与爆炸性能和储存十分不利。

对硝胺类炸药进行包覆，可以防止“脱湿”，也可以降低炸药感度。含能聚合物具有优良的力学性能，与火炸药中黏合剂组分有较好的相容性，是硝胺类炸药理想的包覆降感材料。

2. 按使用性质分类

从黏合剂的使用性质来看，可将其分为发射药用黏合剂、推进剂用黏合剂、混合炸药用黏合剂。发射药目前主要采用压伸成型工艺，所用黏合剂主要是热塑性黏合剂，用得最多的是硝化纤维素，新型发射药的研究中已开始使用含能热塑性弹性体。推进剂既可用压伸成型工艺，也可用浇注成型工艺，因此采用的含能黏合剂既有热固性含能黏合剂，也有热塑性含能黏合剂，推进剂中的黏合剂比发射药和炸药中的黏合剂显得更为重要。在浇铸型 PBX 炸药中使用热固性含能黏合剂，在压装药中使用热塑性含能黏合剂。不同应用中，对含能黏合剂的相对分子质量要求也是不一样的。

3. 按组成结构分类

含能黏合剂按照其分子结构中所具有的含能基团的种类不同，可分为叠氮类含能聚合物、硝酸酯类含能聚合物、硝基类含能聚合物、硝胺类含能聚合物和二氟氨基类含能聚合物等。随着聚合物合成技术的发展，目前出现了一些在同一分子链上具有两种不同含能基团的含能聚合物。下面分别加以介绍。

1)叠氮类含能聚合物

叠氮类含能聚合物是指含有叠氮基(—N_3)的聚合物，它是目前研究最多的含能聚合物之一。由于叠氮基团能量高，其热分解先于主链且独立进行，故不仅能增加含能材料的能量，而且能起到加速含能材料分解的作用。代表性的叠氮类含能聚合物主要有聚叠氮缩水甘油醚(GAP)、基于3,3-二叠氮甲基氧丁环(BAMO)以及3-叠氮甲基-3-甲基氧丁环(AMMO)单体的均聚物和共聚物。聚叠氮缩水甘油醚根据其结构不同又可分为均聚聚叠氮缩水甘油醚(H-GAP)、共聚聚叠氮缩水甘油醚(C-GAP，如与THF共聚)、支化聚叠氮缩水甘油醚(B-GAP)、改性聚叠氮缩水甘油醚(G-GAP，如端基改性的GAP)。叠氮类含能聚合物含有生成热为355kJ/mol的叠氮侧基，将其应用于发射药及推进剂时发现，它不仅能够提高发射药和推进剂的能量，还可以加速它们的分解，降低燃温，减少对身管武器的烧蚀。最早研究的叠氮类含能聚合物是GAP，在20世纪90年代形成了GAP的研究高潮，目前的重点是应用及改性研究。叠氮类含能聚合物是一类性能较优异的黏合剂(炸药中有时称为黏结剂)，代表性的叠氮类含能聚合物的基本性能参数见表1-2。由表1-2可以看出，叠氮类含能聚合物的密度比普通HTPB的密度(0.91 g/cm^3)高16%以上，生成热更高，热安定性好，氧平衡系数高，机械感度低，而且叠氮基含能聚合物与硝酸酯增塑剂如(NG和DEGDNN等)相容性好，并可降低硝酸酯的冲击感度。目前，美国、法国、德国、俄罗斯、日本等国都相继开展了GAP等叠氮类含能聚合物的合成以及在发射药、固体推进剂和混合炸药中的应用研究。

表1-2 叠氮类含能聚合物的基本性能参数

基本参数	HTPB	GAP	PAMMO	PBAMO
单体的化学式	C_4H_6	$C_3H_5ON_3$	$C_5H_9ON_3$	$C_5H_8ON_6$
生成热/(kJ·mol^{-1})	-1.05	154.6	43.0	406.8
密度/(g·cm^{-3})	0.91	1.30	1.06	1.30
玻璃化转变温度 T_g/℃	-83	-45	-55	-39
氧平衡/%	-325.5	-121.1	-169.9	-123.7

2）硝酸酯类含能聚合物

硝酸酯类含能聚合物是指含有硝酸酯基（$—ONO_2$）的聚合物。硝化纤维素是一类典型的硝酸酯类含能聚合物，由天然纤维素经硝化改性而来。目前国内外研究较多的硝酸酯类含能聚合物主要是聚缩水甘油醚硝酸酯（PGLYN 或 PGN）和聚 3-硝酸酯甲基-3-甲基氧丁烷（PNIMMO），其相关性能见表 1-3。PGLYN 是一种高能低感度的含能黏合剂，它与硝酸酯有很好的相容性，且含氧量高，可大大改善发射药和固体推进剂燃烧过程中的氧平衡，燃气也较为洁净。以 PGLYN 为黏合剂的推进剂可少用或不用感度高的硝酸酯增塑剂，从而降低发射药和推进剂的感度，提高其使用安全性。PNIMMO 是美国重点研究的一种含能聚合物，他们认为 PNIMMO 对由其组成的发射药或推进剂的能量和氧平衡都有贡献。

表 1-3　PNIMMO 和 PGLYN 的性能参数

聚合物	密度/($g \cdot cm^{-3}$)	黏度/($Pa \cdot s$)	T_g/℃	分解温度/℃	官能度	生成热/($kJ \cdot mol^{-1}$)
PNIMMO	1.26	135.0	-25	229	2～3	-309
PGLYN	1.42	16.3	-35	222	2～3	-284

注：PNIMMO、PGLYN 的数均相对分子质量分别为 2000～5000、1000～3000，黏度测试温度为 30℃。

3）硝基类含能聚合物

硝基类含能聚合物是指含有硝基基团（$—NO_2$）的聚合物，典型的代表有多硝基苯撑聚合物（PNP）、硝基聚醚和聚丙烯酸偕二硝基丙酯（PDNPA）等。PNP 是一种耐热无定型聚合物，其相对分子质量一般在 2000 左右，故可以作为耐高温火炸药的含能黏合剂使用。1987 年，德国 Nobel 化学公司的 Redecker 等人为配合无壳弹的研究，在开发耐热高分子含能黏合剂的过程中，首次成功地合成了 PNP，并且在 G11 无壳枪弹系统中获得了实际应用。之后我国的甘孝贤等人也对 PNP 的合成进行了探索。PNP 的基本性能见表 1-4。徐羽梧等人则合成了一系列硝基聚醚，并对其性质进行了研究，结果发现合成出的硝基聚醚的玻璃化转变温度为 -50℃ 和 -13℃，分解温度为 165℃ 和 191℃。近来，张公正等人以丙烯酸偕二硝基丙酯为单体，偶氮二异丁腈为引发剂，甲苯为溶剂，采用溶液聚合的方法合成了含能聚合物 PDNPA，并对其结构和物理性能进行了表征。DSC 和 VST 测试结果表明，PDNPA 的热分解温度为 252.8℃，放气量 0.06ml/g，是较稳定的含能聚合物。

表1-4 PNP的性能参数

外观	爆发点/℃	起始分解温度/℃	最大分解温度/℃	撞击感度/%	摩擦感度/%
黄褐色固体	320.65	279	317	80 (10kg，25cm)	96 (3.92MPa，90°)

4）硝胺类含能聚合物

硝胺类含能聚合物一般是将硝胺基团（—N—NO_2）作为含能基团引入到聚合物分子链中所形成的聚合物。硝胺基团的热稳定性好，利用甲撑基团嵌入到重复链单元中，可使醚键和硝胺基团分离或把硝胺基团连接在聚合物侧链上，从而减少硝胺对醚键的影响，形成稳定的聚合物。国内外已经合成了多种硝胺类含能聚合物，如聚乙二醇-4,7-二硝基氮杂癸二酸酯（DNDE）和聚1,2-环氧-4-硝基氮杂戊烷（PP4）等，准备在交联改性双基推进剂中替代聚己二酸乙二醇酯。DNDE和PP4都是热稳定性好的含能聚合物，它们与硝基增塑剂相容，感度小，其主要性能参数见表1-5。

表1-5 DNDE和PP4的性能参数

聚合物	起始分解温度/℃	生成热(J·g^{-1})	密度/(g·cm^{-3})
DNDE	230	-353.3	1.46
PP4	223.5	-306.6	1.36

Hani等人通过熔融聚合法合成了一种具有低玻璃化转变温度、低黏度和耐水解的硝胺聚醚，其结构式如下：

$$\left\{ [CH_2\underset{NO_2}{\underset{|}{N}}CH_2(CH_2)_m\underset{NO_2}{\underset{|}{N}}CH_2]_x[CH_2\underset{NO_2}{\underset{|}{N}}(CH_2)_n\underset{NO_2}{\underset{|}{N}}(CH_2)_q\underset{NO_2}{\underset{|}{N}}CH_2]_y(ORO)_o] \right\}_p$$

其中，R =—$CH_2CH_2OCH_2CH_2$—，x 为0～1，y 为0～1，o 为0～1，p 为2～20，q 为1或2，m 为2～4。

这种聚合物由于分子主链和侧链上都含有氮原子，因此具有高能量，可作为高能固体推进剂的黏合剂。合成出的硝胺聚醚的官能度接近于2，玻璃化转变温度为-18°C，通过控制单体的比例可合成出相对分子质量为500～10000的聚合物。

5）二氟氨基类含能聚合物

二氟氨基类含能聚合物是指分子结构上含有—NF_2的聚合物。它的密度较其他含能聚合物大，能量更高，已成为国内外含能材料工作者竞相研究的新型含能聚合物。典型的二氟氨基类含能聚合物有3-二氟氨基甲基-3-甲基环氧丁烷(DFAMO)和3,3-双(二氟氨基甲基)环氧丁烷(BDFAO)的均聚物和共聚物，其主要性质见表1-6。二氟氨基类含能聚合物由于结构中含有—NF_2基团，在燃烧过程中生成的气体产物HF相对分子质量低，生成热高，非常有利于提高火炸药的能量水平(爆热、爆速、爆压和比冲)，而且分子中的氟以氧化剂的形式出现，不需要添加外部氧化剂即可完成氧化过程并释放出能量，因此二氟氨基类含能聚合物既能起到燃烧剂的作用，又能起到氧化剂的作用。尤其是二氟氨基类含能聚合物能够非常有效地提高冲压发动机使用的富燃料推进剂中硼和铝的燃烧效率，从而满足冲压发动机对推进剂的高能量要求。

表1-6 DFAMO和BDFAO均聚物和共聚物的性能参数

	DFAMO 均聚物	BDFAO 均聚物	DFAMO/BDFAO 共聚物
外观	液态	固态	液态
M_w(GPC)	18300	4125	21000
分散度	1.48	1.32	1.76
T_g/℃	-21	130.78	
起始分解峰(DSC)/℃	191.3	210	191.7
最大分解峰(DSC)/℃	230.7	222.3	219.8

6）具有两种或两种以上含能基团的含能聚合物

为了进一步提高含能聚合物的综合性能(如提高能量、改善力学性能、增加氧平衡或与含能增塑剂的相容性等)，含能材料研究者们设计并合成了具有两种或两种以上含能基团的含能聚合物，这类聚合物可以是含有不同含能基团的含能单体共聚形成的共聚物，也可以是由一种含有两种以上含能基团含能单体均聚成的均聚物。对于前一种含能聚合物主要有BAMO-NMMO，Kimura等人合成了BAMO-NMMO共聚物，该共聚物性质为：数均相对分子质量为3160，热分解温度有两个，分别对应于BAMO链段的261℃和NMMO链段的224℃，撞击感度H_{50}为24～44cm，摩擦感度为352.8N。对于后一种含能聚合物主要是3-叠氮甲基-3-硝酸酯甲基环氧丁烷(AMNMO)均聚物，Manser等人首先合成出了具有叠氮基和硝酸酯基单体AMNMO，之后通过阳离子开环聚合，制备出了PAMNMO。国内甘孝贤等人也以三氟化硼乙醚络合物和1,4-丁二醇为引发体系合成了AMNMO的聚合物。通过研究发现，AMNMO的聚合物与硝酸酯增塑剂有着良好的物理混溶性，合成出的PAMNMO数均相对分子质量为3000

~5000，常温下为液态，最大分解温度为 213.6℃，玻璃化转变温度为 -46.7℃，生成焓为 1976J/g，感度较低。这表明 PAMNMO 是一种具有极大潜力的新型含能聚合物。

除以上的分类外，根据分子结构（或官能度）的不同还可分为线型含能聚合物和支化含能聚合物。

1.3 含能黏合剂的发展简史

自 1850 年硝化纤维素（NC）用于炸药之后，聚合物在火炸药的研制中发挥了重要作用。除了 NC 外，许多聚合物可作为黏合剂广泛应用于火炸药中。近年来随着复合推进剂和高聚物粘结炸药的发展，研究了多种可作为黏合剂的聚合物，尤其是含能聚合物发展迅速，以满足火炸药钝感、高能的要求。

聚合物用作黏合剂的发展历程如图 1-1 所示。

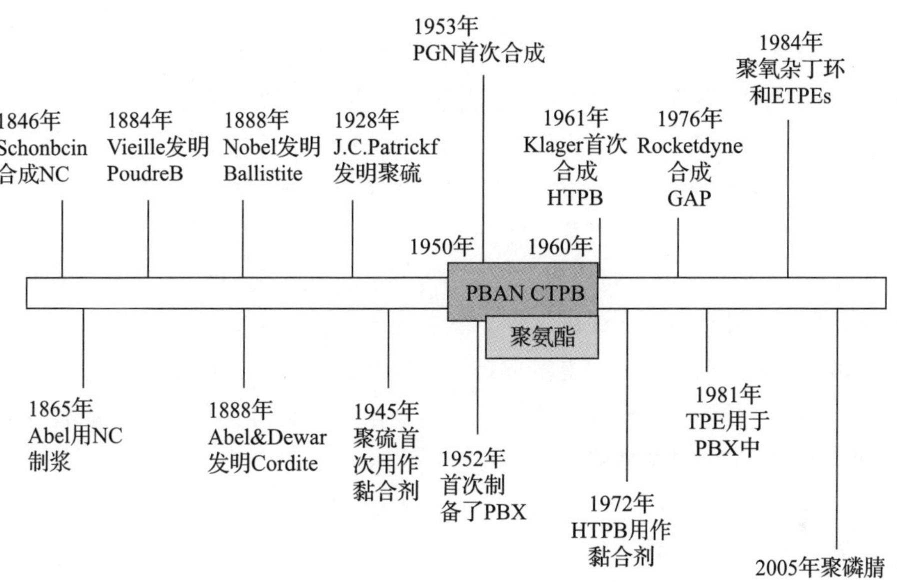

图 1-1 聚合物用作黏合剂的发展历程示意图

1.4 含能黏合剂的性能特点

含能聚合物作为一类含能材料，主要以黏合剂、增塑剂等形式用于枪炮发射药、固体推进剂、高聚物粘结炸药（PBX）以及火工烟火药剂中。含能聚合物作为火炸药黏合剂使用的形式主要有两种：热固性弹性体(化学交联弹性体)和热塑性弹性体(物理交联弹性体)。火炸药中若采用含能热塑性弹性体作为黏合剂具有如下优点：由于含能热塑性弹性体具有良好的力学性能，可改善发射药、推进剂、混合炸药的加工性能；可以在发射药、推进剂、混合炸药中减少含能固体填料含量，且热塑性弹性体能吸收外界冲击能，降低发射药、推进剂、混合炸药的撞击感度；在制备发射药、推进剂、混合炸药时可不需使用溶剂(环境友好)；不需在配方中引入含能增塑剂(使加工和储存的安全性得到提高)；同时以含能热塑性弹性体为黏合剂制造的发射药、推进剂、混合炸药的储存不受环境中的水汽影响；适应压伸成型工艺要求，能够实现发射药、推进剂、混合炸药的连续化、规模化生产；加热可以塑化，使发射药、推进剂、混合炸药能够回收再利用，具有绿色含能材料的特征。因此，国内外学者认为含能热塑性弹性体是未来火炸药用黏合剂的主流。

含能聚合物作为含能增塑剂、热固性和热塑性火炸药黏合剂体系的原料使用时，根据性能调节和成型工艺的需要，对含能预聚物的性能提出了以下要求：

(1)在 -50～120℃保持良好的化学稳定性。具有良好的化学稳定性是含能聚合物应用的前提条件，火炸药的使用温度往往在 -50～70℃，而成型加工时，其受热温度可达 120℃。此时，作为火炸药成分的含能预聚物，必须在 -50～120℃保持良好的化学稳定性；否则，会带来其在合成、加工、储存及使用的不安全性。

(2)室温下为可流动的液体。含能预聚物作为火炸药的黏合剂，当采用浇注成型工艺时，必须在较低的黏度下才能加入大量固体填料；作为合成弹性体的中间体使用时，也需要其在室温下最好保持液态，以增加反应物之间的碰撞机会，合成出性能优异的含能热塑性弹性体；作为增塑剂使用时，更要求是可流动的液体，以实现增塑性能和良好的工艺性能。

(3)玻璃化转变温度低于 -40℃。较低的玻璃化转变温度是使推进剂具有良好力学性能的前提条件。玻璃化转变温度过高，在较低温度时火炸药处于玻璃态，其低温延伸率将大幅度降低，难以满足武器对火炸药低温力学性能的要求。

(4)与硝酸酯增塑剂及固体填料的相容性好。相容性是评价火炸药储存安定性与使用可靠性的一项重要指标，也是评价火炸药在设计、生产和储存过程中有无潜在危险性的重要依据。由于含能预聚物本身的结构和性能特征，当其使用时可能会存在与火炸药其他组分相容性差的缺陷，进而导致火炸药的性能变差，如工艺安全性、长储性能、使用性能等。因此，在含能预聚物的设计和合成过程中，应充分考虑其与火炸药组分的相容性的问题，这将直接影响其在火炸药中的应用。

(5)相对分子质量可控、分布窄，重现性好。相对分子质量及其分布对含能预聚物及其交联网络的性能有重要影响。相对分子质量可控可以满足不同推进剂网络结构调节的需要，窄的相对分子质量分布是能够使热固性推进剂具有批次间重复性好及含能热塑性弹性体性能一致性的重要保证。

(6)一定的生产安全性。安全生产是含能聚合物实现应用的基础。在含能聚合物的合成中，有些含能单体的感度很高，给直接聚合合成和提纯聚合物带来了很大的安全隐患，不适合于规模化生产，必须寻求安全的合成方法(如使用间接法)以实现工业化。

(7)成本较低，符合经济可承受力。成本有时是制约新型材料实际应用的重要原因之一，只有不断发展新的合成技术及工艺并实现批量生产才能将含能聚合物的制备成本降低，进而实现其应用。

含能热塑性弹性体作为火炸药组成材料之一，主要作为发射药、压伸成型推进剂的黏合剂以及熔铸炸药的黏结剂，与含能预聚物一样，需要满足化学稳定性、相容性、低玻璃化转变温度、生产安全性、低成本等要求。此外，还需要满足如下要求：

(1)较高的相对分子质量。含能热塑性弹性体可以是三嵌段共聚物，也可以是多嵌段共聚物。一般情况下，共聚物的数均相对分子质量需要在 35000 以上时才能具有较好的力学性能。相对分子质量的提高才能带来发射药、推进剂、混合炸药相应性能(如力学性能和加工性能等)的提高。含能聚合物相对分子质量的增加主要还是依赖于不断将新的高分子合成技术应用于含能聚合物的合成中，在深入掌握反应原理的基础上，采用合理的分子设计手段合成出高相对分子质量的含能预聚物和含能热塑性弹性体。含能热塑性弹性体相对分子质量提高可通过以下途径来实现：采用活性顺序聚合法和大分子引发剂法合成含能热塑性弹性体(ETPE)时，选用相对分子质量较高的含能预聚物为 ETPE 链段；采用聚氨酯预聚体法制备 ETPE 时，NCO/OH 尽量接近于 1 及采用小分子二元醇或二元胺进行扩链等。

(2)足够高的能量。在火炸药的实际应用中，无论是用于枪炮武器的发射药还是用于火箭、导弹的推进剂以及各种战斗部的 PBX 炸药，高能量始终是其追求的目标，因此黏合剂的研究也要始终围绕这个目标。如果含能热塑性弹性体的能量与目前应用的惰性热塑性弹性体相比没有大幅度提高，就无法体现出含能热塑性弹性体的优势。在目前已合成的一些含能热塑性弹性体的分子结构中，为了合成和性能调节的需要，往往引入一些非含能分子，如 THF、PEG 或

PET 等，如将这些非含能链段用含能聚合物代替，会使其能量进一步提高。目前合成含能热塑性弹性体的硬链段几乎都是不含能的，合成含能扩链剂是进一步提高含能热塑性弹性体能量的基础。同时为了提高含能热塑性弹性体的能量，在合成过程中也可选择本身具有较高能量的含能预聚物作为反应组分。

(3)优异的力学性能。作为火炸药的黏合剂，含能热塑性弹性体最重要的性能就是力学性能。本质上来讲，黏合剂是火炸药力学性能的基础，其力学性能的优劣对火炸药的力学性能起着决定性的作用，进而会影响火炸药的使用性能(加工性能、储存性能和弹道性能等)。从火炸药的发展过程可以看出，火炸药中许多改性工作都是围绕着能量和力学性能两个方面来进行的，而力学性能决定了火炸药的使用性能，也决定了火炸药的能量性能的控制释放规律。武器装备的发展对火炸药的能量提出了越来越高的要求，其组成中高能固体填充量可高达 80%，此时要使火炸药仍能保持良好的力学性能，就要求作为黏合剂的含能热塑性弹性体具有优异的力学性能。提高含能热塑性弹性体的力学性能主要是从提高相对分子质量和优化设计含能热塑性弹性体的分子序列结构两个方面入手。通常来说，材料相对分子质量增大，其力学性能随之提高。此外，对含能热塑性弹性体分子结构的优化，要求主链的柔顺性好、侧链长度短以及官能度接近于 2。

(4)合适的熔融温度。以含能热塑性弹性体为黏合剂的火炸药往往通过压伸工艺成型。从工艺安全性考虑，加工温度不能太高，但从火炸药的应用角度考虑，需要保证火炸药的高温力学性能，含能热塑性弹性体的熔融温度也不能太低，一般情况下，其熔融温度在 90～120℃ 比较合适。

1.5 含能黏合剂在火炸药中的应用

黏合剂的研究与发展一直是火炸药技术进步的重要推动力。自 20 世纪 70 年代起，以 GAP 为代表的含能聚合物，由于具有高能、钝感及较好良好的力学性能等特性而得到迅速发展，现已成为世界各国竞相研究和发展高性能、钝感且与环境相容的高能量密度材料的重要目标，并且在火炸药领域开展了广泛的应用研究，是研制高能钝感发射药、高能低特征信号固体推进剂以及高性能 PBX 炸药配方中必不可少的关键材料。因此，含能聚合物作为一类新兴的含能材料，其研制和发展对于提高火炸药的能量特性、钝感、降低特征信号，从而实现武器系统的高效毁伤具有重要的作用。本节主要介绍含能聚合物作为含能黏合剂在枪炮发射药、固体推进剂和 PBX 炸药中的应用情况。

1.5.1 在发射药中的应用

发射药是枪炮等身管武器的能源组成部分，发射药的性能对于身管武器的发射威力、射击精度以及使用寿命等具有重要的影响。国内外研究表明，将含能聚合物应用于发射药中，不仅兼具高能和低易损性的特点，而且使发射药的加工性能和力学性能得到改善。目前，含能聚合物主要用于高能高强度发射药和高能低易损发射药的研制。

与传统的硝化棉基发射药相比，以新型含能聚合物，特别是ETPE为黏合剂的发射药具有诸多优点。20世纪80年代以来，美国、德国、加拿大、荷兰、印度等国研究人员尝试将ETPE作为黏合剂引入到发射药的配方之中，并从配方组分、能量性能、力学性能、燃烧性能、工艺可行性等方面探索开展了ETPE基发射药的研究。在发射药中应用较多的ETPE主要有BAMO-THF、BAMO-AMMO和GAP基弹性体。ETPE作为发射药的黏合剂具有如下优点：

(1)由于ETPE具有良好的力学性能，极大地改善了发射药的加工性能；

(2)能够方便地控制燃速；

(3)在制备发射药时不需使用溶剂，具有环境友好的特性；

(4)不需在配方中引入含能增塑剂，从而提高了加工和储存过程中的安全性；

(5)发射药的储存不受环境中水汽的影响；

(6)具有较高的能量和更低的爆温。

在发射药中应用的含能聚合物黏合剂根据其结构主要分为三类：叠氮氧杂环丁烷类，目前研究最多的是3-叠氮甲基-3-甲基氧杂环丁烷与3,3双(叠氮甲基)-氧杂环丁烷的共聚物(AMMO/BAMO)，以及双(乙氧基甲基)-氧杂环丁烷(BEMO)；叠氮缩水甘油醚类，如线型、支化及各类改性的GAP；以及硝酸酯类，如聚缩水甘油硝酸酯(PGLYN)和聚3-硝酸酯甲基-3′-甲基氧杂环丁烷(PNIMMO)。本节重点对GAP、PNIMMO、PBAMO及其共聚物作为含能黏合剂在发射药中的应用进行介绍。

1. GAP基发射药

德国Niehaus研究了以GAP及GAP/NC共聚物为黏合剂的高能LOVA(low vulnerable)发射药的配方和性能。其中，GAP/NC为黏合剂的发射药配方是针对具有高固体含量的GAP/RDX发射药的力学性能不高设计的。在配方中加入NC，一方面可调节GAP/N-100/RDX药浆的黏度；另一方面NC所含的羟基可与异氰酸酯反应，形成GAP/NC接枝共聚物，从而提高发射药的性能。与传统双基药以及典型的硝胺发射药相比，GAP/NC为黏合剂的发射药在较低的燃温(3306K)下，具有更高的火药力(1286J/g)；且对冲击和摩擦的敏感性也较低，这是由于GAP/NC接枝共聚物比NC具有更好的韧性，克服了发射药药粒发脆的问题。

2. PNIMMO基发射药

英国的DERA(Defence Evaluation and Research Agency)研制出了一种新型高能LOVA发射药，即通过含能黏合剂PNIMMO结合高能填料HMX，并系统研究了HMX的粒径、含量对发射药性能的影响。其中，采用粒径为7.3μm，HMX含量为64.3%的不敏感发射药LOVA4的火药力高于传统体系，实测火药力达到1230kJ/kg，火焰温度为3037K，同时，对于子弹撞击、振动、高速碎片的撞击等则表现出不敏感性。粒径大的HMX具有更低的比表面积，有利于提高火药力。与传统的发射药相比，此类发射药在低压下燃速较低，而高压下燃速快速升高，其压力指数均大于1，表现出典型的硝胺发射药的特性。

3. PBAMO基发射药

美国的Thiokol公司对BAMO共聚物基ETPE发射药开展了配方设计，计算了BAMO-AMMO、BAMO-GAP、CE-BAMO、BAMO-NIMMO以及BAMO-PGN基ETPE与RDX组成的发射药配方的能量示性数，并与传统的双基发射药进行了比较。计算结果表明，含有75%RDX的BAMO共聚物基ETPE发射药配方具有更高的火药力和较低的燃温。

Talawar等人也对BAMO-AMMO基ETPE发射药的能量特性进行了计算，并与NC基发射药进行了比较。结果表明，BAMO-AMMO基ETPE发射药的火药力要高于NC发射药，爆温低于NC发射药。

对BAMO基ETPE发射药的应用研究表明，由BAMO-AMMO与TEX/CL-20组成的高能不敏感ETPE发射药配方，燃速在275.8MPa下由100mm/s可增至380mm/s，火药力超过1350J/g。该发射药可采用双螺杆挤出工艺制成密度大于1.4g/cm^{3}的各种发射药药型，美国计划将BAMO-AMMO基ETPE发射药用于正在研制的“十字军”(Crusader)155mm榴弹炮模块火炮的装药系统(MACS)。

Michael G. Leadore研究了以BAMO-GAP含能聚合物为黏合剂，针对M829E3型120mm坦克炮设计的高能发射药的力学性能。TGD-019发射药是以BAMO-GAP和RDX为主要组分的新一代高能发射药，由ATK公司制造。在常压、不同温度条件下，对其力学性能进行了测试。测试结果表明，以

BAMO-GAP/RDX 为基的 TGD-019 发射药在常温和高温下表现出良好的力学性能，但在低温下由于变脆导致性能有所下降。

TGD-043 和 TGD-044 是以含能热塑性弹性体 BAMO-AMMO 和 BAMO-GAP 共聚物为黏合剂的枪炮发射药。利用 DMA 对发射药的热力学性能进行了测试，结果表明 ETPE 基发射药 TGD-043 和 TGD-044 的玻璃化转变温度分别为 -21°C 和 -32°C，软化点分别为 78°C 和 77°C。而且这两个配方的发射药也具有相似弹道性能，如火药力和火焰温度以及良好的安全性能。

1.5.2 在固体推进剂中的应用

高性能固体推进剂的发展与黏合剂体系的发展密不可分。由于现代武器的迅速发展和高能低感度推进剂的研制需求，用含能聚合物作为黏合剂取代传统的惰性黏合剂不仅有利于提高推进剂的密度和能量，而且增加了推进剂配方设计的灵活性；同时，含能聚合物作为黏合剂的应用往往比燃料或氧化剂更有助于改善推进剂的性能。含能热塑性弹性体(ETPE)和含能预聚物都可作为固体推进剂的黏合剂使用，使用 ETPE 制备的为热塑性推进剂，使用含能预聚物制备的是热固性推进剂，两种推进剂采用不同的加工工艺制备。本节重点对 GAP、PBAMO、PAMMO、PGLYN 为黏合剂的推进剂研究进展进行介绍。

1. GAP 基推进剂

美国、日本、欧洲各国以及我国对 GAP 基推进剂的研制都极为关注，并已取得较大的进展。美国在 GAP 黏合剂以及 GAP 基推进剂方面开展了大量的研究工作，美国国防部在 1991 年的国防部关键技术计划中，就已将 GAP 列入其高能量密度材料(HEDM)研究发展计划，用于发展低特征信号、低危险性的固体火箭推进剂。

Dhar 等人的研究结果表明，在双基推进剂中，应用 GAP 替代 DEP 或 NG，可提高推进剂的燃烧热，增加燃速。配方中使用 GAP 部分替代 DEP (4%)，推进剂的燃烧热从 3865kJ/kg 提高到 4121kJ/kg；而 GAP 全部替代 DEP (7.2%)，燃烧热进一步提高到 4326kJ/kg。配方中使用 GAP 部分替代 NG(12%)，推进剂的燃烧热和燃速均有所提高。

美国海军武器中心研制了代号为 BLX 系列的 GAP/RDX 推进剂，对硝酸酯(BTTN 或 TMETN)增塑与未增塑的 GAP/RDX 推进剂，以及 HTPB/RDX 推进剂的性能进行了对比。结果表明，GAP 推进剂的比冲明显高于 HTPB 推进剂，而且硝酸酯增塑的 GAP/RDX 推进剂具有更高的比冲，其玻璃化转变温度降低、延伸率提高，但模量和拉伸强度相应降低。

Stacer 等人报道了 GAP/AP/Al 推进剂的基础配方和性能。该推进剂以 GAP 为黏合剂，N-100 为固化剂（$R=1.05$），在 60℃下固化 10 天，并采用了双级配的 AP(205 μm/26 μm)和 Al(6 μm)。对未增塑的 GAP/AP/Al 推进剂和采用 TEGDN 增塑推进剂，增塑剂有效改善了 GAP/AP/Al 推进剂的低温力学性能，推进剂的玻璃化转变温度由 −47℃ 降低到 −75℃，而且增塑的 GAP/AP/Al 推进剂在不同温度下的燃速也有所提高。

美国 ASNR 项目研制了基于硝酸铵（AN）的新一代微烟推进剂。该推进剂选用的黏合剂体系为 GAP、PNIMMO 和聚氨酯，并加入硝酸酯增塑剂。其中，GAP/PSAN/RDX 推进剂的比冲达到 237.2s，燃速为 8mm/s，压力指数为 0.62，直径 123mm 的发动机装药的弹丸冲击试验达到Ⅳ和Ⅴ级。

2. PAMMO 基推进剂

日本 Kubota 等人研究了 PAMMO/AP 和 PAMMO/HMX 推进剂的能量和燃烧特性，包括 PAMMO/AP 推进剂的 I_{sp}、T_f 和燃气相对分子质量（M_g）随组分含量变化的曲线规律。研究发现，由 18% PAMMO 和 82 % AP 组成的 PAMMO/AP 推进剂能量最高，I_{sp} 达到 2500N·s/kg 以上，T_f 也达到最高值（约 3000K ）。当 PAMMO 的含量大于 18%时，I_{sp} 和 T_f 均随其含量的增加而迅速降低。当 PAMMO 的含量为 50%时，推进剂的燃气相对分子质量最低。而对于 PAMMO/HMX 推进剂，随着 PAMMO 含量的增加，其 I_{sp} 和 T_f 均呈下降趋势。当 PAMMO 的含量为 30%时，推进剂具有最低的 M_g。与 GAP 推进剂相比，PAMMO 推进剂的燃速较低，其燃速约为 GAP 推进剂燃速的 50%，与一般双基推进剂的燃速相当。

3. PBAMO 基推进剂

PBAMO 预聚物的单体单元中含有两个—N_3 基团，氮含量高达 50%，其生成热和绝热火焰温度均比 GAP 高。然而，PBAMO 预聚物的立构规整性高，导致其在常温下为结晶的固体聚合物，且力学性能欠佳，预聚物不适于直接用作火炸药的黏合剂。因此，通过与其他单体共聚改性，得到液态的 BAMO 共聚物，是利用 PBAMO 作为黏合剂的有效途径。目前，在固体推进剂中，研究较多的 PBAMO 基黏合剂主要为 P(BAMO/AMMO)、PBAMO-GAP 等共聚物。

美国聚硫化学公司的 Robert 等人研制出了以 P(BAMO/AMMO)含能聚合物为黏合剂的高比冲、高密度的固体推进剂。该推进剂的基础配方为 P(BAMO/AMMO)/AP/Al/HMX，其中，黏合剂体系由 P(BAMO/AMMO)共聚物与增塑剂组成，增塑比为 0～3.0。固体组分含量为 70%～85%，包括氧化剂 AP、金属燃料 Al 及硝胺炸药 HMX 等，推进剂中还加入了少量的中定剂

MNA(N—甲基硝基苯)，并采用 N－100 固化成型。Hamilton 等人研制了以 P(BAMO/AMMO)热塑性弹性体为黏合剂的固体推进剂，其配方组成为 20.0% P(BAMO/AMMO)、45.5%AP(200 μm)、19.5%AP(20 μm)及 15.0 %Al。该推进剂的力学性能为：σ_m = 1.18MPa，ε_m = 13 %。18kg 发动机测试结果表明，P(BAMO/ AMMO)热塑性弹性体推进剂的性能与目前助推推进剂的性能大致相当。推进剂的密度为 1.78g/cm ^{3}，达到理论值的 99.4%，发动机效率达到 96.4%。

4. P(BAMO/NIMMO)基推进剂

P(BAMO/NIMMO)/B 富燃料固体推进剂是在固体燃料冲压发动机上具有应用潜力的一种推进剂。Wenhsin 等人研究了以 P(BAMO/NIMMO)为黏合剂，B 为燃料的富燃料固体推进剂的燃烧特性。采用热化学、热分析和推进剂燃速试验方法对不同硼含量(0、5%、10%、29%、40%)的 5 个推进剂配方进行了测试分析。研究结果表明，在 P(BAMO/NIMMO)/B 推进剂中，BAMO/NIMMO 共聚物的分解放热使硼粒子在表面反应区加速点燃，提高了硼的燃烧效率。推进剂的燃速随硼含量的增加呈现先升高再下降的趋势，当硼含量在 17.6%～29%时，推进剂具有最高的燃速。

5. PGLYN 基推进剂

德国 ICT 研究院研制了以 PGLYN、AN、CL－20 及 TMETN/BTTN 为主要组分的 AN/PGLYN 基高能钝感微烟推进剂。该推进剂的比冲超过 240s (6.89MPa)，羽烟信号为 AA 级，爆轰感度为 1.3 级。而且，AN/PGLYN 推进剂可以采用标准的配浆浇注工艺进行放大生产，适用于战术火箭和导弹推进剂。

美国 Cannizzo 等人研制了 PGLYN 基高能少烟洁净推进剂。该类推进剂选用的 PGLYN 黏合剂的官能度接近或大于 2，环状低聚物含量小于2%～5%。推进剂中固体组分含量为 60%～85%，其中，金属燃料为 Al、Mg、B 或其混合物，氧化剂为 AN、RDX、HMX 或 CL－20。固体组分含量为 65%～75%时，推进剂的能量水平与大型运载火箭用的 HTPB 推进剂相近。

1.5.3 在高聚物粘结炸药(PBX)中的应用

PBX (Polymer Bonded Explosive)是以高聚物为黏结剂，将高能单质炸药及其他组分粘结而成的混合炸药，具有能量高、机械感度低、力学性能和加工性能良好等优点，主要用于反坦克导弹、航空炸弹、水雷、鱼雷以及核战斗部的起爆装置，在工业上也有广泛的用途。

对于 PBX 混合炸药，应用不敏感的炸药组分以及可降低炸药感度的高聚物黏结剂是降低其敏感性的主要途径，而高聚物黏结剂的研究则是其中的关键技术。

目前，在 PBX 混合炸药中普遍使用的黏结剂，包括天然聚合物和合成聚合物，如天然橡胶、聚丁二烯、聚酯、聚氨酯等。在 PBX 混合炸药中引入含能黏结剂，与以丁羟为代表的传统黏结剂相比，在提高能量的同时还可满足其他性能的要求。因此，含能聚合物在 PBX 混合炸药中作为黏结剂的应用引起了各国的广泛关注。

1. 浇铸型 PBX 炸药

澳大利亚研制了应用含能聚合物黏结剂取代惰性黏结剂的不敏感 PBX 混合炸药。其中，采用含能聚合物 PGLYN，以及高填充的 RDX，达到既能降低对危险刺激的敏感性，又能够保持或提高战斗部性能的目标。该 PBX 混合炸药以 PGLYN 为黏结剂，K10 和 GLYN 低聚物为增塑剂，采用两种粒度级配（A/E 为 60/40）的 RDX，以 50：50 的 N－100/IPDI 混合物为固化剂，浇注后固化成型得到 ARX 系列 PBX 混合炸药。

为了与惰性黏结剂体系进行对比，测试了美国研制的 PBXN－106（含 75% RDX，以 PEG/BDNPA-F 为黏结剂）和 PBXN-107（含 86% RDX 和 14%聚丙烯酸酯黏结剂），以及含 HTPB 黏结剂和 HMX 的浇铸型 PBX 混合炸药的爆轰性能。结果表明，与含惰性黏结剂的 PBX 混合炸药及 B 炸药相比，ARX 系列的 PBX 混合炸药表现出优异的爆轰性能。因此，在 PBX 混合炸药中应用含能聚合物黏结剂，一方面有效提高了能量输出，另一方面在达到性能要求的前提下，可降低炸药组分的含量，从而降低其感度。

美国海军 May 等人以含能聚合物 GAP 为黏结剂，研制出高能量、不敏感的 PBX 混合炸药。此混合炸药通过两种含能增塑剂 TMETN 和 TEGDN（BDNF/A）的复配，有效降低了体系的黏度，具有良好的加工流动性，从而使炸药组分 HMX 或 RDX 的含量可达 80%。PBX 混合炸药的制备工艺：先将 GAP 和增塑剂 TMETN/TEGDN（BDNF/A）混合均匀，逐步加入两种粒度级配（A/E 为 60/20）的 HMX 或 RDX，加入稳定剂，在 60℃ 真空条件下，加入异氰酸酯固化剂以及固化催化剂，混合 30min，然后浇注成型，在 43.3℃ 固化 3～5 天。其密度为 1.74 g/cm^3，爆速为 8360m/s，玻璃化转变温度为－55°C。

2. 熔铸型 PBX 炸药

传统的熔铸炸药由 TNT 或高能炸药分散在 TNT 中组成。最简单并得到广泛应用的熔铸炸药配方是由TNT和石蜡组成，其他如B炸药是由TNT/RDX(40/60)组成，Octol炸药是由TNT/HMX(30/70)组成。这类熔铸炸药的力学性能较差，易产生裂纹、渗出、脆性等缺陷，从而影响其弹道性能和感度。在配方中引入高聚物黏结剂，不仅可改善力学性能，还使其具有不敏感的特性。熔铸型PBX炸药是美国海军水面武器中心发展的以热固性橡胶为黏合剂的炸药，具有良好的安全性，而且能适应现有熔铸炸药工业基地的生产条件。这类炸药通常采用含能或惰性的预聚物，通过异氰酸酯的固化反应，实现炸药组分的黏结。采用Shell化学公司生产的商品牌号为Kraton G1652的ABA型热塑性弹性体(聚苯乙烯为A段，乙烯丁烯为B段)作为黏结剂，由于不用交联剂与固化剂，省去了固化器和混合器，不但缩短了生产周期，而且回避了因异氰酸酯产生气泡的问题，生产量有了大幅度的提高。

Ampleman等人将含能热塑性弹性体(ETPE)溶解于熔融的TNT炸药，制备出可回收的不敏感熔铸型PBX混合炸药。所采用的ETPE由具有羟端基的含能预聚物和异氰酸酯反应，并进一步扩链形成线型聚氨酯弹性体。其中的含能预聚物以不同相对分子质量的GAP为主，如ETPE1000的相对分子质量为1000g/mol，ETPE2000的相对分子质量为2000g/mol，也可以是NIMMO、BAMMO、AMMO以及GLYN的预聚物。ETPE的链与链之间主要由氢键作用形成物理交联，而加热即可破坏物理交联，因而具有可回收利用的优点。作为黏结剂的ETPE的相对分子质量在500～10000g/mol，熔点高于100℃。该PBX炸药的基本制备工艺为：将ETPE(0.5%～50%)和TNT混合加热到TNT的熔点以上，如95～100℃，搅拌使ETPE溶解于熔融的TNT中，均相的溶液经浇铸缓慢冷却到室温。在该工艺过程中，还可加入其他组分，如硝胺炸药RDX和HMX、Octol、Comp. B以及含能增塑剂等。测试结果表明，所研制的PBX炸药，其撞击感度和摩擦感度与TNT、Octol以及Comp. B炸药相比都明显下降，而且调节ETPE的软硬段结构、相对分子质量及用量，可研制出具有不同性能的PBX炸药。这类PBX炸药，通过溶剂提取的方法，还可以将其中各组分进行定量的回收。如ETPE2000/Octol，先溶解在氯仿中，过滤，沉淀物为硝酸铵，滤液为TNT和ETPE的混合物，通过乙醇提取，可分离出TNT，而残留物则为ETPE。

Sonia Thiboutot等人将CL-20引入到TNT/ETPE体系中，研制出了具有较高能量的熔铸PBX炸药。所用的黏结剂为ETPE，使用MDI、TDI等对GAP、BAMO、PGN、PNIMMO进行扩链，或适当加入少量小分子二元醇与二异氰酸酯组成硬段，制备出含能热塑性聚氨酯弹性体。研究表明，在熔融的

TNT 体系中，CL－20 与 RDX、HMX 相比具有更好的溶解性，但 CL－20 会发生晶型从 ε 型晶体到 β 型晶体的转变，从而使 CL－20 的密度降低，感度升高，因此，CL－20 在 TNT 中的含量不超过 42%。而使用 ETPE 为黏结剂，CL－20的含量可达到 60%，并且其感度有所降低。

因此，以 ETPE 为黏结剂，可采用熔混时间短、无需固化、制备工艺简单，而且装填效率高的熔铸工艺，制备出力学性能良好、感度低、可回收再利用的高性能 PBX 混合炸药。

1.6 含能黏合剂的发展趋势

含能聚合物主要包括含能预聚物和含能热塑性弹性体。含能热塑性弹性体将会成为未来含能材料研究和发展的主流，但目前可固化的含能预聚物在相当一段时间里仍将扮演重要角色。

现有的含能聚合物在具有高能、较高密度等优点的同时，在应用过程中也不可避免地存在着一些缺陷，如力学性能难以调节、有些在常温下是固态、燃速低等。这就需要我们进行相应的理论探索和实验，制备出综合性能优异的含能预聚物，以满足其在火炸药应用中的实际要求。

不断研究发展各种新概念、新技术，针对目前含能聚合物在一些性能上的不足，合成新型含能聚合物并开展应用研究将是今后含能聚合物发展的重点。

总体来看，面对武器弹药的不断发展，要求含能材料应该尽量同时满足高能、低易损及环境友好的需求，为了适应这些要求，未来含能聚合物的发展趋势主要有：

(1)设计并合成新型含能单体，丰富含能聚合物的种类。

目前，文献已经报道了一些不同含能基团的含能单体，如叠氮类单体、硝酸酯类单体以及硝基类单体等，并通过一定的聚合方法合成了不同结构类型的含能聚合物。但是随着武器装备的不断发展，仅用现有的含能单体合成出的含能聚合物难以完全满足武器装备发展对火炸药的多种需求，需要不断增加含能聚合物的种类。因此必须不断设计并合成出新型含能单体，丰富含能聚合物的品种，满足含能聚合物的各种应用需求。如合成出分子结构中同时含有两种或两种以上含能基团的含能单体，以便充分发挥含能材料的优点，并在某些性能上具有协同或互补作用，如同时具有硝基、叠氮基的小分子含能单体以使合成出的聚合物既具有高能量又有良好的热稳定性；合成出分子结构中既含有含能基团又含有键合作用基团的功能性含能单体，以赋予含能单体的功能性，如同时具有氰基、叠氮基的小分子含能单体等；合成出含有高能量基团的新型含能单体，进一步提高含能聚合物的能量和密度，如含咪唑、吡唑等高能量基团的单体；合成出同时具有双键和含能基团的含能单体，可通过自由基聚合或其他聚合方法合成含能聚合物，如含有丙烯酸基团和硝基的含能单体。

(2)开发新型合成方法，实现含能聚合物的高效、安全、低成本合成。

目前合成含能聚合物方法主要还是采用阳离子开环聚合和逐步缩聚反应，这两种方法都具有各自的缺陷。对于阳离子开环聚合，反应条件较苛刻、聚合物的相对分子质量及分布较难控制，合成效率不高；而对于逐步缩聚反应，由于多采用异氰酸酯(易与空气中水分反应发生副反应)等扩链，难以得到预期相对分子质量的产物。因此，必须开发新型的含能聚合物合成方法。如可将有机化学反应的迈克尔加成反应、高分子聚合反应的活性自由基聚合及配位聚合等合成技术应用到含能聚合物的合成中，并使用先进的催化引发技术，如微波合成、等离子体引发及酶催化聚合等方法来催化引发含能单体的聚合，从而使含能聚合物能够高效安全地合成。同时还需开展含能聚合物降低成本研究；成本是新型材料实际应用的基础，只有不断发展新的合成技术及工艺并实现批量生产才能降低含能聚合物制备的成本，进而实现规模化应用。环境保护日益受到人们的重视，目前在含能单体的合成与聚合过程中，一些合成方法会产生大量难处理的废水，如叠氮化反应和硝化反应等，环境污染严重。未来的合成方法必须考虑环保问题。五氧化二氮硝化法具有反应热效应小、温度易于控制、无需废酸处理、产物分离简单、对多官能团反应物硝化选择性高的优点，是未来合成含能单体和含能聚合物的重要方法。另外，目前一些新的环保合成技术，如微波合成、离子液体合成、超临界合成技术等，都是合成含能单体及其聚合物需要研究的内容。

(3)加快现有含能聚合物改性研究，实现含能聚合物的多功能化。

随着武器科学技术的不断发展，对含能聚合物的研究也越来越引起国内外含能材料研究者的广泛关注。现有的含能预聚物具有高能、密度大等优点；但在其应用时存在着一些缺陷，如力学性能较差、常温下为固态等。针对这些缺陷，国内外含能材料研究者进行了大量的工作，如对含能预聚物进行共混、共聚及端基改性等。然而在这些问题得到解决的同时，又会带来新的问题，如含能预聚物能量水平将会降低，从而失去了作为含能黏合剂或含能增塑剂的部分优势。

通过共聚、共混及端基改性等方法对现有含能聚合物进行改性，在含能聚合物中引入可提供氧化剂、燃烧剂、催化剂等功能的基团，可使含能聚合物应用于火炸药时可以具备多种用途。改性即改善现有含能聚合物力学性能、降低其感度或提高其含氮量，赋予含能聚合物多种功能，是使含能聚合物能够满足应用需要并扩大其应用领域的重要手段。改性也是丰富含能聚合物种类的重要途径，是研究和发展含能聚合物的必经之路。随着高分子材料学科的不断发展，必将会出现含能聚合物各种新的改性方式以满足火炸药发展对含能聚合物多功能化的需求。

合成多功能一体化的含能聚合物，是火炸药发展对黏合剂的重要需求(高能、钝感和低成本等)。含能聚合物多功能化主要是指其既可作为黏合剂，而且可作为氧化剂、燃烧剂及催化剂等使用。含能聚合物多功能化可以通过本身具有功能化基团的含能单体自聚或共聚来实现，如在设计并合成新型含能聚合物的分子结构中引入二氟氨基、氟硝基等可使其具有氧化剂的功能。对含能热塑性弹性体来说，可以很方便地在其软段、硬段、扩链剂、固化剂等分子结构中引入功能基团，实现对含能热塑性弹性体的功能化。如硝酸酯类和二氟胺类含能预聚物作为软段即可赋予含能热塑性弹性体氧化剂的功能；在含能热塑性弹性的合成过程中，在扩链剂的分子结构中引入一些具有键合作用的极性基团，如羰基、酰胺基、氨基、腈基等，可赋予含能热塑性弹性键合功能。此外，也有研究者进行了含能单体与具有催化功能的二茂铁衍生物进行共聚合成兼有黏合剂和催化剂功能的含能预聚物，引入含能热塑性弹性体后可赋予其催化功能。

(4)优化含能聚合物结构，满足火炸药发展的需求。

目前 GAP、PGN 等叠氮类和硝酸酯类含能聚合物仍是研究重点，尤其是 GAP 应用较为普遍，其能量高、燃烧性能好并具有低易损性，在美、法、德、日等国都已实现工业化生产。二氟氨类含能聚合物由于有极高的密度比冲潜力，是含能聚合物的发展方向。

含能聚合物研究仍要以提高能量为主，同时要注意其力学性能和实用性能等综合性能。通过合理优化和设计含能聚合物结构可使含能聚合物在具备高能量的同时具有优异的力学性能(如在合成含能热塑性弹性体时合理选择作为软硬段的单体)。不断利用各种新概念、新技术，针对目前的含能聚合物一些性能上的不足，合成新型含能聚合物并实现应用研究将是今后含能热塑性弹性体发展的重点，也是火炸药发展对含能聚合物的需求。

含能聚合物综合性能的提高主要依赖于相对分子质量的提高，只有相对分子质量提高才能带来含能聚合物相应的性能(如力学性能和加工性能等)的提高。含能聚合物相对分子质量的增加主要还是依赖于将新的高分子合成技术应用于含能聚合物的合成中，在深入掌握反应原理的基础上，采用合理的分子设计手段合成出高相对分子质量的含能预聚物和含能热塑性弹性体。

(5)拓宽应用领域，提升火炸药的综合性能。

目前含能聚合物主要是以黏合剂、增塑剂等形式用于枪炮发射药、固体火箭推进剂和塑料黏结(PBX)炸药中。含能聚合物具有高能量、高密度、低感度、结构可调等特点，将其应用于发射药或推进剂中能够改善发射药或推进剂的加工性能，制备出的发射药或推进剂具有高能、低感度、燃速可调、力学性能好等优点；将其应用于发射药、推进剂、PBX 炸药中，在改善炸药的加工性能、增加炸药能量的同时还可以降低感度。含能聚合物应用于火炸药符合火炸药高能、钝感、低特征信号、低易损性的发展趋势，是目前火炸药研究的热点。随着新型含能聚合物的不断出现和改性研究的深入发展，含能聚合物在火炸药领域的用途也将不断拓展。

因此，必须深入了解含能聚合物的分子结构、合成方法、性能特点及其改性方法，并不断拓宽含能聚合物的应用领域，才能最有效地利用含能聚合物，从而为武器装备的更新换代提供技术保障。

目前，以 GAP 为代表的叠氮类含能预聚物及以 PGN 为代表的硝酸酯类预聚物仍然是一段时期内含能预聚物研究的重点，尤其是 GAP 使用较为普遍，其能量高、燃烧性能好并具有低易损性，在美、法、德、日等国都已实现工业化生产。二氟氨类含能聚合物由于有极高的密度比冲潜力，是含能聚合物的发展方向，从长远来看二氟胺类预聚物由于其本身的分子结构特点是最有前途的含能预聚物。相信随着各种高分子材料的新概念、新技术不断深入研究与发展，合成新型含能单体及其聚合物并投入使用是今后含能聚合物发展的重点。

参考文献

[1] Frankel M B, Grant L R, Flannigan J E. Historical development of GAP[R]. AIAA 89 - 2307, 1989.

[2] Talawar M B, Sivabalan R, Mukundan T, et al. Environmentally compatible next generation green energetic materials (GEMs)[J]. Journal of Hazardous Materials, 2009, 161(2 - 3): 589 - 607.

[3] 刘建平. 国外固体推进剂技术现状和发展趋势[J]. 固体火箭技术, 2000, 23(1): 22 - 26.

[4] 陈支厦, 郑邯勇, 王树峰, 等. 叠氮类含能粘合剂研究进展[J]. 舰船防化, 2007, (2): 1 - 5.

[5] 冯增国，侯竹林，谭惠民. 新一代高能固体推进剂的能量分析[J]. 推进技术，1992，(6)：66－74.

[6] Arber A，Bagg G，Colclough E，et al. Novel energetic polymers prepared using dinitrogen pentoxide chemistry[A]. 21st Int Ann Conf ICT[C]//Karlsruhe，Germany：Fraunhofer Institut für Chemische Technologie，1990.

[7] Cumming A. New directions in energetic materials[J]. Journal of Defence Science，1995，1(3)：319－331.

[8] Redecker K H，Hagel R. Poly-nitro-polyphenylene，a high temperature-resistant，noncrystalline explosive[J]. Propellants，Explosives，Pyrotechnics，1987，12：196－201.

[9] 甘孝贤，崔燕军，邱少君. 多硝基苯撑聚合物的合成[J]. 火炸药学报，1999(3)：39－41.

[10] 徐羽梧，董世华，范昌烈，等. 硝基环氧化合物的单体结构对其聚合活性和聚合物性能的影响[J]. 高分子通讯，1981(5)：368－372.

[11] 张公正，王芳，房永曦，等. 含能粘合剂聚丙烯酸偕二硝基丙酯的合成及性能[J]. 含能材料，2008，16(2)：125－127.

[12] Day R W，Hani R. Nitramine-containing polyether polymers and a process for the preparation thereof：US，5319068 [P]. 1994.

[13] Archibald T G，Manser G E，Immoos J E. Difluoroamino oxetanes and polymers formed therefrom for use in energetic formulations：US，5272249[P]. 1995.

[14] Kamura E. Cheraterizion of BAMO/NMMO copolymer[J]. Prop Expl Pyrotech，1994，19：270－274.

[15] Manser G E，Malik A A，Archibald T G. Polymers and copolymers from 3-azido-methyl-3-nitratornethylpxetanes：US，5463019[P]. 1995.

[16] 甘孝贤，邱少君，卢先明，等. 3－叠氮甲基－3－硝酸酯甲基氧丁环及其聚合物的合成及其性能[J]. 火炸药学报，2003，26(3)：12－15.

[17] 郑剑. 热塑性弹性体推进剂的研制及发展前景[J]. 固体火箭技术，1995，18(4)：29－36.

[18] 王文俊. 新型含能材料及其推进剂的研究进展[J]. 推进技术，2001，22(4)：269－274.

[19] 李辰芳. 含能热塑性弹性体粘合剂及其推进剂的应用研究[J]. 飞航导弹，1998(4)：42－44.

[20] Wardle R B. Method of producing thermoplastic elastomers having alternate

crystalline structure for use as binders in high-energy compostions: US, 4806613 [P]. 1989.

[21] Michael C. Environmentany friendly advanced gun propellant [R]. Brigham: Atk Thioko l Inl, 2004.

[22] Wallace I A. Evaluation of a homologous series of high energy oxetanet thermoplastic elastomer gun propellants [C]//31th International Annual Conference of ICT. Karlsruhe: ICT, 2000.

[23] Albert W H, Patrick J B, Betsy M R, et al. Insensitive High Energy Propellants for Advanced Gun Concepts [R]. ARL-TR-2584, Army Research Laboratory, Aberdeen Proving Ground, MD, October 2001.

[24] Niehaus Michael. Compounding of glycidyl azide polymer with nitrocellulose and its influence on the properties of propellants [J]. Propellants, Explosives, Pyrotechnics, 2000, 25: 236 - 240.

[25] Leach C, Debenham D, Kelly J, et al. Advances in PolyNIMMO Composite Gun Propellants [J]. Propellants, Explosives, Pyrotechnics, 1998, 23: 313 - 316.

[26] Haaland A C, Braithwaite P C, Hartwell J A. Process for the manufacture of high performance gun propellants: US, 5759458 [P]. 1998.

[27] Department of Defense Washington DC. The Department of Defense Critical Technologies Plan for the Committees on Armed Services of United States Congress [R]. Arlington VA: AD-A 234900, 1991.

[28] Dhar S S. Pyrolysis/combustion behavior of GAP based double base propellants [J]. 22nd ICT, 1991.

[29] 李辰芳. 国外对GAP/AN推进剂燃烧性能和感度的研究[J]. 固体火箭技术, 1998, 21(3): 31 - 34.

[30] Stacer R G, Eisele S, Eisenreich N. Polymeric binder and the combustion of solid propellants [J]. 21st ICT, 1990.

[31] Stacer R G, Husband D M. Molecular structure of the ideal solid propellant binder [J]. Propellants Explosives Pyrotechnics, 1991, 16(4):167 - 176.

[32] Kubota Ryonosuke. Combustion of azide polymers [J]. Nensho Kenkyu, 1992, 89: 1 - 18.

[33] Bazaki Hakobu, Kubota Naminosuke. Energetics of AMMO [J]. Propellants, Explosives, Pyrotechnics, 1991, 16:68.

[34] Hatch Robert L, et al. BAMO/AMMO Propellant Fomulations: WO, 9509824 [P].

[35] Hamilton R S, Mancini V E, Wardle R B, et al. A fully recyclable oxetane TPE rocket propellant [C]//30th ICT, 1999.

[36] WenHsin Hsieh, et al. Combustion behavior of boron based BAMO/NMMO fuel-rich solid propellant [J]. Propulsion, 1991, 7(4): 497-504.

[37] Menke K, Bohn M, Kempa P B. AN/PolyGLYN propellants-minimum smoke propellants with reduced sensitivity [C]//37th International Annual Conference of ICT, 2006.

[38] Cannizzo L F, et al. A new low-cost synthesis of PGN [C]//The proceeding of 31st ICT, 2000.

[39] Provatas A. Formulation and Performance Studies of Polymer Bonded Explosives (PBX) Containing Energetic Binder Systems, Part I [R]. Technical Report DSTO-TR-1397, 2003.

[40] Chan M L, Calif R, Roy E M, et al. Energetic binder explosives: US, 5316600 [P]. 1994.

[41] Ampleman G, Brousseau P, Thiboutot S, et al, Insensitive melt cast explosive compositions containing energetic thermoplastic elastomers: US, 0003016 A1 [P]. 2002.

[42] Thiboutot S, et al. Potential use of CL-20 in TNT/ETPE-based melt cast formulations [J]. Propellants, Explosives, Pyrotechnics, 2008, 33(2): 103-107.

02 第2章 含能黏合剂单体的合成化学与工艺学

2.1 概述

单体是指合成聚合物的化合物，单体通过聚合反应转变为聚合物的结构单元。顾名思义，含能聚合物单体是指用于合成含能聚合物的化合物，通常情况下，这类化合物含有—C—O—NO_2、—C—NO_2、—N—NO_2、—C—N_3 和—C—NF_2 等基团。

含能聚合物的合成主要有三种不同的方法：①直接法，即利用含能单体直接发生聚合反应生成含能聚合物；②间接法，即利用惰性单体先合成惰性聚合物，然后通过叠氮化、硝化等反应引入含能基团，生成含能聚合物；③利用聚合物的化学反应对已有聚合物进行官能化，得到含能聚合物，如纤维素硝化制备硝化纤维素等。

根据含能聚合物的合成方法不同，合成含能聚合物的单体主要分为两类：一类是含能单体，另一类是不含能单体。含能单体主要包括叠氮氧杂环单体、硝酸酯类单体、硝胺类单体、二氟氨类单体和硝基类单体等；不含能单体主要用于间接法合成含能聚合物，如卤代氧杂环单体、卤代内酯单体、卤代烯烃单体等。有些不含能单体还可用于合成含能单体，下面分别对其合成方法以及工艺进行介绍。

2.2 叠氮类单体的合成

叠氮基是强亲核基团，其共振结构如下：

$$—N_a=\overset{\oplus}{N_b}=\overset{\ominus}{N_c} \longleftrightarrow —\overset{\ominus}{N_a}—\overset{\oplus}{N_b}\equiv N_c$$

N_a和 N_b之间的键长为 0.1.240Å，而 N_b和 N_c之间的键长为 0.1142Å，N_a和 N_b之间的键比较弱。叠氮基的分解是 N_a和 N_b之间键的断裂，放出氮气和热量。叠氮基的生成热较高，每个叠氮基具有355.64～376.56kJ的正生成热，且不影响化合物的C/H比。叠氮基对化合物生成热的贡献可以从乙醇和2-叠氮乙醇生成热数据的比较来认识，乙醇（CH_3CH_2OH）的生成热为-276.14kJ/mol，而2-叠氮乙醇（$N_3CH_2CH_2OH$）的生成热为94.14kJ/mol，两种化合物的生成热相差约370kJ/mol，可以看出叠氮基对生成热的贡献很大。含叠氮基的有机化合物同时具有感度低的特点。早在1978年，美国洛克韦尔公司火箭动力部的研究中心就探索了含叠氮基（$—N_3$）化合物分子结构与冲击感度的关系。试验结果表明，所有含单个叠氮基的烷烃的冲击感度都很低（2kg落锤撞击下$H_{50}>250cm$），含单个叠氮基单体制备的聚合物具有很好的耐冲击性能，但大多数含两个叠氮基的化合物的冲击感度一般较高。正是由于叠氮基较高的生成热，使得有机叠氮化合物成为重要的含能材料之一，同时叠氮基化合物是很好的氮气源。因此在发射药、推进剂和高能炸药中引入叠氮基化合物后将使其具有如下优异的性能：

(1)增加体系的总能量；

(2)提高体系的氮含量而不影响其C/H比，增加单位质量物质燃烧时的排气量；

(3)提高发射药或推进剂的燃速而不增加其火焰温度；

(4)减少枪炮或火箭排气的烟和焰，从而可减少对制导系统的干扰并降低本身的目标特征。

一般来说，叠氮化反应的机理是用叠氮亲核试剂中的N_3^-取代卤素、磺酸酯基等离去基团，反应机理为亲核取代反应（S_N）。对卤代烷烃和各种亲核试剂反应的动力学研究结果表明，S_N反应主要有两种反应历程，一种是单分子亲核取代反应（S_N1），另一种为双分子亲核取代反应（S_N2）。

单分子亲核取代反应的第一步是原化合物的解离生成碳正离子和离去基团，然后亲核试剂与碳正离子结合。由于速率控制步骤为第一步，只涉及一种分子，故称S_N1反应。机理如下：

$$R_3C-X \rightarrow [R_3C\cdots X] \rightarrow R_3C^* + X^-$$

$$R_3C^* + Nu^- \rightarrow R_3C—Nu$$

双分子亲核取代反应（S_N2）是较强亲核试剂直接由背面进攻碳原子，并形成不稳定的一个碳五键的反应中间体，随后离去基团离去，完成取代反应。机理如下：

$$Nu^- + R-X \rightarrow [Nu^-\cdots R\cdots X] \rightarrow Nu-R+X^-$$

S_N反应究竟以何种历程进行取决于反应物的结构、试剂的亲核性、溶剂的极性及离去基团的性质等。由于S_N1反应分两步进行，生成正碳离子的第一步是速率决定步骤，所以能使正碳离子稳定的因素都有利于 S_N1 反应。一般来说，叔卤代烷主要发生 S_N1 反应。在 S_N2 反应中，亲核试剂从离去基团的背面进攻碳原子，反应物的结构若使亲核试剂的进攻受到阻碍，反应速度就会减慢。一般来说，伯卤代烷主要发生 S_N2 反应。

根据反应动力学原理，S_N1 反应速度是与反应物 RX 的浓度有关的一级反应，而 S_N2 反应速度是与两种反应物 RX 和 Nu^- 的浓度有关的二级反应，可见亲核试剂对 S_N2 反应有明显的影响，下面分别举例说明：

式(2-1)中叠氮正己烷的制备是以 S_N2 历程进行的，叠氮化钠中的 N_3^- 作为亲核试剂向氯代正丁烷的碳进攻，得到叠氮正丁烷，由于 N_3^- 的亲核性大于乙醇，所以主要产物是叠氮正丁烷。

$$CH_3CH_2CH_2CH_2Cl \xrightarrow[CH_3CH_2OH]{0.01MNaN_3} CH_3CH_2CH_2CH_2N_3 \qquad (2-1)$$

式(2-2)是按 S_N1 历程进行的，由于 S_N1 反应与亲核试剂的关系不大，尽管 N_3^- 比中性的乙醇亲核性大，但叔丁基正碳离子遇到的是大量的乙醇溶剂分子，所以主要产物是醚。

$$(CH_3)_3C{-}Cl \xrightarrow[CH_3CH_2OH]{0.01MNaN_3} (CH_3)_3C{-}OCH_2CH_3 \qquad (2-2)$$

总之，叠氮化反应若通过 S_N1 途径进行，不仅需用极性大的溶剂，还要选择好的离去基团，且正碳离子重排所引起的副产物和大量的溶解反应均不利于得到叠氮化合物。若通过 S_N2 反应途径，用亲核性较强的 N_3^- 在非质子溶剂介质中进攻空间位阻小的反应底物，可望得到较高得率的叠氮化合物。

基于以上原理，可制得多种叠氮类单体，目前研究和应用最多的含能单体主要是各种叠氮氧杂环单体，如叠氮缩水甘油醚、3,3-二叠氮甲基氧杂环丁烷和3-叠氮甲基-3-甲基氧杂环丁烷等。这些叠氮单体的合成方法包括直接法和间接法两种，下面分别加以介绍。

2.2.1 直接法合成

叠氮缩水甘油醚(GA)是合成聚叠氮缩水甘油醚 GAP 的起始单体，它的合成过程是叠氮化钠首先进攻环氧氯丙烷的氧杂环，导致开环生成1-叠氮基-3-氯-2-丙醇，然后1-叠氮基-3-氯-2-丙醇在碱性水溶液中直接闭环生成 GA 单体，如式(2-3)所示。

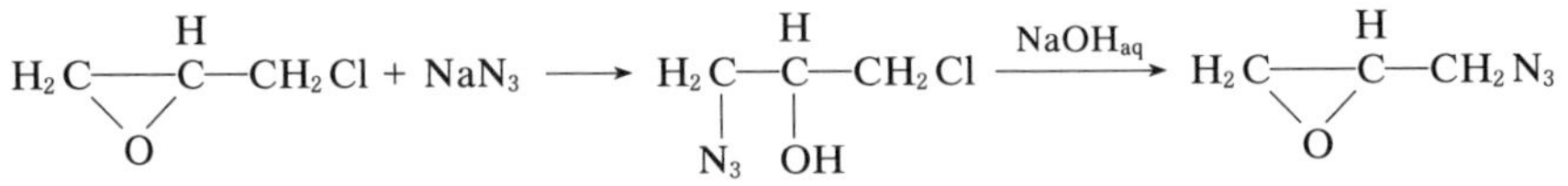

$$\underset{\text{(epoxide ring, O)}}{H_2C\!-\!CH}\!-\!CH_2Cl + NaN_3 \longrightarrow H_2C(N_3)\!-\!CH(OH)\!-\!CH_2Cl \xrightarrow{NaOH_{aq}} \underset{\text{(epoxide ring, O)}}{H_2C\!-\!CH}\!-\!CH_2N_3 \tag{2-3}$$

2.2.2　间接法合成

1. 3,3-二叠氮甲基氧杂环丁烷(BAMO)

3,3-二叠氮甲基氧杂环丁烷一种非常重要的叠氮类单体，BAMO的结构高度对称，由其形成的均聚物具有极高的立构规整性，使得PBAMO在室温下即为结晶型固态聚合物，因此它可以作为合成含能热塑性弹性体较为理想的硬段组分。BAMO的合成方法主要有溶剂法和相转移法，合成BAMO的起始原料主要有3,3-双氯甲基氧环丁烷(BCMO)和3,3-双溴甲基氧杂环丁烷(BBMO)两种。

典型的BAMO合成反应式如式(2-4)所示。首先用卤化亚砜将季戊四醇卤化成三卤代季戊四醇，再在碱性水溶液中关环生成二卤甲基氧杂环丁烷，然后与叠氮化钠发生亲核取代反应，生成二叠氮甲基氧杂环丁烷。叠氮化反应一般是在极性有机溶剂(如DMF和DMSO)中于85～120℃下进行的，近期经过改进后的方法是在碱性水溶液中，用相转移催化剂(如溴化四丁基铵(TBAB))在95℃左右进行叠氮化反应合成BAMO。BAMO的合成工艺流程如图2-1所示。

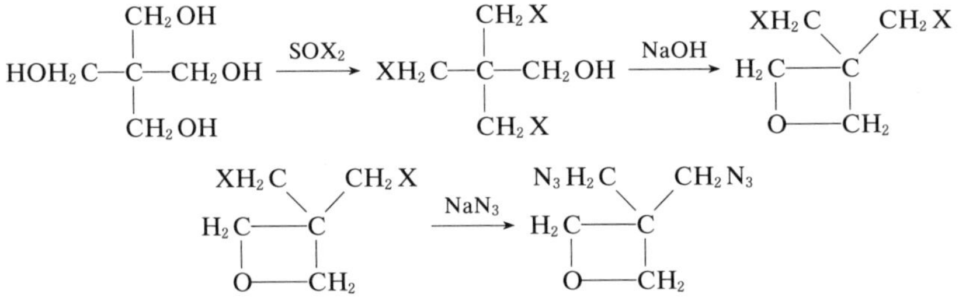

$$C(CH_2OH)_4 \xrightarrow{SOX_2} XH_2C\!-\!C(CH_2X)_2\!-\!CH_2OH \xrightarrow{NaOH} (XH_2C)(CH_2X)C\!<\!\underset{CH_2-O}{CH_2}\!> $$

$$(XH_2C)(CH_2X)C\!<\!\underset{CH_2-O}{CH_2}\!> \xrightarrow{NaN_3} (N_3H_2C)(CH_2N_3)C\!<\!\underset{CH_2-O}{CH_2}\!>$$

$$X = Cl\ 或\ Br \tag{2-4}$$

季戊四醇 —卤化亚砜/卤化反应→ 三卤化季戊四醇 —碱性水溶液/关环反应→ 分离有机相并水洗至中性 → 蒸馏 →

二卤甲基氧杂环丁烷
- —NaN_3/DMF/DMSO→ 蒸馏 → BAMO
- —NaN_3、TBAB 碱性水溶液/叠氮化反应→ 分离有机相并水洗 → 蒸馏 → BAMO

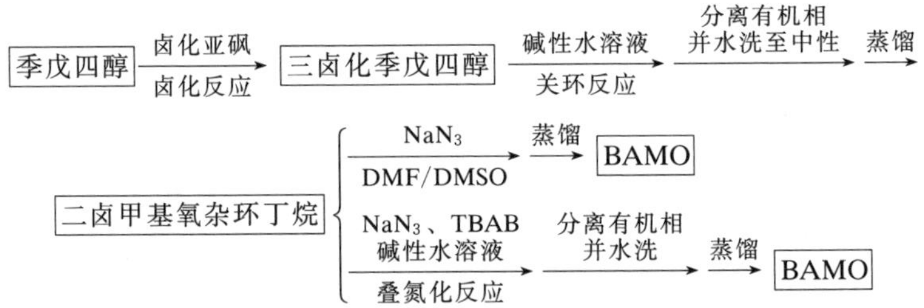

图2-1　BAMO的合成工艺流程

早在1957年国外就开始了BAMO的合成研究。Campbell等人从较易合成的3,3-双氯甲基氧环丁烷(BCMO)出发，在溶剂DMF中，与NaN_3在90～100℃反应2h，得到了BAMO单体，收率约25%。Cheradame和Murphy等人也通过在DMF中90℃下，BCMO与NaN_3反应2h得到BAMO单体，并进一步聚合得到PBAMO。Frankel以3,3-双溴甲基氧杂环丁烷(BBMO)为起始单体，按溶剂法合成了BAMO，但发现采用溶剂法合成的BAMO副反应较多，产品收率为50%～70%。同时他们还发现反应得到的粗BAMO用CH_2Cl_2溶解后经充填硅胶或氧化铝的柱子分离能达到足够的纯度。之后研究人员又开展了安全、对环境友好、廉价的相转移法合成BAMO的研究。由于叠氮金属盐易溶于水，BCMO不溶于水，在相转移催化剂(如四丁基铵盐)的作用下，可将叠氮离子从水相转移到有机相中，从而使叠氮化反应更易进行，反应速率取决于反应物在反应介质中的溶解性。Sanderson等人以1,1,1-三溴甲基-1-羟甲基甲烷(TBMHMM)为起始原料，水和甲苯为介质，四丁基溴化铵为相转移催化剂合成了BAMO，收率达85%以上。Frankel等人以BCMO为原料，水为溶剂，也采用相转移法合成了BAMO，收率为84.7%，纯度为98%。

近年来国内也开展了BAMO的合成及性能研究，如卢先明等人以1,1,1-三溴甲基-1-羟甲基甲烷为反应单体，采用溶剂法合成了BAMO。他们首先用1,1,1-三溴甲基-1-羟甲基甲烷在氢氧化钠存在的条件下进行关环，得到了中间体3,3-双溴甲基氧环丁烷(BBMO)，然后在溶剂中与NaN_3反应得到了BAMO。同时他们还表征了所合成BAMO的性能：外观为无色透明液体，n_{20}^{D}为1.5031，密度为1.22g/cm^3，氮含量为(49.9±0.1)%。张志刚等人以1,1,1-三溴甲基-1-羟甲基甲烷为原料、水和甲苯为反应溶剂、季铵盐为相转移催化剂，在NaOH的作用下经关环反应合成了3,3-双溴甲基氧杂环丁烷(BBMO)；再以季铵盐为相转移催化剂，BBMO在水相介质中经叠氮基取代反应得到3,3-双叠氮甲基氧杂环丁烷(BAMO)。BBMO的收率和纯度分别为81%和97.2%，BAMO的收率和纯度分别为80.9%和98.37%。同时他们还对两种方法进行了对比，结果发现采用相转移催化法制备BBMO和BAMO具有收率和纯度高、安全性好等特点，与十二烷基二甲基苄基氯化氨相比，相转移催化剂四丁基溴化铵的催化效果更好。本书作者也以三溴新戊醇TBNPA为原料，在碱性条件下进行关环合成了BBMO；然后采用相转移催化法合成了BAMO单体。在BBMO的合成过程中采用的是相转移催化法，其反应机理为：水相中的氢氧根与有机相中的羟基首先进行反应生成烷氧根负离子，然后在两相界面处与季铵盐发生负离子交换，带有烷氧根负离子的季铵盐再与分子内的溴甲基反应生成环醚 BBMO。相转移催化法合成 BBMO 的合成路线和反应机理分别如图 2－2 和图 2－3 所示。通过优化反应温度、相转移催化剂用量等，BBMO 的得率可达 92%。BAMO 的合成是以 BBMO 中的溴为离去基团，通过与 NaN_3 发生亲核取代反应，得到带有叠氮基团的环氧丁烷 BAMO，BAMO 的得率可达 84%。

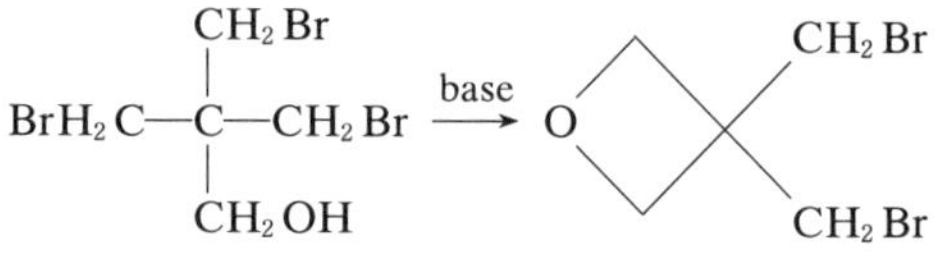

$$(BrH_2C)_3C-CH_2OH \xrightarrow{base} \text{3,3-}(CH_2Br)_2\text{-oxetane (BBMO)}$$

图 2－2　BBMO 的合成反应式

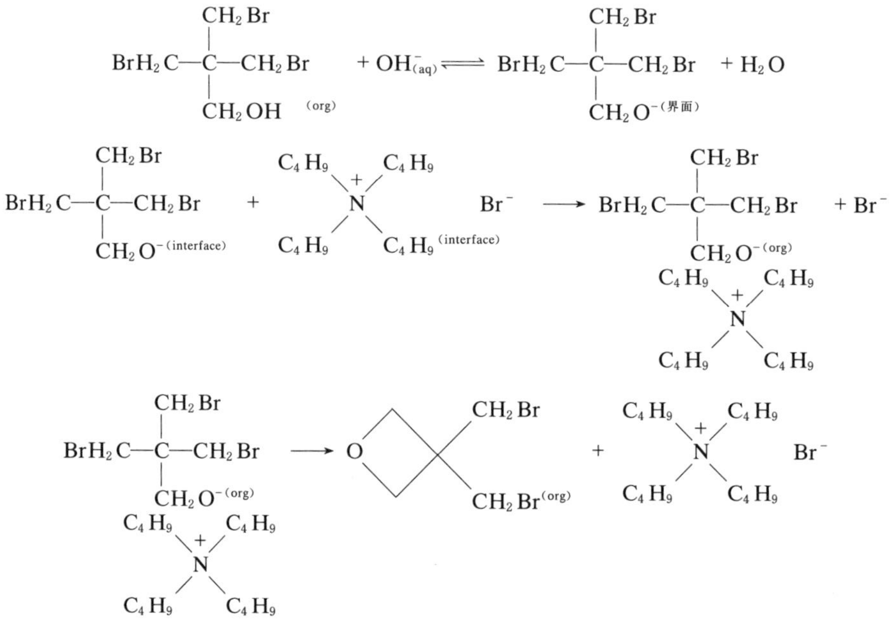

$$(BrH_2C)_3C-CH_2OH_{(org)} + OH^-_{(aq)} \rightleftharpoons (BrH_2C)_3C-CH_2O^{-}{}_{(界面)} + H_2O$$

$$(BrH_2C)_3C-CH_2O^{-}{}_{(interface)} + (C_4H_9)_4N^+Br^-{}_{(interface)} \longrightarrow (BrH_2C)_3C-CH_2O^{-}{}_{(org)}\,{}^{+}N(C_4H_9)_4 + Br^-$$

$$(BrH_2C)_3C-CH_2O^{-}{}_{(org)}\,{}^{+}N(C_4H_9)_4 \longrightarrow \text{3,3-}(CH_2Br)_2\text{-oxetane}_{(org)} + (C_4H_9)_4N^+Br^-$$

图 2－3　相转移催化法合成 BBMO 的反应机理

BAMO 的基本性能和感度如表 2－1 所列。从表 2－1 可以看出 BAMO 的感度很高，与硝化甘油相似，操作时需特别注意。

表 2－1　BAMO 的基本性能和感度

	密度/($g \cdot cm^{-3}$)	ΔH_f/($kJ \cdot mol^{-1}$)	冲击试验/J	摩擦试验/N	T_d/℃
BAMO	1.2	446.88	0.49	4	160
NG	1.6	−371	1.47	4.41	—

2. 3-叠氮甲基-3-甲基氧杂环丁烷(AMMO)

3-叠氮甲基-3-甲基氧杂环丁烷(AMMO)是另一种研究较多的叠氮类单体，其外观为无色透明液体，526Pa 下熔点为 46℃，n_{20}^{D} 为 1.4660，密度 1.06g/cm^3。AMMO 也是一类非常重要的反应性四元氧杂环单体，经阳离子开环聚合后可得到主链为聚醚结构、侧链上带有叠氮基团($-N_3$)、端基为羟基的液体含能聚合物。相对于聚叠氮缩水甘油醚(GAP)的三元环单体叠氮缩水甘油醚，AMMO 在进行阳离子聚合时，能实现可控聚合，其均聚物的相对分子质量和官能度能够进行有效的控制。

合成 3-叠氮甲基-3-甲基氧杂环丁烷时，必须先合成出其前体环 3-羟甲基-3-甲基氧杂环丁烷(HMMO)，HMMO 经过卤代反应或磺酸酯化反应可转化为含可离去基团(如—Br、—Cl 和—OTs 等)的中间体，中间体经过取代反应后即可得到目标化合物 AMMO。合成 AMMO 主要有两条路线(图 2-4)，两种路线都是先合成 HMMO，再合成含不同离去基团的中间体，然后经过叠氮化反应合成出 AMMO。

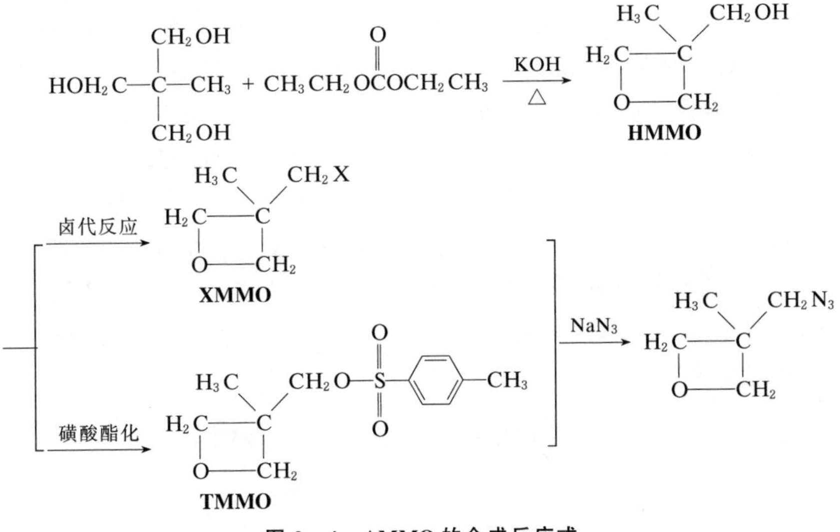

$$HOH_2C-C(CH_2OH)_2-CH_3 + CH_3CH_2OCOOCH_2CH_3 \xrightarrow[\triangle]{KOH} \text{HMMO}$$

HMMO $\xrightarrow{\text{卤代反应}}$ XMMO（CH_2X）；HMMO $\xrightarrow{\text{磺酸酯化}}$ TMMO（$CH_2O-SO_2-C_6H_4-CH_3$）；XMMO / TMMO $\xrightarrow{NaN_3}$ AMMO（CH_2N_3）

图 2-4 AMMO 的合成反应式

具体的合成过程：在氢氧化钾存在条件下，三羟甲基乙烷和碳酸二乙酯首先进行酯交换反应，再热解脱羧生成羟甲基氧杂环丁烷(HMMO)。然后，HMMO 可通过两种途径合成 AMMO：一种是 HMMO 与卤化剂(如亚硫酰氯、三溴化膦和 Ph_3P/Br_2 或 Ph_3P/CBr_4 等)经卤代反应生成卤代羟甲基氧杂环丁烷(XMMO)，最后进行叠氮化反应；另一种是 HMMO 与对甲苯磺酰氯经磺酸酯化反应生成 3-对甲苯磺酰氧甲基-3-甲基氧杂环丁烷(TMMO)，然后进行叠氮化取代反应生成 AMMO。其工艺流程如图 2-5 所示。

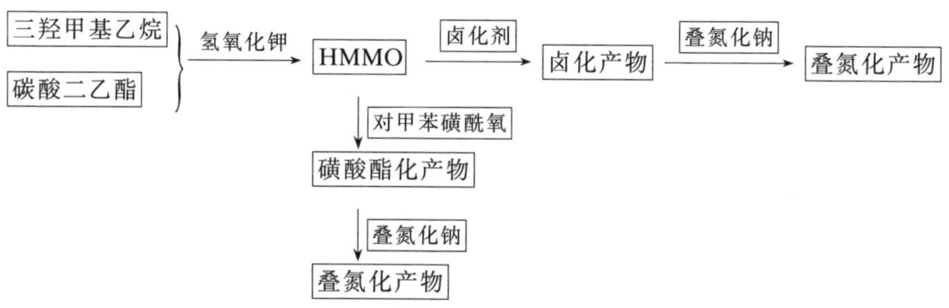

图 2-5 AMMO 的合成工艺流程

从理论上分析，HMMO 卤化法似乎是 BAMO 较为合理的合成路线，这主要是因为该反应中生成的副产物卤化氢是气体，故应该容易与 BAMO 分离。然而在实际采用 HMMO 卤化法合成 AMMO 时发现，由于氧丁环化合物在酸性条件下易发生阳离子开环反应，从而会生成低相对分子质量的副产物，使得产物 XMMO 的收率低。而且 XMMO 在进行叠氮化反应时，离去基团(—Cl 或—Br)不易离去，使得 AMMO 得率较低，一般仅为 50%左右。而 HMMO 磺酸酯化法合成 AMMO 是在低温下进行的，所生成的氯化氢气体能被有机碱吸收，不存在 TMMO 开环的问题，因而中间体 TMMO 的收率较高。而且磺酸酯基团也是一个容易离去的活性基团，从而使 TMMO 进行叠氮化反应更易进行，得率也较高。据文献报道，在二甲基亚砜中采用 HMMO 磺酸酯化法合成 AMMO 的得率可达 75%。本书作者采用 HMMO 磺酸酯化法合成了 AMMO：首先在低温下 HMMO 与对甲苯磺酰氯 TsCl 发生磺酸酯化反应生成中间产物 TMMO，以吡啶 Py 为缚酸剂吸收掉反应产生的氯化氢；然后以 TBAB 为催化剂对 TMMO 进行叠氮化，得到目标产物 AMMO。并对其反应条件进行了优化，AMMO 的得率可达 89%。AMMO 的合成反应式如图 2-6 所示。

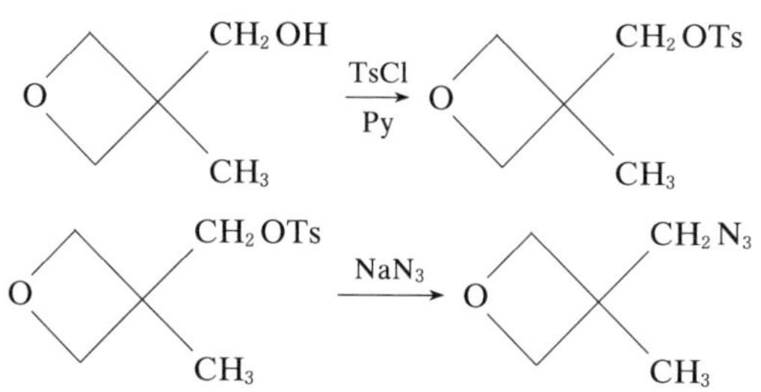

图 2-6 AMMO 的合成反应式

AMMO 的热感度较低，主要是由于在缓慢加热条件下，叠氮基还未分解单体就挥发了。但其机械感度较高，操作时需注意，其安全感度数据如表 2-2 所列。

表 2-2 AMMO 的安全感度数据

撞击感度/J	摩擦感度/N	T_d/℃
19.6	6	139

3. 3-叠氮基氧杂环丁烷(AZOX)

3-叠氮基氧杂环丁烷是早期研究者所合成的一种叠氮类含能单体，AZOX 的合成通过七步化学反应才能完成(图 2-7)，收率低，单体的感度很高，单体只能以二氯甲烷溶液的形式保存和使用，不能单独分离出来，实用价值不高。

H
H_2C—C—CH_2Cl + CH_3COOH ⟶ H_3COCOH_2C—C(H)(OH)—CH_2Cl + H_2C = $CHOCH_2CH_3$
O

CH_2Cl H
⟶ H_3COCOH_2C—C(H)—O—C—OCH_2CH_3 $\xrightarrow{NaOH}$ HOH_2C—C(H)—O—C—OCH_2CH_3
CH_3

H $OCHOCH_2CH_3$
$\xrightarrow{NaOH}$ H_2C—C CH_3 $\xrightarrow{H^+}$ H_2C—C(H)(OH) + H_3C—C_6H_4—SO_2Cl
O—CH_2 O—CH_2

H OTs H N_3
⟶ H_2C—C $\xrightarrow{NaN_3}$ H_2C—C
O—CH_2 O—CH_2

图 2-7 AZOX 的合成反应式

4. 3-叠氮甲基-3-乙基氧杂环丁烷(AMEO)

AMEO 单体是以 TMP 为起始原料，经关环、磺酸酯化、叠氮化三步反应得到的一种叠氮单体。AMEO 的合成反应式如图 2-8 所示。

OH
CH_2
HOH_2C—C—CH_2CH_3 $\xrightarrow[\text{碱性环境}]{\text{碳酸二乙酯}}$ HO O CH_3 $\xrightarrow{\text{对甲苯磺酰氯}}$
CH_2
OH
TMP HEMO

O O O
H_3C—C_6H_4—S—O CH_3 $\xrightarrow{NaN_3}$ N_3 CH_3
O
MTEO AMEO

图 2-8 AMEO 的合成反应式

2.3 硝酸酯类单体的合成

含有硝酸酯基的聚合物是除含叠氮基聚合物以外研究最多的另一类重要含能聚合物。硝酸酯类聚合物由于侧链上带有—ONO_2基团，与硝酸酯具有良好的相容性，而且其含氧量高，可大大改善推进剂燃烧过程中的氧平衡。以硝酸酯类聚合物为黏合剂的推进剂，由于黏合剂结构含有硝酸酯基团，可少用或不用感度较高的硝酸酯增塑剂，从而使推进剂的危险等级降低，提高推进剂加工和使用的安全性。典型的硝酸酯类聚合物主要有聚缩水甘油醚硝酸酯(PGN)和聚(3-甲基硝酸酯-3-甲基环氧丁烷)(PNIMMO)等。合成硝酸酯类聚合物的单体主要是硝酸酯取代的有机氧杂环小分子，硝酸酯基引入到有机氧杂环化合物的方法一般是通过O-硝化反应实现。

O-硝化反应是取代醇羟基中的氢原子形成硝酸酯的有机反应，即酯化反应。O-酯化是硝化试剂对醇中羟值氧的亲电进攻，也多是离子型历程。当以硝酸为硝化剂时，历程如反应式(2-5)～式(2-7)。

$$HNO_3 + HNO_3 \longrightarrow H_2NO_3^+ + NO_3^- \tag{2-5}$$

$$H_2NO_3^+ \rightleftharpoons NO_2^+ + H_2O \tag{2-6}$$

$$ROH + NO_2^+ \rightleftharpoons \left[R^+ \; O\begin{matrix} \diagup H \\ \diagdown NO_2 \end{matrix} \right] \rightleftharpoons RONO_2 + H^+ \tag{2-7}$$

上述反应历程是酰氧键断裂而不是烷氧键断裂，即醇羟基中的氢被硝酰基(—NO_2)取代，而不是醇中的羟基被硝酰氧基(—ONO_2)所取代，这一点是用含^{18}O的醇进行O-硝化证明的。至于O-硝化的离子型历程，则已被反应的动力学结果所支持。

常用的硝化剂主要是硝酸，从无水硝酸到稀硝酸都可以作为硝化剂。由于被硝化物质的性质和活泼性不同，硝化剂常常不是单独的硝酸，而是硝酸和各种质子酸(如硫酸)、有机酸、酸酐及各种路易斯酸的混合物，也可以使用氮的氧化物、有机硝酸酯等作为硝化剂。

合成硝酸酯时先将醇溶于硫酸中，随后再用硝酸或硝硫混酸硝化，则其反应历程是先生成硫酸酯，后者再在硝化时发生酯交换反应生成硝酸酯，而硫酸对醇的酯化则是烷氧键断裂历程，见式(2-8)。

$$\mathrm{HO-\overset{\overset{O}{\|}}{\underset{\underset{O}{\|}}{S}}-O\boxed{H+HO}R \rightleftharpoons ROSO_3H + H_2O}$$

$$\mathrm{ROSO_3H + HNO_3 \rightleftharpoons RONO_2 + H_2SO_4} \tag{2-8}$$

当醇的O-硝化在硝酸或硝硫混酸中进行时，NO_2^+ 对伯醇的进攻速度极快，为零级反应(如用65%的硝酸硝化甲醇)；对仲醇的进攻速度较低，为一级反应；而用98%硝酸硝化季戊四醇，则为二级反应。

醇的O-硝化是可逆的，伴随有水解的逆反应，且硫酸能加速硝酸酯的水解。但在大多数情况下，酯的水解速度比醇的酯化速度低得多。O-硝化通常以发烟硝酸(如硝化季戊四醇)或硝硫混酸(如硝化丙三醇)为硝化剂。由于O-硝化常伴随有氧化反应，所以应尽量降低硝化酸中的二氧化氮浓度。当以硝硫混酸硝化醇类时，要选择合理的混酸组成。

2.3.1 硝化方法

1. 浓硝酸硝化法

浓硝酸是最主要的硝化剂，其硝化反应主要是浓硝酸产生的 NO_2^+ 对羟基进行亲电进攻而实现的，硝酸通过以下过程产生 NO_2^+：

$$\mathrm{HNO_3 \rightleftharpoons H^+ + NO_3^-} \tag{2-9}$$

$$\mathrm{H^+ + HNO_3 \rightleftharpoons H_2NO_3^+} \tag{2-10}$$

$$\mathrm{H_2NO_3^+ \rightleftharpoons H_2O + NO_2^+} \tag{2-11}$$

式(2-9)～式(2-11)三步反应都是平衡反应，若需要高浓度的 NO_2^+，水量必须很少。常用的浓硝酸是含68%的 HNO_3，其沸点为120.5℃，硝化能力较强。

浓硝酸硝化法的应用并不是很广泛，这是由于它具有以下缺点：反应中生成的水会使硝酸的浓度降低，以致硝化速度不断下降或终止；硝酸浓度降低，不仅减缓了硝化反应的速率，而且使氧化反应速率显著增加，有时会发生侧链氧化反应，其原因是硝酸兼具硝化剂与氧化剂的双重功能，其氧化能力随着硝酸浓度的降低而增强(直至某一极限)，而硝化能力则随其浓度的降低而减弱。由此可见，硝酸浓度降低到一定浓度时，则无硝化能力，加之浓硝酸生成的 NO_2^+ 少，因而硝酸的利用率低。

2. 混酸硝化法

混酸主要是指硝酸和硫酸的混合物，硫酸和硝酸混合时，硫酸起酸的作用，

硝酸起碱的作用，其平衡反应式为

$$H_2SO_4 + HNO_3 \rightleftharpoons HSO_4^- + H_2SO_3^+ \tag{2-12}$$

$$H_2NO_3^+ \rightleftharpoons H_2O + NO_2^+ \tag{2-13}$$

$$H_2O + H_2SO_4 \rightleftharpoons H_3O^+ + HSO_4^- \tag{2-14}$$

综合反应式为

$$2H_2SO_4 + HNO_3 \rightleftharpoons NO_2^+ + H_3O^+ + 2HSO_4^- \tag{2-15}$$

在硝酸中加入强质子酸(如硫酸)可以生成更多的 NO_2^+，大大提高了硝化能力。混酸是应用最广泛的硝化剂，最常用的混酸是浓硝酸与浓硫酸，其比例为1∶3(质量比)。

混酸硝化法是最常用的硝化法，在工业生产上应用广泛，它克服了浓硝酸硝化的缺点，具有以下优点：混酸会比硝酸产生更多的 NO_2^+，所以混酸的硝化能力强、反应速率快、产率高；硝酸被硫酸稀释后，硫酸会使硝酸质子化从而导致氧化能力降低，不易产生氧化的副反应；混酸中的硝酸几乎可以全部利用；硫酸的比热容大，可吸收硝化反应中放出的热量，从而避免硝化的局部过热现象，使反应温度易于控制；浓硫酸能溶解多数有机物，增加有机物与硝酸的混合程度，使硝化易于进行；混酸对铸铁的腐蚀性很小，因而可使用铸铁作反应釜的材料。

混酸硝化法是在液相中进行的，操作方式分为间歇法和连续法。其加料顺序分为正加法、反加法和并加法三种，根据被硝化物性质及生产方式选择合适的加料顺序。正加法是指混酸加入硝化底物中，反应缓和，常用于易硝化底物的硝化；反加法是指被硝化物加入到混酸中，常用于硝化底物难以进一步硝化的反应；并加法是将硝化物与混酸按一定比例同时加入。

大多数混酸硝化是非均相反应，混酸和被硝化物质不互溶，而且反应放热量大，因此对硝化反应器要求满足传质好、传热好。

3. 硝酸/醋酐硝化法

硝酸/醋酐是仅次于硝酸和硝硫混酸的重要硝化剂，这种硝化剂中硝酸能与醋酐发生反应生成硝酸乙酰酯，硝酸乙酰酯作为硝化剂使用时反应快且无水生成(硝化反应中生成的水与醋酐结合生成醋酸)，同时硝酸/醋酐硝化法还具有酸性小、没有氧化性的特点，非常适合用于易被强酸破坏(如呋喃类)或易与强酸成盐而难硝化化合物(如吡啶类)的硝化。此外，醋酐对有机物有良好的溶解性，能使硝化反应在均相中进行。

硝化试剂硝酸乙酰酯由硝酸和醋酐在20℃反应制得，在-5℃下该硝化剂可在30min内将羟基硝化成硝酸酯，硝化产物几乎全部为一硝基化合物，多硝基化合物很少，收率可达 52%～66%。硝酸在醋酐中可任意溶解，一般硝酸/醋酐硝化剂中含硝酸 10%～30%，但这种硝化剂非常不稳定，久置会生成具有爆炸性的四硝基甲烷。

4．硝酸/有机溶剂法

当被硝化物为固体且容易被磺化时可选用有机溶剂中的硝化，有时为了防止被硝化物和硝化产物与硝化混合物发生反应或者水解，也可采用有机溶剂中的硝化。有机溶剂中硝化这种方法的优点是采用不同的溶剂，常常可以改变所得到的硝基异构产物的比例，避免使用大量的硫酸作溶剂，以及使用接近理论量的硝酸。常用的有机溶剂有冰醋酸、氯仿、四氯化碳、二氯甲烷、苯等，其中常用的是二氯甲烷。

二氯甲烷作为硝化时的溶剂具有以下优点：在常压下沸点为 41℃，对于低温下的硝化便于控制温度；一般只需要使用理论量的硝酸；利用二氯甲烷萃取硝化产物可起到提纯产品的作用。

5．五氧化二氮硝化法

五氧化二氮是一种新型的硝化试剂，它是无色晶体，在 10℃ 以下比较稳定，按照下列方式产生 NO_2^+：

$$N_2O_5 \rightleftharpoons NO_2^+ + NO_3^- \tag{2-16}$$

由于没有水存在，所以五氧化二氮是比较强的硝化剂。以 N_2O_5 为硝化剂制备硝酸酯类含能材料属于绿色硝化技术，因为 N_2O_5 作为硝化剂具有传统硝化剂无法比拟的优点：硝化过程反应热效应小，温度易于控制；无需废酸处理；产物分离简单；对多官能团反应物的硝化选择性高。

五氧化二氮的制备方法主要有以下几种：

(1)硝酸经五氧化二磷脱水法。该法发生的化学反应式如下：

$$2HNO_3(l) + P_2P_5(s) = N_2O_5(s) + 2HPO_3(l) \tag{2-17}$$

把过量的 P_2O_5 小心地加到由冰盐冷却的浓硝酸中，随后缓慢地蒸馏出反应瓶中的混合物(最好在臭氧化的氧气流中蒸馏)。产物为白色固体，需低温保存。这是迄今为止最方便、最常用的实验室制备 N_2O_5 的方法。

(2)N_2O_4 的臭氧氧化法。N_2O_4 与 O_3 发生的氧化反应如下：

$$2NO_2(l) + O_3(g) = N_2O_5(s) + O_2(g) \tag{2-18}$$

实验室中常将臭氧化的氧气通入液态的 NO_2 来制备 N_2O_5。如把液态 NO_2 装在一个 U 形管中，用冰盐冷却，然后在 U 形管中通入含臭氧的氧气。反应是瞬间完成的，可通过观察红色 NO_2 的颜色变化确定反应进程。纯品 N_2O_5 为白色结晶，在 -20℃ 环境中保存。

图 2-9 为半连续、连续以 N_2O_4 生产 N_2O_5 的装置示意图。含 O_3 的载流气通过 NO_2 有机溶液，形成的 N_2O_5 仍由载流气带入一低温有机溶剂（-70℃），N_2O_5 经冷凝以固体析出。有机溶剂一般是含 1～2 个 C 的氯代烃（如 CH_2Cl_2）或含 1～2 个 C 的氯氟烃。该法主要解决了 NO_2 通 O_3 反应放热引起 N_2O_5 分解和增加 NO_2 与 O_3 有效接触面积的问题。装置中吸收塔应略高于反应塔，以便让未反应的反应液能经回收管从吸收塔流回反应塔，从而提高效率。

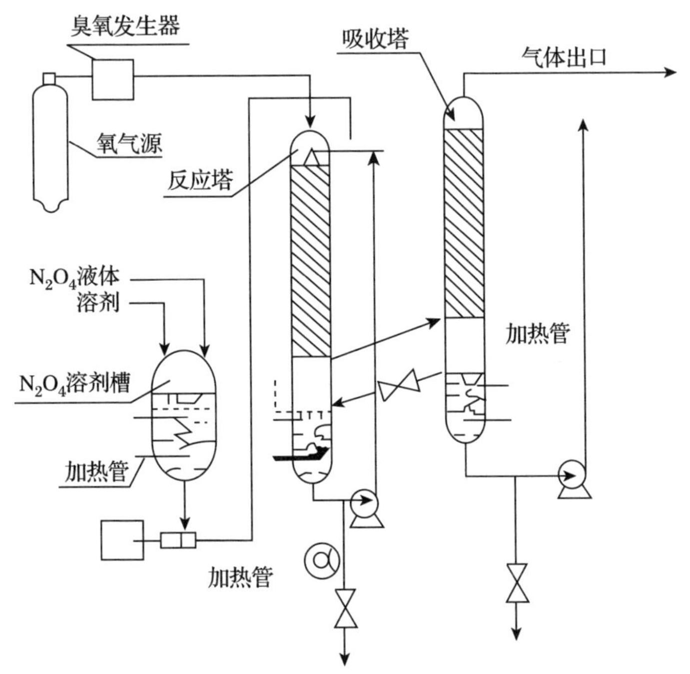

图 2-9 N_2O_5 的生产装置示意图

NO_2 是一种相对稳定的氮氧化物，一般用钢瓶储存和运输，我国在 20 世纪 50 年代就已开始大规模生产。作为生产 N_2O_5 的起始原料，其来源稳定，技术成熟。O_3 可通过臭氧发生器产生。臭氧氧化法原料价廉易得、操作简便，具有大规模生产的可能性。

(3) NO_2 电解氧化法。电池反应如下：

阳极反应：$2NO_2 + 2HNO_3 \longrightarrow 2N_2O_5 + 2H^+ + 2e$

阴极反应：$2HNO_3 + 2H^+ + 2e \longrightarrow 2NO_2 + 2H_2O$

总电池反应：$4HNO_3 \longrightarrow 2N_2O_5 + 2H_2O$

NO_2电解氧化法得到的是 N_2O_5硝酸溶液，经过一系列必要的后处理，可以得到纯 N_2O_5。处理的方法主要有两种：一种是用 NO_2萃取电解混合液，然后低温结晶出 N_2O_5；另一种是在电解混合液中加入一定比例的 NO_2，然后精馏得到 N_2O_5。图 2-10 为半渗透膜电解池生产 N_2O_5的工艺流程图。

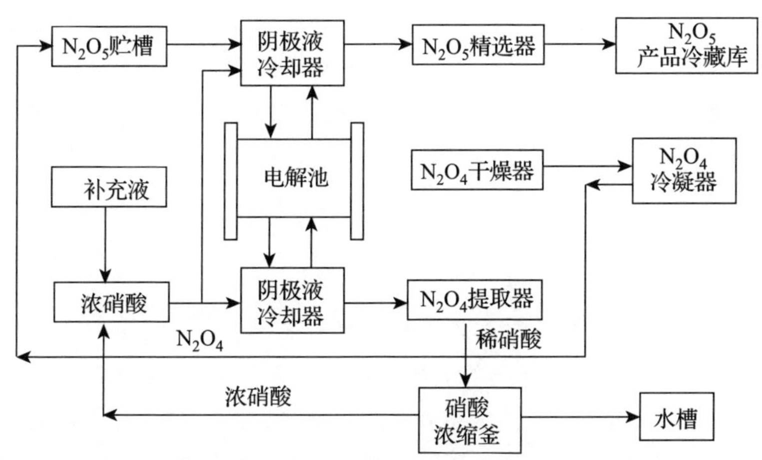

图 2-10　半渗透膜电解池生产 N_2O_5的工艺流程

N_2O_5 的制备方法各有优缺点，比较结果如表 2-3 所列。

表 2-3　制备 N_2O_5方法比较

方法	优点	缺点
硝酸经 P_2O_5 脱水法	实验装置简单，产品质量好	低温反应，操作难度大，适于实验室制备
N_2O_4 的臭氧氧化法	原料价廉易得，操作简单，可连续生产	耗电量大，收率低
NO_2 电解氧化法	产率高，可连续化生产	生产装置技术要求高

N_2O_5作为硝化剂可以进行三种类型的硝化反应，即 C 原子的硝化、杂环原子(N 原子和 O 原子)的硝化和选择性硝化(被硝化物质分子中含有酸敏性官能团)，分别生成芳香烃硝基化合物、硝胺或硝酸酯。N_2O_5硝化有机化合物一般在纯硝酸体系或有机溶剂体系中进行。N_2O_5-硝酸体系可提高 N_2O_5 离解为 NO_2^+ 的程度，增强 N_2O_5的硝化活性，但硝化过程无选择性，适用于芳香族化合物的硝化。而硝酸酯的合成则一般采用 N_2O_5-有机溶剂体系，传统方法制备的硝酸酯基化合物均可由此体系硝化相应的醇或环氧化物得到。

采用五氧化二氮作为硝化剂制备硝酸酯可以通过三个不同的反应体系进行：

N_2O_5-有机溶剂体系硝化、N_2O_5-固相载体体系硝化和引入保护基法硝化。

(1)N_2O_5-有机溶剂体系硝化。N_2O_5-有机溶剂体系是一种温和的硝化体系，可用来硝化有张力的三元、四元氧杂环或氮杂环化合物，以制备火炸药黏合剂。常用的有机溶剂一般是氯代烃(如二氯甲烷)。N_2O_5-有机溶剂体系能对酸敏性或水敏性物质进行硝化或多官能团物质的选择性硝化，并可用于既有应力环又有活泼基团物质的硝化，如对三元、四元氧杂环或醇及其衍生物进行硝化，生成相应的硝酸酯。采用环氧乙烷及其衍生物为底物，以 N_2O_5/CH_2Cl_2 为硝化剂，可得到一系列的1，2-二硝酸酯，反应通式为

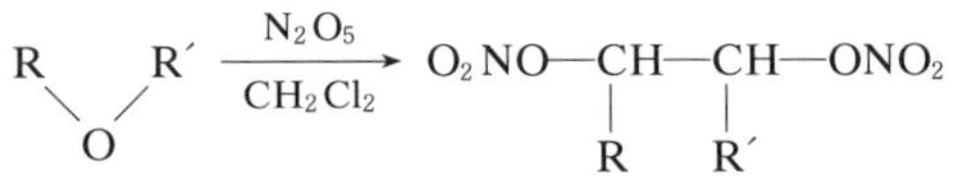

$$\underset{\text{(R, R'取代环氧乙烷)}}{\text{R—}\overset{\text{O}}{\triangle}\text{—R}'} \xrightarrow[CH_2Cl_2]{N_2O_5} O_2NO\text{—}\underset{\underset{R}{|}}{CH}\text{—}\underset{\underset{R'}{|}}{CH}\text{—}ONO_2 \tag{2-19}$$

N_2O_5-有机溶剂体系硝化氧杂环的典型步骤如下：在恒温浴中放置1个配备有温度计和填有CaCl干燥管的适当尺寸的干燥烧瓶，在磁力搅拌下加入一定量的 N_2O_5/CH_2Cl_2 溶液，当溶液达到指定温度时，在2～5min内加入足够量氧杂环的二氯甲烷溶液到指定的摩尔比，然后将混合物搅拌适当时间，并加入饱和 $NaHCO_3$ 溶液，以除去多余的酸，同时分离出二氯甲烷层，用无水 $MgSO_4$ 干燥，过滤，在负压、温度低于30℃的条件下，蒸馏过滤后的母液，即得到黏稠油状产品。图2-11为其工艺流程图。

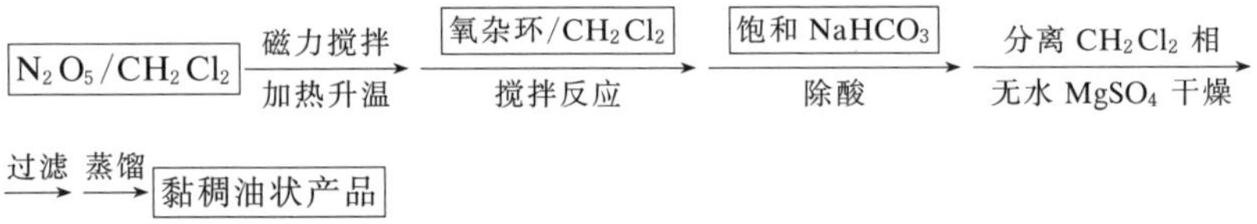

N_2O_5/CH_2Cl_2 —磁力搅拌/加热升温→ 氧杂环/CH_2Cl_2 —搅拌反应→ 饱和 $NaHCO_3$ —除酸→ 分离 CH_2Cl_2 相/无水 $MgSO_4$ 干燥 → 过滤 → 蒸馏 → 黏稠油状产品

图2-11　N_2O_5—有机溶剂体系硝化氧杂环的工艺流程

(2)N_2O_5-固相载体体系硝化。在反应体系中加入固相载体，通过细粒载体表面的非均质反应可以简化产物与反应物(和其他副产物)的分离过程，并且反应较安全。以固体物如黏土和沸石作为载体吸附 N_2O_5，将制得的黏土-N_2O_5 或沸石-N_2O_5 作为固体硝化剂合成硝酸酯。其特点是反应不是在溶剂中进行的，而是在载体表面进行的。

黏土-N_2O_5 体系硝化醇的实验过程如下：将经真空烘箱干燥的蒙脱土，加入到配有磁力搅拌且烘干的圆底烧瓶中，然后将烧瓶连接到 N_2O_5 装置的1个收集出口上，搅拌黏土并确保其翻转。在外置的干冰/丙酮浴中将烧瓶冷却到-78℃后，通入 N_2O_5 气。2h后，移去烧瓶，蒙脱土增加的质量即为 N_2O_5 的沉积量。将生成的 N_2O_5 质量分数为10%～20%的蒙脱土，在己烷中于-5～0℃

和相应的醇进行硝化反应 0.5～1h。反应完全后，过滤，用二氯甲烷洗涤废黏土层。滤液则用饱和 $NaHCO_3$ 溶液中和，然后分出有机层，用无水 $MgSO_4$ 干燥，过滤，真空下除去溶剂，即可得到硝酸酯产品。

(3)引入保护基法硝化。在硝酸酯的制备过程中，若反应物中含有酸，酸会与醇反应生成单硝酸酯，通常在硝化前要除去反应物中的酸。为了简化操作步骤，也为使反应在友好的环境中进行，可用不同的保护基对醇羟基进行保护，然后用 N_2O_5 脱除保护基，从而制得硝酸酯。

聚合物多元醇在水或普通溶剂中的溶解度很低，用一般的混酸很难完全硝化，即使溶解在适当的溶剂中，硝化产率也相当低。同时，由于混酸的选择性不高，易产生副产物。此时可采用在反应中加入烷基或芳基硼酸将 1,2 -或 1,3 -二元醇酯化得到相应的硼酸酯，然后硼酸酯与 N_2O_5 在有机溶剂中直接反应，生成相应的二硝酸酯产品，硼酸盐可回收利用。反应通式如下：

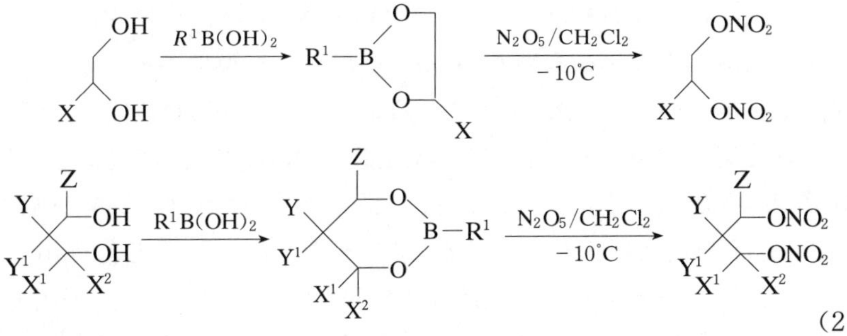

$$\text{X–CH(OH)–CH}_2\text{OH} \xrightarrow{R^1B(OH)_2} \text{R}^1\text{–B(O)(O) (cyclic, X)} \xrightarrow[-10^\circ C]{N_2O_5/CH_2Cl_2} \text{X–CH(ONO}_2\text{)–CH}_2\text{ONO}_2$$

$$\text{(Y)(Y}^1\text{)C–(Z)CH–OH / (X}^1\text{)(X}^2\text{)C–OH} \xrightarrow{R^1B(OH)_2} \text{cyclic boronate B–R}^1 \xrightarrow[-10^\circ C]{N_2O_5/CH_2Cl_2} \text{(Y)(Y}^1\text{)(Z)–ONO}_2\text{, (X}^1\text{)(X}^2\text{)–ONO}_2 \qquad (2-20)$$

该反应的工艺过程：以氩气为保护气，加入烷基或芳基硼酸、多元醇和二乙醚。室温下搅拌 3～4h，当生成的水出现明显分层时，加入戊烷，然后再加入无水 $MgSO_4$，过滤，除去溶剂，减压精馏，即得到硼酸酯中间体。这些硼酸酯较稳定，即使长时间暴露在空气中也不易分解。以氮气为保护气，加入 N_2O_5/CH_2Cl_2 和硼酸酯/CH_2Cl_2 混合液，在 -5～20℃ 搅拌 3～4h，然后加入饱和 $NaHCO_3$ 溶液，在 CH_2Cl_2 层中加入无水 $MgSO_4$，干燥，过滤，除去溶剂得粗产品。对粗产品再进一步提纯，即得到硝酸酯产品。图 2 - 12 为硼酸酯保护法硝化二元醇的工艺流程图。

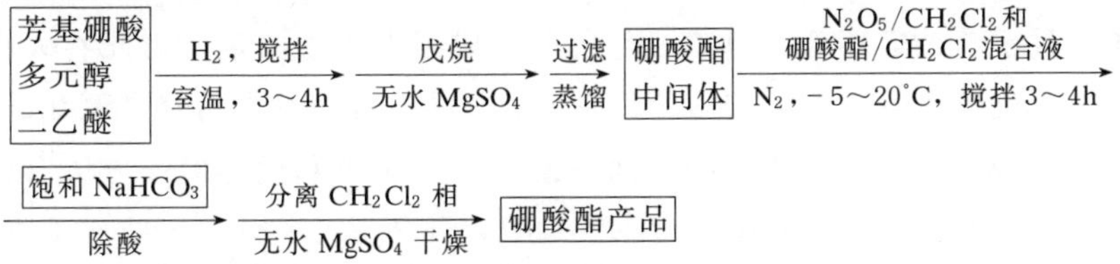

芳基硼酸、多元醇、二乙醚 →（H_2，搅拌；室温，3～4h）→（戊烷；无水 $MgSO_4$）→（过滤；蒸馏）→ 硼酸酯中间体 →（N_2O_5/CH_2Cl_2 和硼酸酯/CH_2Cl_2 混合液；N_2，-5～20°C，搅拌 3～4h）→（饱和 $NaHCO_3$；除酸）→（分离 CH_2Cl_2 相；无水 $MgSO_4$ 干燥）→ 硼酸酯产品

图 2 - 12 硼酸酯保护法硝化二元醇的工艺流程

2.3.2 典型硝酸酯类单体的合成

1. 3-硝氧甲基-3-甲基氧杂环丁烷

3-硝氧甲基-3-甲基氧杂环丁烷(NIMMO)的分子式为 $C_5H_9NO_4$，相对分子质量为147，常温下为淡黄色液体，不溶于水，易溶于三氯甲烷等有机溶剂，玻璃化转变温度约为-9℃，加热到113℃以上时开始分解，分解产物主要是 N_2 及—NO_2 和—CH_3 等基团，反应热约为191kJ/mol。NIMMO主要通过各种硝化剂对3-羟甲基-3-甲基氧杂环丁烷(HMMO)进行硝化而得，反应式如下：

$$\text{HMMO (H}_3\text{C, CH}_2\text{OH 取代的氧杂环丁烷)} \xrightarrow{\text{硝化}} \text{NIMMO (H}_3\text{C, CH}_2\text{ONO}_2\text{ 取代的氧杂环丁烷)} \tag{2-21}$$

常用的硝化剂主要有硝酸-乙酸酐硝化剂和 N_2O_5 等。硝酸-乙酸酐硝化剂硝化法是在冰水浴中将发烟硝酸稀释为95%的溶液，在温度不超过10℃的情况下滴加到一定量的乙酸酐中，冷却后在强烈搅拌下加入到HMMO与三氯甲烷的反应器中，控制反应温度不超过0℃，然后用稀 $NaHCO_3$ 溶液洗涤至水层澄清，静置分离后用无水 $MgSO_4$ 干燥过夜，最后减压浓缩抽除溶剂后即得到NIMMO。这是目前实际生产过程中较为成熟的工艺，但该工艺要用到发烟硝酸，既易伤害到操作人员，又会造成环境污染。同时，硝酸-乙酸酐硝化液作为硝化剂时会产生易爆炸的四硝基甲烷，故存在复杂的后处理步骤，从而导致生产效率较低，操作也比较繁琐。NIMMO单体的合成依赖于HMMO中羟基的选择性硝化，在三氯甲烷溶液中通过控制反应条件，采用 N_2O_5 为硝化剂则可很容易实现，反应式如下：

$$\text{HIMMO} \xrightarrow[-5^\circ\text{C},\ 45\text{min}]{N_2O_5,\ 1\text{mol}} \text{NIMMO} + HNO_3 \tag{2-22}$$

用 N_2O_5 作硝化剂、三氯甲烷为溶剂制备NIMMO比较简便，该反应的硝化选择性强、产物收率高、放热少、温度易于控制，一般在室温下几分钟内即可完成，且不会污染环境。但该工艺反应完成后需除去溶剂，对此有人提出了用液态二氧化碳代替三氯甲烷，硝化完毕后只需升高温度即可将二氧化碳除去，这不仅可以避免产生有害废弃物，而且溶剂可以循环利用。但该方法需要在较高压力($p \geqslant 14$MPa)及较低温度($T \leqslant 0$℃)下进行。为了有助于含能单体NIMMO的放大合成，Golding等人采用流动硝化反应系统对此过程进行了研究，产物收率和纯度显著提高，得到的单体可以直接进行聚合反应。

2. 3,3-二硝氧甲基氧杂环丁烷

3,3-二硝氧甲基氧杂环丁烷(BNMMO)也是一种含有硝酸酯基团的含能聚合物单体。早期 BNMMO 的合成是通过硝化季戊四醇之后进行关环反应得到的。如 Manser 等人在 0℃下使用 60%的硝酸对季戊四醇进行硝化制备出季戊四醇三硝酸酯，之后季戊四醇三硝酸酯与乙醇钠进行关环反应得到了 BNMMO，然而整个反应的得率仅能达到 25%左右。反应式如下：

$$C(CH_2OH)_4 + HNO_3 \xrightarrow{0^\circ C} HOCH_2C(CH_2ONO_2)_3 \xrightarrow[\text{回流 24h}]{EtONa} \text{O}\langle\rangle C(CH_2ONO_2)_2 \tag{2-23}$$

为提高 BNMMO 的产率，Manser 等人在无水条件下使用硝酸-乙酸酐作为硝化剂对 3,3-二羟甲基氧杂环丁烷进行硝化制备了 BNMMO。反应式如下：

$$\text{O}\langle\rangle C(CH_2OH)_2 + 2AcONO_2 \longrightarrow \text{O}\langle\rangle C(CH_2ONO_2)_2 \tag{2-24}$$

虽然使用硝酸-乙酸酐硝化合成 BNMMO 具有得率高、产物纯度好的优点，但是由于硝酸-乙酸酐久置易爆炸，因此这种方法被摒弃了。为了克服以上两种 BNMMO 合成方法的缺陷，Manser 和 Hajik 提出了在无水酸酐中利用浓硝酸直接硝化 3,3-二羟甲基氧杂环丁烷制备高纯度 BNMMO 的方法，合成产物的得率较高(73%)，同时提高了合成反应的安全性，反应式如式(2-25)所示。但是由于 BNMMO 的感度很高，目前并未以此为单体合成出含能聚合物。

$$(HOH_2C)(HOH_2C)C\begin{matrix}-CH_2\\-CH_2\end{matrix}\!>O \xrightarrow{HNO_3} (O_2NOH_2C)(O_2NOH_2C)C\begin{matrix}-CH_2\\-CH_2\end{matrix}\!>O \tag{2-25}$$

3. 缩水甘油醚硝酸酯

早在 1953 年，国外就合成了缩水甘油醚硝酸酯(GLYN)及其聚合物，但由于单体的批量合成和提纯问题无法解决，再加上人们担心在聚合过程中会发生爆炸，因此这种单体及其聚合物并没有得到重视。新型硝化试剂 N_2O_5 的出现为解决 GLYN 单体的高效安全合成提供了可能。N_2O_5 硝化速度很快(以秒计)，得到产物的收率和纯度较高。采用 N_2O_5 进行硝化的优点是 N_2O_5 在溶剂中可定量地将缩水甘油醚硝化为 GLYN，纯度很高，无需提纯。以 N_2O_5 作硝化剂合成 GLYN 过程如下：

$$H_2C\overset{H}{\underset{\backslash O/}{—}}C—CH_2OH \xrightarrow{N_2O_5} H_2C\overset{H}{\underset{\backslash O/}{—}}C—CH_2ONO_2 \tag{2-26}$$

但是用N_2O_5硝化缩水甘油醚时发现，硝化过程中反应温度常常需要控制在-70～-10℃；为了防止发生自聚反应，原料缩水甘油醚必须在低温下储存，能耗较高；而且缩水甘油醚价格昂贵，N_2O_5的制备还需专用设备，导致以N_2O_5作硝化剂时成本较高。这些缺点极大地限制了N_2O_5作为硝化剂在合成 GLYN 中的应用。早期合成 GLYN 采用的间断反应器法也不适合合成工艺的要求，原因是缩水甘油醚在反应器中停留时间过长，从而导致副反应增多，如生成高感度的硝化甘油等，同时硝化过程中很难控制反应热，可能会导致含能硝基的爆炸分解，因而单体的间歇合成及在聚合时单体的提纯也是一个很危险的过程。1990 年英国防卫研究所（DRA)的 Miller 等人发明了 GLYN 的连续流动床反应器法，他们通过控制流速和传热即可直接得到高纯度的 GLYN，彻底解决了 GLYN 的高效安全合成问题。

但是从成本等方面考虑，N_2O_5硝化缩水甘油醚合成 GLYN 的路线不尽理想。国外研究者一直在开展 GLYN 的低成本合成研究，如 Cannizzo 等人发明了一种低成本合成 GLYN 的方法，他们以甘油为起始原料，首先采用硝酸对甘油进行硝化生成含有二个硝基的硝化甘油，生成的二硝基甘油再与 NaOH 进行关环反应，从而合成出了 GLYN。其反应路线如下：

$$\text{HO}\diagdown\!\diagup\!\overset{\text{OH}}{|}\!\diagdown\!\diagup\text{OH} \xrightarrow[\text{低温}]{HNO_3} \text{HO}\diagdown\!\diagup\!\overset{\text{ONO}_2}{|}\!\diagdown\!\diagup\text{ONO}_2 \xrightarrow{\text{NaOH}} \text{ONO}_2\diagdown\!\diagup\!\triangleleft \tag{2-27}$$

该方法的优点是：工艺简单，反应在常温下进行，生成的二硝基甘油经 NaOH 处理后便制得 GLYN，而副产物单硝基甘油水解后的生成物与反应液不互溶，可分离除去，硝化甘油对后续的聚合反应无影响，所得 GLYN 单体无需精馏，可直接用于 GLYN 的聚合。由于所用原料甘油和硝酸价格低廉易得，因此极大地降低了 GLYN 的合成成本。

国内对 GLYN 的合成研究开展较晚，2005 年邱少君等人进行了一锅法合成 GLYN 的研究。具体合成路线是将环氧氯丙烷滴加到质量分数 35%的稀硝酸中，于 20℃ 左右进行开环反应，然后用 NaOH 溶液进行闭环反应制得 GLYN 单体，产率为 60%，反应式如式(2-28)所示。此法最大的优点是操作简单，成本较低，原料易得，安全性能较好。

$$\text{环氧氯丙烷} \xrightarrow{HNO_3} Cl\text{-}CH_2CH(OH)CH_2\text{-}ONO_2 + Cl\text{-}CH_2CH(ONO_2)CH_2\text{-}OH + Cl\text{-}CH_2CH(ONO_2)CH_2\text{-}ONO_2 \xrightarrow{NaOH} O_2NO\text{-}CH_2\text{-缩水甘油} \quad (2-28)$$

通过比较 GLYN 的几种不同合成方法可以看出，从降低成本和工艺危险性的角度考虑，应在 GLYN 的合成过程中尽量避免纯化步骤，以减少产品精馏增加的工艺成本，并提高合成工艺的安全性。

2.4 硝胺类单体的合成

硝胺类聚合物具有良好的热稳定性，而且与含有硝基的增塑剂及硝胺类炸药的相容性好。硝胺基团主要分布在硝胺类聚合物的侧链上，这样可以减少硝胺键对醚键的影响，从而形成稳定的硝胺类聚合物。目前研究最多的合成硝胺类聚合物的单体主要有 1,3 -甲硝胺甲基- 3 -甲基环氧丁烷(MNAMMO)、3,3 -二甲硝胺甲基环氧丁烷(BMNAMO)和 2 -甲硝胺基乙基缩水甘油醚(NGE)等。硝胺类单体的合成也有直接法和间接法。

2.4.1 硝胺类单体的合成原理

1. 直接法合成硝胺类单体

直接硝化法合成硝胺类单体的反应，主要有直接 N -硝化反应和硝解反应。

直接 N -硝化是以硝基取代氮上氢原子，是硝化试剂对氮的亲电攻击，多为离子型反应历程。当以硝酸为硝化剂时，反应原理如式(2 - 29)所示。

$$HNO_3 + H^+ \rightleftharpoons H_2NO_3^+ \rightleftharpoons NO_2^+ + H_2O$$

$$RNHR' + NO_2^+ + \rightleftharpoons \left[\begin{array}{c} NO_2 \\ | \\ + \\ RNR' \\ | \\ H \end{array} \right] \xrightarrow{B} RN(NO_2)R' + BH \quad (2-29)$$

在合成和生产一些很重要的硝胺类炸药时，虽然也形成了 N—NO_2，但并不是以 NO_2^+ 直接取代底物中的氢，即不是发生 N—H 键的断裂，而是发生 C—N 键的断裂形成的 N—NO_2，这种 N -硝化常称为硝解。硝解历程如式(2 - 30)所示。

$$R_2NCH_2R' + HONO_2 \longrightarrow R_2NNO_2 + {}^+CH_2R' \xrightarrow{NO_3^-} O_2NOCH_2R' \quad (2-30)$$

后来，硝解反应的范围又得到进一步扩展，即凡不是通过 N—H 键发生N-硝化而形成硝胺的反应均称为硝解。例如，$RNCl_2$ 发生 N—Cl 键断裂而生成 $RNHNO_2$，由 R_2NCOR' 发生 C—N 键断裂而生成 R_2NNO_2 及酸 $R'CO_2H$ 等。

2. 间接法合成硝胺类单体

除了对化合物直接 N-硝化外，也可通过置换化合物中其他原子或官能团以形成硝胺类化合物，或通过氧化、加成等反应，称为间接硝化反应。合成硝胺类单体常用的间接硝化反应有亲核取代反应。

卤代烷分子中 C—X 键的 σ 电子偏向卤原子，使碳原子带有部分正电荷，卤原子带有部分负电荷，表示为 $C^{\delta+} \rightarrow X^{\delta-}$。亲核取代反应就是其他带有负电荷或带有孤对电子的原子或原子团进攻卤代烷中带正电荷的碳原子，卤原子带一对电子离开生成卤素负离子。由于是负离子进攻碳原子核而发生的取代反应，故称为亲核取代反应。一般将卤代烷 RX 称为反应底物，进攻的原子或原子团称为亲核基团，表示为 Nu^-，卤原子称为离去基团，用 L^- 或 X^- 表示。卤代烷亲核取代反应方程式表示如下：$R^{\delta+}-X^{\delta-}+A^{\delta+}-Nu^{\delta-} \rightarrow R^{\delta+}-Nu^{\delta-}+A^{\delta+}X^{\delta-}$。当亲核基团 Nu 中含有硝胺基团时，可得到硝胺类的取代产物 R—Nu。

2.4.2 典型的硝胺类单体的合成

1. 3-甲硝胺甲基-3-甲基环氧丁烷

早期硝胺类聚合物单体的早期合成是通过硝酸直接硝化来制备相应的氨基环氧丁烷，结果发现在合成过程中大多数环都发生了断裂，得率较低。后来 Manser 等人对此方法进行了改进，在极为温和的条件下制备出了硝胺类环氧丁烷单体。他们用甲硝胺基钠与碘甲基环氧丁烷在加热的乙醇中反应，成功地制备出了 3-甲硝胺甲基-3-甲基环氧丁烷（MNAMMO）。合成反应式如式（2-31）所示。

$$\text{(3-iodomethyl-3-methyloxetane; } CH_2I\text{)} + NaN(NO_2)CH_3 \xrightarrow[\text{加热}]{EtOH} \text{(oxetane; } CH_2N(NO_2)CH_3\text{)} \qquad (2-31)$$

2. 3,3-二甲硝胺甲基环氧丁烷

类似 MNAMMO 的合成过程，3,3-二甲硝胺甲基环氧丁烷（BMNAMO）也可以在乙醇中将二碘甲基氧杂环丁烷和甲基硝胺钠共加热反应而得，反应过程如式（2-32）所示。

$$\text{(3,3-二(碘甲基)氧杂环丁烷)}\ \mathrm{O(CH_2)_2C(CH_2I)_2} + NaN(NO_2)CH_3 \xrightarrow[\triangle]{\text{乙醇}} \mathrm{O(CH_2)_2C[CH_2N(NO_2)CH_3]_2} \qquad (2-32)$$

3. 2-甲硝胺基乙基缩水甘油醚

2-甲硝胺基乙基缩水甘油醚(NGE)的合成可以通过以下四步反应完成：

$$CH_3NH_2 + \underset{\text{O}}{CH_2{-}CH_2} \xrightarrow{10\sim30^\circ C} CH_3NHCH_2CH_2OH \qquad (2-33)$$

$$\underset{|\atop H}{CH_3N}CH_2CH_2OH + 2HNO_3 \xrightarrow[ZnCl_2]{(CH_3CO)_2O} \underset{|\atop NO_2}{CH_3N}CH_2CH_2ONO_2 + 2H_2O \qquad (2-34)$$

$$\underset{|\atop NO_2}{CH_3N}CH_2CH_2ONO_2 + NH_2NH_2 \cdot H_2O \longrightarrow \underset{|\atop NO_2}{CH_3N}CH_2CH_2OH + NH_2NHNO_2 \qquad (2-35)$$

$$\underset{|\atop NO_2}{CH_3N}CH_2CH_2OH + ClCH_2\underset{\text{O}}{CH{-}CH_2} \xrightarrow[50^\circ C]{NaOH} \underset{|\atop NO_2}{CH_3N}CH_2CH_2OCH_2\underset{\text{O}}{CH{-}CH_2} + NaCl + H_2O \qquad (2-36)$$

上述反应的关键在于反应式(2-34)～式(2-36)能否顺利进行。一般情况下仲硝胺对 NaOH 不够稳定，但由于甲硝胺基乙醇(NAEL)的硝胺基上连接了推电子的甲基而使其酸性降低，且甲基上 σ_{C-H} 键与硝胺基形成 σ—p—π 共轭，使结构中电子云分散，极化程度减小，趋于稳定。再加上羟基活泼氢距硝胺基隔了两个碳原子，又使其酸性得到进一步的减弱，因此可使 NGE 的结构能稳定存在。但是由于产物 NGE 沸点较高，且与 NAEL 的沸点相近，用减压蒸馏或分馏手段都无法将之分离纯化。可以利用 NGE 与 NAEL 的极性差异，采用双溶剂萃取法得到高纯度的 NGE。

2.5 二氟氨类单体的合成

与其他含能聚合物相比，含有二氟氨基的聚合物密度较大、能量更高。二氟氨基类含能聚合物是继叠氮基、硝酸酯基含能聚合物之后又一重要的含能聚合物，现已成为美国等国家重点研究的含能聚合物。目前得到应用的二氟氨类含能聚合物主要为3-二氟氨基甲基-3-甲基环氧丁烷(DFAMO)和3,3-双(二氟氨基甲基)、环氧丁烷(BDFAO)的均聚物和共聚物。

迄今为止，国内外已开发出多种制备二氟氨基化合物的方法，主要包括四氟肼的游离基反应、HNF_2的烃基化反应和直接氟化法。

2.5.1 二氟氨类单体合成原理

二氟氨基含能基团的引入方法主要有以下几种：

1. 四氟肼的游离基反应

通过四氟化肼(N_2F_4)的游离基反应引入二氟氨基，主要是利用N_2F_4对不饱和双键的加成反应实现的。N_2F_4很容易与双键发生加成反应，并且一般条件下不发生副反应；但与具有强负电性基团取代的烯，如顺丁烯二酸酐、2,3-二硝基丁烯、四氰基乙烯等则不发生加成反应。

William 等在对N_2F_4的加成反应进行动力学研究后提出了其反应机理，如图2-13所示。

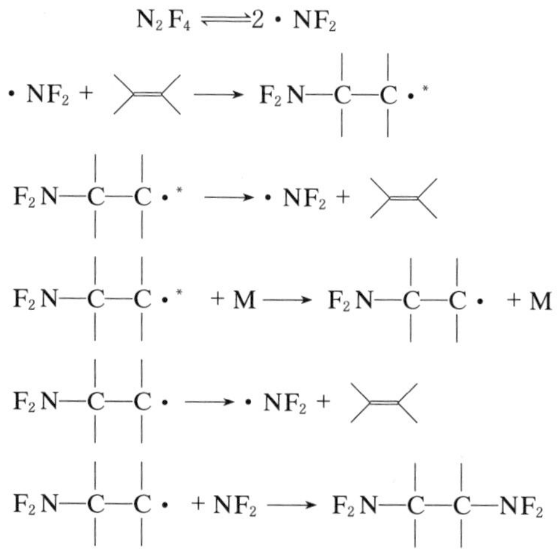

$$N_2F_4 \rightleftharpoons 2\cdot NF_2$$

$$\cdot NF_2 + \mathrm{C{=}C} \longrightarrow F_2N-\overset{|}{\underset{|}{C}}-\overset{|}{\underset{|}{C}}\cdot^{*}$$

$$F_2N-\overset{|}{\underset{|}{C}}-\overset{|}{\underset{|}{C}}\cdot^{*} \longrightarrow \cdot NF_2 + \mathrm{C{=}C}$$

$$F_2N-\overset{|}{\underset{|}{C}}-\overset{|}{\underset{|}{C}}\cdot^{*} + M \longrightarrow F_2N-\overset{|}{\underset{|}{C}}-\overset{|}{\underset{|}{C}}\cdot + M$$

$$F_2N-\overset{|}{\underset{|}{C}}-\overset{|}{\underset{|}{C}}\cdot \longrightarrow \cdot NF_2 + \mathrm{C{=}C}$$

$$F_2N-\overset{|}{\underset{|}{C}}-\overset{|}{\underset{|}{C}}\cdot + NF_2 \longrightarrow F_2N-\overset{|}{\underset{|}{C}}-\overset{|}{\underset{|}{C}}-NF_2$$

图2-13 N_2F_4的加成反应机理

反应活化能随烯烃的性质不同而异，负电性取代基使反应速率减慢，而烃基和芳香基则大大加快反应，且加成反应没有立体专一性。在较高温度时，加成反应为可逆反应，且对N_2F_4的纯度要求很高，不纯的N_2F_4中含有NO，参与反应时生成亚硝基中间体，它进一步与N_2F_4作用生成氟代氧化偶氮基化合物，其性质不稳定而且增加了后续产物纯化的难度。由于N_2F_4室温下为剧毒、易爆炸气体，其实际应用受到限制。

炔键与 N_2F_4 的加成反应比烯烃反应慢得多。其反应复杂，产率很低，同时不能得到 4 个 NF_2 的加成产物，且加成产物容易重排成氟代亚氨基化合物。

2. 二氟胺（HNF_2）的烃基化反应

通过二氟化氨（HNF_2）的烃基化反应引入二氟氨基也是一类非常重要的合成二氟氨基化合物的方法，此反应是制备偕二氟氨基化合物最常用的反应。HNF_2 烃基化反应为碳阳离子反应机理。HNF_2 是极弱的亲核试剂，故碳离子需要有足够的亲电性，反应条件根据生成碳离子的难易以及碳阳离子的活性而定。

Freeman 等报道了 HNF_2 与羰基的反应，在无催化剂存在时得到加成物 α-二氟氨基醇，且该反应为可逆反应[式(2-37)]。

$$R_1R_2C{=}O + HNF_2 \rightleftharpoons R_1R_2C(OH)(NF_2) \qquad (2-37)$$

以浓硫酸为催化剂，二氟氨基作为亲核试剂，通过碳正离子的烷基化可得到偕二氟氨基化合物；当羰基旁有负电子取代基时，则需要较为激烈的反应条件。Edward 利用此方法合成了一种新型二氟氨基化合物，由于端基氯具有一定的反应活性，可进一步转化为含能基团，生成能量更高的化合物[式(2-38)]。

$$Cl{-}(CH_2)_3{-}\overset{O}{\overset{\|}{C}}{-}(CH_2)_3{-}Cl + NHF_2 \xrightarrow[CH_2Cl_2]{H_2SO_4} Cl{-}(CH_2)_3{-}C(NF_2)_2{-}(CH_2)_3{-}Cl \qquad (2-38)$$

3. 直接氟化法

二氟氨基化合物还可以通过直接氟化制备。20 世纪 60 年代 Banks 等人报道了尿素的水相直接氟化法，结果使直接氟化法得到了应用。研究认为，元素氟的水相氟化可能是元素氟对氮的亲电进攻。一氟尿素在水中离解，使单取代的 N 比未取代的 N 更为亲核，形成二氟尿素，强负电性的 NF_2 基团使另一个 N 的碱性降低，不能再氟化，所以尿素的水相直接氟化总是得到二氟尿素。这一氟化法还可以应用于氟化酰胺、氨基甲酸酯等，用于二氟氨基化合物的合成。一氟代氨基甲酸酯由于其共轭碱不活泼，亲核取代不易发生，需要在乙腈或二甲基甲酰胺（DMF）等极性较大的溶剂中，发生溶剂化后才能进一步氟化，如式(2-39)所示。

$$C_6H_{10}(NHAc)_2 \xrightarrow[MeCN]{F_2} C_6H_{10}(NHAc)(NF_2) \xrightarrow[MeCN]{F_2} C_6H_{10}(NF_2)_2 \qquad (2-39)$$

2.5.2 典型的二氟氨类单体的合成

早在20世纪60年代，国内外的研究者就合成了许多二氟氨基化合物，但这些化合物都具有感度高和化学不稳定(其原因主要是二氟氨基化合物具有强的吸电子作用，形成的—NF_2的结构很不稳定，因此易于失去HF而生成腈)的缺点。此外，在制备二氟氨基化合物的过程中存在着合成步骤多、产物得率低、中间体机械感度高、毒性大等无法克服的缺点，因此二氟氨基化合物的合成处于停滞阶段。直到20世纪90年代，Manser等人发现当二氟氨基直接与新戊基碳(—$CH_2C(CH_3)_3$)相连时所获得的二氟氨基化合物具有良好的安定性和低的机械感度。其原因是当二氟氨基连接到新戊基碳的同一碳原子上不含氢，由此所产生的空间立体位阻能使二氟氨基稳定存在，阻止了HF的生成和放出。而且由于这种含新戊基二氟氨基化合物的合成是直接氟化带保护基团的新戊基胺得到的，整个合成过程的安全性得到了很大的提高。合成二氟氨基聚合物的单体主要有以下几类：

1. 以二氟化氨(NHF_2)为二氟氨基化试剂合成的二氟氨基单体

这类二氟氨基单体合成的起始单体主要有 $CF_3COOCH_2C{\equiv}CCH_2OOCCF_3$、$CH_3COCH_3$、$CH_3COCH_2CH_2OH$。

以 $CF_3COOCH_2C{\equiv}CCH_2OOCCF_3$ 为单体的合成过程如下：

$$CF_3\text{—}COOCH_2C{\equiv}C\text{—}CH_2\text{—}OOC\text{—}CF_3 \xrightarrow{HNF_2 + H_2SO_4}$$

$$CF_3\text{—}COOCH_2CH_2\text{—}C(NF_2)_2\text{—}CH_2OOCCF_3 \xrightarrow{\text{水解}} HO\text{—}CH_2CH_2\text{—}C(NF_2)_2\text{—}CH_2\text{—}OH$$

$$\xrightarrow{P_2O_5} \underset{\text{(3-NF}_2\text{ oxolane: }CH_2\text{—}C(NF_2)_2\text{—}CH_2\text{—}O\text{—}CH_2\text{ ring)}}{} \qquad (2-40)$$

以 $CH_3COCH_2CH_2OH$ 为单体的合成过程如下：

$$CH_3\text{—}\overset{O}{\overset{\|}{C}}\text{—}CH_2CH_2OH \xrightarrow{HNF_2} CH_3\text{—}C(NF_2)_2\text{—}CH_2CH_2OH \xrightarrow{ClCH_2\text{—}\overset{}{CH\text{—}CH_2}\ (\text{—O—环氧})}$$

$$\xrightarrow[(2)NaOH]{(1)BF_3 \cdot Et_2O} CH_3-C(NF_2)_2-CH_2CH_2O-CH_2-\underset{\diagdown O \diagup}{CH-CH_2}$$

$$CH_3-CO-CH_2CH_2CH_2OH + CH_3COOH \longrightarrow CH_3-CO-CH_2CH_2CH_2O-CO-CH_3$$

$$\xrightarrow{HNF_2} CH_3-C(NF_2)_2-CH_2CH_2CH_2OCOCH_3 \xrightarrow{H_2O} CH_3-C(NF_2)_2-CH_2CH_2CH_2OH$$

$$+ ClCH_2-\underset{\diagdown O \diagup}{CH-CH_2} \longrightarrow CH_3-C(NF_2)_2-CH_2CH_2CH_2-O-CH_2-\underset{\diagdown O \diagup}{CH-CH_2} \quad (2-41)$$

以 CH_3COCH_3 为单体的合成过程如下：

$$CH_3-\overset{O}{\overset{\|}{C}}-CH_3 \xrightarrow{HCHO} CH_3-\overset{O}{\overset{\|}{C}}-CH_2CH_2OH \xrightarrow{(CF_3CO)_2O} CH_3-\overset{O}{\overset{\|}{C}}-CH_2CH_2O\overset{O}{\overset{\|}{C}}CF_3$$

$$\xrightarrow{HNF_2} CH_3-C(NF_2)_2-CH_2CH_2O\overset{O}{\overset{\|}{C}}CF_3 \xrightarrow{CH_3OH} CH_3-C(NF_2)_2-CH_2CH_2OH \xrightarrow{ClCH_2-\underset{\diagdown O \diagup}{CH-CH_2}}$$

$$CH_3-C(NF_2)_2-CH_2CH_2OCH_2-\underset{\diagdown O \diagup}{CH-CH_2} \quad (2-42)$$

由于没有工业品，二氟氨基化试剂 HNF_2 一般需自己合成，具体合成过程如下：

$$CO(NH_2)_2 + F_2 \longrightarrow NH_2CONF_2 + HF \xrightarrow{90\sim95^\circ C} HNF_2 + CO_2 + N_2F_2 \xrightarrow{-30^\circ C} HNF_2 \quad (2-43)$$

以 HNF_2 作为二氟氨基化试剂合成的二氟氨基单体的两个—NF_2 基团是直接连在同一不含氢的碳原子上的，结构稳定，化学安定性好，感度低。但该合成路线需先合成出二氟氨基化试剂 HNF_2（HNF_2 合成过程中易爆炸、得率低、毒性大，而且本身就是极易爆炸的物质），因此以 HNF_2 作为二氟氨基化试剂合成二氟氨基单体时，由于安全性差，故并无实际应用价值，现已不使用这种技术路线合成二氟氨基单体。

2. 以 N_2F_4 为二氟氨基化试剂合成的二氟氨基单体

此方法合成的单体是含二氟氨基丙烯酸酯的单体，其合成过程如下：

$$\underset{}{CH_2{=}\overset{\overset{\displaystyle R}{|}}{C}{-}COOCH{=}CH_2} + N_2F_4 \longrightarrow CH_2{=}\overset{\overset{\displaystyle R}{|}}{C}{-}\underset{\underset{\displaystyle NF_2}{|}}{C}OOCH{-}\underset{\underset{\displaystyle NF_2}{|}}{C}H_2$$

其中 R = HCH₃ (2-44)

这种合成二氟氨基单体的方法需先合成 N_2F_4，其合成反应式为

$$HNF_2 + Fe^{+3} \xrightarrow{H_2O} N_2F_4 + Fe^{+2} + H^+ \tag{2-45}$$

由于 N_2F_4 是极易爆炸的物质，而且要先合成 HNF_2，因此这种合成二氟氨基单体的技术路线也基本被放弃。

3. 新戊基碳与二氟氨基直接相连的二氟氨基类单体

二氟氨基与新戊基碳直接相连的二氟氨基单体主要有 3-二氟氨基甲基-3-甲基环氧丁烷(DFAMO)和 3,3-双(二氟氨基甲基)环氧丁烷(BDFAO)。这类二氟氨基单体具有较高的安定性和低的感度，由其合成的聚合物是目前研究较多的含二氟氨基的聚合物。DFAMO 的合成是通过氨基取代的环氧丁烷与氯代甲酸乙酯反应，首先得到氨基甲酸酯中间体，然后在惰性溶剂中用经过氮气稀释的氟气对中间体进行氟化反应即可合成出 3-二氟氨基甲基-3-甲基环氧丁烷(DFAMO)。其反应式为

$$\text{(oxetane)}{-}CH_2NH_2 + ClCOOEt \xrightarrow[0^\circ C]{NaOH/H_2O} \text{(oxetane)}{-}CH_2NHCOOEt \xrightarrow[MeCN-10^\circ C]{F_2/N_2} \text{(oxetane)}{-}CH_2NF_2 \tag{2-46}$$

3,3-双(二氟氨基甲基)环氧丁烷(BDFAO)是另外一种研究较多的二氟氨基与新戊基碳直接相连的二氟氨基类单体，其合成过程类似于 DFAMO 的合成，只是将单体换成了二氨基取代的环氧丁烷。其反应式为

$$H_2N{-}\text{(oxetane)}{-}NH_2 + ClCOOEt \xrightarrow[0^\circ C]{NaOH/H_2O} EtOOCHN{-}\text{(oxetane)}{-}NHCOOEt \xrightarrow[MeCN-10^\circ C]{F_2/N_2} F_2N{-}\text{(oxetane)}{-}NF_2 \tag{2-47}$$

BDFAO 和 DFAMO 单体的物化性质如表 2-4 所列。从表中数据可以看出，二氟氨类单体的热稳定性好，撞击感度较低，具有良好的使用安全性。

表 2-4 BDFAO 和 DFAMO 单体的物化性质

物态	BDFAO 固体；熔点为 44℃	DFAMO 液体；沸点为 37℃（666.5Pa）
密度/($g \cdot cm^{-3}$)	1.65	1.08
$\triangle H_f$/($kJ \cdot g^{-1}$)	-1.79	-2.38
初始分解峰(DSC)/℃	208	—
最大分解峰(DSC)/℃	230	215
撞击感度 H_{50}/cm	>100	>100

2.6 硝基类单体的合成

2.6.1 硝基类单体的合成原理

硝基类单体可看成烃分子中的氢原子被硝基取代，发生 C-硝化后得到的化合物，可分为脂肪族硝基化合物和芳香族硝基化合物，其中芳烃的 C-硝化是单质炸药合成和生产中最重要的有机反应之一。引入硝基的方法有直接硝化反应和间接硝化反应。

1. 直接 C-硝化反应

直接 C-硝化法是以硝基取代碳上的氢原子，有离子型和自由基型。

绝大多数芳烃的 C-硝化为正离子反应历程。以硝酸和硫酸混酸为硝化剂时，其历程如下：

$$\begin{cases} HNO_3 + 2H_2SO_4 \rightleftharpoons NO_2^+ + H_3O^+ + 2HSO_4^- \\ C_6H_5\text{-}R + NO_2^+ \rightleftharpoons R\text{-}C_6H_5(H)(NO_2)^+ \ (\delta\text{络合物}) \longrightarrow NO_2\text{-}C_6H_4\text{-}R + H^+ \end{cases} \tag{2-48}$$

芳烃的 C-硝化系双分子芳香族亲电取代反应，反应分为两步：第一步是硝化试剂(NO_2^+)进攻基质芳环，形成极活泼的芳烃正离子(也称 σ 络合物或 Wheland 中间体)；第二步是正离子脱除离去基团(如质子)形成稳定的 C-硝基化合物。

烷烃、环烷烃及烯烃的 C-硝化多为自由基反应历程，以硝酸为硝化剂的烷烃的 C-硝化历程如下：

$$\begin{cases} HNO_3 \longrightarrow \cdot OH + \cdot NO_2 \\ 3RH + HNO_3 \longrightarrow 3R\cdot + 2H_2O + NO \\ RH + \cdot OH \longrightarrow R\cdot + H_2O \\ R\cdot + \cdot NO_2 \longrightarrow RNO_2 \\ R\cdot + HNO_3 \longrightarrow RNO_2 + \cdot OH \end{cases} \tag{2-49}$$

2. 间接硝化反应

有时也用硝基置换化合物中其他原子或官能团以形成硝基化合物，或通过氧化、加成等反应向化合物中引入硝基，称为间接硝化法。

氧化反应是间接硝化的一种方法，是采用适当的氧化剂将芳香胺、脂肪胺、亚硝基化合物等氧化为相应的硝化物，常用的氧化剂有过酸、过氧化氢、高锰酸钾、重铬酸、次氯酸盐、臭氧、硝酸和三氧化铬等。如以硝酸和过氧化氢氧化1,3,5-三亚硝基-1,3,5-三氮杂环己烷为黑索今：

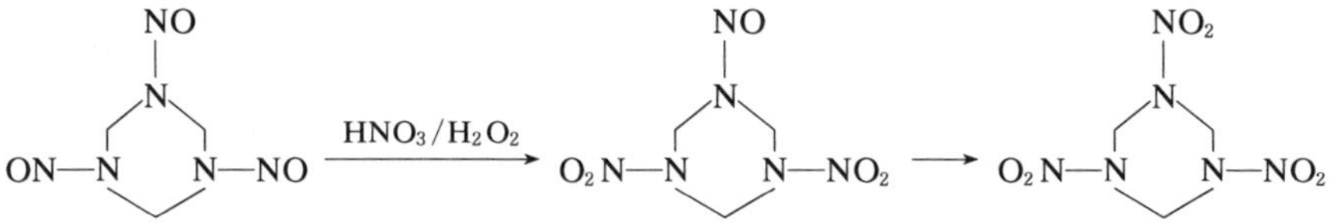

$$\text{(ON)}_3\text{-triazinane} \xrightarrow{HNO_3/H_2O_2} \text{(NO)(O}_2\text{N)}_2\text{-triazinane} \longrightarrow \text{(O}_2\text{N)}_3\text{-triazinane} \tag{2-50}$$

以80%的过氧化氢和发烟硫酸氧化五硝基苯胺合成六硝基苯：

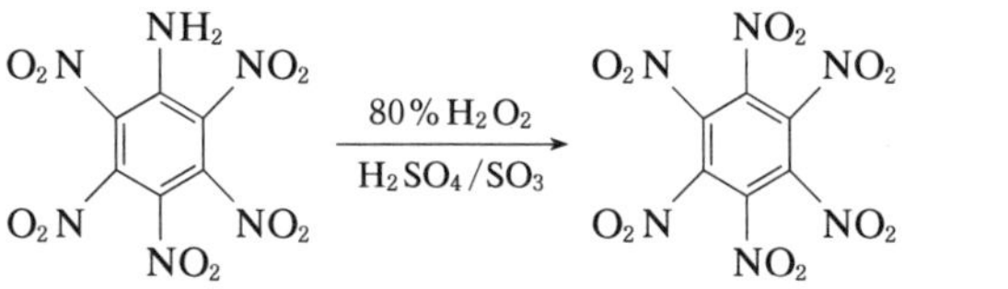

$$C_6(NO_2)_5NH_2 \xrightarrow[H_2SO_4/SO_3]{80\%\ H_2O_2} C_6(NO_2)_6 \tag{2-51}$$

2.6.2　典型的硝基类单体的合成

硝基类单体主要有硝基氧杂环小分子和含有双键的偕二硝基小分子。

1. 硝基氧杂环小分子

硝基氧杂环小分子主要包括硝基类氧杂丙环和硝基类氧杂环丁烷。典型的硝基类氧杂丁环有3-硝基氧杂环丁烷(NTOX)、3,3-二硝基氧杂环丁烷(BNOX)、3-氟-3-硝基氧杂环丁烷(FNOX)和3-甲基-3-(2-氟-2,2-二硝基乙氧甲基)环氧丁烷(FOE)。这些聚合物单体都是以昂贵的3-叠氮基氧杂环丁环(AZOX)作为前体来合成的，单体的结构式如下：

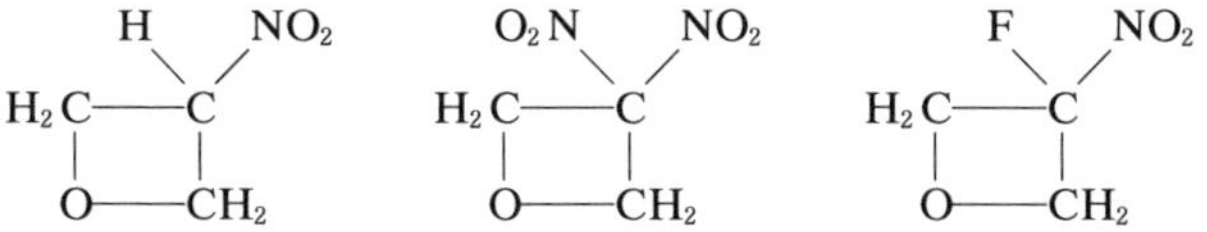

NTOX: H, NO_2 on C3 of oxetane (H_2C—C, O—CH_2)　　BNOX: O_2N, NO_2 on C3　　FNOX: F, NO_2 on C3

NTOX　　BNOX　　FNOX

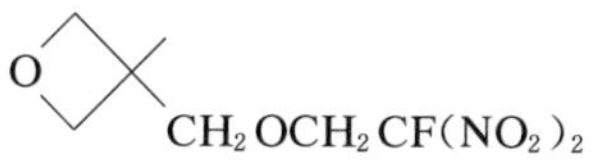

$$\text{(3-甲基氧杂环丁烷-3-基)}-CH_2OCH_2CF(NO_2)_2$$

FOE

下面以 NTOX 的合成为例说明硝基类氧杂环丁烷小分子的合成。NTOX 的合成过程：先将 3 -叠氮基氧杂环丁烷 AZOX 还原成氨基氧杂环丁烷，然后用过酸氧化成 3 -硝基氧杂环丁烷 NTOX。反应路线如下：

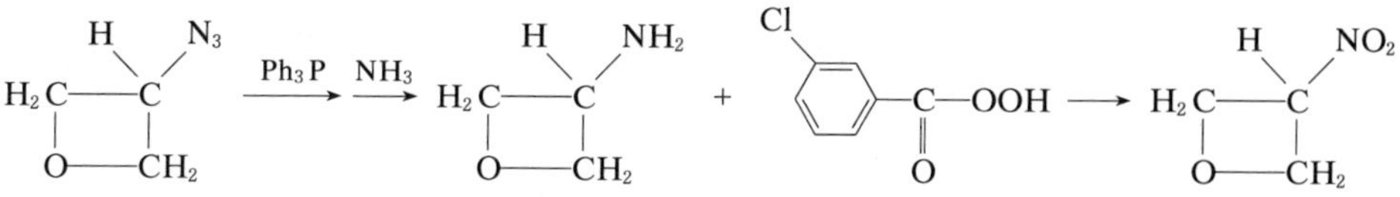

$$\text{AZOX (3-}N_3\text{-oxetane)} \xrightarrow{Ph_3P} \xrightarrow{NH_3} \text{3-}NH_2\text{-oxetane} + m\text{-}ClC_6H_4C(=O)OOH \longrightarrow \text{3-}NO_2\text{-oxetane} \qquad (2-52)$$

典型的硝基类氧杂环丙烷单体主要有硝基环氧丙烷、3 -硝基乙氧甲基环氧丙烷等，单体结构式如下：

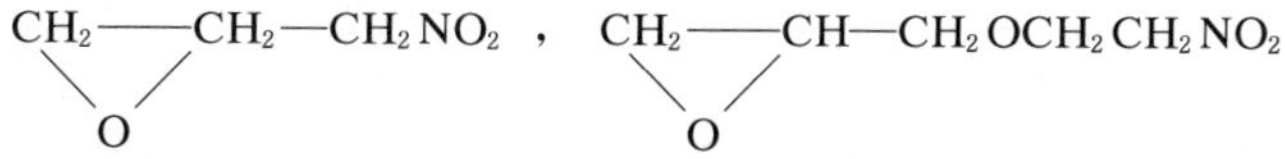

$$\overset{O}{\widehat{CH_2-CH_2}}-CH_2NO_2 \ , \quad \overset{O}{\widehat{CH_2-CH}}-CH_2OCH_2CH_2NO_2$$

以硝基环氧丙烷的合成为例说明硝基类氧杂环丙烷小分子的合成。硝基环氧丙烷的合成过程：先将环氧氯丙烷与碘化钾反应生成环氧碘丙烷，然后与亚硝酸银反应，生成硝基环氧丙烷。反应路线如下：

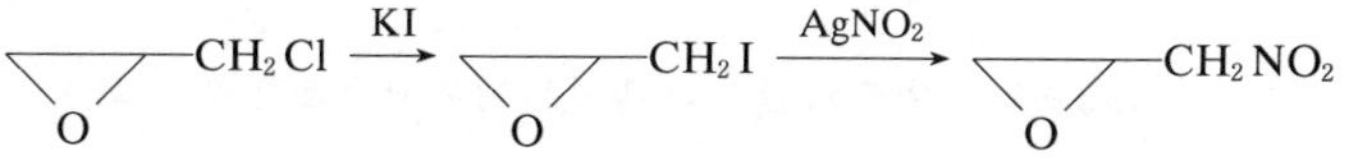

$$\triangle_O-CH_2Cl \xrightarrow{KI} \triangle_O-CH_2I \xrightarrow{AgNO_2} \triangle_O-CH_2NO_2 \qquad (2-53)$$

2. 含有双键的偕二硝基小分子

偕二硝基聚合物含有一定的能量，稳定性好，适合作为高能钝感高聚物粘结炸药(PBX)的增塑剂和黏结剂，是目前研究较多的硝基类含能聚合物。偕二硝基聚合物聚合所用的单体为含有双键的偕二硝基小分子，主要是丙烯酸硝基烷基酯，包括丙烯酸偕二硝基丙酯、丙烯酸偕二硝基丁酯、硝基烷基丙烯酸酯和硝基烷基甲基丙烯酸酯等。下面以丙烯酸偕二硝基丙酯的合成为例说明偕二硝基小分子的合成路线、原理及制备工艺。

丙烯酸偕二硝基丙酯的合成是以偕二硝基丙醇和丙烯酸为原料、多聚磷酸为催化剂和吸水剂、对苯二酚为阻聚剂、二氯乙烷为溶剂加热回流反应合成的，其合成反应式如下：

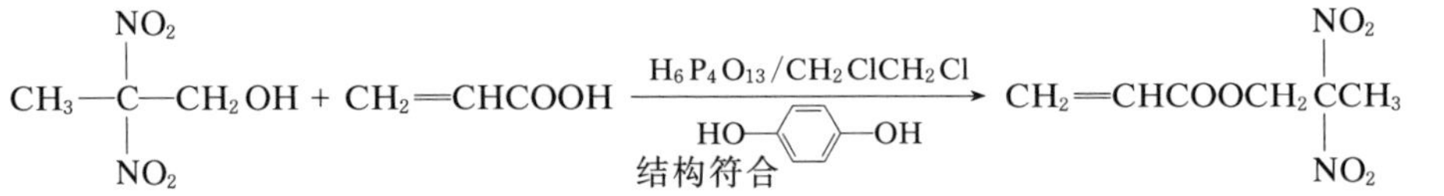

$$CH_3-C(NO_2)_2-CH_2OH + CH_2{=}CHCOOH \xrightarrow[HO-C_6H_4-OH\ \text{结构符合}]{H_6P_4O_{13}/CH_2ClCH_2Cl} CH_2{=}CHCOOCH_2C(NO_2)_2CH_3 \tag{2-54}$$

丙烯酸偕二硝基丙酯的具体反应机理：偕二硝基丙醇是伯醇，所以酯化反应按酰氧键断裂的方式进行，即氢质子首先与丙烯酸结合形成质子化丙烯酸酸，之后，偕二硝基丙醇中羟基氧上的孤对电子进攻带正电荷的酸，经过氢质子转移、脱水及脱氢质子等一系列过程最终得到丙烯酸偕二硝基丙酯。具体过程如图 2－14 所示。

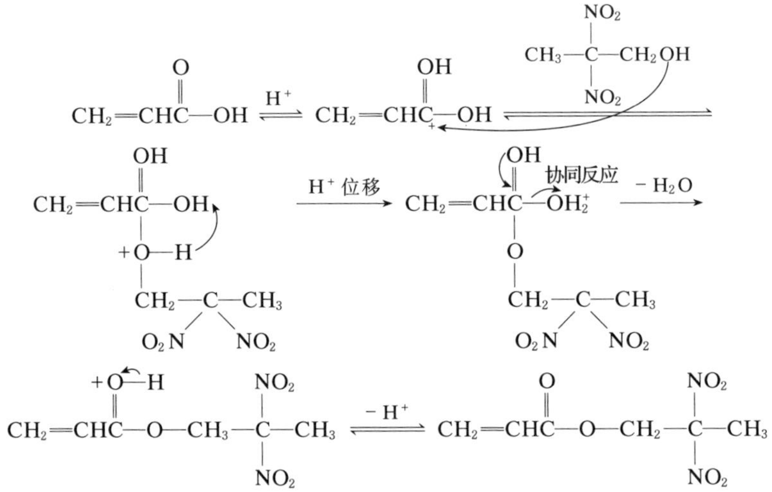

$$CH_2{=}CHC(=O)-OH \overset{H^+}{\rightleftharpoons} CH_2{=}CH\overset{+}{C}(OH)-OH \xrightleftharpoons{CH_3-C(NO_2)_2-CH_2OH}$$

$$CH_2{=}CHC(OH)(OH)-\overset{+}{O}H-CH_2-C(NO_2)_2-CH_3 \xrightarrow{H^+\text{位移}} CH_2{=}CHC(OH)(\overset{+}{O}H_2)-O-CH_2-C(NO_2)_2-CH_3 \xrightarrow[\text{协同反应}]{-H_2O}$$

$$CH_2{=}CHC(=\overset{+}{O}H)-O-CH_3-C(NO_2)_2-CH_3 \overset{-H^+}{\rightleftharpoons} CH_2{=}CHC(=O)-O-CH_2-C(NO_2)_2-CH_3$$

图 2－14 丙烯酸偕二硝基丙酯的合成反应机理

丙烯酸偕二硝基丙酯的具体制备工艺流程：将偕二硝基丙醇、丙烯酸、多聚磷酸、对苯二酚，1,2－二氯乙烷加入到带有回流冷凝装置、电动机械搅拌装置的三口烧瓶中，加热搅拌反应，倾出上层清液，下层用 1,2－二氯乙烷反复加热回流萃取几次，将二氯乙烷合并。合并的二氯乙烷分别用 10%左右的氢氧化钠溶液、饱和食盐水、蒸馏水洗涤 3 次以上，最后用无水硫酸镁干燥，旋转蒸发出溶剂得到粗品，进一步减压蒸馏提纯得到丙烯酸偕二硝基丙酯。其制备工艺流程如图 2－15 所示。

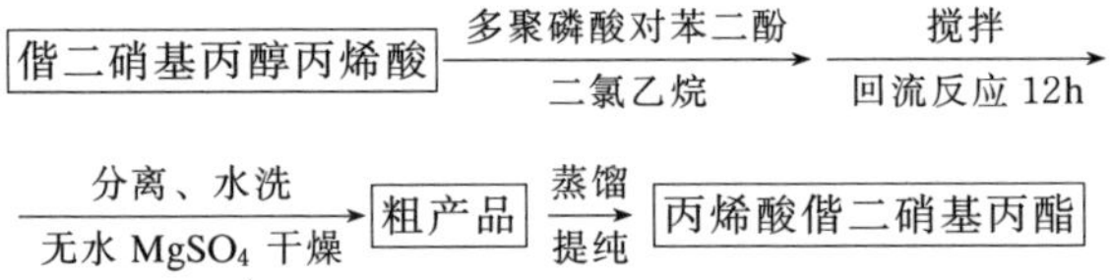

偕二硝基丙醇丙烯酸 —（多聚磷酸对苯二酚 / 二氯乙烷）→ —（搅拌 / 回流反应 12h）→ —（分离、水洗 / 无水 $MgSO_4$ 干燥）→ 粗产品 —（蒸馏 / 提纯）→ 丙烯酸偕二硝基丙酯

图 2－15 丙烯酸偕二硝基丙酯的制备工艺流程

2.7 具有两种含能基团单体的合成

2.7.1 具有两种含能基团单体的合成原理

一个单体分子中含有两种或两种以上的含能基团，可以使含能单体具有更高的能量，并具有两种含能基团各自的优点。由前面几节的介绍可知，—NF_2 可以通过—NH_2 的直接氟化得到；—N_3 可以通过含叠氮的亲核试剂中 N_3^- 取代卤素 Cl、Br 等可离去基团得到；—ONO_2 可以通过硝化试剂对—OH 进行亲电进攻而实现。常见的含有两种含能基团的单体是含有不同官能团的不对称环氧丁烷，结构简式如下：

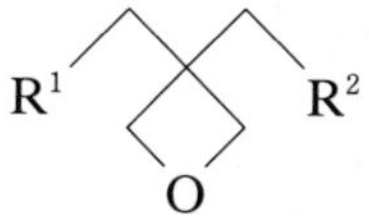

R^1、R^2、O（结构式）

其中，R^1 和 R^2 分别是两种不同的含能基团，如—ONO_2、—NF_2、—N_3、—NO_2 等。

合成该类单体常用的原料有 2,2 -二溴甲基- 1,3 -丙二醇（DBNPG）。DBNPG 首先在碱性条件下关环生成 2,2 -二溴甲基- 1,3 -丙二醇（BMHMO）：

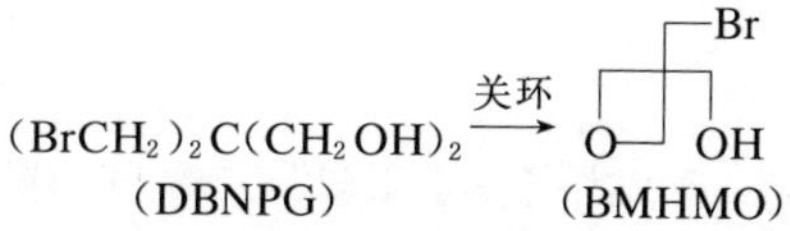

$$(BrCH_2)_2C(CH_2OH)_2 \xrightarrow{\text{关环}} \text{BMHMO (Br, OH, O)} \quad (2-55)$$

（DBNPG）　（BMHMO）

关环得到的 BMHMO 中分别含有卤素 Br 和羟基—OH，可以分别发生取代反应和硝化反应生成—N_3 和—ONO_2，从而得到具有叠氮和硝酸酯基两种官能团的单体：

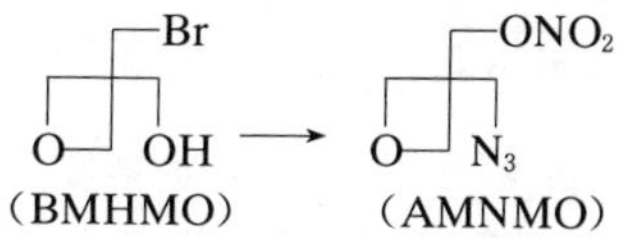

$$\text{BMHMO (Br, OH)} \longrightarrow \text{AMNMO } (ONO_2, N_3) \quad (2-56)$$

（BMHMO）　（AMNMO）

另外，将关环得到的 BMHMO 与 NH_3 进行反应，可以生成具有羟基—OH 和氨基—NH_2 的单体。而—OH 和—NH_2 可以进一步分别发生硝化和氟化反应得到—ONO_2 和—NF_2，进而得到具有硝酸酯基和二氟氨基两种官能团的单体：

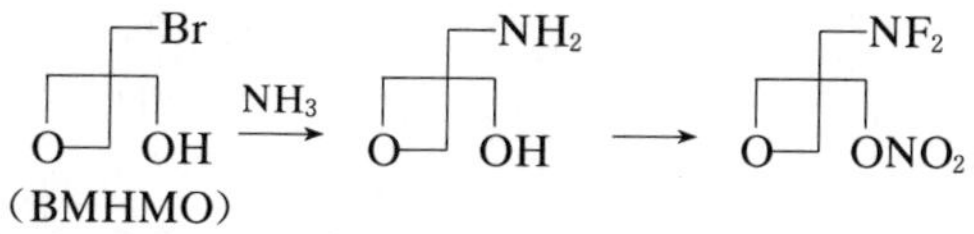

$$\text{BMHMO (Br, OH)} \xrightarrow{NH_3} (NH_2, OH) \longrightarrow (NF_2, ONO_2) \quad (2-57)$$

（BMHMO）

2.7.2 典型的两种含能基团的单体的合成

1. 3-叠氮甲基-3-硝酸酯甲基环氧丁烷

3-叠氮甲基-3-硝酸酯甲基环氧丁烷(AMNMO)是一种既含有叠氮基又含有硝酸酯基的含能单体。

AMNMO 分子结构具有两种含能基团，因此能量较高，以其为单体合成出的 PAMNMO 是一种能量较高的含能聚合物。AMNMO 主要是以 2,2-二溴甲基-1,3-丙二醇为原料，通过关环、取代、硝化三步反应合成。具体的反应过程如下：

$$\text{DBNPG } [C(CH_2OH)_2(CH_2Br)_2] \xrightarrow[\text{EtOH}]{\text{EtONa}} \text{BMHMO}$$

$$\text{BMHMO} \xrightarrow[H_2O]{NaN_3} \text{AMHMO} \xrightarrow[(CH_3CO)_2O]{HNO_3} \text{AMNMO}$$

$$\text{BMHMO} \xrightarrow[(CH_3CO)_2O]{HNO_3} \text{BMNMO} \xrightarrow[(n-Bu)_4N^+Br]{NaN_3,\ H_2O} \text{AMNMO}$$

(2-58)

上述反应中，以 2,2-二溴甲基-1,3-丙二醇(DBNPG)为起始原料，首先在碱性条件下关环生成 BMHMO，然后可以由两条不同的路线合成 AMNMO。

Manser 等采用第一条路线，通过 BMHMO 与叠氮化钠发生亲核取代反应合成了 AMHMO，然后采用硝酸-醋酐对 AMHMO 进行硝化得到了目标产物 AMNMO。甘孝贤等人也采用类似第一条合成路线的方法合成了 AMNMNO，但在关环反应时用氢氧化钠取代乙醇钠合成 AMNMO，并对其性能进行了分析，见表 2-5。

表 2-5 AMNMO 的性质

项目	性能
外观	浅黄色透明液体，-30℃不凝固、不结晶
折光率 n_{20}^{D}	1.5029
初始分解峰/℃	204.08
最大分解峰/℃	220.3
溶解性能	可溶于丙酮、二氯甲烷、硝酸酯等
与硝酸酯的混溶性	任意混合，不分层

其工艺流程如图 2-16 所示。

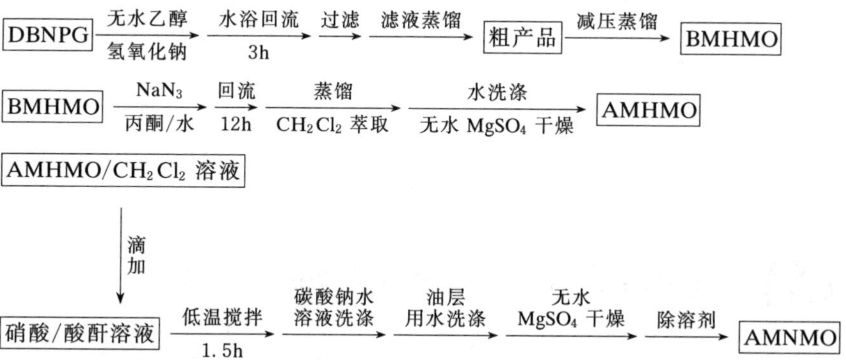

图 2-16 经中间体 AMHMO 制备 AMNMO 的工艺流程

冯增国等人提出了第二条新的合成路线，即 BMHMO 与硝酸一醋酐首先发生硝化反应制得 BMNMO，BMNMO 再与叠氮化钠发生亲核取代反应得到产物 AMNMO。其工艺流程如图 2-17 所示。

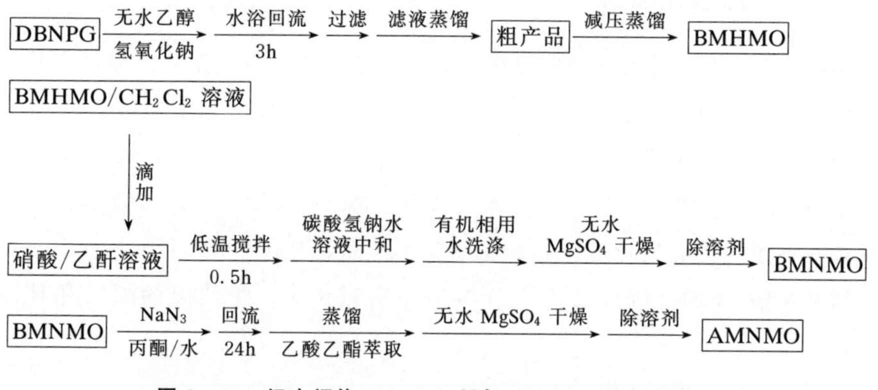

图 2-17 经中间体 BMNMO 制备 AMNMO 的工艺流程

为确保目标产物的纯度，第一条途径要求制得的 BMHMO 纯度很高，但实验证明，要制得纯度很高的 BMHMO 比较困难。第二条途径中，BMHMO 经硝化后，制得的 BMNMO 为固体，可重结晶得到纯度较高的 BMNMO。BMNMO 分子结构中溴甲基（—CH_2Br）上的溴和硝酸酯甲基（—CH_2ONO_2）上的硝酸酯基，两者都为离去基团，它们均能被叠氮基取代。已有实验结果表明，溴的离去能力比硝酸酯基的离去能力强得多，所以只有极少量的副产物生成。以体积比为 2∶1 的石油醚和乙酸乙酯为洗脱剂，过中性氧化铝柱，可制得纯度较高的 AMNMO。

2. 3-硝酸酯甲基-3-二氟氨基甲基-环氧丁烷(NDFAO)

1995年，Manser等人设计合成了分子中既含有二氟氨基，又含有硝酸酯基的3,3-不对称取代甲基环氧丁烷。NDFAO的分子结构如下：

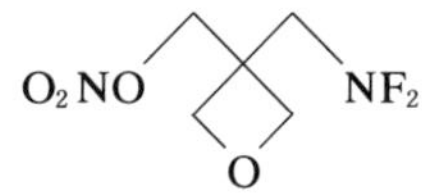

2.8 其他用于合成含能聚合物的单体的合成

无含能基团的单体(如环氧氯丙烷)主要是用于先聚合、后含能化的方法合成含能聚合物的单体。此外，这类单体还包括为了改善含能聚合物力学性能而与含能单体进行共聚合的单体(如四氢呋喃)或合成含能单体的前体(如二氯甲基氧杂丁环)等，这方面的单体较多。下面仅对几种典型的单体加以介绍。

2.8.1 环氧氯丙烷

前已叙及，目前合成GAP的路线主要是以环氧氯丙烷为单体经过先开环再叠氮化的方法合成的。环氧氯丙烷(ECH)又称为表氯醇，化学名称为1-氯-2,3-环氧丙烷，是一种易挥发、不稳定的无色油状液体。其密度为1.1806g/cm^3，沸点115.2℃，凝固点-57.2℃，微溶于水，能与多种有机溶剂混溶。环氧氯丙烷是一种重要的有机化工原料和精细化工产品，用途十分广泛。

目前，ECH的合成方法主要有丙烯高温氯化法、醋酸丙烯酯法和甘油氯化法。

1. 丙烯高温氯化法

丙烯高温氯化法是工业上生产环氧氯丙烷的经典方法，由美国Shell公司于1948年首次开发成功并进行工业化生产。目前，世界上90%以上的环氧氯丙烷采用该方法生产，主要原料是丙烯、氯气和石灰。其工艺过程包括丙烯高温氯化制氯丙烯、氯丙烯次氯酸化合成二氯丙醇(DCH)、二氯丙醇皂化合成环氧氯丙烷三个单元反应。丙烯高温氯化法的特点是生产过程灵活，工艺成熟，操作稳定；除了生产环氧氯丙烷外，还可生产甘油、氯丙烯等重要的有机中间体。缺点是原料氯气易引起设备的严重腐蚀，对丙烯纯度和反应器的材质要求高，能耗和氯气量大，副产物多，产品收率低；生产过程中产生大量的含氯化钙和有机氯化物的废水，处理费用高。

2. 醋酸丙烯酯法

利用醋酸丙烯酯为原料生产环氧氯丙烷的生产工艺由苏联科学院以及日本昭和电工公司于 20 世纪 80 年代分别开发成功。苏联科学院采用先氯化后水解的生产工艺；日本昭和电工公司则采用先水解后氯化的生产工艺，主要原料是丙烯、氧气和醋酸。日本昭和电工公司的工艺过程主要包括以下四个单元反应：丙烯气相催化氧乙酰化制醋酸丙烯酯；醋酸丙烯酯水解制烯丙基醇；烯丙基醇与氯加成合成二氯丙醇；二氯丙醇用石灰皂化生成环氧氯丙烷。与传统的丙烯高温氯化法相比，醋酸丙烯酯法的特点是反应条件温和，易于控制，避免了高温氯化反应，不结焦、操作稳定，减少了丙烯、氢氧化钙和氯气的用量以及反应副产物和含氯化钙废水的排放量；日本昭和电工公司开发了丙烯醇的氯化加成反应系统，成功地将氧引入到环氧化物中，首次实现了由氧氧化代替氯氧化的技术，减少了醚化副反应，提高了产物收率，使原料消耗明显降低，从而降低了成本；工艺过程无副产物盐酸产生；可以较容易地获得高纯度烯丙醇。主要缺点是工艺流程长，催化剂寿命短，需用不锈钢材料防醋酸腐蚀，投资费用较高。

3. 甘油氯化法

甘油氯化法是近年来发展的 ECH 合成方法。目前，由于油脂化学品特别是生物柴油的连续扩产，使得副产物甘油供过于求，价格大幅下降，而且甘油与 HCl 反应可以一步生成中间体二氯丙醇，所以用甘油来合成 ECH 越来越受到人们的关注。甘油法合成环氧氯丙烷主要有两个单元反应，即氯化反应和环化反应。

氯化反应：

$$\text{HOCH}_2\text{CH(OH)CH}_2\text{OH} + \text{HCl} \xrightarrow{\text{HAc}} \text{ClCH}_2\text{CH(OH)CH}_2\text{Cl} + \text{ClCH}_2\text{CHClCH}_2\text{OH} + 2\text{H}_2\text{O} \quad (2-59)$$

环化反应：

$$\text{ClCH}_2\text{CH(OH)CH}_2\text{Cl} + 1/2\text{Ca(OH)}_2 \longrightarrow \underset{\text{O}}{\bigtriangledown}\text{—CH}_2\text{Cl} + 1/2\text{CaCl}_2 + \text{H}_2\text{O} \quad (2-60)$$

甘油法生产环氧氯丙烷与前两种方法相比具有如下优点：①工艺流程短，反应器不需在高温状态下运行，也不需要使用特殊设备；②甘油法无需昂贵的催化剂，合成成本较低；③甘油法副产物少，废物处理成本低，废水排放量仅为丙烯法的 1/8，污染大大降低，对环境友好；④整个合成过程中不需要消耗氯气和次氯酸，无高温、高压，操作条件比较温和、安全可靠；⑤甘油法不消耗丙烯，可摆脱丙烯紧缺的制约，原料资源丰富、价格便宜。

2.8.2　卤代丙内酯

加拿大瓦耳卡德尔国际研究院(DREV)的 Ampleman 通过间接法合成了聚(叠氮化丙内酯)(PAPL)，所用的单体是 α-卤代甲基-α-甲基-β-丙内酯(HMMPL)和 α，α-二卤代甲基-β-丙内酯(BHMPL)。Ampleman 以甲基丙三醇为起始单体经过酯化、卤化、酸化及闭环反应合成了 HMMPL 和 BHMPL 两种卤代丙内酯小分子，具体合成过程如下：

α-卤代甲基-α-甲基-β-丙内酯(HMMPL)的合成反应式如式(2-61)所示。

$$HOH_2C-C(CH_3)(CH_2OH)-CH_2OH \xrightarrow[\text{FEFLUX}]{HX,\ CH_3COOH} XH_2C-C(CH_3)(CH_2X)-CH_2OOCCH_3$$

$$\xrightarrow{HNO_3} XH_2C-C(CH_3)(CH_2X)-COOH \xrightarrow[CH_3Cl/H_2O]{K_2CO_3} \text{(H}_3\text{C)(XH}_2\text{C)C}\!<\!\text{(H}_2\text{C–O–C(=O))}$$

$$-X = -Br \text{ 和 } -Cl \tag{2-61}$$

α，α-二卤代甲基-β-丙内酯(BHMPL)的合成反应式如式(2-62)所示。

$$HOH_2C-C(CH_2OH)(CH_2OH)-CH_2OH \xrightarrow[\text{REFLUX}]{HX,\ CH_3COOH} XH_2C-C(CH_2X)(CH_2X)-CH_2OOCCH_3$$

$$\xrightarrow{HNO_3} XH_2C-C(CH_2X)(CH_2X)-COOH \xrightarrow[CH_3Cl/H_2O]{K_2CO_3} \text{(XH}_2\text{C)(XH}_2\text{C)C}\!<\!\text{(H}_2\text{C–O–C(=O))}$$

$$-X = -Br \text{ 和 } -Cl \tag{2-62}$$

2.8.3　3,3-二氯甲基氧杂环丁烷

3,3-二氯甲基氧杂环丁烷(BCMO) 是制备 BAMO 的前驱体，其沸点为 198℃，密度为 $1.29g/cm^3$，折射率为 1.486，闪点为 114℃。早期的合成方法主要有两种：一种是以三氯羟基季戊四醇为原料在 90～170℃ 碱性条件下进行关环

反应得到；另一种是季戊四醇先与醋酸酐反应，之后用盐酸处理得到的三氯乙酰季戊四醇，最后进行碱性关环反应得到。但两种方法的收率均不高且纯度低。

最近发展起来了一种新的 BCMO 的合成方法：以季戊四醇为起始原料，在氯化亚砜作用下经过卤代反应和关环反应。具体的合成过程如下：

$$C(CH_2OH)_4 \xrightarrow[DMF]{SOCl_2} HOH_2C-C(CH_2OH)_2-CH_2Cl \xrightarrow{SOCl_2} ClH_2C-C(CH_2OH)(CH_2Cl)-CH_2Cl \xrightarrow{NaOH} \text{BCMO (3,3-bis(CH}_2\text{Cl) oxetane)} \quad (2-63)$$

屈红翔等人以季戊四醇为原料，氯化亚砜为氯化剂，DMF 为溶剂，经氢氧化钠关环制备出了 BCMO，通过严格控制氯化亚砜与季戊四醇的摩尔比和加料顺序可使产物的得率达到 78.9%。

2.8.4 3,3-二溴甲基氧杂环丁烷

3,3-二溴甲基氧杂环丁烷(BBMO)也是制备 BAMO 的重要前体，室温下为白色针状晶体，熔点为 23～24℃；n_D^{20} 为 1.5421，其合成过程如下：

$$HOH_2C-C(CH_2OH)_2-CH_2OH \xrightarrow[AcOH]{HBr} BrH_2C-C(CH_2Br)_2-CH_2OH \xrightarrow{base} \text{3,3-bis(CH}_2\text{Br) oxetane} \quad (2-64)$$

BBMO 的合成方法主要有溶剂法和相转移催化法。早期 BBMO 的合成主要采用溶剂法，但由于溶剂法合成时副反应较多，产品收率较低(仅为 50%～70%)。之后又开展了相转移法合成 BBMO 的研究。Sanderson 等人以 1,1,1-三溴甲基-1-羟甲基甲烷(TBMHMM)为原料，水与甲苯为介质，四丁基溴化铵为相转移催化剂合成出了 BBMO，收率达 65%以上。张志刚等人以 1,1,1-三溴甲基-1-羟甲基甲烷为原料，无水乙醇为溶剂，在 NaOH 的作用下经关环反应合成了 3,3-二溴甲基氧丁环(BBMO)，收率达 81%。

本书作者以三溴新戊醇(TBNPA)为原料，在碱作用下，分别采用以乙醇作为溶剂的溶剂法和以溴化四丁基铵作为催化剂的相转移催化法进行了 3,3-双溴

甲基氧丁环(BBMO)的合成研究。结果发现，相转移催化法的收率(90.8%)明显高于溶剂法(65.6%)。在溶剂法中，真空蒸馏残留物为未发生反应的三溴新戊醇，约占 TBNPA 投料量(w)的 20%；而在相转移催化法中，真空蒸馏残留物主要是液态低聚醚，约占 TBNPA 投料量(w)的 8%。同时本书作者对相转移催化法的真空蒸馏残留物和 TBNPA 的红外谱图进行了分析比较，推测相转移催化 BBMO 时发生了如下两种类型的副反应：

(1)TBNPA 之间发生缩合反应：

$$BrH_2C\text{—}C(CH_2Br)_2\text{—}CH_2OH + BrH_2C\text{—}C(CH_2Br)_2\text{—}CH_2OH \xrightarrow{\text{碱}} BrH_2C\text{—}C(CH_2Br)_2\text{—}CH_2O\text{—}\overset{H_2}{C}\text{—}C(CH_2Br)_2\text{—}CH_2OH \tag{2-65}$$

(2)BBMO 和 TBNPA 之间发生缩合反应：

$$BrH_2C\text{—}C(CH_2Br)_2\text{—}CH_2OH + \text{BBMO(3,3-二(溴甲基)氧丁环)} \xrightarrow{\text{碱}} \text{氧丁环-3-}(CH_2Br)\text{-3-}\overset{H_2}{C}\text{—}O\text{—}\overset{H_2}{C}\text{—}C(CH_2Br)_2\text{—}CH_2OH \tag{2-66}$$

2.8.5 四氢呋喃

四氢呋喃(THF)是一种无色透明液体，有乙醚气味，密度为 0.888g/cm^3，沸点为 66℃。THF 也是一种重要的非含能单体，在含能聚合物合成过程中主要是起调节含能聚合物力学性能的作用。

目前，合成四氢呋喃主要工艺路线有糠醛法、1,4-丁二醇法和顺酐法。糠醛法是将农业废料如玉米芯、甘蔗渣等水解成糠醛，再脱除羰基生成呋喃，加氢即可制得 THF。此法原料易得，但由于以农副产品为原料，不易得到高纯度的 THF 产品。1,4-丁二醇法是以 1,4-丁二醇为原料，经催化环化脱水转化而得。根据反应温度不同，可分为气相合成法和液相合成法。如以硅胶、分子筛、γ—Al_2O_3作为催化剂可进行气相催化法合成。但气相反应能耗高，设备复杂。顺酐法是指以顺酐和廉价的氢气为原料，用铜、铝和锌等混合氧化物为催化剂，在常压下一步合成 THF。此方法原料易得，合成工艺简单，反应条件温和，容易操作，得到的产品纯度可高达 95%以上，是目前合成 THF 的主要方法。

2.8.6 氯丙烯

氯丙烯也是一种合成含能聚合物的非含能单体，它既可先通过自由基聚合再经叠氮化反应制备出叠氮聚丙烯，也可先进行叠氮化反应，再通过聚合制备出叠氮丙烯单体，然后经聚合制备出叠氮聚丙烯。氯丙烯又称烯丙基氯或 3 -氯丙烯，为无色易燃液体，有腐蚀性和刺激性嗅味，密度为 0.9382g/cm^3，凝固点为 -134.5℃，沸点为 45℃，折射率 n_D 为 1.4160(25℃)，黏度为 0.336mPa · s (20℃)。它能发生氧化、加成、聚合、水解、氨化、氰化、酯化等反应。微溶于水，与乙醇、氯仿、乙醚和石油醚能够混溶。

目前，氯丙烯的工业生产方法主要有丙烯高温氯化法和丙烯氧氯化法两种。丙烯高温氯化法是指过量的丙烯和氯气，在无催化剂、500℃左右条件下，氯直接置换丙烯甲基上的氢原子而得氯丙烯。反应方程式为

$$CH_2{=}CH{-}CH_3 + Cl_2 \longrightarrow CH_2{=}CHCH_2Cl + HCl \tag{2-67}$$

具体过程：纯度在 98%以上的丙烯经干燥、预热至 280～320℃，与冷氯气按一定摩尔比送入混合器进行混合后进入反应器。反应放出的热量使反应温度维持在 500℃左右。通过严格控制原料配比、调节丙烯预热温度以控制高温氯化反应的温度，消除结炭现象。反应生成物为含氯丙烯的氯化物、过量的丙烯、氯化氢等混合气体，经换热器、冷却器骤冷到 50℃左右，然后进入预分馏塔，塔顶用液态丙烯回流，控制温度为 -40℃，使反应气体中的氯化烃类几乎全部冷凝和分离出来。氯化氢和未反应的丙烯气体由塔顶出去送入丙烯分离系统。气体中的氯化氢可用水洗涤精制获得 35%的盐酸溶液。丙烯经水洗、碱中和洗涤后，进入丙烯压缩机压缩到 1.52～1.62MPa(表压)，冷凝成液体再进一步经冷却器冷却到 10℃，通过丙烯干燥塔干燥到露点 -60℃(含水量为 10mg/kg)时循环返回反应系统。预分馏塔底部 80%的粗氯丙烯溶液经精制塔除去轻组分、重组分后得到纯度为 98%的氯丙烯产品，收率为 80%。另外一种氯丙烯的合成方法为丙烯氧氯化法，由丙烯、氯化氢和氧气在催化剂存在下反应生成氯丙烯。反应方程式为

$$CH_2{=}CHCH_3 + HCl + 1/2O_2 \longrightarrow CH_2{=}CHCH_2Cl + H_2O \tag{2-68}$$

具体过程：将丙烯、氧气、氯化氢和循环气体(二氯丙烷反应器产物)按丙烯：氯化氢：氧气 = 2.5：1：1(摩尔比)混合后，在反应温度为 200～260℃，压力 0～196.14MPa 条件下，通过载有 Te_2O_3、V_2O_5、H_3PO_4 组分的流化床催化剂反应生成氯丙烯。经分离、精馏后得到纯氯丙烯产品。氯丙烯的选择性为

90%，转化率以丙烯计为88%，以氯化氢计为90%。两种方法中，高温氯化法反应温度高、能耗大、副产物较多，纯度相对较低；氧氯化法反应温度低，反应需加入催化剂，产物得率较高。

参考文献

[1] Campbell T W. Some reaction of 3,3-bis(chloromethyl)oxetane[J]. J Org Chem, 1957, 22: 1029-1035.

[2] Cheradame H, Gojon E. Synthesis of polymers containing pseudohalide groups by cationic polymerization, 2. Copolymerization of 3, 3-bis (azidomethyl) oxetane with substituted oxetanes containing azide groups[J]. Die Makromolekulare Chemie, 1991, 192(4): 919-933.

[3] Murphy E A, Ntozakhe T, Murphy C J, et al. Characterization of poly (3, 3-bisethoxymethyl oxetane) and poly-(3, 3-bisazidomethyl oxetane) and their block copolymers[J]. Journal of Applied Polymer Science, 1989, 37(1): 267-281.

[4] Frankel M B, Wilson E R. Energetic azido monomers[J]. J Chem Eng Data, 1981, 26 (2): 219-224.

[5] Sanderson A J, EdwardsW W. Method for the synthesis of energetic thermoplastic elastomers in nonhalogenated solvent: US, 6997997 [P]. 2006.

[6] Frankel M B, Wilson E R. 3, 3-bis (azidomethyl) oxetane[P]. US, 5523424, 1996.

[7] 卢先明，甘孝贤. 3,3-双叠氮甲基氧丁环及其均聚物的合成与性能[J]. 火炸药学报，2004，27(3)：49-52.

[8] 张志刚，卢先明，甘孝贤，等. 相转移催化法合成BBMO和BAMO[J]. 火炸药学报,2007，30(5)：32-35.

[9] 李娜，甘孝贤. 3-叠氮甲基-3-甲基氧丁环的合成[J]. 火炸药学报，2005，28(3)：12-15.

[10] 薛叙明. 精细有机合成技术[M]. 北京:化学工业出版社,2009.

[11] 欧育湘. 炸药学[M]. 北京:北京理工大学出版社，2006.

[12] Colclough M E, Desai H, Millar R W, et al. Energeticpolymers as binders in composite propellants and explosives [J]. Polymer for Advanced Technologies, 1994, 5(9): 554-560.

[13] Cho JR, Kim J S, Cheun Y G. An improved synthetic method of Poly-(NMMO) and PGN prepolymers[C]// Proc. Int. Symp. Energ. Mater. Technol. Phoenix,

Arizona, USA, 1995.

[14] Golding P, Millar R W, Paul N C, et al. Unexpected behaviour of certain aziridines and azetidines upon reaction with dinitrogen pentoxide[J]. Tetrahed Letters, 1991, 32(37): 4985 - 4988.

[15] 冯增国. 含能粘合剂合成研究新进展[J]. 化学推进剂与高分子材料,1999(5): 5 - 13.

[16] Manser G E,Hajik M. Method of synthesizing nitratopolyoxetane:US, 5214166 [P]. 1993.

[17] Cannizzo L F, Highsmith T K. A low cost synthesis of polyglycidyl nitrate [C]//The Proceedings 31st ICT, Karlstruhe, 2000.

[18] Cannizzo Louis F, Highsmith T K. A low cost synthesis of polyglycidyl nitrate [C]//The Proceedings 32st ICT, Karlstruhe, 2001.

[19] 邱少君, 甘孝贤, 樊慧庆. 缩水甘油硝酸酯的一锅法合成[J]. 含能材料, 2005, 13(4): 211 - 213.

[20] Manser G E,Malik A A,Archibald T G. 3-Azidomethyl-3-nitratomethyloxetane and polymers formed therefrom: WO, 05615[P]. 1994.

[21] Sanders W A, Lin Mingchang. Kinetics and mechanism of reactions of NF_2 with olefins. Reinterpretation of existing data and estimation of C - N bond energies of alkyldifluoroamines[J]. J Chem Soc, 1987, 83(2): 905 - 915.

[22] Freeman J P, Graham W H, Parker C O. The synthesis of α-difluoroamino-carbinols and some derivatives [J]. J Am Chem Soc, 1968, 90(1): 121 - 122.

[23] Witucki E F, Frankel M B. Synthesis of novel energetic aliphatic compounds [J]. J Chem Eng Data, 1979, 24(3): 247 - 249.

[24] Banks R E, Haszeldine R N, Lalu J P, et al. N-fluoro compounds. Part I. Synthesis of N-fluoro compounds by direct fluorination of aqueous substrates [J]. J Chem Soc C, 1966: 1514 - 1518.

[25] Chapman R D, Davis M C, Gilardi R. A new preparation of gem-bis (difluoramino)-alkanes via direct fluorination of geminal bisacetamides[J]. Synth Commun, 2003, 33(23): 4173 - 4184.

[26] Grakauskas V, Baum Kurt. Direct fluorinationof substituted carbamates[J]. J Org Chem, 1969, 34(10): 2 840 - 2 845.

[27] Manser G E,Fetcher R W. Nitntmine oxetane and polymers formed therefrom: US, 4707540[P]. 1987.

[28] Archibald T G, Manser G E, Immoos J E. Difluoroamino oxetanes and

polymers formed therefrom for use in energetic formulations: US, 5272249 [P]. 1995.

[29] 甘孝贤，邱少君，卢先明，等. 3-叠氮甲基-3-硝酸酯甲基氧丁环及其聚合物的合成及其性能[J]. 火炸药学报,2003, 26(3):12-15.

[30] 雷向阳,冯增国,刘丽华，等. 3,3-不对称二取代甲基氧杂丁环的合成[J]. 有机化学,2000,20(3):391-394.

[31] 宋如，钱仁渊，李成,等. 环氧氯丙烷合成新工艺研究[J]. 中国氯碱,2008(3): 23-25.

[32] 聂颖. 环氧氯丙烷的生产工艺与改进[J]. 化工中间体,2004,1(7):33-35.

[33] Ampleman G, Brochu S, Desjardins M. Synthesis of energetic polyester thermoplastic homopolymers and energetic thermoplastic elastomers formed thereform[R]. DREV TR, 2001-175.

[34] 屈红翔,冯增国,于永忠. 3 ,3-双(氯甲基)氧杂环丁烷的制备[J]. 精细化工, 1998,15(3):10,11.

[35] 郭凯,罗运军,张继光，等. 3,3-双溴甲基氧丁环的合成[J]. 精细化工，2008, 25(8): 810-812.

[36] 汪多仁. 四氢呋喃的合成与应用[J]. 化学工程师，1994，43: 34-35.

[37] Gaur B, Lochab B, Choudhary V, et al. Thermalbehaviour of poly(allyl azide) [J]. Journal of Thermal Analysis and Calorimetry, 2003, 71: 467-479.

[38] 崔小明. 氯丙烯及其衍生产品的开发和利用[J]. 氯碱化工,2000(5): 17-19.

03 第 3 章 含能预聚物的合成化学与工艺学

3.1 概述

含能预聚物是指相对分子质量较低的含能聚合物(常温下一般为液态)，其在发射药、推进剂和混合炸药中主要是作为黏合剂预聚体或增塑剂来使用。

含能预聚物的合成主要有以下三种方法。

方法一：直接法，即先合成含能单体，然后通过阳离子开环聚合、自由基聚合等聚合手段合成含能聚合物。合成路线如下：

$$\boxed{\text{不含能单体}} \xrightarrow{\text{引入含能基团}} \boxed{\text{含能单体}} \xrightarrow{\text{聚合}} \boxed{\text{含能聚合物}}$$

方法二：间接法，即先合成不含能预聚物，然后通过官能团之间的化学反应引入含能基团。合成路线如下：

$$\boxed{\text{不含能单体}} \xrightarrow{\text{聚合}} \boxed{\text{不含能聚合物}} \xrightarrow{\text{引入含能基团}} \boxed{\text{含能聚合物}}$$

方法三：高分子化学反应法，即将已有惰性预聚物含能化，惰性预聚物主要包括天然聚合物(如纤维素)和合成聚合物(如端羟基聚丁二烯、氯化聚醚等)。合成路线如下：

$$\boxed{\text{惰性预聚物}} \xrightarrow{\text{引入含能基团}} \boxed{\text{含能聚合物}}$$

三种合成方法各有其优缺点。

方法一的优点是得到的含能聚合物纯度高，聚合过程可控性和重现性好；缺点是含能单体的感度一般比较高，在储存和使用中具有高危险性，不利于规模化生产，同时存在由于含能基团(如叠氮基团)位阻较大而造成聚合反应较困难。

方法二的优点是避免了使用高感度的含能单体，生产、储存和使用过程比较安全；缺点是通过聚合物基团反应(主要是侧基官能团的叠氮化反应和硝化反应等)将含能官能团引入到高分子链中，聚合物基团的反应本身存在的局限性，如存在聚集态的影响、几率效应和邻近基团的位阻效应等，使得聚合物基团的反应需要大量合适的溶剂作为反应介质，并且高分子基团的反应转化程度低于100%，有时聚合物基团反应还伴随有分子链降解等副反应。

方法三的优点是反应从现有的惰性聚合物直接含能化改性得到，简化了含能聚物的合成步骤，且反应原料易得，成本较低；缺点是在引入含能基团时，反应活性较差，而且不可避免地发生断链、支化等副反应，使得合成出的含能聚合物纯度较低、相对分子质量分布较宽。

此外，含能预聚物也可通过含有双键的含能小分子进行自由基聚合而得，以及含有特定官能团的含能单体进行缩聚反应和高相对分子质量的聚合物经过降解及取代反应来制备。

含能预聚物的制备方法主要包括阴离子开环聚合、阳离子开环聚合、配位聚合、自由基聚合、缩合聚合等方法，下面分别加以介绍。

3.2 阴离子开环聚合合成法

阴离子聚合是最早被人们发现和实现工业化应用的一种活性聚合方法。1956年，美国科学家Szwarc根据在无水、无氧、无杂质、低温条件下，以THF为溶剂，萘钠为引发剂引发苯乙烯的聚合实验结果，首先证实并明确指出阴离子型聚合是无链终止和无链转移的反应，提出了活性聚合物(Living Polymer)的概念。所谓“活性”，就是指不存在任何能够使聚合物链增长反应停止的副反应，聚合物在所有单体消耗尽后仍然具有活性，加入第二或者第三单体后还可以继续引发聚合。这一概念的提出具有划时代的意义，它在高分子合成化学、聚合物的结构控制和工业化生产上都具有非常重要的理论意义与实用价值。通过国内外科研人员的不断努力，已采用活性阴离子聚合方法合成出多种结构新颖的新型聚合物，取得了令人瞩目的成果。

3.2.1 阴离子开环聚合特点

一般来说，阴离子聚合可以分为链引发、链增长和链终止(需要外加终止剂，否则不终止)三个步骤。活性阴离子聚合反应的活性中心是阴离子，如碳负离子或氧负离子等，它具有以下几个显著的特点：

(1)活性聚合。严格地讲，活性阴离子聚合只有链引发和链增长两步基元反应，由于活性链末端带有相同的电荷，不能发生偶合或歧化终止反应，只有加入醇和水等带有活泼氢的化合物时阴离子活性链才会终止。因此，在严格的聚合反应条件下，活性阴离子聚合是没有链转移和链终止反应的，可以实现计量聚合。然而，活性阴离子聚合对杂质的容忍度非常低，如果聚合反应体系不纯(原料中含有杂质、反应装置漏气等)，也得不到活性聚合物，所以，活性阴离子聚合的反应条件也是非常苛刻的。

(2)聚合反应速率非常快。在活性阴离子聚合反应前，引发剂很快全部转化为活性中心，以基本相同的速率同时引发单体增长，由于活性阴离子聚合无终止反应，而且活性阴离子的浓度一般比自由基的浓度要高得多，因此，活性阴离子聚合反应速率非常快。

(3)多个活性中心共存。在同一个活性阴离子聚合体系中，可以同时存在两种以上不同类型和种类繁多的活性中心，这些活性中心容易发生溶剂化，形成缔合体、络合体以及三重离子等，溶剂化过程强烈地依赖于溶剂的性质。

(4)单体对引发剂的高度选择性。目前，已经开发出来可用于活性阴离子聚合的单体种类比较多，其中，非极性单体如苯乙烯、异戊二烯和丁二烯等，极性单体如(甲基)丙烯酸酯类，环状单体如环氧乙烷、环硅氧烷等都可以通过活性阴离子聚合法进行聚合。然而，单体对引发剂具有很强的选择性，这是因为在活性阴离子聚合中，引发剂可看成路易斯碱，碱性越强，则引发效率越高；单体可以看成一种路易斯酸，其酸值可以用 pKa 表示，酸性越强，pKa 值越小，则单体被引发后形成的阴离子越稳定，即阴离子越容易形成，这种单体也就越活泼。强碱性的引发剂(如烷基锂)等可以引发强酸性和弱酸性的单体聚合，而弱碱性的引发剂只能引发强酸性的单体聚合。

(5)聚合物的分子质量分布窄。活性阴离子聚合是一个快引发、慢增长(相对于快引发而言)、无链终止和无链转移的过程。因此，阴离子聚合得到的聚合物相对分子质量分布可接近泊松分布。

目前，合成含能预聚物的单体主要是各种氧杂环小分子，具体到氧杂环小分子的阴离子开环聚合中，任何有活泼氢的化合物(如水、醇)均可作为起始剂。引发反应被认为是氧杂环小分子与碱金属氢氧化物或其醇盐作用产生了醇盐阴离子，而这种阴离子在增长阶段通过与单体分子的连续开环反应生成长链聚合物，一般认为此反应是链式反应。如用引发剂 RO^- 引发氧杂环小分子的聚合反应时，引发反应为

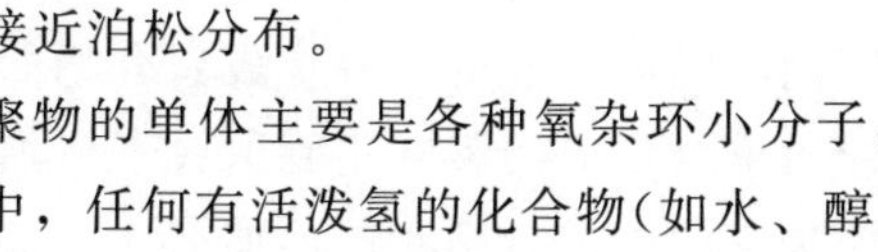

$$RO^- + \text{O}\!\bigcirc \longrightarrow RO\frown O^- \tag{3-1}$$

之后进行链增长反应：

$$\mathrm{RO\frown O^-} \xrightarrow{\text{O(环)}} \mathrm{RO\frown O\left[\frown O\right]_n\frown O^-} \tag{3-2}$$

氧杂环小分子的阴离子聚合反应具有活性阴离子聚合的特点，通常不发生终止反应。同时，阴离子开环聚合体系中存在着起始剂与阴离子增长链之间的快速质子交换反应：

$$\mathrm{RO\frown O\left[\frown O\right]_{\mathit{n}}\frown O^- + ROH \rightleftharpoons RO\frown O\left[\frown O\right]_{\mathit{n}}\frown OH + RO^-} \tag{3-3}$$

式(3-3)中，新生成的高分子醚醇和其他增长链之间也可能发生类似的质子交换反应：

$$\mathrm{RO\frown O\left[\frown O\right]_{\mathit{n}}\frown OH + RO\frown O\left[\frown O\right]_{\mathit{m}}\frown O^- \rightleftharpoons RO\frown O\left[\frown O\right]_{\mathit{n}}\frown O^- + RO\frown O\left[\frown O\right]_{\mathit{m}}\frown OH} \tag{3-4}$$

这些交换反应使得每个起始剂分子都可以被引发从而增长为聚合产物。

根据引发、增长和质子交换反应速率的不同，阴离子开环聚合可分为若干不同情况。若不存在质子交换反应，且引发反应远快于增长反应，那么在增长反应开始以前引发反应实质上已经完成，则所有聚合物链同时开始增长，并且增长的时间相同，这就使得聚合物的相对分子质量分布很窄。若引发反应较慢，当其他的链还没有被引发时某些链就已经开始增长，这时聚合反应有一个引发期，在引发期时单体随着引发剂转变为增长活性中心，反应速率逐渐加速，此时因为各种链是在不同时间内生成的，故合成聚合物的相对分子质量分布将会变宽。质子交换反应对聚合反应的影响主要取决于所加入起始剂和高分子醚醇的相对酸性：如果两种醇的酸度近乎相同，那么在全部聚合反应过程中都有质子交换反应发生，则合成聚合物的聚合度降低，相对分子质量分布变宽，但不影响聚合反应速率；如果起始剂 ROH 的酸度远大于高分子醚醇，那么式(3-3)的反应平衡将向右移动，此时反应会倾向于先将所有的起始剂引发起来，然后继续增长，最终使得聚合产物的相对分子质量分布变窄。

3.2.2　阴离子开环聚合实施方法

1. 惰性气体保护法

顾名思义，该方法就是在惰性气体的保护下，进行化学试剂的精制和转移以及活性阴离子聚合反应。实验室最常用到的惰性气体有 N_2 和 Ar 等。其中 N_2 非常易得、价格低廉、相对密度与空气非常接近，在 N_2 保护下称取物质的质量不需要加以校正，因而 N_2 的使用最为普遍。但是，由于氮分子在室温下能与锂反应，在较高温度下和其他金属(如金属镁)也能发生反应。此外，N_2 还能与某些过渡金属形成配合物，从而限制了它的应用。因此，在某些聚合反应情况下必须使用 Ar 作为保护气体。实验室常用的 N_2 和 Ar 等惰性气体必须经过进一步的除水除氧纯化处理后，才可以用作活性阴离子聚合反应的保护气体。根据纯度可以将惰性气体分为三个级别，比如对于 N_2，可以分为干燥级氮，含氧 0.1%，含水 0.001%；高纯氮，含氧 0.02%，含水 0.0001%；以及精氮，含氧 0.002%，含水 0.0001%。活性阴离子聚合要求 N_2 达到高纯的等级，就必须对普通的 N_2 进行进一步的净化。通常，除水的干燥剂可选用 $CaCl_2$、P_2O_5 和分子筛等，除氧就需要使用钠-钾合金(含钾 67%～81%，液状)、一氧化锰、活性铜、AgX 型分子筛等强还原剂。

惰性气体保护下试剂的处理、转移以及聚合反应操作，是活性阴离子聚合反应成功的关键，其中一些主要的操作有：溶剂和单体在惰性气体保护下的回流和蒸馏；试剂在惰性气体手套箱中的称量和分装；利用注射器针管技术进行试剂的计量、转移和加入等。另外，在惰性气体保护法活性阴离子聚合实验中，玻璃仪器的洗涤、干燥和惰气置换等操作直接影响到实验的成功与否，因此，在惰性气体保护法活性阴离子聚合中经常要用到 Schlenk 实验技术。Schlenk 实验技术也称为双排管操作技术，它主要用来提供惰性环境以及真空条件，用于对空气和潮气敏感的反应，是保证有机实验在真空和惰性环境下实现保护的反应手段。实现 Schlenk 实验技术最常见的是双排管方式，即为一条惰性气体线，一条真空线，它们之间通过特殊的活塞环来进行切换。

2. 高真空聚合实验技术

高真空聚合实验技术就是在高真空下，结合易碎封口(Break-seal)实验技术来进行化学试剂的精制、转移以及活性阴离子聚合反应。惰性气体保护法操作比较简便，但是很有可能带入杂质而影响实验结果，实验的重现性也不能保证。而高真空技术操作严格，实验结果更加准确，其主要组件包括机械泵、扩散泵、冷阱、真空表、高真空阀门、管线和保护惰性气体等。其中，高真空是指压力为 10^{-1}～10^{-5} Pa 的气体状态，通常采用机械泵和油扩散泵(或水银扩散泵)串联的方法实现高真空，并用热电偶与电离复合式真空计测量真空度。易碎封口实验技术是高真空活性阴离子聚合实验技术的重要组成部分，所有试剂的精制、转移和聚合反应操作都是利用打碎易碎封口的方式来实现。早在 20 世纪 60 年代，Worsfold 和 Bywater 就曾在高真空环境下进行过活性阴离子聚合。1963

年，Morton 等人发表了利用高真空实验技术进行活性阴离子聚合的专题文章，1975 年，他们再次对高真空活性阴离子聚合实验技术做了详细的总结，但此时高真空活性阴离子聚合技术仅限于用来合成一些具有简单结构的聚合物，如线型的或对称的星型结构聚合物。2000 年，Hadjichristidis 等人对高真空聚合实验技术做了进一步的综述，并详细地介绍了高真空活性阴离子聚合实验技术在合成具有极其复杂结构聚合物材料中的应用。2005 年，Mays 等人对高真空活性阴离子聚合实验技术中的具体实验步骤做了非常详细的介绍，尤其对高真空实验技术的初学者有非常大的帮助。大连理工大学李杨等人在多年从事活性阴离子聚合研究的基础上，对高真空实验技术进行了一些改进，使其能够更方便地应用。值得注意的是，高真空活性阴离子聚合技术的操作难度较大，实验者需要熟练地掌握玻璃加工技术，自行设计并吹制所有的聚合实验装置；而且需要使用可移动的高温火焰将聚合实验装置从高真空线中接上截下，实验过程非常繁琐，实验强度大、周期长，任何微小的砂眼、缝隙所引起的漏气都会使整个实验操作失败。然而，利用高真空技术可以使活性阴离子聚合在完全纯净的环境下进行，获得聚合物结构、相对分子质量和相对分子质量分布可控的聚合物，得到的实验数据具有非常高的可信度和重现性。

在氧杂环小分子的阴离子聚合反应中，所得聚合物的相对分子质量是非常低的，其原因是氧杂环小分子的阴离子增长反应的反应活性较低，且存在向单体的链转移反应。对氧杂丁环单体来说，向单体的链转移反应尤其显著。由于氧杂丁环单体的阴离子聚合反应中，存在着聚合反应向单体的链转移反应，链转移反应的结果是产生了丙烯基或烯丙基端基，从而增加了反应体系中聚合物链的数目，结果使聚合产物的相对分子质量降低、相对分子质量分布变宽。因此现在基本不采用阴离子聚合法合成含能预聚物。

3.2.3 阴离子开环聚合合成的典型含能预聚物

聚酯类含能黏合剂可通过阴离子开环聚合得到。该类黏合剂主要通过相应内酯单体的开环聚合制备。

单体 BMMPL(α-溴甲基-α-甲基-β-丙内酯)阴离子开环聚合后，通过对聚合物进行叠氮化，可以合成含能聚酯 PAMMPL。单体 BMMPL 的制备反应方程如式(3-5)所示，BMMPL 的阴离子开环聚合过程和叠氮过程如式(3-6)所示。

$$CH_3-C(CH_2OH)_2-COOH \xrightarrow{HBr} CH_3-C(CH_2Br)_2-COOH \xrightarrow{KON} \underset{BMMPL}{CH_3-\overset{CH_2Br}{C}\text{(β-丙内酯环: }C(=O)-O-CH_2)} \tag{3-5}$$

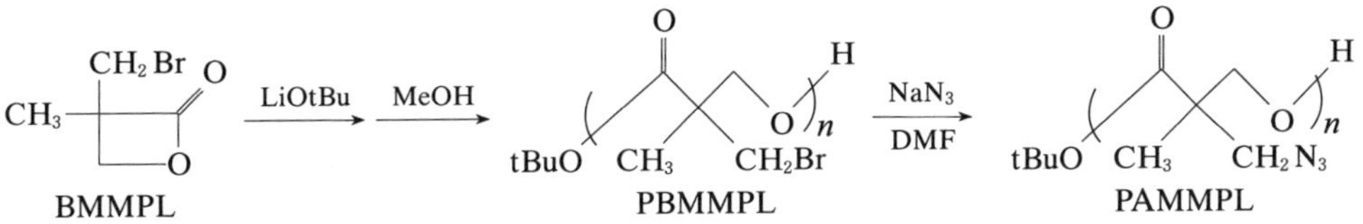

BMMPL —LiOtBu→ —MeOH→ PBMMPL —NaN_3/DMF→ PAMMPL

(3-6)

PBMMPL 经过叠氮化后，得到 PAMMPL，其熔融温度高于 80℃。利用这一特性，可以合成聚内酯-b-聚醚嵌段共聚物 ETPE。

3.3 阳离子开环聚合合成法

按照增长活性中心的不同，氧杂环单体的阳离子开环聚合机理可分为两类：碳阳离子(Carbonium ion)机理和氧鎓离子(Oxonium ion)机理。

(1)碳阳离子机理：催化剂先进攻氧杂环单体，导致开环，形成碳阳离子，碳阳离子作为活性中心引发单体发生聚合反应。

引发反应：

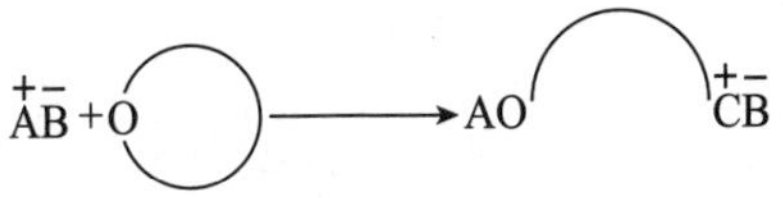

(3-7)

增长反应：

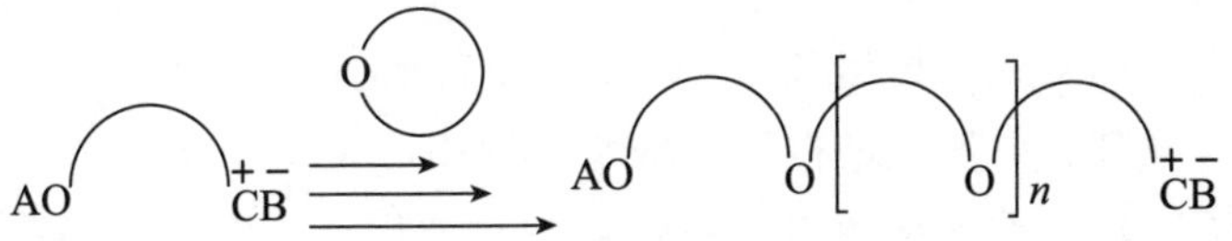

(3-8)

(2)氧鎓离子机理：聚合增长反应的活性中心是氧鎓离子。根据氧鎓离子是否位于分子链上又可分为三种情况，即活性单体机理(AMM)、活性链机理(ACM)和混合机理(AMM+ACM)

AMM ACM

①活性单体机理：在氧杂环单体聚合过程中，增长活性中心是被活化的单体。所用引发体系通常是复合引发体系，醇作为引发剂，路易斯酸作为催化剂。具体过程：在路易斯酸作用下单体首先被活化，通常是被质子化，生成二级氧鎓离子。之后醇会进攻被活化的单体，导致单体开环，生成直链端羟基醚，并

释放出一个阳离子(质子)，再活化单体，重复上述反应，从而分子链得到增长。

单体的活化：

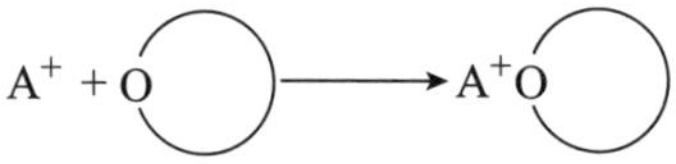

(3-9)

引发反应：

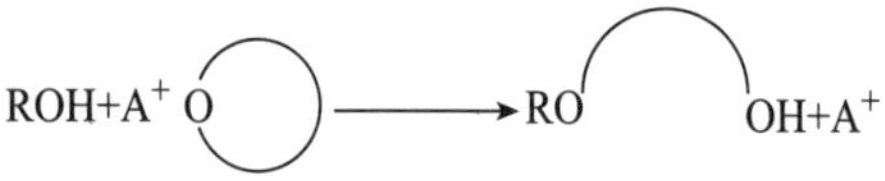

(3-10)

增长反应：

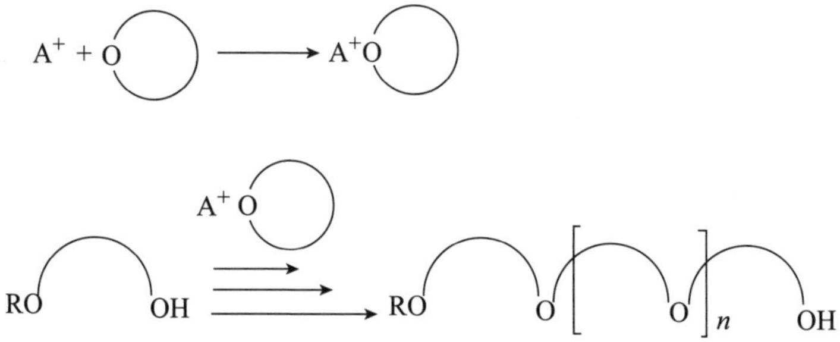

(3-11)

从上述机理可以看出，聚合产物的聚合度只取决于催化剂与醇的用量，因而可以通过调节催化剂与醇的用量来得到预期相对分子质量的聚合物。聚合速率则主要取决于聚合体系中活化单体的浓度和引发剂醇的用量。该机理没有链终止，因而得到的聚合产物相对分子质量分布较窄。

②活性链机理：在聚合过程中，增长活性中心是位于增长链末端的氧鎓离子。具体过程：单体首先被活化，一般是被质子化，生成二级氧鎓离子。与活性单体机理不同的是，该机理单体会进攻二级氧鎓离子，导致活化单体的开环，从而会生成三级氧鎓离子。重复上述反应，分子链得到增长。

单体的活化：

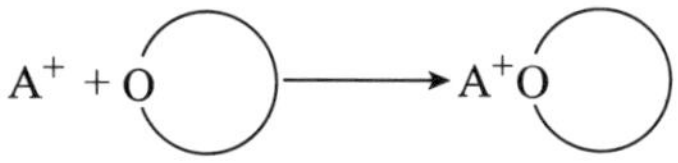

(3-12)

引发反应：

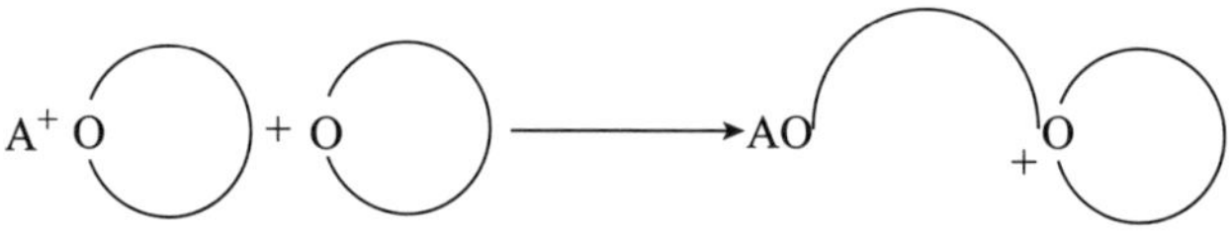

(3-13)

增长反应：

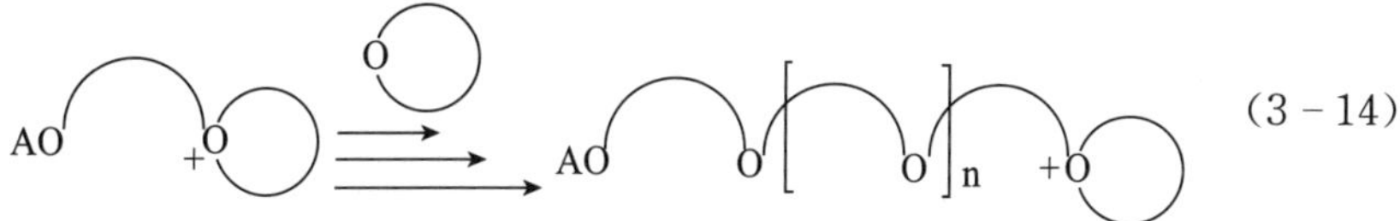

(3-14)

ACM 机理中聚合反应速率和聚合度都与引发剂的用量有关。在聚合过程中，容易发生回咬，增长链末端的氧鎓离子会和分子链另一端的醇或分子链中的氧原子发生反应，生成大的环状醚，并且容易发生链终止反应，生成齐聚物，导致聚合产物相对分子质量分布变宽。

③混合机理（活性单体机理+活性链机理）：聚合中，增长活性中心既有被活化的单体，也有被活化的增长链末端。

3.3.1 单体结构对聚合的影响

目前合成含能预聚物的单体主要是各种氧杂环小分子，环状化合物的种类对开环聚合有重要的影响。

环状化合物除三元环醚以外，还有氧丁环、四氢呋喃、二氧五环等。环醚的活性次序为环氧乙烷＞氧丁环＞四氢呋喃。目前含能预聚物合成过程中使用最多的环醚是三元、四元环醚。

3.3.2 反离子的亲核性及其对聚合的影响

反离子为引发剂碎片，带反电荷，又称为抗衡离子，对阳离子聚合的影响很大。若反离子亲核性过强，则将使链终止；若反离子体积大，则离子对疏松，聚合速率较大。反离子的亲核性及引发剂对聚合反应有很大影响。下面从不同的引发体系分别介绍不同引发剂引发含能单体的阳离子开环聚合反应。

1. $BF_3 \cdot Et_2O$/醇引发的阳离子开环聚合反应

在含能单体阳离子开环聚合制备含能预聚物的过程中，往往以路易斯酸作为主引发剂，同时加入助引发剂。这些助引发剂通常是端羟基的醇类化合物，包括甲醇、1,4-丁二醇、1,3-丙二醇、1,6-己二醇、三羟甲基乙烷、三羟甲基丙烷、季戊四醇等。这些醇类化合物的羟基数目决定着含能预聚物的官能度：由二醇作为助引发剂得到的是二官能度含能预聚物，三醇作为助引发剂得到的是三官能度含能预聚物。$BF_3 \cdot Et_2O$/醇是目前使用最多的含能单体阳离子开环聚合引发体系，尤其是用它来引发氧杂丁环含能单体的阳离子开环聚合反应。

下面以 3,3-二取代基氧杂环丁烷单体为例，介绍以 $BF_3 \cdot Et_2O$/醇为引发体系进行氧杂环丁烷阳离子开环聚合的反应过程。在 $BF_3 \cdot Et_2O$ 作用下，二醇引发剂会先释放出质子，该质子进一步进攻单体使单体被质子化，如式(3-15)～式(3-17)所示。

$$BF_3Et_2O + HO—R—OH \longrightarrow BF_3—\underset{\displaystyle H}{\underset{|}{O}}—R—OH + Et_2O \quad \text{Ⅰ} \qquad (3-15)$$

$$\text{Ⅰ} \longrightarrow BF_3OROH + H^+ \qquad (3-16)$$

$$\text{(3,3-}R_1,R_2\text{-oxetane)} + H^+ \longrightarrow \text{(3,3-}R_1,R_2\text{-oxetanium, } O^+—H\text{)} \quad \text{Ⅱ} \qquad (3-17)$$

3,3-二取代基氧杂环丁烷单体的链增长反应如式(3-18)所示，主要是质子化的单体Ⅱ同其他单体不断发生亲核加成反应导致聚合物链发生增长，从而使产物的相对分子质量增加，如式(3-19)所示。

$$\text{Ⅱ} + \text{(}R_1,R_2\text{-oxetane)} \longrightarrow HO—CH_2—\underset{R_2}{\overset{R_1}{C}}—\overset{+}{O}\text{(}R_1,R_2\text{-oxetane ring)} \xrightarrow{(n-2)\ \text{(}R_1,R_2\text{-oxetane)}}$$

$$H{+}O—CH_2—\underset{R_2}{\overset{R_1}{C}}—CH_2{+}_{n-1}H\overset{+}{O}\text{(}R_1,R_2\text{-oxetane ring)} \quad \text{Ⅲ} \qquad (3-18)$$

$$\text{Ⅲ} + HO—R—OH \longrightarrow H{+}O—CH_2—\underset{R_2}{\overset{R_1}{C}}—CH_2—{+}_nOROH \quad \text{Ⅳ} \qquad (3-19)$$

假如增长中的聚合物链与醇或水相接触，链即会发生终止反应，从而得到预期的具有端羟基的预聚物，如式(3-20)所示。

$$\text{Ⅲ} + H_2O \longrightarrow H{+}O—CH_2—\underset{R_2}{\overset{R_1}{C}}—CH_2—{+}_nOH \quad \text{Ⅴ} \qquad (3-20)$$

Cheradame 等人详细研究了 $BF_3 \cdot OEt_2$/乙二醇引发 3,3-二叠氮甲基氧环丁烷(BAMO)的聚合过程。他们发现，BAMO 要实现阳离子开环聚合需要的引发剂浓度较高，若引发剂浓度低于某一值时，聚合反应就不会发生，其原因是在较低引发剂浓度下叠氮基会与活性中心反应生成络合物，从而导致聚合反应不能进行。他们还发现，$BF_3 \cdot OEt_2$/乙二醇引发 3,3 -二叠氮甲基氧丁环(BAMO)所得的聚合物的平均官能度接近 2，这说明该聚合反应是按照活性单体聚合机理进行的。如果是活性链机理，则在聚合过程中会存在回咬现象生成大环状醚，导致聚合物的平均官能度远小于 2。得到的 BAMO 均聚物的聚合度可通过引发剂醇的用量进行调节。该聚合反应若采用本体聚合易发生爆炸，采用溶液聚合方法更为安全，反应介质通常为氯代烷烃。Cheradame 还对比研究了助引发剂丁二醇对 BAMO 阳离子开环聚合反应的影响，结果见表 3 - 1。

表 3 - 1 引发剂对 BAMO 聚合的影响

批次	BAMO/(mol·L^{-1})	$BF_3 \cdot OEt_2$/(mol·L^{-1})	丁二醇/(mol·L^{-1})	[引发剂]/[BAMO]/%	得率/%	$\overline{M}_n$
1	3.7	0.075		2	0	
2	3.8	0.19		5	0	
3	1.7	0.16		10	15	
4	1.64	3.3		20	50	
5	3.5		0.5	14	70	4500
6	3.5		0.5	14	75	2700
7	3.5		0.5	14	76	1700
8	3.5		0.6	17	85	2000

从表 3 - 1 的数据可以看出，未加入助引发剂丁二醇时，BAMO 的开环聚合反应基本没有进行，加入助引发剂丁二醇可有效提高引发效率，但聚合反应的重现性较差。Manser 等人详细研究了各种含能氧杂环单体在 $BF_3 \cdot OEt_2$/丁二醇引发体系中的共聚行为，测定了它们的竞聚率，如表 3 - 2 所列。从表 3 - 2 可以发现它们的反应活性顺序为 OMMO＞BEMO＞BMMO＞OX＞MNAMO＞AMMO＞NOMMO＞NMMO＞BAMO＞BNMO＞THF＞AZOX。

表 3 - 2 含能单体在 $BF_3 \cdot OEt_2$/丁二醇引发体系中的竞聚率

单体对	r_1	r_2
BEMO/OX	1.21 ± 0.19	0.76 ± 0.08
BEMO/BMMO	1.26 ± 0.09	0.81 ± 0.06

（续）

单体对	r_1	r_2
OMMO/BMMO	1.23±0.28	0.74±0.25
OMMO/THF	21.69±10.00	0.05±0.20
BMMO/MNAMMO	1.43±0.26	0.98±0.17
BMMO/AMMO	4.37±0.43	0.33±0.08
MNAMMO/AMMO	2.91±1.00	0.65±0.29
MNAMMO/NMMO	2.49±1.04	0.12±0.10
BAMO/AMMO	0.31±0.15	2.19±0.38
BAMO/THF	1.73±0.24	0.44±0.17
BAMO/BNMO	2.97±0.29	0.17±0.08
NMMO/AMMO	0.35±0.10	2.73±0.53
AMMO/NOMMO	2.64±0.50	0.48±0.18
NMMO/NOMMO	0.96±0.12	1.24±0.12
BAMO/NMMO	0.79±0.14	1.42±0.20
NMMO/BNMO	10.87±5.67	0.26±0.26
BAMO/AZOX	1.62±0.35	0.47±0.07

Manser等人以BDO/BF_3·Et_2O为阳离子开环聚合的引发体系，在二氯甲烷中进行了AMNMO的均聚反应。结果表明，当重均相对分子质量为6320，数均相对分子质量为4368，分散度为1.47时，AMNMO均聚物为无定型液体聚合物，DSC分析其分解放热峰出现在175℃，最大放热峰为215℃。

2. 三氟甲磺酸和三氟甲磺酸酐引发的阳离子开环聚合反应

Chiu等人以超酸三氟甲基磺酸酐和三氟甲基磺酸为引发剂合成了BAMO、AMMO与THF的共聚物，结果发现以三氟甲磺酸或三氟甲磺酸酐为引发剂引发BAMO、BCMO、THF和BEMO的阳离子开环聚合具有活性特征，得到的聚合产物相对分子质量可控，相对分子质量分布较窄(1.25～1.41)，反应可在20～40℃下进行，条件较为温和。他们以三氟甲磺酸或三氟甲磺酸酐为引发剂分别采用本体聚合法和溶液聚合法合成了BAMO-THF-BAMO和BCMO-THF-BCMO三嵌段共聚物，结果发现本体聚合法可得到较高相对分子质量的聚合物，而溶液聚合法得到的是相对分子质量在4000以下的聚合物。同时他们利用^{19}F-NMR系统研究了活性阳离子开环聚合制备BAMO-THF-BAMO和

AMMO-THF-AMMO 等含能预聚物的聚合机理。他们以前人所提出的 $(CF_3SO_2)_2O$ 引发 THF 聚合的反应机理为基础，认为三氟甲基磺酸酐引发氧杂环丁烷单体的第一步是 $(CF_3SO_2)_2O$ 与一个氧杂环丁烷单体会先形成离子对，然后第二个单体进攻该离子化的氧杂环丁烷中氧鎓离子的 α 碳从而进行亲核加成反应，如式(3－21)所示。

$$(CF_3SO_2)_2O + \text{O}\langle\rangle C(R_1)(R_2) \longrightarrow CF_3SO_2—\overset{+}{O}\langle\rangle C(R_1)(R_2)\ \ CF_3SO_3^- \rightleftharpoons$$

$$CF_3SO_3CH_2C(R_1R_2)CH_2—\overset{+}{O}\langle\rangle C(R_1)(R_2)\ \ CF_3SO_3^- \tag{3-21}$$

当第二个单体进行加成反应后会转换成三氟甲基磺酸酯，其另一端仍为离子对。若离子对转化位置，就会生成双三氟甲基磺酸酯，其反应机理分别如式(3－22)和式(3－23)所示。此时氧杂环丁烷单体的聚合反应会处于一种平衡状态，正反应为三氟甲基磺酸根离子继续进攻离子化的氧杂环丁烷单体中氧鎓离子的 α 碳进行亲核加成反应，而逆反应则是处于增长的聚合物链发生回咬从而生成齐聚物，导致聚合产物相对分子质量分布变宽。

$$\sim\sim\overset{+}{O}\langle\rangle C(R_1)(R_2)\ \ CF_3SO_3^- \longrightarrow \sim\sim OCH_2C(R_1R_2)CH_2OSO_2CF_3 \tag{3-22}$$

$$\sim\sim O(C)(C)C—OSO_2CF_3 \longrightarrow \sim\sim\overset{+}{O}\langle\rangle C(R_1)(R_2)\ \ CF_3SO_3^- \tag{3-23}$$

与三氟甲基磺酸酐引发氧杂环丁烷单体开环聚合机理不同，采用 CF_3SO_2H 引发氧杂环丁烷单体时会存在两个相互竞争的平衡过程[式(3－24)]：一个是三氟甲基磺酸和氧杂环丁烷单体与氧鎓离子-三氟甲基磺酸根离子对之间的平衡；另一个是氧鎓离子-三氟甲基磺酸根离子对与三氟甲基磺酸酯之间的平衡。在聚合反应的引发阶段，对于前一种平衡反应有利于从离子对重新生成 CF_3SO_3H，对于后一种平衡反应则很难会生成三氟甲基磺酸酯。

$$CF_3SO_3H + \text{O}\langle\rangle C(R_1)(R_2) \rightleftharpoons H—\overset{+}{O}\langle\rangle C(R_1)(R_2)\ \ CF_3SO_3^- \rightleftharpoons HOCH_2C(R_1R_2)CH_2OSO_2CF_3 \tag{3-24}$$

同时他们发现无论是三氟甲基磺酸酐还是三氟甲基磺酸引发氧杂环丁烷单体聚合，其聚合过程中都会存在两种增长活性中心：氧鎓离子–磺酸根阴离子对和磺酸酯，两种增长活性中心之间可以相互转换，存在一个平衡[式(3－25)]，这种平衡受引发剂种类、单体的环张力、取代基种类和溶剂极性的影响，这些因素对活性中心的影响见表 3－3。

$$\sim\sim\overset{+}{O}\!\left\langle \square \right\rangle\!\!\begin{matrix}R_1\\R_2\end{matrix}\quad CF_3SO_3^- \rightleftharpoons \sim\sim\sim O-\overset{H_2}{C}-CH_2-H_2C-OSO_2CF_3 \qquad (3-25)$$

表 3－3 环张力、取代基和溶剂效应对环醚聚合过程中离子对活性中心浓度的影响

单体	引发剂	溶剂	活性中心浓度 $x(O^+)/\%$
四氢呋喃(THF)	$(CF_3SO_2)_2O$	$CDCl_3$	31
	$(CF_3SO_2)_2O$	CD_3NO_2	72
	CF_3SO_3H	CD_3NO_2	100
环氧丁烷(Oxetane)	$(CF_3SO_2)_2O$	$CDCl_3$	<3
	$(CF_3SO_2)_2O$	CD_3NO_2	27
	CF_3SO_3H	CD_3NO_2	40
3,3－双(氯甲基)环氧环丁烷(BCMO)	$((CF_3SO_2)_2O$	$CDCl_3$	0
	$(CF_3SO_2)_2O$	CD_3NO_2	18
	CF_3SO_3H	CD_3NO_2	34
3,3－双(叠氮甲基)环氧环丁烷(BAMO)	$(CF_3SO_2)_2O$	$CDCl_3$	<5
	$(CF_3SO_2)_2O$	CD_3NO_2	38
	CF_3SO_3H	CD_3NO_2	60
3,3－双(乙氧甲基)环氧环丁烷(BEMO)	$((CF_3SO_2)_2O$	$CDCl_3$	9
	$(CF_3SO_2)_2O$	CD_3NO_2	60
	CF_3SO_3H	CD_3NO_2	90

从表 3－3 的数据可以看出，CF_3SO_3H 引发体系中氧鎓离子的浓度要高于 $(CF_3SO_2)_2O$ 引发体系中氧鎓离子的浓度，由此表明 CF_3SO_3H 引发的效率要高于 $(CF_3SO_2)_2O$。所有氧杂环丁烷单体和 THF 相比，形成稳定氧鎓离子的概率较小。这说明和取代基的影响相比，环张力的影响占主导地位。

三氟甲基磺酸酐或三氟甲基磺酸引发的氧杂环丁烷单体开环聚合过程中，两种活性中心的相对浓度，即离子对浓度[O^+]和磺酸根浓度[E]的比值[O^+]/[E]是低于相应 THF 聚合体系的。两种不同环醚的环张力是造成这一差别的原因。由于未取代的四元环醚-环氧丁烷的环张力要高于五元环醚-四氢呋喃，故在环氧丁烷开环聚合过程中形成稳定离子的可能性较小。

此外，由三氟甲基磺酸酐或三氟甲基磺酸引发的不同取代基的氧杂环丁烷单体也表现出不同的聚合特点。与环的大小对活性中心的影响相比，取代基对活性中心的作用要弱。但不同的取代基还是对三氟甲基磺酸酐或三氟甲基磺酸引发氧杂环单体产生的活性中心数量具有一定的影响。这主要是由于磺酸根阴离子同氧鎓环生成磺酸酯的反应是亲核取代反应，反应的活性取决于氧鎓环的电子密度(一般电子密度小的活性高)。因此具有强吸电子取代基的氧杂环丁烷由于其电子密度小，导致其聚合的磺酸酯活性种浓度就高。故表 3－3 中具有不同取代基的氧杂环丁烷单体聚合活性顺序为 BCMO＞BAMO＞BEMO。从表3－3 还可以看出，当三氟甲基磺酸酐或三氟甲基磺酸引发的四氢呋喃开环聚合时，离子对-磺酸酯之间的平衡与所用溶剂间存在着强烈的依赖关系：溶剂的极性越大，氧鎓离子活性中心就越稳定。这种规律与用三氟甲基磺酸酐或三氟甲基磺酸引发环氧丁烷单体阳离子开环聚合是类似的。当采用硝基甲烷为溶剂时，可观察到三氟甲基磺酸酐或三氟甲基磺酸引发 BCMO 都能够产生离子对活性中心，而且这两种引发体系在引发 BCMO 聚合时，硝基甲烷中产生的[O^+]明显都比在三氯甲烷中的高。在硝基甲烷中能够观察到超酸引发的 BCMO 聚合的氧鎓离子，表明溶剂所产生的稳定作用足以克服来自环张力和取代基亲电性的反作用。

三氟甲基磺酸酐和三氟甲基磺酸引发的氧杂环丁烷活性阳离子开环聚合的链增长反应一般认为是 S_{Nz} 机理，无论是三氟甲基磺酸酐还是三氟甲基磺酸作为引发剂，都存在着两种活性中心，即离子对和磺酸酯，因此对应有两种链增长模式，分别如式(3－26)和式(3－27)所示。

$$\sim\sim O^+(\text{ring}, R_1, R_2)\ CF_3SO_3^- + O(\text{ring}, R_1, R_2) \rightleftharpoons \sim\sim O^+(\text{ring}, R_1, R_2)\ CF_3SO_3^- \cdots O(\text{ring}, R_1, R_2)$$

$$\longrightarrow \sim\sim CH_2C(R_1R_2)CH_2—O^+(\text{ring}, R_1, R_2)\ CF_3SO_3^- \quad (3-26)$$

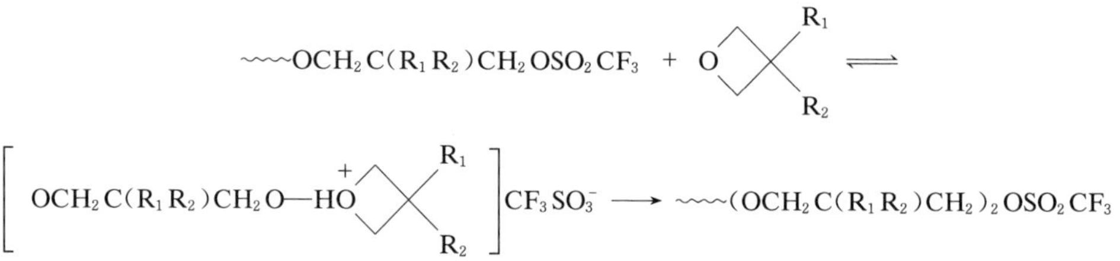

$$\sim\sim OCH_2C(R_1R_2)CH_2OSO_2CF_3 + O\!\!\diamond\!\!<^{R_1}_{R_2} \rightleftharpoons$$

$$\left[OCH_2C(R_1R_2)CH_2O—H\overset{+}{O}\!\!\diamond\!\!<^{R_1}_{R_2}\right]CF_3SO_3^- \longrightarrow \sim\sim(OCH_2C(R_1R_2)CH_2)_2OSO_2CF_3$$

(3-27)

式(3-26)和式(3-27)所示的引发活性种离子对与磺酸酯的平衡过程中，生成氧鎓离子的趋势取决于两者之间平衡的移动，即取决于取代氧鎓离子的亲电性。环醚的亲电性越低，开环就越困难，相应地其氧鎓离子的稳定性就越高。

此外，供电取代基会降低氧杂环丁烷的亲电性。在表3-3中，乙氧基产生的诱导效应最低，氯离子的最高，而叠氮基居中，即它们的供电能力依次为EtO＞N_3＞Cl^-。所以，BEMO生成的氧鎓离子要比其他氧杂环丁烷单体都稳定。

同样，溶剂效应也会对式(3-26)和式(3-27)所示的两种链增长机理产生一定的影响。增加溶剂的极性，将使氧鎓离子和三氟甲基磺酸根的溶剂化程度得到加强。由于离子对→磺酸酯反应是通过三氟甲基磺酸根亲核进攻氧杂烷环单体上的 α 碳实现的，溶剂化作用将会增加该反应的活化能，这样使氧鎓离子到磺酸酯的转化变得更加困难，从而使氧鎓离子更加稳定。

3. 螺环苯并噻咯引发的阳离子开环聚合

螺环苯并噻咯(spirobenzoxasilole)引发剂的结构式如图3-1所示。

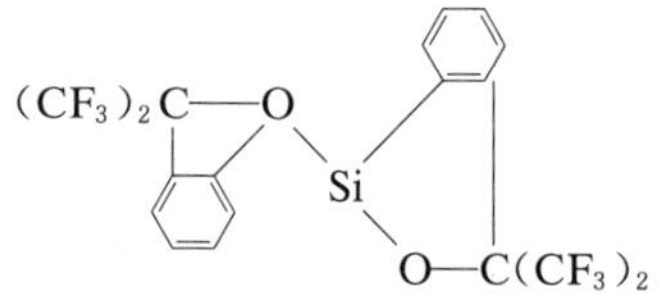

$(CF_3)_2C—O$ / Si / $O—C(CF_3)_2$

图3-1 螺环苯并噻咯的结构式

Chien等人在1992年报道了用螺环苯并噻咯引发NIMMO、AMMO、BAMO和BEMO等氧杂环单体的阳离子开环聚合。根据^{31}P-NMR研究结果，他们提出了该聚合反应遵循活性链机理：首先螺环苯并噻咯和单体反应生成Si^-—O^+三级氧鎓离子对，接着另一个单体的氧原子进攻氧鎓环上 α 位的碳原子，导致氧鎓离子开环，从而生成一端为三级氧鎓离子、另一端为引发剂的活性链结构。重复上述反应，分子链就会得到不断增长。链转移有两种形式：分子间链转移和分子内链转移。分子间链转移会导致分子链的枝化，而分子内链转移的结果是生成大环状醚。以螺环苯并噻咯为引发剂引发氧杂环单体的阳离子开环聚合过程如下：

链引发：

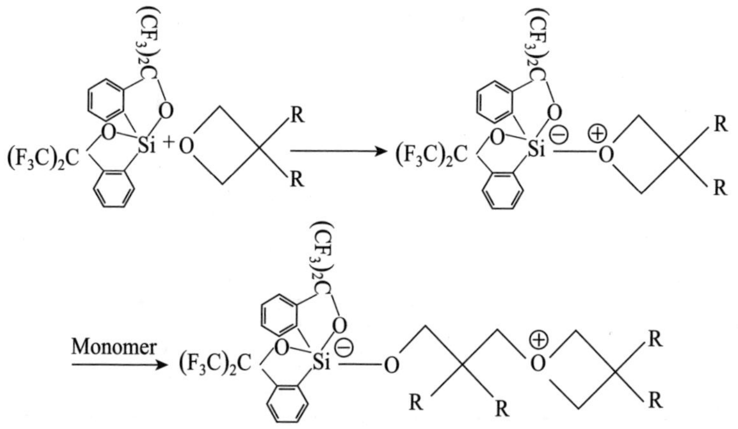

$(CF_3)_2C$ $(F_3C)_2C$ Si + O R R → $(CF_3)_2C$ $(F_3C)_2C$ Si ⊖ ⊕ O R R

(3-28)

Monomer → $(CF_3)_2C$ $(F_3C)_2C$ Si ⊖ O R R ⊕ O R R

链增长：

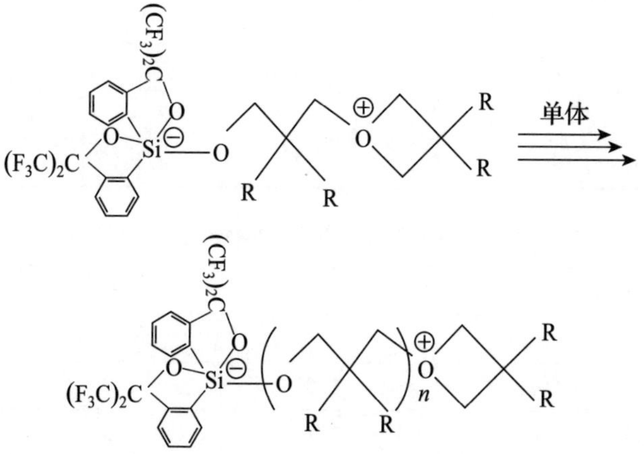

$(CF_3)_2C$ $(F_3C)_2C$ Si ⊖ O R R ⊕ O R R 单体 →

(3-29)

$(CF_3)_2C$ $(F_3C)_2C$ Si ⊖ O R R n ⊕ O R R

分子间链转移：

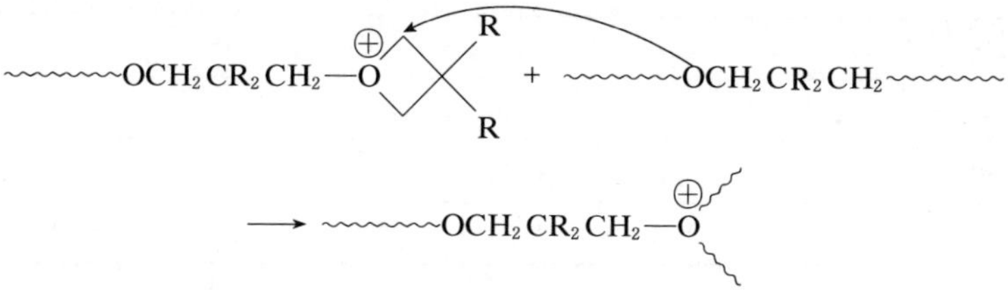

$\sim\sim OCH_2CR_2CH_2-\overset{\oplus}{O}$ R R + $\sim\sim OCH_2CR_2CH_2\sim\sim$

(3-30)

$\rightarrow \sim\sim OCH_2CR_2CH_2-\overset{\oplus}{O}$

分子内链转移：

$\sim\sim(OCH_2CR_2CH_2)_n\overset{\oplus}{O}$ R R $\rightarrow \overset{\oplus}{O}(CH_2CR_2CH_2O-CH_2CR_2CH_2)_n$

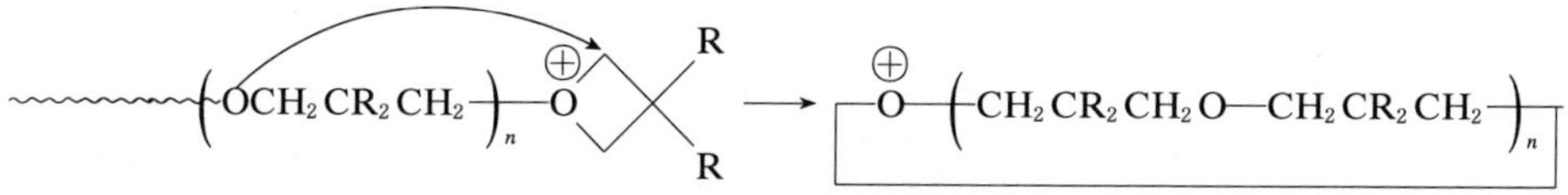

(3-31)

根据氧杂环单体的反应活性不同，螺环苯并噻咯引发氧杂环单体的聚合反应在－15～25℃下进行。少量水的存在有助于聚合反应，但是当水的浓度达到一定值时，会使聚合反应速率和转化率下降很多。随着聚合温度的升高，水的影响逐渐减弱。螺环苯并噻咯引发 BEMO、AMMO、NIMMO 和 BAMO 的聚合数据列于表 3－4～表 3－7。

表 3－4 螺环苯并噻咯引发 BEMO 的聚合(－15℃)

时间/h	0.5	1	2	5	24
转化率/%	0	48.8	62.9	69.5	75.7
$\overline{M}_n$(×10^4)	—	5.9	5.7	5.6	6.1
分散系数	—	1.6	1.7	1.6	1.6

表 3－5 螺环苯并噻咯引发 AMMO 的聚合(－15℃)

时间/h	1	2	4.5	6.5	9.5	24
转化率/%	0	20.0	42.8	48.1	56.2	64.7
$\overline{M}_n$(×10^4)	—	3.2	3.2	2.8	2.7	2.6
分散系数	—	2.1	2.1	2.1	2.4	2.4

表 3－6 螺环苯并噻咯引发 NIMMO 的聚合(10℃)

时间/h	3	5.5	7.0	24
转化率/%	24.8	44.2	50.7	83.6
$\overline{M}_n$(×10^4)	0.87	1.2	1.3	1.5
分散系数	1.3	1.7	1.8	1.8

表 3－7 螺环苯并噻咯引发 BAMO 的聚合(20℃)

时间/h	3	8	18	26	46	72	100
转化率/%	0	11.5	32.7	44.3	55.8	58.5	71.1
$\overline{M}_n$(×10^4)	—	1.2	1.4	1.3	1.3	1.2	1.2
分散系数	—	1.7	1.9	2.0	2.0	2.1	2.1

从上述表中的数据可以看出，单体的转化率随反应时间的延长而升高，除 PNIMMO 的分子量有增长之外，其他聚合物分子量基本不随反应时间的延长而增长，分子量的分布也不随反应时间而变化，多分散系数介于 1.6～2.4。此外，从上述表还可以看出单体的聚合活性顺序为 BEMO＞AMMO＞NIMMO＞BAMO。

4．对二(2-氯异丙基)苯(DCC)/六氟化锑酸银(ASF)引发的开环聚合反应

对二(2-氯异丙基)苯(DCC)/六氟化锑酸银(ASF)引发剂的结构式如图3-2所示。

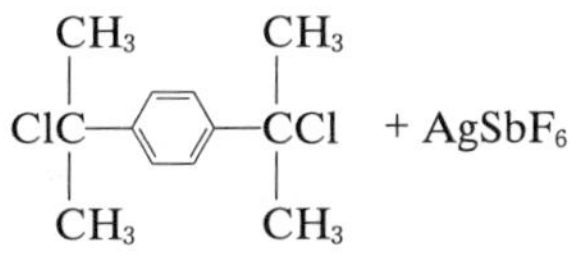

$$\mathrm{ClC(CH_3)_2{-}C_6H_4{-}C(CH_3)_2Cl + AgSbF_6}$$

图3-2 DCC结构式

Manser和Talukder分别研究了对二(2-氯异丙基)苯(DCC)/六氟化锑酸银(ASF)引发BAMO、NIMMO、AMMO、BNMO和BEMO的均聚及共聚反应。但两人研究的结论不尽相同。Manser认为聚合反应必须在-80℃以下进行，在-80℃以上DCC本身会迅速发生均聚，起不到催化作用。即使在-85℃下聚合，也只有30%的DCC起到催化作用，因而得到的聚合物的相对分子质量比预期高许多，且相对分子质量分布窄，聚合速率很快，在5min之内即可完成。引发剂浓度和单体的加入方式对聚合影响很大。而Talukder在-70℃时顺序引发NIMMO和BAMO聚合得到了BAMO-NIMMO-BAMO嵌段共聚物，聚合完成需要3h。聚合物相对分子质量比预期大很多，他认为是发生了交联导致相对分子质量增大。这种聚合体系的不足是聚合后很难除去六氟化锑酸银。

以对二(2-氯异丙基)苯(DCC)/六氟化锑酸银(ASF)引发剂引发氧杂环丁烷单体的聚合机理如图3-3所示。DCC和六氟化锑酸银首先生成碳阳离子对，然后钙离子对和单体会形成三级氧鎓离子作为增长活性中心。在很低的温度下，三级氧鎓离子有可能变成碳阳离子，作为增长活性中心。

$$\mathrm{ClC(CH_3)_2{-}C_6H_4{-}C(CH_3)_2Cl + 2AgSbF_6 \longrightarrow AgSbF_6Cl^{\ominus}\ {}^{\oplus}C(CH_3)_2{-}C_6H_4{-}C^{\oplus}(CH_3)_2\ AgSbF_6Cl^{\ominus}}$$

$$\xrightarrow{2\ \text{(3,3-R}_2\text{-氧杂环丁烷)}} \mathrm{R_2C(CH_2)_2O^{\oplus}{-}C(CH_3)_2{-}C_6H_4{-}C(CH_3)_2{-}O^{\oplus}(CH_2)_2CR_2}$$

$$\big\downarrow \text{很低温度下}$$

$$\mathrm{H_2\overset{\oplus}{C}R_2CH_2CO{-}C(CH_3)_2{-}C_6H_4{-}C(CH_3)_2{-}OCH_2CR_2\overset{\oplus}{C}H_2}$$

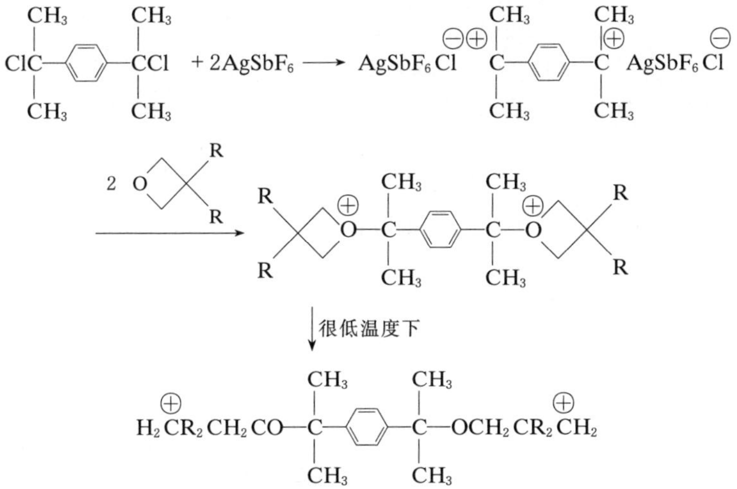

图3-3 对二(2-氯异丙基)苯(DCC)/六氟化锑酸银(ASF)引发氧杂环丁烷单体的聚合机理

5. HBF_4/醇复合引发体系

Desai 等人使用 HBF_4/醇复合引发体系合成了 PGLYN 和 PNIMMO 含能预聚物。聚合遵循活性单体聚合机理，聚合物的相对分子质量可通过调节醇的用量进行控制。使用二元醇和三元醇可分别得到末端羟基官能度为 2 和 3 的预聚物。

同时他们指出，HBF_4/醇复合引发体系引发 GLYN 等含能氧杂环单体符合活性单体聚合机理。支持该机理的实验依据如下：

(1)在合成的聚合物的$^{13}C-NMR$ 谱图上，丁二醇中与氧原子不相连的两个亚甲基碳原子的核磁共振峰出现在 28ppm，证明丁二醇确实进入到了分子链中。

(2)对聚合产物的 GPC 测试结果表明，没有低相对分子质量的齐聚物生成，且相对分子质量分布窄，也符合活性单体聚合机理特征。HBF_4/醇复合引发体系引发氧杂环单体的聚合机理如下所示：

单体的活化

$$\mathrm{HO{-}R{-}OH} + \mathrm{HBF_4} \longrightarrow \mathrm{HO{-}R{-}\overset{+}{O}H_2}\ \mathrm{BF_4^-}$$

$$\mathrm{HO{-}R{-}\overset{+}{O}H_2}\ \mathrm{BF_4^-} + \mathrm{H_2C\underset{O}{\diagdown\!\diagup}CH{-}CH_2ONO_2} \longrightarrow \mathrm{HO{-}R{-}OH} + \mathrm{H_2C\underset{\overset{+}{O}H}{\diagdown\!\diagup}CH{-}CH_2ONO_2}\ \mathrm{BF_4^-} \tag{3-32}$$

链引发反应

$$\mathrm{HO{-}R{-}OH} + \mathrm{H_2C\underset{\overset{+}{O}H}{\diagdown\!\diagup}CH{-}CH_2ONO_2}\ \mathrm{BF_4^-} \longrightarrow \mathrm{HO{-}R{-}O{-}CH_2{-}CH(OH){-}CH_2ONO_2}$$

$$\mathrm{H_2C\underset{O}{\diagdown\!\diagup}CH{-}CH_2ONO_2} + \mathrm{HBF_4} \longrightarrow \mathrm{H_2C\underset{\overset{+}{O}H}{\diagdown\!\diagup}CH{-}CH_2ONO_2}\ \mathrm{BF_4^-}$$

$$\mathrm{HO{-}R{-}O{-}CH_2{-}CH(OH){-}CH_2ONO_2} + \mathrm{H_2C\underset{\overset{+}{O}H}{\diagdown\!\diagup}CH{-}CH_2ONO_2}\ \mathrm{BF_4^-} \longrightarrow \mathrm{HO{-}CH(CH_2ONO_2){-}CH_2{-}O{-}R{-}O{-}CH_2{-}CH(OH){-}CH_2ONO_2} + \mathrm{HBF_4} \tag{3-33}$$

链增长反应

$$\mathrm{HO\text{-}CH(CH_2ONO_2)CH_2\text{-}O\text{-}R\text{-}O\text{-}CH_2CH(CH_2ONO_2)\text{-}OH} + (x+y-2)\ \mathrm{H_2C\overset{H}{-}C(-CH_2ONO_2)\text{-}O^{+}(H)}\ \mathrm{BF_4^-} \longrightarrow \mathrm{H\text{-}[O\text{-}CH(CH_2ONO_2)CH_2]_x\text{-}O\text{-}R\text{-}O\text{-}[CH_2CH(CH_2ONO_2)\text{-}O]_y\text{-}H} \tag{3-34}$$

HBF_4/醇复合引发体系引发生成不同相对分子质量的 PGLYN 和 PNIMMO 含能预聚物的反应条件是不一样的。相对分子质量小于1000的 PGLYN 预聚物的合成在20℃进行，以2g/h的速率连续不断加入单体，单体不能滴加，相对分子质量分布指数为1.9。而相对分子质量为3000的 PGLYN 是在0℃合成的，单体连续注入速率为10g/h，相对分子质量多分散系数为1.46。随聚合温度降低，相对分子质量分布变窄。NIMMO 的聚合在17℃进行，单体连续注入速率为0.62g/h，得到的聚合物相对分子质量为750g/mol，相对分子质量多分散系数为1.9。

3.3.3 阳离子开环聚合合成的典型含能预聚物

1. 聚叠氮缩水甘油醚

1）线型聚叠氮缩水甘油醚的合成

聚叠氮缩水甘油醚(GAP)是一种侧链含有叠氮基团，主链为聚醚结构的含能预聚物。该预聚物具有正的生成热，因而能量水平高，能与硝酸酯增塑剂(TMETN 和 BTTN)混合并降低硝酸酯的撞击感度，且能提高含高氯酸铵和 HMX 推进剂的燃速。早在1976年美国 Frankel 等人就开展了制备 GAP 的研究，他们采用的是直接法合成 GAP，即首先在三氟化硼-乙醚的作用下对环氧氯丙烷进行开环，之后再关环制备出叠氮缩水甘油醚(GA)，然后对 GA 进行聚合得到 GAP。制备方法为叠氮化钠与环氧氯丙烷(ECH)反应，先得到1-叠氮-3-氯-2-丙醇，在碱的作用下1-叠氮-3-氯-2-丙醇再进一步关环即可得到 GA。整个反应如式(3-35)所示。

$$\underset{\text{(环氧)}}{\mathrm{H_2C\text{—}CHCH_2Cl}} \xrightarrow[\mathrm{HOAc}]{\mathrm{NaN_3}} \mathrm{N_3CH_2\underset{\displaystyle OH}{CH}CH_2Cl} \xrightarrow{\mathrm{OH^-}} \underset{\text{(环氧)}}{\mathrm{N_3CH_2HC\text{—}CH_2}} \tag{3-35}$$

然而，GA 单体的聚合活性较低，得到的 GAP 相对分子质量很低，重均相对分子质量仅为 500，不能获得高相对分子质量的 GAP。后来，Frankel 等人对 GAP 的合成方法进行了改进，主要是利用间接法来合成 GAP，即聚环氧氯丙烷(PECH)与叠氮化钠进行反应制备 GAP。目前合成 GAP 主要是采用间接法来合成的，这是因为采用间接法合成 GAP 避免了直接法中含能单体 GA 的操作危险性，且中间体 PECH 的生产工艺趋于成熟，相对分子质量容易控制。

通过间接法合成 GAP 的想法可以追溯到 1972 年，Waxls 等人提出了具有端羟基的 PECH 在适当的溶剂中可与叠氮化钠进行反应合成 GAP 的方法。Frankel 等人以 $BF_3 \cdot Et_2O$ 为引发剂、乙二醇为助引发剂得到了 PECH 二醇，之后在与合成 GAP 三醇相同反应条件下，PECH 二醇顺利转化成了 GAP 二醇，合成反应如式(3-36)所示。

$$\underset{\diagdown O \diagup}{H_2C\text{——}CHCH_2Cl} + OHCH_2CH_2OH \xrightarrow[DMF]{BF_3 \cdot Et_2O} H\!\left[\begin{array}{c}OCHCH_2\\ |\\ CH_2Cl\end{array}\right]_n OCH_2CH_2O^x \left[\begin{array}{c}CH_2COH\\ |\\ CH_2Cl\end{array}\right]_m H$$

$$\xrightarrow[DMF]{NaN_3} H\!\left[\begin{array}{c}OCHCH_2\\ |\\ CH_2N_3\end{array}\right]_n OCH_2CH_2O^x \left[\begin{array}{c}CH_2COH\\ |\\ CH_2N_3\end{array}\right]_m H \qquad (3-36)$$

在 PECH 二醇经过叠氮化反应转化为 GAP 二醇的过程中，Frankel 等人尝试了两种方法：一种是以偶极非质子溶剂二甲基亚砜(DMSO)为反应介质；另一种是以甲基三辛基氯化铵为相转移催化剂在水溶液中进行叠氮化反应。结果发现，第一种方法 GAP 的得率为 72.9%；第二种方法能将 PECH 二醇中的氯甲基定量转化为叠氮甲基，从而得到更易纯化的 GAP 二醇，并且使反应周期缩短为 48h，得率提高到 85%。所合成出 GAP 二醇的性质为：$\overline{M}_w = 2097$，$\overline{M}_n = 1668$，分散度 $D = 1.27$(GPC 测试结果)；羟基官能度 $f_{OH} = 1.98$；玻璃化转变温度 $T_g = -45℃$；密度 $\rho = 1.30 g/cm^3$；生成热 $\triangle H_f = 136.62 kJ/mol$。

通过上面的论述可以看出，在强极性溶剂 DMF 或 DMSO 中 PECH 进行叠氮化反应制备出的产物 GAP 纯度较低，其原因可能是：当 PECH 在高温叠氮化反应时，随着加热时间的延长，DMF 会分解出二甲胺和甲酸，从而导致 GAP 发生分解或带来一些副反应，而 DMSO 则能够加速 GAP 氧化等副反应的发生。此外，DMF 或 DMSO 这些极性溶剂由于具有高沸点，对其分离和回收也十分困难。因此，Earl 提出了改进的 GAP 合成方法，以提高 GAP 的纯度，其方法主要是以非极性的低相对分子质量液体聚乙二醇(PEG)为反应介质代替 DMF 或 DMSO，使 PECH 与 NaN_3 反应，制备 GAP。叠氮化反应在氮气保护、温度控制在 95℃下进行。聚乙二醇作反应介质，反应较 DMF 或 DMSO 效果好。如使用相对分子质量适宜的聚乙二醇(300～1000)作为反应介质，相对分子质量为 500～1000 的 PECH 与 NaN_3 在 100℃ 反应 40h 以后，PECH 转化为 GAP 的转化率可达 100%。该方法简化了后处理工艺，提高了 GAP 的纯度。

由于 GAP 的合成主要涉及 ECH 的阳离子开环聚合反应和叠氮化反应，因此提高 GAP 的合成质量问题，自然就转化为低杂质含量、低分散度 PECH 的合成和 PECH 与叠氮化钠反应转化为 GAP 这两个问题。下面就以这两种聚合物的合成分别加以介绍。

(1) PECH 的合成

低齐聚物含量 PECH 的合成已成为制备高质量 GAP 的关键技术。通常 PECH 的合成是以 ECH 为单体，酸、烷氧基盐等作为主引发剂，醇作为助引发剂，一定温度下进行阳离子开环聚合。常用的主引发剂有：路易斯酸，如三氟化硼(BF_3)及络合物、四氯化锡($SnCl_4$)、五氯化锑($SbCl_5$)；质子酸，如发烟硫酸、高氯酸/水；三烷基氧盐；1,4-丁二醇双氟甲基磺酸酯(BDT)、三氟甲基磷酸乙酯(ET)。助引发剂一般为各种醇，主要有：一元醇，如甲醇、乙醇、异丙醇、2-氯乙醇(ClC_2H_4OH)；二元醇，如乙二醇、1,4-丁二醇、2-甲基-1,3-丙二醇($HOCH_2CH(CH_3)OH$)等；三元醇，如丙三醇等。

Johannessen 等人采用 $SnCl_4$ 为 ECH 阳离子开环聚合的主引发剂、有机多元醇为助引发剂，同时以 pKa≤1～2 的强羧酸为催化剂合成 PECH。以三氟乙酸或三氯乙酸为 ECH 的共引发剂，聚合产物的分散系数可降至 1.2 以下，表明产物中低相对分子质量和羟基的环状齐聚物的含量非常少。具体反应如下：

$$\underset{\text{(环氧, O 桥连 }H_2C\text{ 与 CH)}}{H_2C\!-\!CHCH_2Cl} + R(OH)M \xrightarrow[CF_3COOH]{SnCl_4} R\!\left[O(CH_2\underset{\displaystyle CH_2Cl}{\underset{|}{C}}HO)_n\right]_m\!H + \text{微量齐聚物} \tag{3-37}$$

催化剂用量对 PECH 相对分子质量的影响如表 3-8 所列。

表 3-8 催化剂用量对 PECH 相对分子质量的影响

ECH 用量/mL	$SnCl_4$ 用量/mL	反应温度/℃	反应时间/h	$\overline{M}_n$
130	1.29	60	24	1483
130	1.31	60	24	1571
130	1.50	60	24	1621

从表 3-8 可以看出，随着催化剂用量的增加，产物 PECH 的相对分子质量也增加，但仅靠此方法难以大幅度提高 PECH 的相对分子质量。其原因是当催

化剂用量增加时，有效催化剂的浓度增大，阳离子活性中心数目增多，聚合反应速率加快，单体转化率提高，对相对分子质量增加有利。但是，活性中心数目的增加，又使预聚物的数目增多，从而带来相对分子质量的降低。因此，若要得到较高分子量的 PECH，要适当控制催化剂用量。

Johannessen 等人也研究了强羧酸 CF_3COOH 对 ECH 开环聚合的影响，结果如表 3-9 所列。与仅使用四氯化锡相比，强羧酸共催化剂的加入可加快 ECH 聚合的反应速率。如在 65～70℃下不加入强羧酸仅采用 $SnCl_4$ 使 ECH 完全聚合的反应时间需 24h，而加入强羧酸后反应时间可缩短到 1h 左右。此外，共催化剂强羧酸还可降低催化剂的用量，仅需原用量的 1/3。同时，强羧酸的加入也可改善 PECH 二醇的外观色泽，降低其分散程度。有代表性的强羧酸催化剂有三氟乙酸（pKa = 0.23）、三氯乙酸（pKa = 0.66）和二氯乙酸（pKa = 1.25）。通常 $SnCl_4$ 与催化剂的摩尔比为 1/0.5～1/10，最好在 1/3～1/5，催化剂用量大，会降低产物的相对分子质量。

表 3-9 强羧酸 CF_3COOH 对 PECH 质量的影响

实验编号		1	2	3	4
助发剂/(0.10mol·g^{-1})	$HOCH_2$—⬡—CH_2OH	14.4			
	$HO(CH_2)_3OH$		7.6		
	$HO(CH_2)_4OH$			9.0	
	$HOCH_2CH(CH_3)OH$				11.0
主引发剂/g	$SnCl_4$	0.63	0.84	0.63	0.63
催化剂/g	CF_3COOH	1.36	1.82	1.36	1.36
环氧氯丙烷/g		242	249	248	246
反应物外观		紫色	粉红色	粉红色	黄褐色
转化率/%		100	100	100	100
$\overline{M}_n$		1350	1360	1400	1540
$\overline{M}_w$		1530	1560	1700	1720
分散系数($\overline{M}_w/\overline{M}_n$)		1.14	1.14	1.22	1.12

国内张九轩等人也采用 $SnCl_4$ 为引发剂，三氟乙酸为催化剂，1,4-丁二醇为助引发剂，在 65～70℃下，合成出了相对分子质量为 2800、官能度为 1.8 的端羟基 PECH。近来，孙亚斌等人分别研究了四氯化锡、四氯化锡/三氯乙酸共

催化体系、四氯化锡/三氟乙酸共催化体系 3 种催化体系对合成端羟基聚环氧氯丙烷反应的影响，结果表明四氯化锡/三氟乙酸共催化剂使聚合反应按照活性单体机理(AM 机理)进行的概率增大，从而有效减少了环状齐聚物的产生，提高了产物的官能度。

对于 ECH 阳离子开环聚合反应的引发体系，除 $SnCl_4$ 以外还可以使用三氟化硼及其络合物、五氯化锑($SbCl_5$)、硫酸和三烷基氧盐等。三氟化硼及其络合物引发环氧氯丙烷(ECH)的开环聚合反应时，由于反应过程中会生成大量零官能度的环状齐聚物，降低了产物的相对分子质量和官能度(聚合产物中一般含有质量分数大约为 20%的低分子齐聚物，主要为二聚体和四聚体)，故 ECH 的聚合多不采用该体系进行引发。Yasumi 等人采用 $SbCl_5$ 为主引发剂，乙二醇为助引发剂，制备了端羟基 PECH。研究发现当 ECH 质量为 100g 时，$SbCl_5$ 质量应选择 0.02～0.2g，如果 $SbCl_5$ 质量超过 0.2g，聚合反应过于剧烈，难以控制。同时确定了 ECH 开环聚合的最佳反应温度为 35～45℃。Kazaryan 等人研究了以硫酸为引发剂引发 ECH 的开环聚合反应，揭示出硫酸引发 ECH 的反应是以 H^+ 和 ECH 形成络合物为活性中心进行引发增长的。Dreyfuss 等人研究了以 HMF_6 三烷基氧盐为引发剂对 ECH 进行的阳离子开环聚合反应。HMF_6 三烷基氧盐中的“M”表示第 V 主族的元素，包括磷、砷、锑。该类引发剂引发效果最好的是六氟化磷三乙基氧盐(TOEP)。以 TOEP 引发 ECH 反应是在 40～80℃下进行的，助引发剂为水，以碱金属碳酸盐溶液为终止剂，终止尚未失活的活性中心及残留物从而合成出了 PECH。

通过以上各引发体系所制备的 PECH 的平均相对分子质量通常小于 4000，且端羟基以仲羟基为主(≥90%)，存在空间位阻，反应活性较低，难以转化为其他所需要的基团。同时对于 GAP 的应用来说，其相对分子质量的高低直接影响其使用，因此为了提高基于 GAP 含能材料的性能，必须提高其相对分子质量，也就是要设法提高 PECH 的相对分子质量。于是，美国的 Kim 提出了 1,4-丁二醇双三氟甲基磺酸酯(BDT)或三氟甲基磺酸乙酯(ET)为引发体系制备相对分子质量为 5000～15000 的端羟基 PECH 的方法。通过 BDT 引发得到的聚合物两端均为三氟甲基磺酸酯基($-OSO_2CF_3$)。然后可用适当的终止剂，在分子链两端接上不同活性基团。终止剂可以是水、脂肪(或芳香)醇、脂肪(或芳香)胺、脂肪(或芳香)硫醇和羧酸及其碱金属盐。通过 BDT 引发 ECH 具体反应式如下：

$$\underset{\text{(环氧: }H_2C-O-CH\text{)}}{H_2C\!-\!CHCH_2Cl} + BDT \longrightarrow CF_3SO_2-O\!\left(CH_2-\underset{\underset{CH_2Cl}{|}}{CH}-O\right)_n\!\left(CH_2\right)_4O\!\left(\underset{\underset{CH_2Cl}{|}}{CH}-CH_2-O\right)_n SO_2CF_1 \tag{3-38}$$

式中，BDT即1,4-丁二醇双三氟甲基磺酸酯，分子式为 $F_3CO_3S—(CH_2)_4—SO_3CF_3$，它是通过四氢呋喃与三氟甲基磺酸酐反应得到的，为无色晶体，熔点35～36℃。用ET或BDT引发ECH时不同反应条件对聚合反应的影响如表3-10所列。

表3-10 反应条件对ECH聚合的影响

聚合物	引发剂	$n(I):n(M)$	温度/℃	时间/h	得率/%	$\overline{M}_n$
1	ET	1/10	40	17	35	3400
2	ET	1/20	40	17	35	7000
3	BDT	1/10	40	17	40	6400
4	BDT	1/10	25	24	50	6900
5	BDT	1/20	25	17	50	15000

注：I为引发剂；M为单体

从表3-10可以看出，引发剂BDT得到的产物要比ET引发得到的产物的得率和相对分子质量高。同时从表3-10可以看出，在相同条件下温度越高，产物的得率和相对分子质量也越大。这是因为温度是影响反应速率的重要因素之一：温度越高，反应速率越快。对于阳离子聚合反应，温度应尽可能低，因为温度升高，有利于发生链转移反应，降低预聚物的相对分子质量，同时又易在链端产生双键从而导致羟值变低，官能度下降。

由于采用ET和BDT制备得到的是遥爪型PECH，最后加入多元醇作为链终止剂即可获得相应官能度的端羟基PECH。1,4-丁二醇(BDO)和三羟甲基丙烷(TMP)对PECH数均相对分子质量和羟基官能度的影响如表3-11所列。从表3-11可以看出，以二醇为终止剂得到的产物的官能度接近于2，而三醇为终止剂得到的产物的官能度高于3。

表3-11 链终止剂对ECH聚合的影响

聚合物	引发剂	链终止剂	$\overline{M}_n$	$\overline{M}_w/\overline{M}_n$	官能度
1	ET	BDO	3400	1.4	0.94
2	BDT	BDO	6400	1.5	1.92
3	BDT	TMP	6400	1.5	3.83

(2)GAP的合成

叠氮化反应是PECH在非质子性溶液中与金属叠氮化物的反应，聚合物中的离去基团氯原子被 N_3 取代，得到叠氮化聚合物即GAP。反应原理：叠氮基离子 N_3^- 与卤代烷的反应属于双分子亲核取代反应，其叠氮反应过程可用下式表示：

$$\underset{\left[\!-CH_2-CH(CH(H)(H)Cl)-O-\right]_m}{} + N_3^{+} \longrightarrow \underset{\left[\!-CH_2-CH(C(H)(H)\cdots Cl^{\ominus}\cdots N_3^{\ominus})-O-\right]_m}{} \longrightarrow \underset{\left[\!-CH_2-CH(C(H)(H)N_3)-O-\right]_m}{} + Cl^{+} \tag{3-39}$$

随着 N_3^- 亲核作用加强，离去基团 Cl^- 逐渐离去(存在过渡状态)，影响反应速率的因素主要有亲核基团的亲核进攻能力、离去基团的亲电能力和反应介质特性。由于亲核基团、离去基团都已确定，反应介质的选择成为影响 PECH 叠氮化速率的主控因素。

早期 Frankel 等人合成 GAP 是在 DMF 中用 PECH 与 NaN_3 进行亲核取代反应制得的，但发现在进行叠氮化的同时还会伴随着主链的降解反应(断链)。其原因：一方面，NaN_3 与 PECH 的—CH_2Cl 反应需要加热以获得反应发生所需的能量，只有温度高、时间长，叠氮化反应才能进行完全；另一方面，因为 PECH 主链上含有 C—O—C 键，加热时易受空气中的氧及与其反应产生的活性物质的影响而断链，加之主链又带有侧链(—CH_2Cl)，使主链上弱键断裂的分解热较低，因而易发生热降解。结果就会导致叠氮化产物的相对分子质量降低。因此，要合成高叠氮转化率、高相对分子质量的 GAP 就必须加快叠氮化反应速率，缩短反应受热时间，并设法抑制 PECH 的断链。于是，国内外研究者对 Frankel 所提出的 PECH 与叠氮化钠在 DMF 中进行亲核取代反应制备 GAP 的方法进行了不断改进。最初采用 DMSO 替换 DMF 用来作为 PECH 叠氮化反应的介质。通过比较 DMF 和 DMSO 的分子结构可见，两者偶极负端都比较裸露，但 DMSO 正端的体积位阻更大。因此，DMSO 在与 Na^+ 发生溶剂化作用时，对 $-N_3$ 具有一定的屏蔽作用，使得它们重新结合的概率降低，更加有利于—N_3 的亲核进攻。然而，以 DMSO 作为反应介质制备 GAP 也有不足之处，主要表现在 DMSO 能够加速 GAP 氧化等副反应的发生。此外，这些高沸点的偶极非质子溶剂的分离和回收也有一定困难。Earl 等人对 Frankel 的 GAP 合成方法进行了改进，主要是利用相对非极性低相对分子质量聚乙二醇(PEG)代替 DMF 或 DMSO 作为反应介质，在氮气保护下进行反应，温度控制在 95～120℃，使 PECH 与 NaN_3 反应，制备 GAP。

Wanger 等人也对 GAP 的合成方法进行了改进。他们在 PECH 叠氮化反应时使用了选择性相转移催化剂，以提高 PECH 与叠氮离子在溶剂中的反应速率，从而达到缩短反应周期的目的。使用的催化剂是季铵盐或锂的氯化物或溴化物，如甲基-三辛基氯化胺、三甲基-十二烷基氯化胺、氯化锂和溴化锂。这种催化剂能与叠氮化钠发生置换反应，产生叠氮化铵或叠氮化锂，这类叠氮化合物在反应溶剂中比叠氮化钠更易溶解，因而在反应混合物中叠氮离子有较高的浓度，从而能提高叠氮化反应速率。例如，在 DMSO 溶剂中，使用甲基-三辛基氯化胺作为催化剂，100℃时叠氮化反应速率提高 78.8%；使用氯化锂作为催化剂，反应速率提高 141%。反应所用的溶剂除 DMSO 外，还可以是 DMF、二甲苯乙酰胺(DMAC)、乙二醇、六甲基磷酰胺(HMPA)等。Aronson 等人用季铵盐作为相转移催化剂与 NaN_3形成活性中心进入有机溶剂，与溶解的聚合物的侧链氯进行取代反应，在 80℃下，24h 就能将二或三官能度的 PECH 全部转化为 GAP，收率可达 100%。

国内学者王平等人研究了催化剂、投料比和反应温度等条件对 PECH 叠氮化反应的影响。分别比较了 LiCl 加入对叠氮化反应速率的影响，实验结果见表 3-12。从表 3-12 可以看出，加入 LiCl 后反应时间大大缩短。这是由于 LiCl 与 NaN_3先发生置换反应生成的 LiN_3比 NaN_3更易溶于 DMF 中。因此增加了反应介质中-N_3的浓度，从而提高了 PECH 叠氮化反应速率。

表 3-12 催化剂对叠氮反应速率的影响

LiCl	NaN_3 ：PECH(摩尔比)	反应温度/℃	反应时间/h	叠氮化率/%
无	3∶1	100	10	99.70
有	3∶1	100	3	99.77
有	3∶1	100	2	99.00

同时他们还考查了投料比对叠氮化反应的影响，结果列于表 3-13。从表 3-13 可以看出，在相同的反应时间和温度下，提高 NaN_3/PECH 比例确实能够加快叠氮化反应速率，但其相对分子质量偏低。由此可见，多加 NaN_3虽然有利于提高反应速率，但在 NaN_3形成的碱性条件下长时间加热反应，会使 DMF 分解产生甲酸等活性物质，从而导致 PECH 断链，过多的 NaN_3会加剧这一趋势。通过研究反应温度和时间对叠氮化反应的影响，发现反应温度高、时间长，有利于叠氮化率的提高，但会加速分子的断链。

表 3-13 物料比对相对分子质量和叠氮化率的影响

NaN_3 ：PECH(摩尔比)	反应温度/℃	反应时间/h	$\overline{M}_w$	叠氮化率/%
3∶1	100	1	70855	93.57
2∶1	100	1	77686	84.00
3∶1	100	2	57637	99.36
2∶1	100	2	59732	99.00

冯增国等人以 DMSO 为溶剂，进行了 PECH 与 NaN_3 的反应，并通过 FTIR 和 ^{13}C－NMR 跟踪研究了反应时间对转化率的影响，结果如图 3－4 所示。

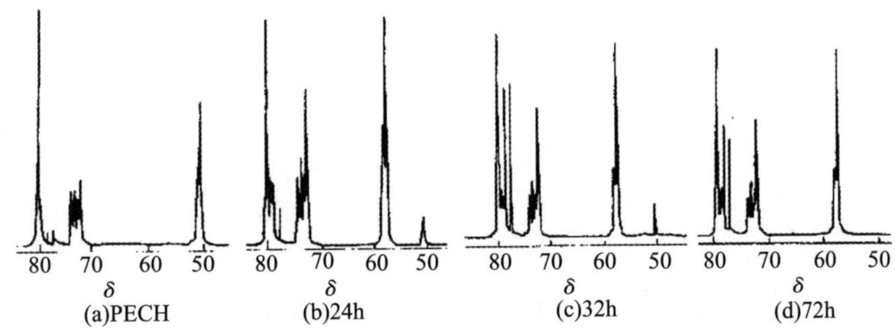

图 3－4　PECH 与 NaN_3 反应产物的 ^{13}C－NMR 谱图

从 ^{13}C－NMR 谱图中可见，反应初期 CH_2—Cl 的化学位移在 $\delta = 50ppm$ 处有强吸收峰，随着反应时间的延长，此峰强度逐渐减弱，而代之的是在 $\delta = 57ppm$ 处出现了一个新的共振峰，为 CH_2—N_3 中 C 原子的化学位移。72h 后，$\delta = 50ppm$ 处的 ^{13}C－NMR 吸收峰已完全消失，氯原子全部转化为—N_3。

另外，具有代表性 PECH 叠氮化反应的研究是 Gomez 等人的工作，他们研究了不同溶剂对 PECH 叠氮化反应的影响，结果见表 3－14。从表 3－14 可以看出，当选择溶度参数为 21～23.5$(MPa)^{1/2}$ 的有机溶剂作为反应介质时，可以大幅减少反应时间，提高转化率。当采用溶度参数为 22.7$(MPa)^{1/2}$ 的二甲基乙酰胺(DMA)时，反应不到 6h 即可完成，而采用溶度参数为 22.9$(MPa)^{1/2}$ 的 N－甲基吡咯烷酮(NMP)时，反应时间可降至 4h 以下。

表 3－14　溶剂对 PECH 叠氮化反应的影响

编号	溶剂	μ/*D*	$\delta/(MPa)^{1/2}$	*t*/h	得率/%	取代度/%
1	THF	1.75	19.4	14	18	
2	甲乙酮	2.76	19	30	55	
3	环丁砜	4.81	27	23	87.5	66.5
4	$m(NMP):m(H_2O) = 75:25$	3.53	29.1	7	74.4	66.5
5	N－甲基甲酰胺	3.86	28.9	7.5	90	72
6	$m(DMP):m(H_2O) = 80:20$	3.46	29.4	82	72	91
7	DMF	3.86	24.8	72	73	96
8	DMA	3.72	22.7	5.5	90.5	92
9	NMP	4.09	22.9	3.5	83	95

(3) GAP 的性质

正如其他高分子一样，GAP 的理化性质并非确定不变，而是随聚合度、结构形式和合成方法的变化而变化，典型的 GAP 的理化性质列于表 3-15。

表 3-15 GAP 的理化性质

项目	性质	项目	性质
相对分子质量	500～5000	燃烧热/($kJ \cdot g^{-1}$)	20.9±0.063
密度 ρ/($g \cdot cm^{-3}$)	1.3g/cm^3	活化能/($kJ \cdot mol^{-1}$)	175.7
黏度 η/(Pa·s)	0.5～5.0Pa·s	冲击感度/($kg \cdot cm^{-1}$)	300
绝热温度	1200℃(5MPa)	分子中承载链质量分数/%	40
T_g	-20～-50℃(线型) -60℃(支化)	元素分析(理论)	C H N O 36% 6% 42% 16%
官能度	1.5～2.0(线型)	分解产物	N_2，CH_4，C_2H_6，C_2H_4，H_2O，CO_2，C_3H_8，C_6H_6 吡啶、呋喃、吡咯、HCN、乙醛、环氧乙烷、乙腈、甲酰胺、丙酮、乙酰胺、环氧丙烯、丁二烯
	5～7(支化)		
叠氮基键能/($kJ \cdot mol^{-1}$)	578kJ/mol		
生成热/($kJ \cdot mol^{-1}$)	+113.8(线型) +175.7(支化)		

GAP 的热分解首先是侧链上叠氮基团的分解并放热，然后是主链碳骨架的分解，这一步基本不放热。热分析实验已验证了这一结论。GAP 的 TG 曲线如图 3-5 所示，升温速率为 20℃/min。从图 3-5 可以看出，在 GAP 的微商热重分析(DTG)曲线上有一主放热峰，温度为 202～277℃，峰温为 249.7℃；热解重量分析(TGA)曲线有一个二级失重过程，第一级对应 DTG 的放热反应在 202～277℃，且失重不受升温速率和聚合度的影响，质量损失均在 43.5%～46.0%(理论氮质量分数 42%)，第二级在 277℃以上，仅发生缓慢的汽化反应。

2) 支化聚叠氮缩水甘油醚的合成

目前实际应用的 GAP 相对分子质量约为 3000，但是发现以该相对分子质量的 GAP 为黏合剂制备的推进剂的力学性能尤其是低温力学性能较差，其主要原因是主链上承载的原子质量分数偏低。在 GAP 预聚物的结构单元中，由于 GAP 聚合物的线型大分子具有 $-CH_2N_3$ 侧链，主链原子只占结构单元质量的

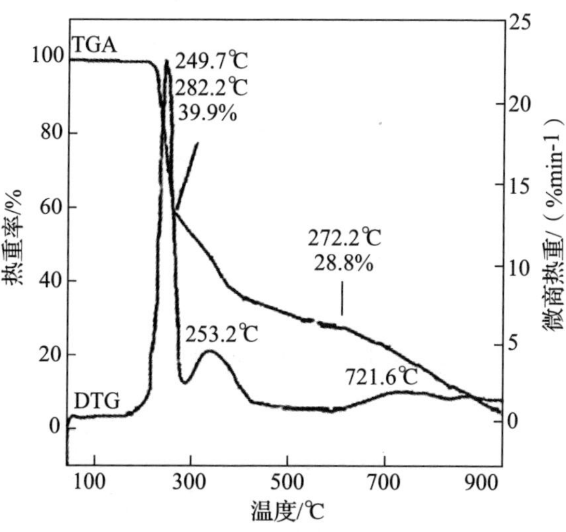

图3-5 GAP热分解曲线

46%，而在端羟基聚丁二烯(HTPB)中，主链原子质量分数却高达92%。那么要获得大致相同的交联网络结构，相对于双官能度的相对分子质量为3000的HTPB，相应GAP的相对分子质量就必须在7300左右。因此，提高GAP推进剂力学性能的重要途径之一，就是要采用相对分子质量高的GAP。而多官能度的支化聚叠氮缩水甘油醚(B-GAP)恰恰能满足这个条件。B-GAP可以形成比线型GAP更加刚性的网络，而且燃烧时可以产生更多的能量，实验结果表明B-GAP的分解活化能比直链GAP要低，这表明B-GAP更容易发生分解。

相对于线型GAP，B-GAP的相对分子质量大大提高，其数均相对分子质量可以达到9000，重均相对分子质量可以达到11300。相对于线型GAP，B-GAP固化体系的力学性能也大大提高。所以B-GAP可以在提高能量性能的同时，也能达到相应的力学性能要求，是比较理想的含能黏合剂。表3-16给出了典型B-GAP的一些性能参数。

表3-16 典型B-GAP的物理化学性质

性质	数据
重均相对分子质量	5500
数均相对分子质量	4200
黏度/(Pa·s)	7.8
玻璃化转变温度/℃	-55

从表 3－16 可以看出，B-GAP 相对分子质量大，玻璃化转变温度低，虽然黏度稍高，但并不影响它作为黏合剂来使用。Feng 等人研究了 B-GAP 的热分解性质，发现在 220℃出现主分解过程，此时样品质量迅速下降，而在 280℃时出现第二次分解过程，但质量下降幅度较慢。

1976 年，Frankel 等人以 $BF_3 \cdot Et_2O$ 为主引发剂、甘油为助引发剂对环氧氯丙烷(ECH)进行开环反应生成了 PECH 三醇，之后再将得到的 PECH 三醇与 NaN_3 在 DMF 中反应成功地得到了 GAP 三醇。合成反应如式(3－40)所示。

$$\underset{\text{(环氧, O)}}{H_2C\text{—}CHCH_2Cl} + HOCH_2\underset{|\atop OH}{C}HCH_2OH \xrightarrow{BF_3 \cdot Et_2O}$$

$$H\text{⁅}O\underset{|\atop CH_2Cl}{C}HCH_2\text{⁆}_n\text{—}OCH_2\underset{|\atop O\text{—⁅}CH_2\underset{|\atop CH_2Cl}{C}HO\text{⁆}_{w^x}H}{C}HCH_2O^x\text{—⁅}CH_2\underset{|\atop CH_2Cl}{C}HO\text{⁆}_m H \xrightarrow[DMF]{NaN_3}$$

$$H\text{⁅}O\underset{|\atop CH_2N_3}{C}HCH_2\text{⁆}_n\text{—}OCH_2\underset{|\atop O\text{—⁅}CH_2\underset{|\atop CH_2N_3}{C}OH\text{⁆}_{w^x}H}{C}HCH_2O^x\text{—⁅}CH_2\underset{|\atop CH_2N_3}{C}OH\text{⁆}_m H \tag{3-40}$$

3）等规立构和手性 GAP 的合成

聚合物的微观结构对其物理性质有着重要影响，如无规立构 PECH 基本上为无定形液态，其玻璃化转变温度一般为－20～－25℃。而等规立构 PECH 则为半晶聚合物，熔点约为 125℃。含能预聚物可作为含能热塑性弹性体(ETPE)的软段，等规立构 GAP 可以结晶，因此可以在热塑性弹性体中作为硬段，选用此类硬段可以很好地解决与软段的相容性问题，因此合成规整和不对称的 GAP 引起了研究者的关注。与此同时，如在等规 GAP 中既含有无定形态结构，又含有对映体的不对称序列，那么本身即具备了热塑性弹性体性能。基于这些考虑，Brochu 和 Amplemon 进行了等规立构和手性 GAP 的合成研究。

获得这类聚合物的方法是通过外消旋单体的立体聚合，或者通过纯对映体的聚合。根据合成方法的不同，通过立体选择性聚合所得到的聚合物，其主链是由不同长度的 R 和 S 结构单元嵌段构成的，偶尔沿主链发生构型的反转。由纯对映体得到的聚合物，由于链上所有结构单元的立体构型是相同的，因此为光学活性聚合物。等规和手性 PECH 的合成如图 3－6 所示。

ECH —有机立构性聚合→ —RRRRSSSSSRRRR—
R，S

—RRRRR—
ECH ————→ 或
R 或 S —SSSSS—

图 3-6 等规和手性 PECH 的合成

PECH 的立构规整性与其微观结构与聚合反应条件有关，尤其是聚合引发体系对其影响最大。由路易斯酸或叔氧鎓离子对与水、醇或醚组成的阳离子引发体系，只能得到羟基封端的无规立构 GAP。采用有机金属引发体系制备 PECH，通过溶剂提取可分别得到无规和等规聚合物组分。在 PECH 进行叠氮化的过程中，反应只是亲核试剂(如叠氮化钠)进攻侧链上的氯甲基，主链中的不对称碳原子并未参与反应，因此可获得具有立构规整性的 GAP。

Brochu 和 Amplemon 采用 $m(AlEt_3)$ ∶ $m(H_2O)=1$ ∶ 0.6 作为引发体系，分别催化消旋和手性 ECH 单体聚合得到了等规(RS)- PECH、手性(R)- PECH 或(S)- PECH，聚合产物 PECH 的性能见表 3-17。

表 3-17 等规立构和手性 PECH 及其可溶和不溶级分的性能表征

PECH	得率/%	$\overline{M}_w/(\times 10^3)$	等规度/%	T_m/℃	$\triangle H_m/(J\cdot g^{-1})$
(RS)- PECH	90	1150		117	31
不溶级分	59	1700	80	124	44
可溶级分	24	540	88	109	6
(S)- PECH	74	560	72	121	62
不溶级分	82	690	100	125	65
可溶级分	17	200	100	114	40
(R)- PECH	76	150	92	118	56
不溶级分	77	570	100	124	61
可溶级分	23	60		108	36

注：未分级前 PECH，相对于 ECH；可溶与不溶 PECH 级分相对于未分级 PECH

之后他们以合成出的等规立构和手性 PECH 在二甲基甲酰胺中，95℃下与叠氮化钠反应得到了等规立构和手性的 GAP。PECH 的叠氮化并未影响聚合物的空间结构，但在叠氮化过程的初期发现，与 PECH 相比，此时产物的相对分子质量要低。但是最终实验结果表明，合成出的等规立构和手性 GAP 的相对分子质量还是比较高的。这是因为 PECH 分子链发生了降解，生成了 B-GAP 的缘故。通过增加反应时间，聚合物的相对分子质量增加显著。同时他们还发现尽管获得的 GAP 具有较高的规整度，却不能结晶，分析其原因可能是 GAP 中叠氮基的体积大于氯原子，电负性弱于氯原子，妨碍了链段的重排，从而导致 GAP 结晶困难；GAP 链段间的电子吸引力不足以使其产生强的相互作用而结晶；支化或交联也会破坏分子链的规整性，使得 GAP 结晶更加困难。

同时他们还研究了未分馏等规(RS)-PECH 进行叠氮化反应时间对产物的影响，结果见表 3-18。从表 3-18 可以看出，当反应超过 6h 后，叠氮化率可以达到 100%；当 NaN_3 过量，在反应开始时叠氮化率增加较快，之后呈缓慢增加趋势；随着叠氮化反应的进行，得到的产物相对分子质量逐渐降低，从 1000g/mol 降到了 100g/mol。

表 3-18 对未分馏等规(RS)-PECH 进行叠氮化反应得到产物(RS)-GAP 的性能

叠氮化时间/h	叠氮化率①/%	叠氮化率②/%	$\overline{M}_w$①	$\overline{M}_n/\overline{M}_w$①	$\overline{M}_w$②	$\overline{M}_n/\overline{M}_w$②
0	0	0	1150③		1150③	
2	59	64	546	4.7	497	4.5
4	82	87	457	4.3	306	3.0
6	89	100	164	2.3	307	4.1
24	100	100	139	2.3	105	2.6
48	100	100	194	2.4	177	2.2
96		100			100	2.3

①$m(NaN_3):m(ECH)=1.0$；②$m(NaN_3):m(ECH)=1.2$；③通过黏度测得的相对分子质量；其他是通过 GPC 测得的相对分子质量

4)改性 GAP 的合成

虽然 GAP 预聚物具有正生成热、密度大、氮含量高、感度低等优点，目前已开始用作火炸药的黏合剂，但是，相对分子质量高的 GAP 很难得到，这给调节推进剂、发射药以及炸药的力学性能带来了困难。为此，含能材料研究者们通过多种方法对 GAP 进行改性以改善 GAP 的力学性能、降低其感度或提高其氮含量、拓宽应用范围。改性途径包括在 GAP 分子结构中引入 THF 链节来提高聚合物的承载原子数并改善其力学性能，通过与其他聚合物如 PEG、HTPB、BAMO 等共聚以改善力学性能或提高能量，选用特殊结构的起始剂或改变 GAP 的端基等对 GAP 进行改性以拓展其使用范围和增加其反应活性等。

(1) GAP-THF 共聚物

为了提高 GAP 的相对分子质量，改善其力学性能，研究者将环氧氯丙烷和四氢呋喃共聚之后再经过叠氮化反应制备了GAP-THF共聚物。曹一林等人以$BF_3 \cdot Et_2O$作为引发剂，先进行ECH和THF共聚，然后进行叠氮化反应，合成了GAP-THF共聚物。其结构式如图3-7所示。

$$HO\!\left[(CH_2)_4\right]_n\!\sim\!\sim\!\sim O\!\left[\underset{\displaystyle CH_2N_3}{\underset{|}{CH}}-CH_2\right]_n\!OH$$

图3-7 GAP-THF共聚物的结构式

同时他们还指出，由于主链上引入了柔性链段，破坏了GAP均聚物结构的规整性，大大降低了GAP的玻璃化转变温度(玻璃化转变温度T_g从-43℃降到了-65.2℃)，使GAP的常温和低温力学性能得到了很大改善。虽然GAP-THF共聚物的力学性能明显优于均聚物GAP，但与硝酸酯的相容性比GAP均聚物差，而且GAP-THF共聚物的能量基团($-N_3$)较少，生成热也较GAP均聚物低。GAP-THF含能预聚物可与许多和丁羟不相容的高能组分相容，具有协同稳定性，相比这些高能富氧组分对能量的贡献，其能量损失可忽略。因此，通过与其他组分的择优复配可充分发挥其优点。

(2) GAP-BAMO共聚物

GAP-BAMO共聚物的制备主要是采用间接法，具体反应过程如图3-8所示。共聚可采用两种引发体系：$Et_3O \cdot PF_6$/1,4-丁二醇和$BF_3 \cdot Et_2$/1,4-丁二醇。其中，$Et_3O \cdot PF_6$/1,4-丁二醇引发体系的聚合物收率较高，得到的预聚物为无规共聚物，其相对分子质量在2000～4200。在DMF中于95℃进行叠氮化反应，发现BCMO中的氯原子不能完全被叠氮基取代，反应120h后取代率为85%。而BBMO中的溴原子在相同条件下反应96h就可完全被叠氮基取代。

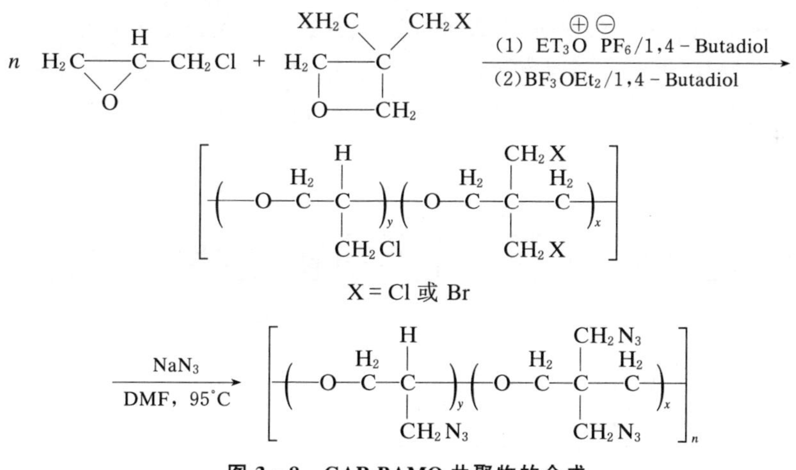

$$n\ \underset{\text{(环氧, O)}}{H_2C-\overset{H}{C}-CH_2Cl} + \underset{\text{(氧杂环丁烷: }H_2C-O-CH_2\text{)}}{H_2C-C(CH_2X)_2} \xrightarrow[\text{(2) }BF_3OEt_2\text{/1,4-Butadiol}]{\text{(1) }ET_3\overset{\oplus}{O}\ \overset{\ominus}{PF_6}\text{/1,4-Butadiol}}$$

$$\left[\left(O-\overset{H_2}{C}-\underset{CH_2Cl}{\overset{H}{C}}\right)_y\left(O-\overset{H_2}{C}-\underset{CH_2X}{\overset{CH_2X}{C}}-\overset{H_2}{C}\right)_x\right]$$

X = Cl 或 Br

$$\xrightarrow[\text{DMF, 95°C}]{NaN_3}\left[\left(O-\overset{H_2}{C}-\underset{CH_2N_3}{\overset{H}{C}}\right)_y\left(O-\overset{H_2}{C}-\underset{CH_2N_3}{\overset{CH_2N_3}{C}}-\overset{H_2}{C}\right)_x\right]_n$$

图3-8 GAP-BAMO共聚物的合成

本书作者等人通过阳离子开环聚合合成了 PBAMO/GAP 无规共聚物，首先以 1,4 -丁二醇为起始剂，三氟化硼乙醚为引发剂，通过阳离子开环聚合合成了 BBMO/ECH 无规共聚物，之后通过相转移催化条件下的叠氮化反应，合成出了 BAMO/GA 无规共聚物，其合成路线如图 3 - 9 所示。

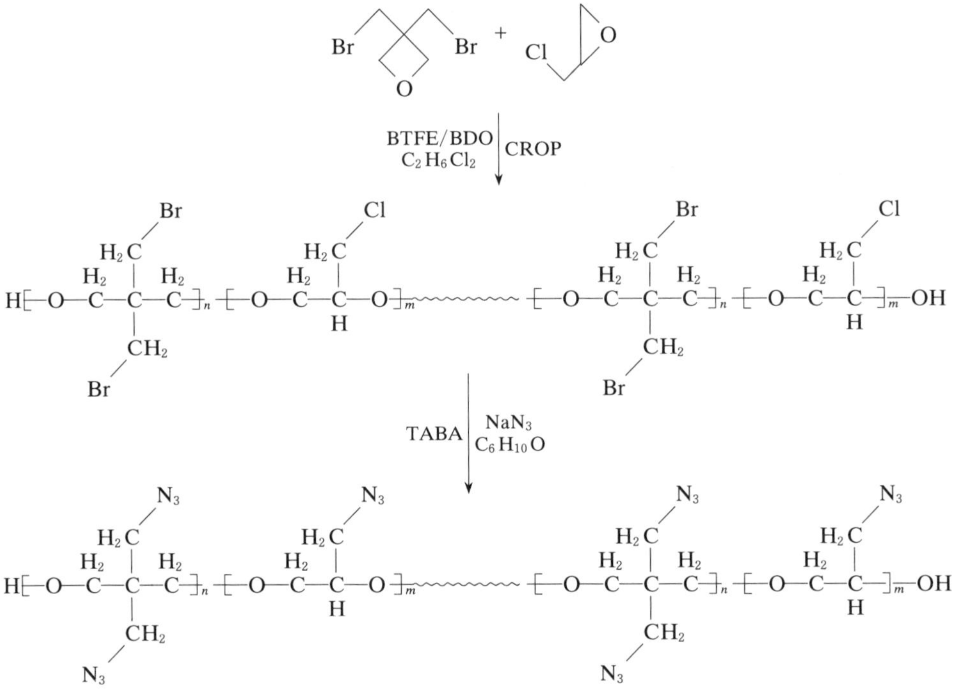

BTFE/BDO $C_2H_6Cl_2$ CROP

TABA NaN_3 $C_6H_{10}O$

图 3 - 9 PBAMO/GAP 无规共聚物的合成路线

并且合成了不同 BBMO 与 ECH 比例的无规共聚物，其相对分子质量如表 3 - 19所列。产物的相对分子质量随 ECH 投料比的增加而降低，当 BBMO：ECH 为2：1 和1：1 时 BBMO 和 ECH 更倾向于自聚，因此聚合产物中可以直接观察到大量的 BBMO 沉淀，同时齐聚物生成量较大，且随着在体系中的投料比增加时，沉淀消失，可以避免由于 PBAMO 均聚导致的部分结晶，但产物的相对分子质量也随之下降。

表 3 - 19 不同 BBMO 与 ECH 比例对聚合反应的影响

BBMO/ECH	$\overline{M}_n$	$\overline{M}_w$	$\overline{M}_w/\overline{M}_n$	沉淀含量/%	齐聚物含量/%
2：1	1920	2730	1.42	25	23
1：1	1790	2420	1.35	18	21
1：2	1750	1960	1.12	0	21
1：3	1490	1670	1.12	0	19

所制备的无规共聚物的 $T_g = -49.5℃$，热分解起始温度为 213.5℃。DSC 和 XRD 的表征结果证明 BAMO/GA 无规共聚物无结晶性。

(3) GAP 的其他共聚物

为提高 GAP 聚合物的力学性能、降低感度，国内外许多研究者还通过不同的方法对 GAP 进性了改性。Mohan 等人为提高 GAP 的低温力学性能，增加 PEG 与 BDNPA/BDNPF 的相容性，制得了玻璃化转变温度较低的改性 GAP，主要是以不同相对分子质量(200，400 和 600)的聚乙二醇为引发剂合成 GAP-PEG 的共聚物，具体合成过程如图 3-10 所示。

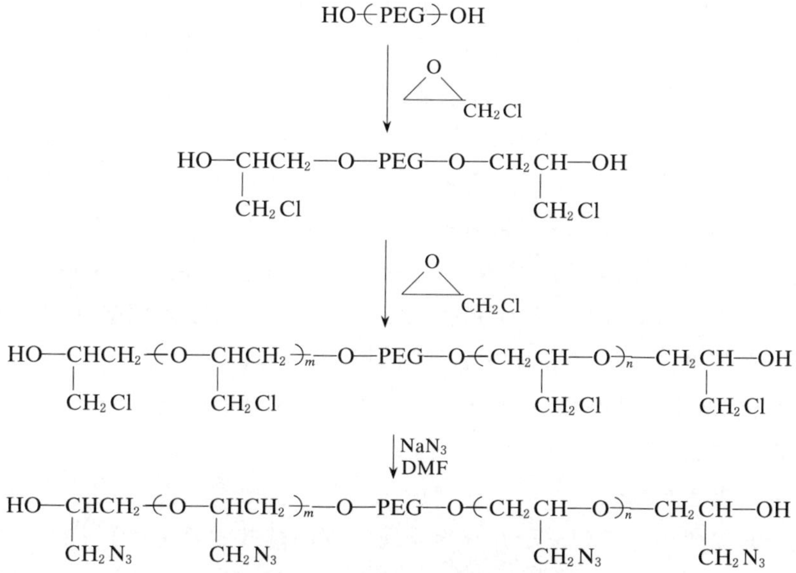

HO⟮PEG⟯OH

↓ (环氧氯丙烷：O，CH_2Cl)

HO—CH(CH_2Cl)CH$_2$—O—PEG—O—CH$_2$CH(CH_2Cl)—OH

↓ (环氧氯丙烷：O，CH_2Cl)

HO—CH(CH_2Cl)CH$_2$⟮O—CH(CH_2Cl)CH$_2$⟯$_m$—O—PEG—O⟮CH$_2$CH(CH_2Cl)—O⟯$_n$—CH$_2$CH(CH_2Cl)—OH

↓ NaN_3 / DMF

HO—CH(CH_2N_3)CH$_2$⟮O—CH(CH_2N_3)CH$_2$⟯$_m$—O—PEG—O⟮CH$_2$CH(CH_2N_3)—O⟯$_n$—CH$_2$CH(CH_2N_3)—OH

图 3-10 GAP-PEG 共聚物的合成

共聚物热性能的测试结果见表 3-20。从表 3-20 可以看到，共聚物玻璃化转变温度随着 PEG 相对分子质量的增加而降低，相对分子质量为 600 的 PEG 制得的共聚物玻璃化转变温度最低，为 -72℃，而且热分解温度也呈现类似的规律，且相对分子质量为 600 的 PEG 制备的共聚物的热分解温度最高。

表 3-20 GAP-PEG 共聚物的热性能

共聚物	DSC 结果						DTG-TG
	T_g/℃	T_0/℃	T_{exon}/℃	T_d/℃	T_f/℃	生成热/($J \cdot g^{-1}$)	结果 T_d/℃
GAP-PEG(200)	-63	162	208	252	284	1510	239.2
GAP-PEG(400)	-68	164	209	263	293	1230	243.5
GAP-PEG(600)	-72	167	209	271	294	1054	247.6

Ahad 等人制备了支化环氧叠氮丙烷-环氧乙烷共聚物。他们早期的制备方法是在极性溶剂中，加入环氧氯丙烷单体、裂解剂和叠氮化钠，通过高相对分子质量环氧氯丙烷-环氧乙烷共聚物的自降解和叠氮化反应制备。改进后的方法不再使用环氧氯丙烷单体，而是加入了多元醇，并提高了反应温度。通过选择反应试剂种类和体系中试剂的相对比例来控制支化环氧叠氮丙烷-环氧乙烷共聚物的相对分子质量、黏度、羟基的官能度。支化环氧叠氮丙烷-环氧乙烷共聚物的黏度要比具有相同相对分子质量的支化 GAP 高。

(4) 端基改性的 GAP

GAP 可以通过其端羟基与其他官能团的化学反应以制备出端基改性的 GAP，这类材料在含能材料中可用作含能增塑剂。目前国内外学者已制备出了端叠氮基、端酯基、端叠氮基端酯基改性的 GAP。加拿大国防部的 Ampleman 和 Frankel 等人合成了端叠氮基的 GAP，即 GAPA。美国 Rockwell 公司的 Willson 等人通过对 PECH 进行硝化，使端羟基转化为硝酸酯基，之后该产物再与叠氮化钠反应制得了端叠氮基的 GAP 增塑剂，并测试了端叠氮基的 GAP 增塑剂性能。Flanagan 等人以 N-甲基咪唑或吡啶为催化剂，用羧酸、酸酐、酰氯等将端羟基的 GAP 转化为端酯基的 GAP，即 GAPE。端酯基的含能增塑剂具有较低的感度，而端叠氮基的增塑剂具有较高的氮含量，感度高。因此，Johannessen 和 Bouchez 等人合成了一端为叠氮基，另一端为端酯基的 GAP，合成出的产物具有高能低感特征。

(5) 高活性 GAP

由于环氧氯丙烷经阳离子开环聚合所得到的端基主要为仲羟基，而仲羟基与异氰酸酯的反应活性远不如伯羟基。另外，一部分的仲羟基或伯羟基多被长链或大体积的基团所屏蔽。这给 GAP 的固化带来了较大困难。因此合成活性高的 GAP 也是国内外研究者重点研究内容。

为制备高活性 GAP，Manzara 等人以 BF_3 为催化剂，用环氧乙烷或丁内酯对 GAP 进行封端，使仲羟基转化为伯羟基，制得了高活性的 GAP，但以环氧乙烷进行封端时伯羟基的转化率较低。Hinshaw 等人利用 GAP 首先与光气反应，然后与两端带有伯羟基的二醇或一端带有伯羟基另一端带有氨基的封端剂反应，制得高活性的 GAP。其化学反应式如下：

$$HO\!-\!\!\left(\underset{\underset{CH_2N_3}{|}}{CH}\!-\!CH_2\!-\!O\right)_{\!n}\!H + COCl_2 \longrightarrow Cl\!-\!CO\!-\!O\!-\!\left(\underset{\underset{CH_2N_3}{|}}{CH}\!-\!CH_2\!-\!O\right)_{\!n}\!CO\!-\!Cl \quad (\text{I})$$

$$(\text{I}) + HO(CH_2)_{2-4}OH \longrightarrow HO(CH_2)_{2-4}O\!-\!CO\!-\!O\!-\!\left(\underset{\underset{CH_2N_3}{|}}{CH}\!-\!CH_2\!-\!O\right)_{\!n}\!CO\!-\!O(CH_2)_{2-4}OH$$

$$(\text{I}) + H_2NCH_2CH_2OH \longrightarrow HOCH_2CH_2NH{-}CO{-}O{\left(}\underset{\displaystyle CH_2N_3}{\underset{|}{CH}}{-}CH_2{-}O{\right)}_nCO{-}NHCH_2CH_2OH \qquad (3-41)$$

通过此方法虽然可以制得端基为伯羟基的 GAP，但是反应过程中使用的光气有剧毒。后来，Hinshaw 对 GAP 的封端进行了改进，使用具有 X—Q—$(CH_2)n$—O—Z 结构的封端剂与 GAP 进行反应。其中 X 是能与羟基进行反应的基团(如—NCO、—SCN 等)；Z 是不与羟基反应，但在一定条件下能够被取代且对聚合物链段无影响的基团(如—O—CO—CH_3、—O—CO—C_2H_5、—O—CO—C_6H_5等)；Q 可以没有或者为任何化学基团。GAP 与该封端剂在氯仿、二氯乙烷等有机溶剂中，以二乙酸二丁基锡作催化剂进行反应被封端。而含锡催化剂反应后不易去除，对 GAP 的固化产生影响，最好使用易去除的叔胺作催化剂。以 2-三甲基硅乙氧基异氰酸酯(NCO—CH_2—CH_2—O—$Si(CH_3)_3$, TMSI)作封端剂为例，其化学反应式如下：

$$GAP + TMSI \xrightarrow[\text{氯仿}]{\text{叔胺}}$$

$$Si(CH_3)_3{-}O{-}CH_2{-}CH_2{-}NH{-}\overset{O}{\overset{\|}{C}}{-}O{\left(}\underset{\displaystyle CH_2N_3}{\underset{|}{CH}}{-}CH_2{-}O{\right)}\overset{O}{\overset{\|}{C}}{-}NH{-}CH_2{-}CH_2{-}O{-}Si(CH_3)_3 \quad (\text{I})$$

$$(\text{I}) + CH_3OH \longrightarrow$$

$$HO{-}CH_2{-}CH_2{-}NH{-}\overset{O}{\overset{\|}{C}}{-}O{\left(}\underset{\displaystyle CH_2N_3}{\underset{|}{CH}}{-}CH_2{-}O{\right)}\overset{O}{\overset{\|}{C}}{-}NH{-}CH_2{-}CH_2{-}OH + CH_3{-}O{-}Si(CH_3)_3 \qquad (3-42)$$

GAP 与 TMSI 反应后，用甲醇醇解，使端基转变为伯羟基，得到高活性的 GAP。生成的 CH_3—O—$Si(CH_3)_3$很容易转变为 Cl—O—$Si(CH_3)_3$，进而可以转化为 TMSI，使—$Si(CH_3)_3$能够循环利用，是一种比较好的制备高活性 GAP 的方法。

此外，Desilets 等人将线型 PECH 经氢氧化物催化进行端基环氧化，而后在酸性条件下与水或其他多元醇反应制得四官能度或更多官能度的 PECH，所合成的多官能度 PECH 经叠氮化后制得多官能度的活性较高的 GAP。

2. 3-叠氮甲基环氧丁烷均聚物(PAMMO)的合成

3,3-双(叠氮甲烷)环氧丁烷(BAMO)和 3-叠氮甲基环氧丁烷(AMMO)均聚物及共聚物是目前人们研究较多的叠氮甲基取代氧杂丁环含能预聚物。与合成 GAP 单体 GA 的结构不同，AMMO 和 BAMO 均聚物及共聚物多是以四元环含能小分子为单体进行均聚或共聚的。尽管四元环与三元环的环张力大致相同，但在开环聚合过程中，后者更易发生链“回咬”的副反应生成环状齐聚物，从而使得最终聚合产物的相对分子质量和官能度难以提高。与三元环含能小分子相比，四元环含能小分子具有如下优点：四元环含能小分子聚合的产物具有更好的低温力学性能；四元环比三元环聚合时易于控制，可以合成出具有不同含能基团的氧杂丁环单体；合成出的聚合物延伸率大于三元环单体合成的聚合物。同时还可以利用氧杂丁环母体的多样性（如结构对称和可反应基团的变化）以及聚合反应能力的多样性（如均聚或与其他单体共聚进行的分子水平上的结构改性）来改善聚合产物的性能，如减少聚合产物的结晶趋势，增强与增塑剂的溶混能力，降低玻璃化转变温度，提高相对分子质量和官能度等。

3-叠氮甲基环氧丁烷（AMMO）是一种结构不对称的含能氧杂丁环单体，由其形成的 3-叠氮甲基环氧丁烷均聚物（PAMMO）在室温条件下为无定形的液态聚合物。与 GAP 类似，PAMMO 具有含氮量高、感度低、热稳定性好的优点，很适合用作低易损性或低特征信号推进剂的含能黏合剂。同时 PAMMO 还是制备含能热塑性弹性体较为理想的软段成分。含 PAMMO 黏合剂的推进剂力学性能好，生产方便，又相当钝感，是一种高比冲、高密度的先进固体推进剂。

PAMMO 合成可以通过直接法和间接法两种方法实现。

1）PAMMO 的直接法合成

直接法是指直接以 AMMO 为聚合单体经过开环聚合制备 PAMMO。李娜等人以 1,4-丁二醇为引发剂，三氟化硼乙醚络合物为催化剂，AMMO 为单体，CH_2Cl_2 为溶剂，按阳离子开环聚合机理，合成了 PAMMO。同时在聚合时间、温度相同（48h/0℃）的条件下，研究了催化剂用量对聚合反应的影响（见表 3-21）。

表 3-21 催化剂/引发剂摩尔比对聚合反应的影响

批次	$n(BF_3 \cdot OEt_2)/n$ BDO)	$\overline{M}_n$	羟基当量/($mg\ KOH \cdot g^{-1}$)	官能度	得率/%
1	1.88 /1.00	2543	41.01	1.86	86.5
2	0.67 /1.00	2922	37.44	1.95	90.2
3	0.50 /1.00	3650	30.28	1.97	98.5
4	0.30 /1.00	380	98.91	0.67	1.0

注：设计的目标产物分子量为 3900，羟值为 28.77mgKOH·g^{-1}

由表3－21可以看出，为了实现AMMO阳离子开环聚合的可控，必须控制催化剂的用量。当 $n(BF_3 \cdot Et_2O):n(BDO)=0.3:1.0$ 时，AMMO的聚合程度很小，得到聚合产物的相对分子质量、官能度及得率很低。其原因可能有两个：①催化剂用量很少时，形成的活性中心也必然少，以致聚合速率太慢；②体系中残存微量的水分就会使催化剂过早失活，以致形不成引发聚合的活性中心。同样，催化剂用量过大时，PAMMO的实测相对分子质量和羟值与理论值相差甚远，说明聚合反应失控。当 $n(BF_3 \cdot Et_2O):n(BDO)=0.50:1.00$ 时，PAMMO的实测相对分子质量和羟值与理论值最接近，有利于控制聚合反应。同时，通过DSC、TGA测试发现，PAMMO的玻璃化转变温度为－40℃，热分解温度为265.71℃，是较稳定的聚合物。

本书作者也以AMMO为单体，采用 $BDO/BF_3 \cdot Et_2O$ 引发体系，通过阳离子开环聚合的方法合成PAMMO均聚物。合成路线如图3－11所示。

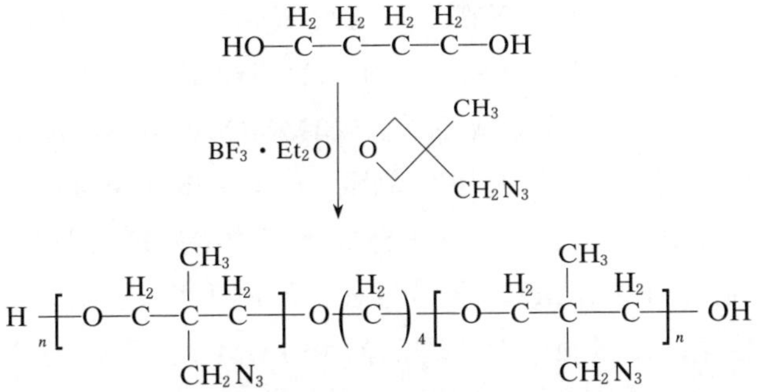

$$HO-\overset{H_2}{C}-\overset{H_2}{C}-\overset{H_2}{C}-\overset{H_2}{C}-OH$$

$$\xrightarrow[BF_3 \cdot Et_2O]{\text{AMMO}\ (CH_3,\ CH_2N_3)}$$

$$H\left[O-\overset{H_2}{C}-\underset{CH_2N_3}{\overset{CH_3}{C}}-\overset{H_2}{C}\right]_n O\left(\overset{H_2}{C}\right)_4\left[O-\overset{H_2}{C}-\underset{CH_2N_3}{\overset{CH_3}{C}}-\overset{H_2}{C}\right]_n OH$$

图3－11 PAMMO的直接法合成路线

具体的合成工艺为在氮气保护下，分别将20mL的 CH_2Cl_2 和0.089mL(0.001mol)BDO加入三口瓶中，搅拌至溶解。然后加入0.24mL(0.0019mol)的 $BF_3 \cdot Et_2O$ 溶液，室温下反应3h后冷却至0℃。将10.16g(0.08mol)的AMMO单体溶于30mL的 CH_2Cl_2 中，缓慢滴入反应体系，5h后滴加完毕。于0℃下继续反应24h后恢复至室温，加入10%的 $NaHCO_3$ 水溶液终止反应。分离有机相，用甲醇沉淀并反复洗涤。真空干燥后得无色透明黏稠液体，收率为89%。

所合成的PAMMO数均相对分子质量在2000～10000，与设计的目标相对分子质量十分接近。因此通过调节起始剂二醇与单体的摩尔比可以对相对分子质量进行控制，并且相对分子质量分布较窄。随着相对分子质量的提高，相对分子质量分布稍有变宽。这是由于在阳离子开环聚合过程中，随着单体瞬时浓度的增加，链增长过程中活性链端机理逐渐占优势，易发生分子内“回咬”所造成的。

2）PAMMO 的间接法合成

由于直接法采用带有叠氮基团的 AMMO 单体，其感度较高，而聚合反应又要求单体纯度很高，所以单体在制备及提纯过程中存在着潜在的危险性。为了提高 PAMMO 合成的安全性，可采用间接法合成 PAMMO。方法是首先用含有惰性基团(如卤素类)的氧杂环丁烷单体聚合，然后进行叠氮化反应，最终制备出目标含能聚合物 PAMMO。这样不但避免了含能单体的制备，还省去了含能单体的提纯过程，而且含能聚合物比含能单体的稳定性显著增加，从而使得含能聚合物的制备危险性明显降低。

Barbieri 等人先用 $BF_3 \cdot OEt_2$/丁二醇复合引发体系引发 TMMO 单体聚合得到 PTMMO，然后用叠氮基取代磺酰氧基(图 3 - 12)制备出 PAMMO。PTMMO 是一玻璃态固体，其叠氮化反应是将其溶解在极性有机溶剂(如 DMSO 或 DMF 中)，在吡啶存在下，与叠氮化钠发生叠氮化反应。发现在 DMSO 中叠氮化速率比 DMF 中的快，而且反应速率随温度的上升而加快。董军等人以 3 -溴甲基- 3 -甲基氧杂环丁烷(BrMMO)为单体，按阳离子开环聚合机理，先合成出 3 -溴甲基- 3 -甲基氧杂环丁烷均聚物(PBrMMO)，之后在偶极非质子溶剂中对其进行叠氮化，最终合成出了 PAMMO，具体反应历程如图 3 - 13所示。并通过研究 BrMMO 聚合过程中催化剂用量和反应体系温度对聚合的影响发现，催化剂用量很小时，得到的 PBrMMO 的聚合度很小；催化剂用量过大时，PBrMMO 的实测相对分子质量和羟值与理论值相差很大，表明聚合反应失控。得到的 BrMMO 聚合最佳条件为：$n(BF_3 . OEt_2) : n(BDO) = 0.50 : 1.00$，0℃下加入单体，并通过红外光谱确定出了叠氮化反应的完成时间。

$$n\ \text{TMMO} \xrightarrow[\text{OH(CH}_2\text{)}_4\text{OH}]{\text{BF}_3\text{OEt}_2} \text{PTMMO} \xrightarrow[\text{DMSO}]{\text{NaN}_3} \left[\text{O—CH}_2\text{—C(CH}_3\text{)(CH}_2\text{N}_3\text{)—CH}_2\right]_n$$

图 3 - 12　以 TMMO 为起始单体合成 PAMMO

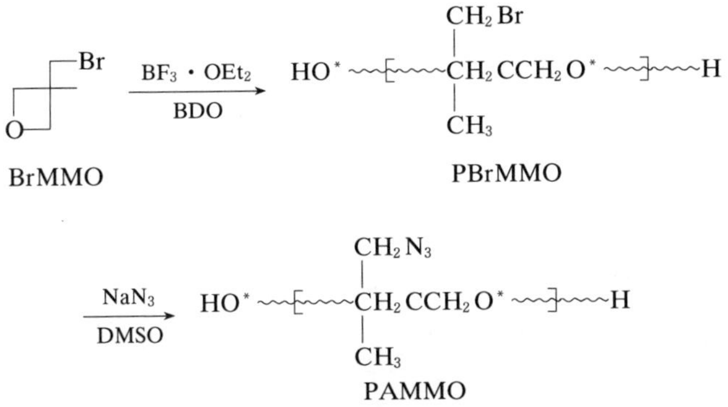

$$\text{BrMMO} \xrightarrow[\text{BDO}]{BF_3 \cdot OEt_2} HO^* \sim\sim[\sim\sim CH_2C(CH_2Br)(CH_3)CH_2O^* \sim\sim]\sim\sim H \ (\text{PBrMMO})$$

$$\xrightarrow[\text{DMSO}]{NaN_3} HO^* \sim\sim[\sim\sim CH_2C(CH_2N_3)(CH_3)CH_2O^* \sim\sim]\sim\sim H \ (\text{PAMMO})$$

图 3-13 以 BrMMO 为起始单体合成 PAMMO

典型的 PAMMO 预聚物的物理化学性质见表 3-22。

表 3-22 典型的 PAMMO 预聚物的物理化学性质

性质	数据
$\overline{M}_n$	3860
密度/$(g \cdot cm^{-3})$	1.06
生成热/$(kJ \cdot kg^{-1})$	354.3
绝热火焰温度/℃	1283
玻璃化转变温度/℃	-45

本书作者等人将 PBrMMO 溶于有机溶剂中，采用相转移催化法进行了大分子叠氮化反应，合成 PAMMO。合成路线如图 3-14 所示。

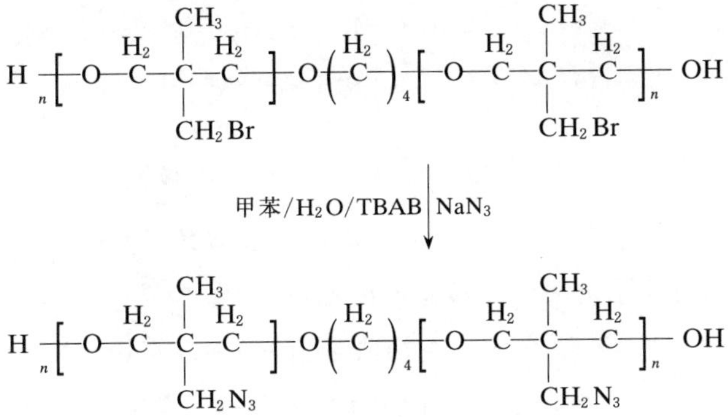

$$H\left[O-CH_2-C(CH_3)(CH_2Br)-CH_2\right]_n O\left(CH_2\right)_4\left[O-CH_2-C(CH_3)(CH_2Br)-CH_2\right]_n OH$$

$$\Big\downarrow \text{甲苯}/H_2O/\text{TBAB} \ \ NaN_3$$

$$H\left[O-CH_2-C(CH_3)(CH_2N_3)-CH_2\right]_n O\left(CH_2\right)_4\left[O-CH_2-C(CH_3)(CH_2N_3)-CH_2\right]_n OH$$

图 3-14 PAMMO 的间接法合成路线

具体的合成工艺：将 6.35g(含有 0.05mol 的 Br)的 PBrMMO 溶于 50mL 甲苯中，在氮气保护下加入三口瓶，同时加入 10mL 蒸馏水、4.88g(0.075mol)

NaN_3和1.6g(0.005mol)的TBAB。升温至100℃回流反应30h，冷却至室温。分离有机相并用蒸馏水洗涤3次，甲醇沉淀后真空干燥。得无色黏稠液体，收率为94%。

得到的PAMMO数均相对分子质量在2000～8000(表3-23)，相对分子质量分布较窄，相对分子质量可控。

表3-23 间接法合成PAMMO的GPC测试结果

样品	$\overline{M_n}$	$\overline{M_w}/\overline{M_n}$
PAMMO-1	2366	1.28
PAMMO-2	3512	1.40
PAMMO-3	5254	1.46
PAMMO-4	7024	1.53

此外，本书作者还以3-羟甲基-3-甲基氧杂环丁烷(HMMO)为起始单体合成了PAMMO。首先是甲基磺酰氯(MsCl)与HMMO进行磺酰化反应，得到3-甲基-3-甲基磺酸酯甲基环氧丁烷(MMMO)，然后MMMO进行阳离子开环聚合反应得到PMMMO，最后进行叠氮取代反应得到最终产物PAMMO。其合成路线如图3-15所示。

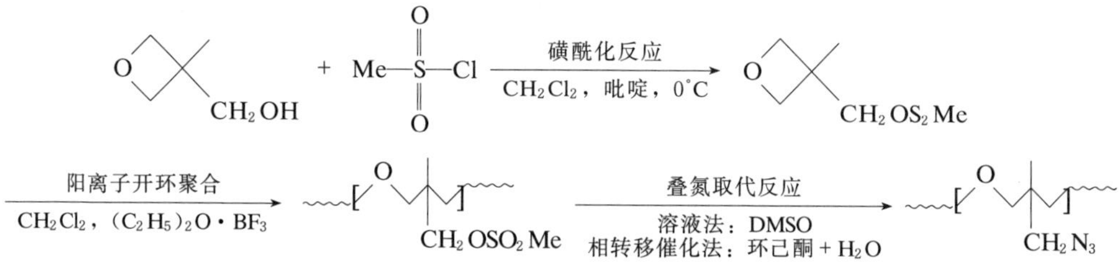

O CH_2OH + Me—S(=O)(=O)—Cl —磺酰化反应 / CH_2Cl_2，吡啶，0°C→ O CH_2OS_2Me

—阳离子开环聚合 / CH_2Cl_2，$(C_2H_5)_2O \cdot BF_3$→ O CH_2OSO_2Me —叠氮取代反应 / 溶液法：DMSO / 相转移催化法：环己酮+H_2O→ O CH_2N_3

图3-15 以HMMO为起始单体合成PAMMO路线

3. 3,3-二叠氮甲基环氧环丁烷均聚物及共聚物的合成

1) 3,3-二叠氮甲基环氧环丁烷均聚物(PBAMO)的合成

PBAMO的合成也可采用直接法或间接法。

(1) PBAMO的直接法合成。直接法是指BAMO直接按阳离子反应机理进行开环聚合。间接法是指首先合成出具有两个对称卤素甲基的端羟基卤化聚醚，之后再进行叠氮化反应得到PBAMO。间接法回避了单体BAMO的制备，工艺相对安全，但第一步反应制备出的端羟基聚醚具有高结晶性，其熔点高达220℃，即使在DMF、DMSO等强极性溶剂中的溶解度也很小(在160℃时也只能形成浓度为20%的溶液），在如此高的温度下进行叠氮化反应显然是不可取的，因此目前合成PBAMO多采用直接法。

在BAMO单体阳离子开环聚合反应的研究过程中，如何实现可控聚合是早期研究的主要内容之一。在最初的实验中，Frankel等人以水作为链终止剂来调节PBAMO的相对分子质量，结果发现聚合不可控。后来他们又尝试采用乙二醇作为引发剂进行了开环聚合反应。虽然以$BF_3 \cdot Et_2O$为催化剂可以成功地使BAMO发生聚合，但仍不能实现BAMO的可控聚合。

Manser等人对Frankel合成PBAMO方法进行了改进，其方法的关键在于进行BAMO聚合时使用了1,4-丁二醇作为引发剂，催化剂仍然采用$BF_3 \cdot Et_2O$。结果发现，控制1,4-丁二醇与催化剂物质的量的比例能够达到BAMO聚合可控的目的。同时他们研究了引发剂和催化剂对BAMO聚合的影响，结果如表3-24所列。

表3-24 引发剂和催化剂对BAMO聚合的影响

编号	n(BDO)/mol	$n(BF_3 \cdot Et_2O)$/mol	n(BAMO)/mol	实测$\overline{M}_w$	得率/%
1	2	1	16	—	0
2	1	1	16	—	0
3	1	1.5	16	2900	63
4	1	2	16	2800	68
5	1	3	16	3700	77
6	1	4	16	5000	83

当n(BAMO)∶n(BDO)=16∶1时，预计聚合物重均相对分子质量$\overline{M}_w$=2778。但从表3-24可以看出，如果当n(BDO)∶$n(BF_3 \cdot Et_2O)$=2∶1或1∶1时，BAMO根本就不发生聚合反应。同样，当催化剂过量较大时相对分子质量与计算值相去甚远，说明聚合反应失控。由于BAMO是非常活泼的，这正好说明通过控制不太活泼的引发剂1,4-丁二醇与催化剂($BF_3 \cdot Et_2O$)物质的量比能达到聚合反应可控的目的。

在实现BAMO可控聚合的过程中，最理想的方式是多元醇的每个羟基都参与引发BAMO的开环聚合，这样多元醇分子最终嵌在聚合物链上。然而根据$BF_3 \cdot Et_2O$的引发聚合机理可知，链引发反应是由多元醇引发剂与路易斯酸催化剂作用生成的络合物进一步引发单体聚合完成的，并不是多元醇的每个羟基都会参与引发 BAMO 聚合，故 Manser 的合成方法虽然实现了可控聚合，但所得到的预聚物通常只有一端是以多元醇封端的，使得 BAMO 的聚合过程存在着不均匀性问题，导致高分子链长变化大，从而造成产物分散度高。为了克服上述不利因素，Wardle 等人对 Manser 的方法进行了改进，主要是降低路易斯酸（$BF_3\cdot Et_2O$）与多元醇羟基物质的量比，即从 1∶1 降低到 0.05～0.5∶1，改进了 Manser 的聚合方法。由于相对于多元醇的每个羟基，路易斯酸催化剂用量不到 1/2（0.05～0.5），因此有大量的多元醇的羟基并没有参与形成引发体系，在整个反应体系中它们是自由的。这些自由的羟基与活化的或质子化的 BAMO 单体发生加成反应，导致开环生成相对分子质量较大、端基仍为羟基的线型聚醚，新生成的线型聚醚即为增长链。链两端的羟基进一步进攻活化的 BAMO 单体，开环再生成端羟基。聚合反应直至 BAMO 单体全部转化或被其他方式终止，这一聚合过程可称为“假活性”聚合，其可控程度更高，可以保证绝大部分多元醇嵌在聚合物链中，预聚物分散度也更低。Wardle 等人以不同的多元醇为引发剂，通过降低 $BF_3\cdot Et_2O$ 与多元醇物质的量比得到的 BAMO 聚合产物的相对分子质量如表 3-25 所列。

表 3-25　降低 $BF_3\cdot Et_2O$ 与多元醇物质的量比对 BAMO 聚合的影响

单体	BAMO	BAMO	BAMO	BAMO
引发剂	BDO	TMP	$PhCH_2-OH$	OBEP
催化剂	$BF_3\cdot Et_2O$	$BF_3\cdot Et_2O$	$BF_3\cdot Et_2O$	$BF_3\cdot Et_2O$
目标相对分子质量	6098	8400	6720	12237
NMR 测定的相对分子质量	5746	6870	4901	11146
$\overline{M}_w$(GPC)	6410	6350	7100	8650
$\overline{M}_n$(GPC)	3740	3860	3410	5360
$\overline{M}_n/\overline{M}_w$(GPC)	1.71	1.64	2.1	1.61

从表 3-25 可以看出，通过降低 $BF_3\cdot Et_2O$ 与多元醇物质的量比能够实现相对分子质量可控的 BAMO 阳离子聚合。同时 Wardle 等人在制备四官能度 PBAMO 预聚物时指出，由于季戊四醇的极性较大，与 BAMO 聚合溶剂的互溶性差，选用季戊四醇作引发剂是不合适的。因此他们选择了极性相对较小、溶解度较大的 OBEP 作为引发剂，成功制备了不同相对分子质量的四官能度 BAMO 预聚物（表 3-26）。所用的四官能度多元醇引发剂 OBEP 为 2,2-(氧二次甲基)双(2-乙基-1,3-丙二醇)，其结构式如图 3-16 所示。

表 3－26 四官能度 BAMO 均聚物性能

表征结果	PBAMO-1	PBAMO-2	PBAMO-3
目标 M_w	3610	6970	13711
$\overline{M}_w$(VPO)	3902	5860	9574
$\overline{M}_w$(NMR)	4368	5890	10432
上链 OBEP/%	100	100	100
含 OBEP 链/%	100	87	89
$\overline{M}_w$(GPC)	4270	5410	7840
$\overline{M}_n$(GPC)	2620	3310	4420
$\overline{M}_n/\overline{M}_w$(GPC)	1.63	1.63	1.75
官能度(VPO)	3.83	3.96	3.83
官能度(NMR)	4.0	3.74	3.78

$$\begin{array}{c} \quad\quad\quad CH_2OH \quad\quad CH_2OH \\ \quad\quad\quad | \quad\quad\quad\quad | \\ CH_3CH_2CCH_2OCH_2CCH_2CH_3 \\ \quad\quad\quad | \quad\quad\quad\quad | \\ \quad\quad\quad CH_2OH \quad\quad CH_2OH \end{array}$$

图 3－16 OBEP 的结构式

国内学者卢先明等人也采用直接法制备了 PBAMO，他们首先以 1,1,1－三溴甲基－1－羟甲基甲烷为原料，无水乙醇为溶剂，在 NaOH 的作用下经关环反应合成了 3,3－二溴甲基氧丁环(BBMO)。BBMO 再经叠氮化反应制备出 3,3－二叠氮甲基氧丁环(BAMO)，之后 BAMO 单体经阳离子开环聚合制备出了含能预聚物 PBAMO，具体反应方程式如图 3－17 所示。所确定的 PBAMO 最佳的聚合条件：催化剂与起始剂的摩尔比为 0.4∶1.0，单体与起始剂摩尔比为 1∶20，聚合时间为 72 h，聚合温度为 20～30℃。同时他们也表征了合成出的 PBAMO 的性能：外观为白色固体，熔点为 77～78℃，可溶于通用溶剂，数均分子量为 3423(GPC)，重均分子量为 6842(GPC)，分子量分布为 2.0(GPC)，羟值为 32.37mgKOH/g，密度为 1.35g/cm^3，平均官能度为 1.975，T_m 为 256.33℃，T_g 为－30.5℃，撞击感度 H_{50} 为 74.1cm，摩擦感度为 0，燃烧热为 20.99kJ/g，生成热为 2425kJ/g，熔融黏度为 20.31Pa·s。

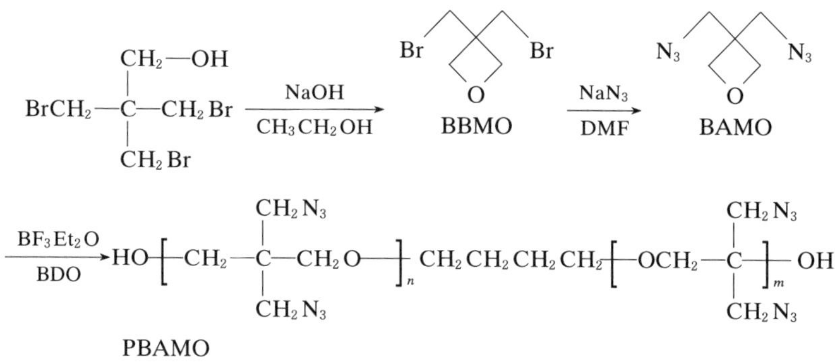

$$BrCH_2-\underset{CH_2Br}{\overset{CH_2-OH}{C}}-CH_2Br \xrightarrow[CH_3CH_2OH]{NaOH} \text{BBMO} \xrightarrow[DMF]{NaN_3} \text{BAMO}$$

$$\xrightarrow[BDO]{BF_3Et_2O} HO\left[CH_2-\underset{CH_2N_3}{\overset{CH_2N_3}{C}}-CH_2O\right]_n CH_2CH_2CH_2CH_2\left[OCH_2-\underset{CH_2N_3}{\overset{CH_2N_3}{C}}\right]_m OH$$

PBAMO

图 3-17 以 1,1,1-三溴甲基-1-羟甲基甲烷为起始单体合成 PBAMO

本书作者也采用直接法制备了 PBAMO。首先采用相转移催化剂法合成了 3,3-二溴甲基氧丁环(BBMO)，相转移催化剂采用四丁基溴化铵(TBAB)，溶剂为甲苯，其反应机理如图 3-18 所示。水相中的氢氧根与有机相中的羟基首先进行反应生成烷氧根负离子，然后在两相界面处与季铵盐发生负离子交换，带有烷氧根负离子的季铵盐再与分子内的溴甲基反应生成环醚。

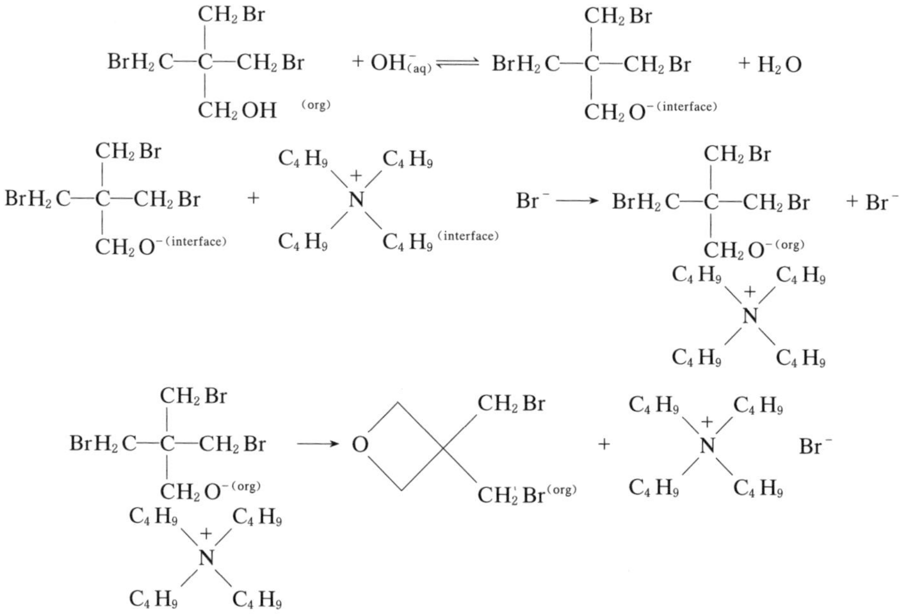

$$BrH_2C-\underset{CH_2OH}{\overset{CH_2Br}{C}}-CH_2Br_{(org)} + OH^-_{(aq)} \rightleftharpoons BrH_2C-\underset{CH_2O^{-(interface)}}{\overset{CH_2Br}{C}}-CH_2Br + H_2O$$

$$BrH_2C-\underset{CH_2O^{-(interface)}}{\overset{CH_2Br}{C}}-CH_2Br + N^+(C_4H_9)_4{}^{(interface)}\,Br^- \longrightarrow BrH_2C-\underset{CH_2O^{-(org)}\ N^+(C_4H_9)_4}{\overset{CH_2Br}{C}}-CH_2Br + Br^-$$

$$BrH_2C-\underset{CH_2O^{-(org)}\ N^+(C_4H_9)_4}{\overset{CH_2Br}{C}}-CH_2Br \longrightarrow \text{O}\square(CH_2Br)(CH_2Br)^{(org)} + N^+(C_4H_9)_4\ Br^-$$

图 3-18 相转移催化法合成 BBMO 的反应机理

采用相转移催化剂法合成 BAMO：TBAB 首先与 NaN_3 进行负离子交换，然后携带叠氮根进入有机相与 BBMO 发生取代反应，生成 BAMO。最后以 BAMO 为单体，采用 1,4-丁二醇/三氟化硼乙醚引发体系，通过阳离子开环聚合的方法合成 PBAMO 均聚物，其反应机理如图 3-19 所示。本书作者分别采用本体法和溶剂法对 BAMO 进行了聚合反应，实验结果表明溶剂法散热更加均匀，并且可以使活性中心形成松散离子对，容易释放出质子，在链增长过程中主要以活性单体的模式进行，具有活性聚合的特性，使所得产物相对分子质量分布较窄，所用溶剂为二氯甲烷。并对聚合所用引发剂和催化剂的用量进行了优化研究，发现引发剂与催化剂摩尔比等于 1∶2 时，相对分子质量和官能度可控，相对分子质量分布较窄。

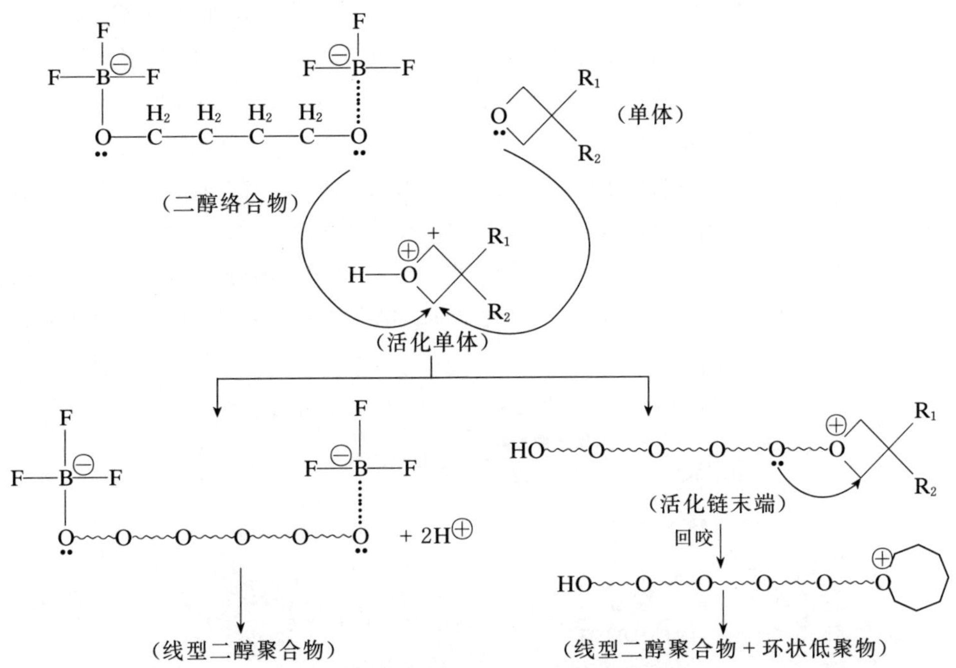

图 3-19　阳离子开环聚合反应示意图

另外，也可以用 3,3-双(氯甲基)氧杂环丁烷(BCMO)直接法合成 PBAMO，BCMO 经叠氮化反应制备出 3，3-二叠氮甲基氧丁环(BAMO)，之后 BAMO 单体经阳离子开环聚合制备出了含能预聚物 PBAMO，具体反应方程式如图 3-20 所示。

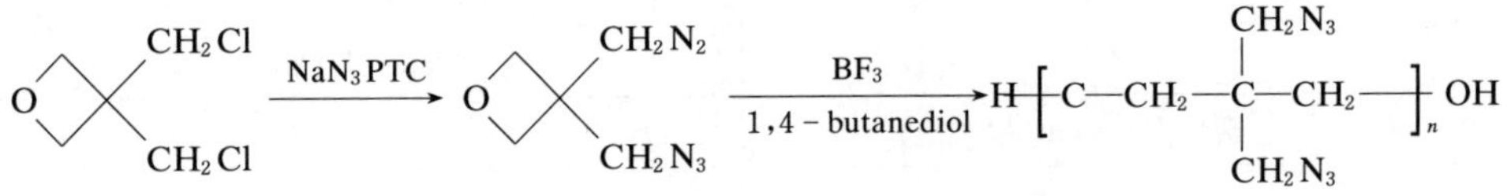

$$\text{BCMO}\,(CH_2Cl,\ CH_2Cl) \xrightarrow{NaN_3\ PTC} \text{BAMO}\,(CH_2N_2,\ CH_2N_3) \xrightarrow[\text{1,4-butanediol}]{BF_3} H\!\left[\!-C-CH_2-C(CH_2N_3)(CH_2N_3)-CH_2-\right]_n OH$$

图 3-20　BCMO 直接法合成 PBAMO

(2) PBAMO 的间接法合成。Robert 等人认为叠氮单体具有爆炸性，直接将其聚合是很危险的，因此他们采用了类似于 GAP 的制备方法来合成 PBAMO，即先由含卤素的单体聚合生成含卤素的聚醚，然后再与叠氮金属盐进行叠氮化反应。主要反应过程是先将3,3-双(氯甲基)氧杂环丁烷(BCMO)单体溶解在适当的溶剂中，并在路易斯酸催化剂、多元醇引发剂的作用下，经阳离子开环聚合生成了含氯的端羟基聚醚，水洗数次除去其中的酸性催化剂后，将得到的纯含氯聚醚悬浮液溶解在适当溶剂中，与NaN_3在升高温度下进行叠氮化反应。

在上述方法中，采用的聚合催化剂为$BF_3 \cdot Et_2O$，它与多元醇引发剂的摩尔比为0.1～2。聚合反应可在极性或非极性溶剂中进行，如CH_2Cl_2、$CH_3CH_2Cl_2$、甲苯等。叠氮化反应条件取决于所希望的转化率、反应速率、反应物等。一般来说，NaN_3用量应等于或高于化学计量，反应温度为125℃左右，反应时间为数小时到几天。叠氮化反应最好在溶剂DMSO或DMF中进行，这样可使NaN_3充分溶解以保证期望的反应速率。叠氮化反应产物可采用传统的方法进行分离，如挥发脱除溶剂或沉淀产物。Robert等人还发现，在惰性气体保护下对含氯聚醚进行叠氮化反应比较安全，聚合物没有明显的链降解，且从含氯的聚醚到叠氮聚醚约有8%的相对分子质量增加。该方法反应历程如图3-21所示。

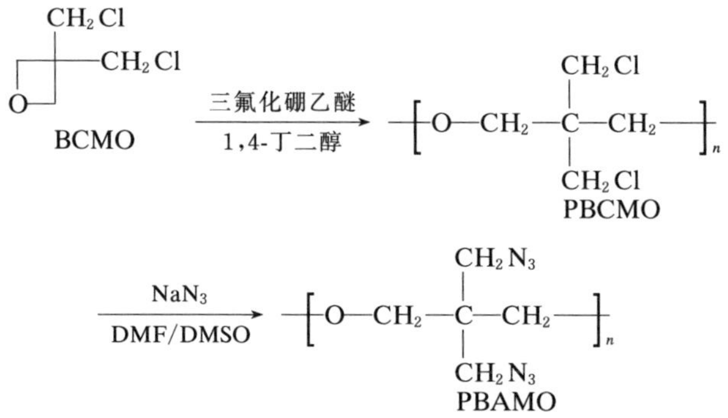

$$\text{BCMO} \xrightarrow[\text{1,4-丁二醇}]{\text{三氟化硼乙醚}} \left[\!-O-CH_2-\underset{CH_2Cl}{\overset{CH_2Cl}{C}}-CH_2-\!\right]_n \ (\text{PBCMO}) \xrightarrow[\text{DMF/DMSO}]{NaN_3} \left[\!-O-CH_2-\underset{CH_2N_3}{\overset{CH_2N_3}{C}}-CH_2-\!\right]_n \ (\text{PBAMO})$$

图3-21　BCMO间接法合成PBAMO

典型的PBAMO物理化学性质如表3-27所列。

表3-27　典型的PBAMO物理化学性质

性质	数据
$\overline{M}_n$	2000～3000
密度/($g \cdot cm^{-3}$)	1.3
生成热/($kJ \cdot kg^{-1}$)	2420
玻璃化转变温度/℃	-39

由于每个PBAMO单体单元具有两个$—N_3$基团，能提供很高的正生成热，而且PBAMO的生成热和绝热火焰温度均比GAP高。PBAMO在4.0MPa以下

的压力范围内是一种不自燃的物质。虽然 PBAMO 的含氮质量分数高达 50%，GAP 含氮质量分数为 42%，然而却达不到 GAP 的高燃速。相对于其他非对称结构的叠氮类聚合物，PBAMO 具有较高的玻璃化转变温度与密度，在常温下呈固态，且力学性能欠佳，目前多采用与其他氧杂环单体共聚形成共聚物，以使其在含能材料中应用时获得较好的性能。

本书作者也采用间接法合成了 PBAMO：以 BBMO 为单体，先合成 PBBMO，之后通过叠氮化制备 PBAMO，避免了对 BAMO 单体的直接操作，是一种较为安全的合成路线，如图 3-22 所示。对 PBAMO 间接法合成的工艺进行了优化，得到的最佳工艺如下：BBMO 阳离子开环聚合的最佳反应条件为以硝基苯为溶剂，反应温度为室温(25℃)，滴加时间 3h，反应时间 30h，最高产率可达 90%以上；PBAMO 合成的优化条件为以环己酮为溶剂、四丁基溴化铵为相转移催化剂，反应温度 130℃，反应时间 30h。

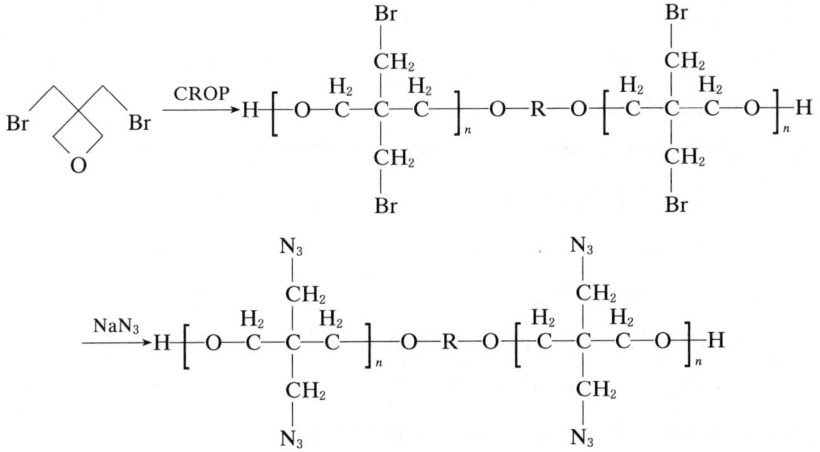

图 3-22 BBMO 间接法合成 PBAMO

PBAMO 产物的相对分子质量可以通过调节单体与引发剂之间的比例来进行控制。实验结果证明，通过控制 BBMO 阳离子开环聚合过程中 BBMO 和新戊二醇的比例，可以对 PBAMO 相对分子质量进行控制，且 PBAMO 产物的相对分子质量分布随设计相对分子质量的增大而增加。

表 3-28 不同的单体与引发剂比例的 PBAMO 的相对分子质量

单体与二醇摩尔比	设计相对分子质量	$\overline{M}_n$	$\overline{M}_w$	$\overline{M}_n/\overline{M}_w$
50∶1	8400	6496	10242	1.58
70∶1	11760	7980	17353	1.93
90∶1	15120	11517	22300	1.99

2）BAMO 的共聚物

由于 BAMO 是结构对称的单体，其均聚物具有很高的立构规整性，导致 PBAMO 在室温条件下即为结晶的固体聚合物，均聚物不适合作为火炸药的黏合剂使用。因此减少或消除 PBAMO 的结晶趋势，以使其成为液态聚合物是 BAMO 预聚物改性研究的重点。具有立构规整性的聚合物链中通过共聚插入不同的结构单元，可以起到破坏原有的立构规整性、消除或减少结晶度的作用。即使这两种单体的均聚物均为结晶或半结晶的聚合物，它们共聚后一般也都为非晶共聚物，常温下为液态。因此可通过其他单体与 BAMO 进行共聚形成共聚物来改性 PBAMO，从而使其能够得到实际应用。

为了使 PBAMO 可以作为火炸药使用的黏合剂，国内外含能材料研究者以改善 PBAMO 结晶性为目的，进行了 BAMO 与其他氧杂环单体进行共聚的研究，比较有代表性的是与四氢呋喃(THF)、叠氮缩水甘油醚(GAP)、3-叠氮甲基-3-甲基氧丁环(AMMO)和 3-硝酸酯甲基-3-甲基环氧丙烷(NMMO)等共聚形成液态含能预聚物。

(1) BAMO-THF 共聚物。BAMO-THF 共聚物是可以实际应用的含能预聚物，具有良好的燃烧性能和低温力学性能。THF 与 BAMO 共聚物的合成主要是以 THF 和 BAMO 为单体，采用阳离子开环聚合进行共聚。Manser 等人合成 BAMO-THF 共聚物的具体过程：首先将 THF、BDO 和 $BF_3 \cdot Et_2O$ 一同搅拌 30min，然后冷却至 -5℃，再加入 BAMO 单体，原料摩尔配比为(BAMO + THF)：$BF_3 \cdot OEt_2$：1,4BDO = 0.25：0.025：0.0125，连续搅拌 48h 后，用饱和氯化钠溶液使反应终止。经过分离得到粗产物溶解在少量二氯甲烷中，再用 10 倍的甲醇萃取，萃取过的聚合物沉淀分离后经减压干燥得到产品。同时他们发现，增加单体的投料量，反应规模增大时，搅拌变得更加容易。THF 与 BAMO 共聚反应如下所示。

$$\text{BAMO}\ (\text{with } CH_2N_3,\ CH_2N_3) + \text{THF} \xrightarrow[\text{BDO}]{BF_3 \cdot Et_2O} HO\left[\text{—}CH_2C(CH_2N_3)_2CH_2O\text{—}\right]_n\left[\text{—}(CH_2)_4O\text{—}\right]_m H \ (\text{BAMO/THF}) \tag{3-43}$$

同时他们也研究了不同投料比对生成共聚物的影响，结果如表 3-29 所示。

表3-29 BAMO-THF共聚物的性质

编号	投料量		熔点/℃	$\rho/(g\cdot cm^{-3})$	官能度	实测$\overline{M}_w$
	n(BAMO)	n(THF)				
1	1.00	0	78	1.30	1.9	6500
2	0.75	0.25	50	1.24	2.0	6900
3	0.60	0.40	25	1.27	2.0	6200
4	0.50	0.50	<0	1.18	2.0	7300

由表3-28可见，引入第二种单体THF与BAMO共聚，确实起到了破坏PBAMO均聚物立构规整性、消除或减少其结晶度的作用，当投料比n(THF)：n(BAMO)=50：50时，所得共聚醚室温下为可流动的液态聚合物，可作为火炸药的黏合剂使用。

Manser在合成BAMO-THF预聚物的过程中也对本体聚合和溶液聚合两种聚合方式进行了比较，本体聚合时考查了三种加料方式对聚合物结构的影响。第一种是先将1,4-BDO、BF_3 OEt_2溶解在THF中制成起始剂，然后在15min内将BAMO滴加到起始剂中。在加完料的第lh内BAMO和THF迅速减少，1h后THF的消耗速率减小，5h后75%的BAMO和55%的THF已经转化，20h后BAMO转化率达到98%的稳定状态，而THF转化率的稳定状态是38h后达到85%。按剩余的单体量计算，最后的聚合物含56%的BAMO和44%的THF。由于两种单体反应活性的差异(BAMO的活性大于THF)，它们在链中呈梯形分布，头部以BAMO居多，逐渐过渡，到尾部时，又以THF分布为主。但是在聚合反应完成60%时，可观察到已上链的单体之比为1：1。为了得到更无规的聚合物，Manser等人采取仍然是先将1,4-BDO与BF_3 OEt_2溶解在THF中反应制成起始剂，只是在3h内将BAMO滴加到起始剂的THF溶液中。只有BAMO达到足够的浓度才能参加聚合反应，而此时30%的THF已经消耗掉了。不过一旦BAMO参加聚合，单体的消耗速率即等于1：1，这种情形一致持续23h。随后，THF的含量较少，BAMO的消耗占优势，45h后达到平衡状态，此时87%的THF和96%的BAMO被消耗掉。所获得的BAMO-THF共聚物与两种单体同时加料时类似，上链都是开始以BAMO单元为主，结束时以THF单元居多。采用这种加料方式，在大部分聚合过程中THF过量，聚合体系的黏度相对较低，直到最后2h黏度才达到上述水平。第三种是同时加入BAMO、THF、1,4-BDO和$BF_3\cdot OEt_2$，在-5℃下搅拌30min，然后停止搅拌，聚合40h。该方法可解决搅拌困难的问题，被认为是适合于工程放大的聚合方法。

溶液聚合可降低聚合体系黏度，但 BAMO 在溶剂中易于聚合，而溶剂不利于 THF 的聚合，例如 THF 本体聚合时转化率可达 90%，而相同温度下在质量分数为 60%的 CH_2Cl_2 中转化率仅有 27%。在极性溶剂中可以提高 THF 的转化率，据报道 THF 在 CH_3NO_2 中可达到较高的转化率。实验结果表明在硝基甲烷中 24h 后，BAMO 转化率可达 98%，而 THF 转化率也能提高到 52%。由于阳离子聚合对很多杂质比较敏感，使用溶液聚合方式不仅加大了实验工作量，而且使聚醚成本提高，所以如果不是因为聚合反应热太大的原因，应选择本体聚合方式。

国内冯增国等人利用 ^{13}C－NMR 对 BAMO-THF 共聚物的链节比、交替度、平均序列长度、竞聚率及端基性质等进行了研究。结果发现，通过控制两种单体的投料比，可以获得与此相近链节比的共聚物。从交替度和平均序列长度来看，共聚物中两种单体的随机分布状态较为理想，而且无规状态较好。特别是当投料比 n(BAMO)∶n(THF)＝1∶1 时，分子链中两种单体的分布处于很好的随机状态，其交替度接近 2，竞聚率之积接近 1。

物质的量比为 60/40 的 BAMO-THF 聚合物的理化性质如表 3－30 所列。

表 3－30　典型的 BAMO-THF 共聚物的物理化学性质

性质	数据
$\overline{M}_n$	2240
密度/($g \cdot cm^{-3}$)	1.27
熔点/℃	－27
生成热/($kJ \cdot kg^{-1}$)	1185
绝热火焰温度/℃	851
玻璃化转变温度/℃	－61

BAMO 和 THF 共聚物中 THF 作为惰性单元并没有对 BAMO 单元的热分解产生影响，BAMO 与 THF 共聚后的热化学特性基本与 PBAMO 相同。BAMO 和 THF 共聚物的热分解由两步组成：第一步出现在 232℃左右，质量迅速下降，失重大约为 48%，这一步为叠氮基团的分解放热；第二步大体上无热释放，质量减少变缓，这一步为碳骨架分解引起的放热。另外，在 77℃附近出现的少量吸热是由熔化引起的。

(2) BAMO-AMMO 共聚物。BAMO-AMMO 共聚物是另一种 BAMO 的含能共聚物，国内外含能材料工作者对其开展了大量的研究，如 Barbieri 等人采用 BDO 和 $BF_3 \cdot Et_2O$ 为引发剂，进行了 BAMO－AMMO 的共聚物的制备研究，具体合成过程如图 3-23 所示。

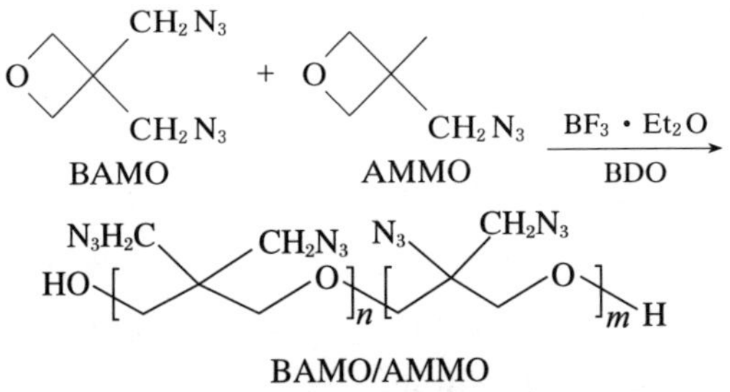

图 3-23 BAMO-AMMO 共聚物的制备过程

为求得 AMMO 和 BAMO 的竞聚率，在共聚初期中断反应，从反应液中分离共聚物，用^{1}H-NMR 谱分析了这种初期生成聚合物中的单体含量，然后用 Kelen-Tüdüs 方法进行统计处理，计算出的竞聚率为 r_1(BAMO) = 0.33 ± 0.08，r_2(AMMO) = 2.74 ± 0.11。由此可知在生成的共聚物中 AMMO 的嵌段性更高，为得到更低黏度、更低 T_g 的共聚物，在共聚物时要提高单体 AMMO 的比例。同时比较了 BAMO、AMMO 均聚物和共聚物的 T_g，结果见表 3-31。

表 3-31 BAMO、AMMO 均聚物和共聚物的 T_g

聚合物	玻璃化转变温度/℃
PBAMO	-39
PAMMO	-55
BAMO-AMMO 共聚物(50/50)	-52

从表 3-31 可以看出，在 BAMO-AMMO 共聚物中，当 BAMO 含量为 50%时 T_g = -52℃，比 PBAMO 的下降很多，BAMO-AMMO 共聚物可以作为固体推进剂的黏合剂。

Barbieri 合成的 BAMO-AMMO 共聚物是以感度高的 BAMO 和 AMMO 为单体直接聚合制备的，致使聚合工艺不安全，因此也有研究者采用间接法进行了 BAMO-AMMO 共聚物合成研究。如 Barbieri 等人首先以二氯乙烷为溶剂，用 $BF_3 \cdot OEt_2$/多元醇或 BF_3 · THF/多元醇复合引发体系引发 TMMO 和 BBMO 单体聚合得到了 PTMMO-co-PBMMO 共聚物，然后合成出的共聚物再经叠氮化反应制备出了 PAMMO-co-PBAMO。按照单体配比为[BAMO]/[AMMO] = 25 : 75 合成出的 PAMMO-co-PBAMO 的 PBAMO 链段含量为 25.5，相对分子质量为 4243，分散度为 2.17，羟基官能度为 1.58，低聚物含量为 0.7%。

BAMO-AMMO 共聚物的热分解过程与 PBAMO 相同。PBAMO 和 BAMO-

AMMO 共聚物表现出相似的分解速率，表明 BAMO 单元的活性与 AMMO 的相同，AMMO 链段在 DSC 中的放热峰值温度为 269℃，它的分解放热峰叠加到 AMMO 链段的放热峰，BAMO 链段分解产生的热加速了 AMMO 链段的分解反应。

Cheradame 等人通过增大共聚单体侧基的方法来抑制 BAMO 聚合物的结晶趋势，同时降低玻璃化转变温度。他们利用直链单醚醇，通过控制反应，先与 BCMO 进行亲核取代，然后再进行叠氮化反应，制得侧链长度不同的 3,3-不对称取代环氧丁烷，即 3-叠氮甲基-3-(2,5-二氧庚基)环氧丁烷(AMDHO)和 3-叠氮甲基-3-(2,5,8-三氧癸基)环氧丁烷(AMTDO)。实验结果表明当 BAMO 与质量分数为 15% 的 AMDHO 进行聚合时，所获得的双官能度共聚醚。在氮含量下降不严重情况下，T_g 可降至 -50～-60℃。

本书作者首先以不同摩尔配比的 BBMO 和 BrMMO 为单体，在 BDO/$BF_3 \cdot Et_2O$ 引发体系的作用下进行阳离子开环共聚合，得到不同共聚组成的端羟基 BBMO-BrMMO 无规共聚物；然后采用相转移催化法进行大分子叠氮化反应，合成路线如图 3-24 所示。

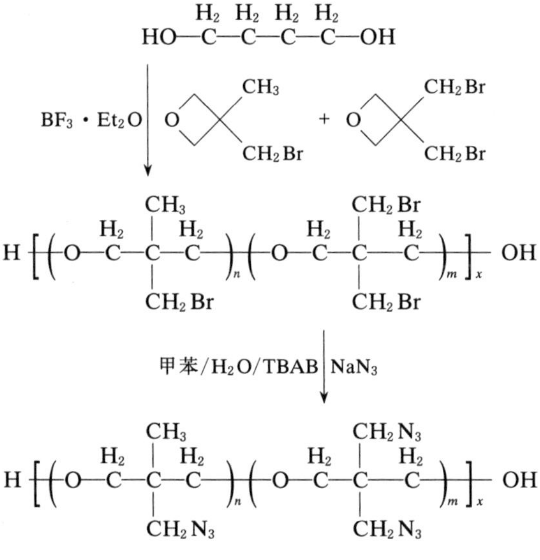

$$HO-CH_2-CH_2-CH_2-CH_2-OH$$

$$\xrightarrow{BF_3 \cdot Et_2O} \quad \text{(3-溴甲基-3-甲基环氧丁烷, } CH_3 / CH_2Br\text{)} + \text{(3,3-双溴甲基环氧丁烷, } CH_2Br / CH_2Br\text{)}$$

$$H\left[\left(O-CH_2-\underset{CH_2Br}{\overset{CH_3}{C}}-CH_2\right)_n\left(O-CH_2-\underset{CH_2Br}{\overset{CH_2Br}{C}}-CH_2\right)_m\right]_x OH$$

$$\xrightarrow{\text{甲苯}/H_2O/TBAB \quad NaN_3}$$

$$H\left[\left(O-CH_2-\underset{CH_2N_3}{\overset{CH_3}{C}}-CH_2\right)_n\left(O-CH_2-\underset{CH_2N_3}{\overset{CH_2N_3}{C}}-CH_2\right)_m\right]_x OH$$

图 3-24 BAMO-AMMO 无规共聚物的合成路线

采用 GPC 测定了不同共聚组成的 BAMO-AMMO 无规共聚物的相对分子质量及相对分子质量分布，结果见表 3-32。由表可知，采用阳离子开环共聚合方法所得的 BAMO-AMMO 无规共聚物数均相对分子质量可控，相对分子质量分布较窄，具有活性聚合反应的特性。

表 3-32 BAMO-AMMO 无规共聚物的 GPC 测试结果

样品	$\overline{M_n}$	$\overline{M_w}/\overline{M_n}$
BAMO-r-AMMO-1	2580	1.31
BAMO-r-AMMO-2	5079	1.48
BAMO-r-AMMO-3	7112	1.55
BAMO-r-AMMO-4	9319	1.60

对 BAMO-AMMO 无规共聚物进行了相关性能的表征。不同共聚组成(分别为 BAMO：AMMO=1.9557：1，0.9806：1，0.4829：1)的无规共聚物 T_g 依次为-33.01℃，-36.84℃和-39.34℃。其中共聚组成为 BAMO/AMMO=0.9806：1 的无规共聚物性能优异，在室温下为可流动的黏稠液体，可用于热固性复合固体推进剂的黏合剂体系。

BAMO-GAP 共聚物已在前面介绍，这里不再重复。

4. 聚缩水甘油醚硝酸酯(PGLYN))的合成

聚缩水甘油醚硝酸酯(PGLYN，PGN)是一种透明的淡黄色液体，PGN 的典型性质如表 3-33 所列。PGN 与二异氰酸酯反应生成的聚合物具有高密度、高能量和低 T_g(-35℃)。PGN 的理论计算生成焓为 2661kJ/kg，比聚叠氮缩水甘油醚(GAP)和 PNIMMO 的能量高(其生成焓分别为 2500kJ/kg 和 818kJ/kg)，因而 PGN 是一种性能优良的含能预聚物。由于具有较低的活化能，PGN 的热稳定性较差，这种不稳定性是 PGN 聚合物固有的缺点。该缺点可通过对端基进行改性，生成二元醇封端的聚合物来提高其热稳定性。

表 3-33 PGN 的性能

密度/(g·cm^{-3})	1.46
T_g/℃	-35
生成热/(kcal·mol^{-1})	-68
官能度	≈2
羟值/(mg KOH·g^{-1})	~37
氧平衡	-60.5
分解温度/℃	170

早在 20 世纪 50 年代国外就开始进行了合成 PGN 的研究，当时该领域的主要研究人员有美国海军军械试验站的 Thelan、美国喷气推进实验室的 Ingnam 和航空喷气通用公司的 Shookhoff 等人。最初的研究工作主要集中在采用多种

路易斯酸作为催化剂来聚合消旋的缩水甘油醚硝酸酯，重点研究的催化剂是四氯化锡，但由于聚合产物纯化方法很繁琐，所得产物纯度不高，未能进行应用研究。此后含能材料研究者们又以三氟化硼的乙醚溶液为引发剂，合成了PGN，但是发现制备出的 PGN 官能度低（<1.6），相对分子质量也不高（$\overline{M}_w$ = 1500），因此由其所制得的推进剂的力学性能不佳。同时，由于硝化和聚合过程中很难控制反应热，可能会导致含能硝基的爆炸分解，因此单体的间歇合成及在聚合前单体的提纯是一个很危险的过程，从而使得 PGN 的研究前景暗淡。

20 世纪 90 年代，随着高分子聚合理论与科学技术的快速发展，使得合成高官能度、高相对分子质量的 PGN 成为可能。特别是武器装备的发展，对含能材料高能、低易损及环境友好的发展要求，PGN 的研究再次引起了人们的关注。美国、英国、德国等在 PGN 的合成及其应用研究方面开展了大量工作，并取得了较大突破。

20 世纪 90 年代初，Willer 等人以 $BF_3 \cdot Et_2O$ 为主引发剂，1,4-丁二醇（BDO）为助引发剂，引发消旋的缩水甘油醚硝酸酯（GN）聚合，得到了二官能度，$\overline{M}_n$ 为 2400～3200 的无规立构 PGN，其中环状齐聚物质量分数很低，为 2%～5%。此后，他们又采用相同的聚合方法合成出了等规立构并具有光学活性的 PGN。由于得到的等规 PGN 具有较高的规整性，因此它可作为含能热塑性弹性体的硬段。等规 PGN 聚合时所使用的手性单体为 2-(R)-缩水甘油醚硝酸酯，它既可直接用醋酸硝酸酐或其他硝化剂硝化手性 2-(S)-缩水甘油醚来得到，也可由手性 2-(S)-缩水甘油醚对甲苯磺酸酯通过反应转化得到。以烯丙基醇为起始原料，经由环氧化制备光学活性单体 2-(R)-缩水甘油醚硝酸酯的反应如下所示：

$$CH_2{=}CHCH_2OH \xrightarrow[\text{TsCl，氢过氧化异丙苯，}Et_3N]{6\%DIPT，5\%Ti(O-i-Pr)_4} TsOCH_2-\underset{\underset{H}{\vdots}}{C}\overset{O}{\frown}CH_2 \ \text{(S)}$$

$$TsO-CH_2-\underset{\underset{H}{\vdots}}{C}\overset{O}{\frown}CH_2 \ \text{(S)} \xrightarrow[NaOH]{HNO_3} H_2O-\underset{\underset{H}{\vdots}}{C}\overset{O}{\frown}CH_2NO_2 \ \text{(R)} \qquad (3-44)$$

式中，(-)DIPT 为 D(-)酒石酸二异丙酯；$Ti(O-i-Pr)_4$ 为四异丙氧基钛；TsCl 为甲苯磺酰氯；Et_3N 为三乙胺。

2-(R)-缩水甘油醚硝酸酯进行阳离子开环聚合的主引发剂仍为 $BF_3 \cdot Et_2O$，助引发剂为 1,4BDO。结果发现如果所加入的 $n(BF_3 \cdot Et_2O)$: n(多元醇)<1，最佳范围为 0.4∶1～0.8∶1，在很大程度上聚合反应是“可控的”。较低的催化剂用量可使较多的多元醇上链，同时还可减少产物的多分散性。要获得理想结构的

PGN，控制单体的加料速率也很重要，要基本上保持与反应速率一致，使单体能够完全转化，聚合温度须严格控制在 13～15℃。另外，进行这类单体的阳离子开环聚合反应时，在 $BF_3 \cdot Et_2O$ 和 BDO 的预反应物中乙醚的存在会降低 PGN 的官能度，因此及时在真空中除去这些烷氧基化合物是提高官能度的另一条重要措施。

通过上述聚合反应得到的 PGN 粗产物为淡黄色的黏稠油状物，在 25℃下放置 3 天后就变成了固体。GPC 分析表明其 $\overline{M}_n = 1125$，$\overline{M}_w = 1485$，$\overline{M}_w/\overline{M}_n = 1.32$。PGN 粗产物再经甲醇三次提取分级后，最终得到结晶等规立构的 PGN，其比旋光度 $D^{25} = -29.7°$。GPC 测试结果表明其 $\overline{M}_n = 2231$，$\overline{M}_w = 2644$，$\overline{M}_w/\overline{M}_n = 1.19$。DSC 分析显示其熔点为 47.2℃，放热峰出现在 210.9℃处，热焓为 200J/g。但是由于 Willer 等人在合成 PGN 的过程中单体硝化均采用混酸为硝化剂，得到的单体需要进一步提纯。

与 Willer 等人同步开展 PGN 合成研究的还有 ICI 炸药公司的 Bagg 和英国防卫研究所的 Desai 等人。Bagg 等人利用五氧化二氮硝化新技术，在二氯甲烷中用 N_2O_5 几乎能定量地将缩水甘油醚转化为 GN，纯度很高，聚合前无需再对单体作进一步提纯。GN 聚合是在二氯甲烷溶液中进行的，所采用的开环聚合引发剂是 HBF_4。根据对 PGN 官能度的要求不同，引发剂可以为二或三元醇，具体的反应过程如图 3－25 所示。与 $BF_3 \cdot Et_2O$ 和多元醇引发体系不同，Bagg 所采用的方法中质子化的单体本身就是聚合活性中心。当醇进攻活化的单体使之开环后便会重新释放出 HBF_4，HBF_4 再活化其他的单体进而继续加成到聚合增长链上。加入过量的水使链发生终止反应。通过该方法，可获得不同相对分子质量和官能度的聚缩水甘油醚硝酸酯。

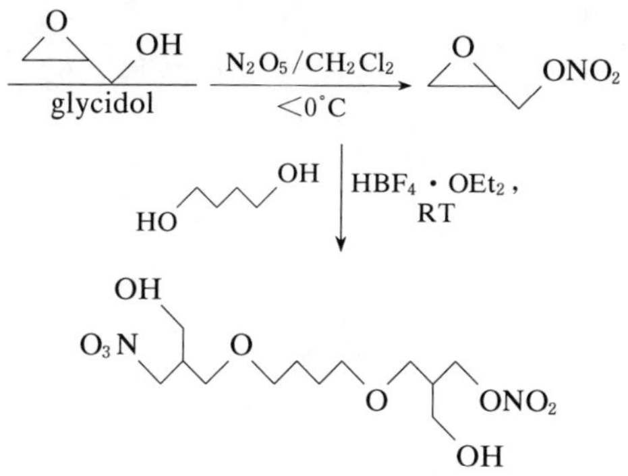

glycidol　N_2O_5/CH_2Cl_2, <0°C　ONO_2

$HBF_4 \cdot OEt_2$, RT

图 3－25　PGN 的合成过程

1996 年，Desai 等人采用“活性单体机理”聚合法制备了适宜作为增塑剂的低相对分子质量的 PGN。此后，Desai 等人进行了窄相对分子质量分布的 α， ω-羟基遥爪型聚缩水甘油醚硝酸酯的合成及性能研究，合成出的 PGN 的性能如表 3-34 所列。

表 3-34 PGN 的性能

$\overline{M}_n$(GPC)	1300
$\overline{M}_w$(GPC)	2000
$\overline{M}_w/\overline{M}_n$(GPC)	1.5
密度/(g·cm^{-3})	1.39
纯度(NMR)/%	>98
T_g/℃(DSC)	-35
黏度/(Pa·s)(50℃)	4.6
官能度	≈2
混溶性	能够溶解于含能增塑剂，如 NG

Desai 等人同时深入探讨了 GN 的聚合机理。他们以 HBF_4 和 1,4BDO 为引发体系，通过严格控制聚合条件，以使聚合从有利于环醚的“活性链端机理”(ACE)转向“活性单体机理”(AMM)，使生成的端羟基遥爪型聚合物具有窄的相对分子质量分布，几乎不含低聚物和单体，得到的聚合产物可控程度高。利用这种方法，在单体浓度很低时无需对产品进行纯化处理。他们提出缩水甘油硝酸酯的聚合机理如下：

GN 以 AMM 机理聚合的历程，如式(3-45)～式(3-50)所示。

$$\text{HO-R-OH (过量)} + HBF_4\ (\text{催化剂}) \longrightarrow \text{HO-R-}\overset{+}{O}H\ BF_4^- \quad (3-45)$$

$$\text{HO-R-}\overset{+}{O}H\ BF_4^- + H_2C\underset{O}{\text{—}}CH_2\text{—}CH_2ONO_2 \longrightarrow$$

$$\text{HO-R-OH} + H_2C\underset{\overset{+}{O}H}{\text{—}}CHCH_2ONO_2\ (\text{活性单体(A)}) + BF_4^- \quad (3-46)$$

$$\text{HO-R-OH} + H_2C\underset{\overset{+}{O}H}{\text{—}}CHCH_2ONO_2 + BF_4^- \longrightarrow \text{HO-R-O-CH}_2\text{CH(OH)CH}_2ONO_2 + HBF_4 \quad (3-47)$$

$$HBF_4 + H_2C\overset{O}{—}CH—CH_2ONO_2 \longrightarrow H_2C\overset{O^+(H)}{—}CHCH_2ONO_2 + BF_4^- \quad (3-48)$$

$$HO-R-O-CH_2CH(OH)CH_2ONO_2 + H_2C\overset{O^+(H)}{—}CHCH_2ONO_2$$

$$\longrightarrow HOCH(CH_2ONO_2)CH_2-O-R-O-CH_2CH(OH)CH_2ONO_2 + H^+ \quad (3-49)$$

$$HOCH(CH_2ONO_2)CH_2-O-R-O-CH_2CH(OH)CH_2ONO_2 + (x+y-2)\ H_2C\overset{O^+(H)}{—}CHCH_2ONO_2$$

$$\longrightarrow H\left(OCH(CH_2ONO_2)CH_2\right)_x O-R-O\left(CH_2CH(CH_2ONO_2)O\right)_y H \quad (3-50)$$

GN 以 ACE 机理聚合的历程如式(3－51)、式(3－52)所示。

$$HBF_4 + H_2C\overset{O}{—}CHCH_2ONO_2 \longrightarrow H_2C\overset{O^+(H)}{—}CHCH_2ONO_2\ BF_4^- \quad (3-51)$$

$$H_2C\overset{O^+(H)}{—}CHCH_2ONO_2\ BF_4^- + n\ H_2C\overset{O^+(H)}{—}CHCH_2ONO_2\ BF_4^-$$

$$\longrightarrow H\left(OCH_2CH(CH_2ONO_2)CH_2\right)_n O^+\!\!<\!(CH_2CHCH_2ONO_2)\ BF_4^- \quad (3-52)$$

AMM 机理源于质子化单体 GN，且每一个连续的链增长反应后又形成新的质子化单体 GN。对于常规活性链端机理(ACE)，GN 虽然可形成新活性单体，但条件是 GN 必须与下一个单体进行反应。在 ACE 条件下，活性链段能经历自身(内部)的反向“咬合”和末端“咬合”反应生成环状醚，并且容易发生链终止，生成齐聚物，导致聚合产物相对分子质量分布变宽。故采用 ACE 机理很难控制 PGN 的相对分子质量。

由于活性单体机理能控制反应放热和相对分子质量，可产生一种 α，ω－羟基遥爪型聚合物，且没有游离的低聚物，因此可实现 GN 的可控聚合。要实现 GN 按照 AMM 机理的聚合关键因素有两个：①控制 BDO 羟基与质子酸 HBF_4 的物质的量比至少要大于 10；②单体溶液要在 16～40h 缓慢加入。前者能保证质子化单体和过量的羟基反应，如果羟基与氢离子物质的量比较小，在一定的反应时间内，质子化单体与羟基的反应概率就要降低，而质子化单体的浓度增加，使得后来加入的单体与活性单体的反应可能按照 ACE 机理来进行。后一个因素主要是抑制 ACE 型链增长，因以这样的速率增加单体，使得活性单体不会与未质子化的单体反应。换句话说，单体增加的速率必须小于单体质子化的速率及后者与羟基反应的速率，这样才能保证产生线型的 PGN 链且端基为羟基。

然而由于单体的性质和 AMM 机理的局限性，导致 AMM 机理也有缺陷，主要表现在：①当受到氧原子(现有链上羟基的氧原子)亲电进攻时会形成仲羟基，主要是进攻单体中空间位阻最小的 C 原子上；②难以获得数均相对分子质量大于 3500 的 PGN，其原因是单体、醇、催化剂中杂质及反应设备中的水分导致反应的各组分并未按预期配比进行反应；③聚合物的产率在 80%左右。显然，在反应过程中损失了一些单体，可能是低分子质量产物被水溶解了。此外，单体转化率只有 95%左右也是一个重要原因。尽管 AMM 机理有上述缺点，但仍可制备官能度、相对分子质量和黏度均适合推进剂配方要求的含能预聚物。随着研究的不断深入，人们发现 Desai 等人合成的 PGN 预聚物固化后的稳定性较差，存放周期较短，易分解转变成液体。

1998 年，英国的 Paul 等人对 Desai 的方法进行了改进，主要是采用两步法对 PGN 端基进行改性。他们首先转变末端基邻近的—ONO_2 基团，再利用酸催化水解引入羟基，结果合成出的 PGN 稳定性大大提高。但该方法也存在着缺陷，链上部分 - ONO_2 基团的转变降低了 PGN 的高能特性，同时反应步骤繁琐，进而增加了合成成本。

此后研究者以降低 PGN 成本为目的进行了 PGN 的合成研究。2000 年，Cannizzo 等人研究了一种合成 PGN 的低成本方法，他们先用硝酸对甘油进行硝化，再用氢氧化钠闭环，开发出了一条合成 GN 的新路经。由该法合成的 GN 无需纯化，可直接用于聚合，合成使用的原材料廉价，且有商品级的产品出售。该方法大大降低了 PGN 的合成成本，并增加了 PGN 作为火炸药组分的可靠性。此外，他们还进行了 PGN 的端基改性、性能表征与分析研究。

Highsmith 等人在 2004—2005 年还研究了 PGN 的中试生产设备，使其产能大幅度提高。该合成过程可实现稳定连续生产，工艺流程安全系数较高，极大地降低了生产成本，产率进一步提高，制得的 GN 具有很高的纯度，无需纯化可直接用于 PGN 的合成。其合成方法仍采用阳离子活性开环聚合法。另外，Andre 等人在 2004—2005 年曾报道以多元醇(含有 3～4 个羟基)为引发剂合成 PGN 的工艺，该引发剂和加入的催化剂形成催化引发复合体系。据称该过程所采用的多元醇是甘油、双甘油、季戊四醇等，其优点是空间位阻较小而有利于反应。使用的催化剂主要为路易斯酸、质子酸等。所得 PGN 是含有多官能团的高聚物，其官能度与引发剂多元醇的羟基数相同，其合成工艺路线、实验条件及反应摩尔比与前述的 GN 阳离子开环聚合方法基本相同。

5. 聚 3 -硝氧甲基- 3 -甲基氧杂丁环的合成

聚 3 -硝氧甲基- 3 -甲基氧杂丁环(PNIMMO)也是目前人们研究较多的含有硝酸酯基的预聚物。PNIMMO 在常温下为淡黄色黏稠液体，不溶于水，可溶于二氯甲烷、三氯甲烷等有机溶剂。具有较低的玻璃化转变温度(－30℃，DSC)，内能为 818kJ/kg，分解热为 1164kJ/kg，分解温度为 187℃(DSC，5℃/min)，活化能为 164.4kJ/mol(DSC)，为非爆炸性物质，加热时易与异氰酸酯发生交联反应。

PNIMMO 主要是通过含能单体 NIMMO 均聚而得。传统的 PNIMMO 合成方法是在引发剂和催化剂存在下，NIMMO 单体在低温下进行阳离子开环聚合反应合成的。所用引发剂通常为二醇，催化剂是路易斯酸，制得的 PNIMMO 为二官能度物质，聚合物长链分子的端基为羟基。在 1,4 -丁二醇与三氟化硼乙醚作用下，引发 NIMMO 聚合机理如图 3 - 26 所示。

$$HOROH + BF_3 \cdot OEt_2 \longrightarrow H\overset{+}{O}Et_2 + \overset{-}{B}F_3OROH \xrightarrow[-Et_2O]{\text{NIMMO}}$$

$$\overset{-}{B}F_3OROH \quad H-\overset{+}{O}(\text{NIMMO}, ONO_2) \xrightarrow{\text{NIMMO}} HO-C(CH_3)(CH_2ONO_2)-CH_2-\overset{+}{O}(\text{NIMMO}, ONO_2)$$

$$\xrightarrow{(n-2)\ \text{NIMMO}} HO\!\left(CH_2C(CH_3)(CH_2ONO_2)CH_2-O\right)_n\!-H \quad \text{PNIMMO}$$

图 3 - 26　NIMMO 聚合机理

聚合通过引发剂提供给 NIMMO 单体质子，之后质子化的 NIMMO 单体再与其他单体反应实现链增长，最后聚合物长链与水或醇发生链终止反应从而生成端羟基的 PNIMMO。由于采用 1,4 -丁二醇作为助引发剂，故制备出的

PNIMMO 具有二官能度。PNIMMO 的相对分子质量调节可以通过改变单体和路易斯酸的比例来实现。通常情况下，在与异氰酸酯基进行固化反应时，含有伯羟基的聚合物的活性要比含有仲羟基和叔羟基聚合物的活性高。

如上所述，传统的阳离子开环聚合合成 PNIMMO 的工艺还存在很多缺陷，包括引发剂引入困难，不能有效控制最终产物的相对分子质量，产品重复性差，得不到理想共聚物等一些问题。目前发展比较快的合成 PNIMMO 的方法是活性单体聚合法，其基本原理是利用生成的端羟基聚合物再次进攻活性单体，从而进行链增长。活性单体法和阳离子聚合法的机理如下：

活性聚合法：

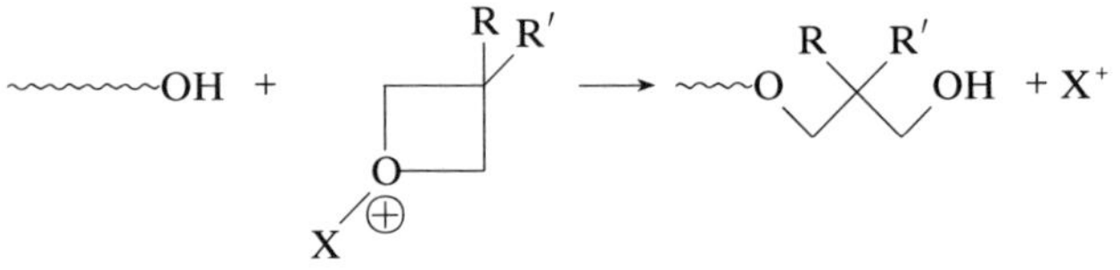

$$\sim\sim OH + \text{(R, R'-oxetanium, } X^- \text{)} \longrightarrow \sim\sim O\text{-}CH_2C(R)(R')CH_2\text{-}OH + X^+ \tag{3-53}$$

阳离子聚合法：

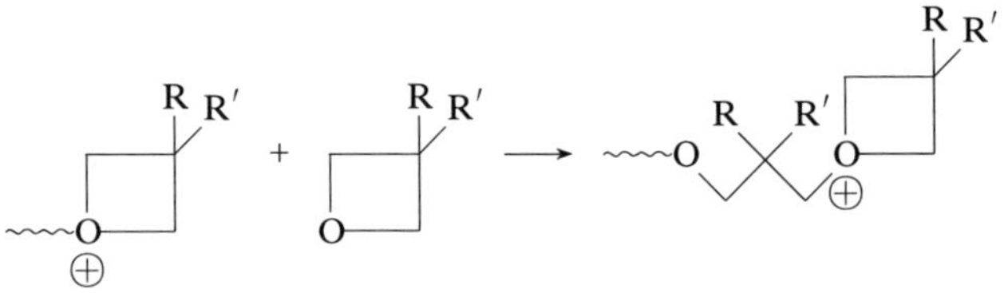

$$\sim\sim \overset{\oplus}{O}\text{(R, R'-oxetanium)} + \text{(R, R'-oxetane)} \longrightarrow \sim\sim O\text{-}CH_2C(R)(R')CH_2\text{-}\overset{\oplus}{O}\text{(R, R'-oxetanium)} \tag{3-54}$$

Desai 等人在二氯甲烷中以 HBF_4 为催化剂，1,4-丁二醇为引发剂，通过严格控制聚合工艺条件(缓慢连续滴加 NIMMO)，采用活性单体聚合法制备了窄相对分子质量分布、相对分子质量低的 α，ω-羟基遥爪型 PNIMMO，整个过程如图 3-27 所示。

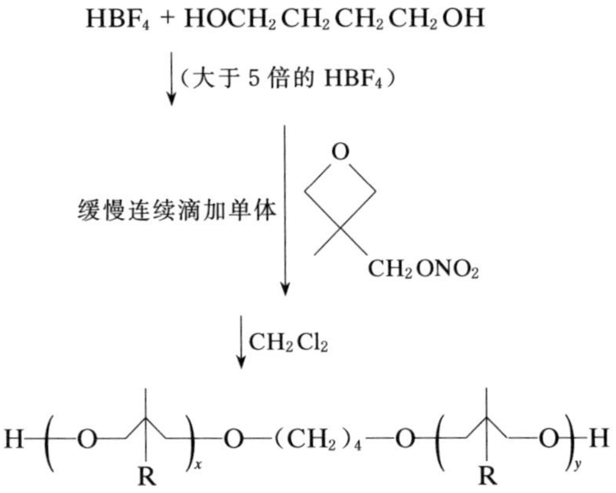

$HBF_4 + HOCH_2CH_2CH_2CH_2OH$

↓(大于 5 倍的 HBF_4)

↓ 缓慢连续滴加单体 (NIMMO, 含 CH_2ONO_2 的氧杂环丁烷)

↓ CH_2Cl_2

$$H\text{-}\left(O\text{-}CH_2C(R)CH_2\right)_x\text{-}O\text{-}(CH_2)_4\text{-}O\text{-}\left(CH_2C(R)CH_2\text{-}O\right)_y\text{-}H$$

图 3-27 活性单体聚合法合成 PNIMMO

目前合成的PNIMMO一般有二官能度和三官能度两种，两者均有较好的真空安定性和较低的撞击感度。一般来讲，二官能度的PNIMMO的相对分子质量高于三官能度的，相对分子质量分布也较窄，二者的性质数据见表3-35。

表3-35 二官能度和三官能度PNIMMO性质

性质	二官能度PNIMMO	三官能度PNIMMO
$\overline{M}_w$	17000	6500
$\overline{M}_n$	12500	4200
$\overline{M}_w/\overline{M}_n$	1.36	1.55
官能度①	≤2	≤3
T_g(DSC)/℃	-30	-35
分解温度(DSC)/℃	187	184
真空安定性	非常稳定	非常稳定
撞击感度(Rotter test)	不敏感	不敏感
黏度(30℃)	1600	—
纯度/%	99	99
最佳固化剂	Desmodur N-100	MDI

① 通过^{1}H NMR计算

英国防卫评估与研究机构对PNIMMO的降解性能和储存寿命进行了研究，结果发现PNIMMO会缓慢分解放出气体，在实际储存和应用时需添加少量的二苯胺或2-硝基二苯胺作安定剂。有关研究表明，PNIMMO的分解无自催化现象，是一级反应，遵守Arrhenius方程，活化能的大小取决于硝酸酯键的断裂情况，在较宽的温度范围内与温度无关。

PNIMMO的降解机理主要是PNIMMO侧链上的CH_2—O—NO_2发生均裂从而生成CH_2—O·和NO_2·两种自由基。在60℃左右时，PNIMMO的降解速率较慢；在120℃以上时，PNIMMO的降解速率比较快，此时会产生PNIMMO主链的断裂和交联。PNIMMO降解过程中产生的CH_2—O·和NO_2·自由基会引起自动氧化反应，此反应主要涉及过氧基的产生、烷基和烷氧基的反应以及自由基与氧反应导致聚醚主链的断裂。

三官能度PNIMMO预聚物的T_g为-35℃，如果加入增塑剂或其他含能增塑剂，有可能将其T_g降低到-40～-50℃。聚合物的热稳定性也较高(热分解温度为170℃)。目前PNIMMO正在作为低易损性(LOVA)发射药和炸药黏合剂进行放大研究，加入该含能聚合物后明显增加了组分的总体能量，降低了火炸药的脆性。

同时有研究者提出，为了改善 PNIMMO 的低温性能，可采用加入 A3(由双(2,2 -二硝基丙基)缩甲醛和双(2,2 -二硝基丙基)缩乙醛组成)与三羟甲基乙烷三硝酸酯(TMETN)或与缩水甘油硝酸酯共聚来提高能量，共聚醚的玻璃化转变温度为 - 48℃，而且能量比均聚醚 PNIMMO 有明显的提高。

6. 二氟氨基预聚物的合成

含有叠氮基、硝酸酯基和硝胺基的含能单体生成的预聚物具有生成热高、密度大、热稳定性好等优点，它们的成功合成与应用开辟了含能材料领域新的发展方向，而且为合成新型含能材料提供了重要的分子设计思想。在此基础上人们又进一步设计并合成出了含有二氟氨基的含能预聚物，与前述含能预聚物相比，它们的密度更大、能量更高。目前，二氟氨基含能预聚物的合成与应用正成为继叠氮类、硝酸酯类和硝胺类等含能预聚物之后含能预聚物研究与发展的重点。

二氟氨基是提高含能化合物能量密度最为理想的基团之一，这主要是由于二氟氨基化合物不仅密度大，而且在分解过程中形成的气体产物 HF 相对分子质量低，生成热高，非常有利于提高推进剂和发射药的能量水平。另外，二氟氨基化合物中的氟以氧化剂的形式出现，故无需添加外部氧化剂即可完成氧化还原反应过程释放出能量。因此，二氟氨基化合物应用于推进剂中既起到了燃烧剂的作用，又起到了氧化剂的作用。20 世纪 50 年代国内外含能材料研究者就认识到了二氟氨基含能预聚物作为推进剂和炸药添加剂的潜在应用价值，对其进行了大量的研究。与其他含能基团相比，二氟氨基具有较高的正生成热和良好的热稳定性，特别是二氟氨基预聚物作为黏合剂能够有效地提高冲压发动机使用的富燃料推进剂中硼和铝的燃烧效率，从而大幅提高含铝、含硼推进剂和炸药配方的能量水平。在过去一段时间，无论是作为高能炸药的黏合剂、还是作为推进剂的黏合剂，国内外在二氟氨基预聚物的合成方面都取得了较大的进展，先后合成出了一系列二氟氨基含能预聚物，主要品种有：

1) 以 HNF_2 为二氟氨基化试剂合成的含能预聚物

这类含能预聚物主要是含有偕二氟氨基的聚醚，下面是两种典型的二氟氨基聚醚预聚物的合成过程：

$$\underset{\text{(3,3-双(二氟氨基)氧杂环丁烷)}}{\begin{array}{c} \text{NF}_2 \\ | \\ \text{CH}_2\text{—C—NF}_2 \\ |\quad\;\; | \\ \text{H}_2\text{C}\quad\text{CH}_2 \\ \diagdown\;\diagup \\ \text{O} \end{array}} \xrightarrow{\text{聚合}} \text{—(OCH}_2\text{CH}_2\overset{\displaystyle \text{NF}_2}{\underset{\displaystyle \text{NF}_2}{\text{C}}}\text{CH}_2\text{)}_n\text{—} \tag{3-55}$$

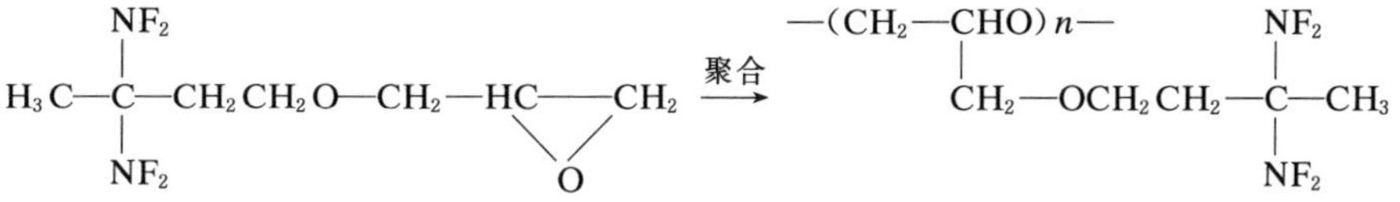

$$H_3C-C(NF_2)_2-CH_2CH_2O-CH_2-\underset{O}{HC-CH_2} \xrightarrow{\text{聚合}} -(CH_2-CHO)_n- \text{ with side chain } CH_2-OCH_2CH_2-C(NF_2)_2-CH_3 \tag{3-56}$$

2）以 N_2F_4 为二氟氨基化试剂合成的含能预聚物

这类预聚物主要有聚丙烯酸酯型和聚烯烃型，其制备过程如下：

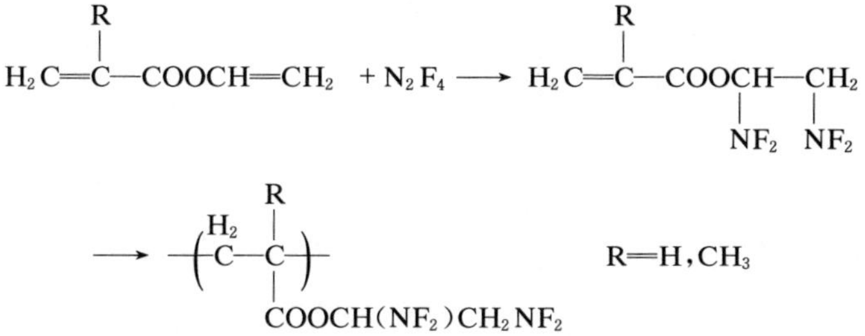

$$H_2C=C(R)-COOCH=CH_2 + N_2F_4 \longrightarrow H_2C=C(R)-COOCH(NF_2)-CH_2(NF_2)$$

$$\longrightarrow \left[\overset{H_2}{C}-C(R)(COOCH(NF_2)CH_2NF_2)\right] \qquad R=H,CH_3 \tag{3-57}$$

$$CH_2=CH-CH=CH_2 \xrightarrow{\text{自由基聚合}} [CH_2-CH=CH-CH_2]_n-$$

$$\xrightarrow{N_2F_4} \left[\overset{H_2}{C}-\underset{H}{C}(NF_2)-\underset{H}{C}(NF_2)-\overset{H_2}{C}\right]_n \tag{3-58}$$

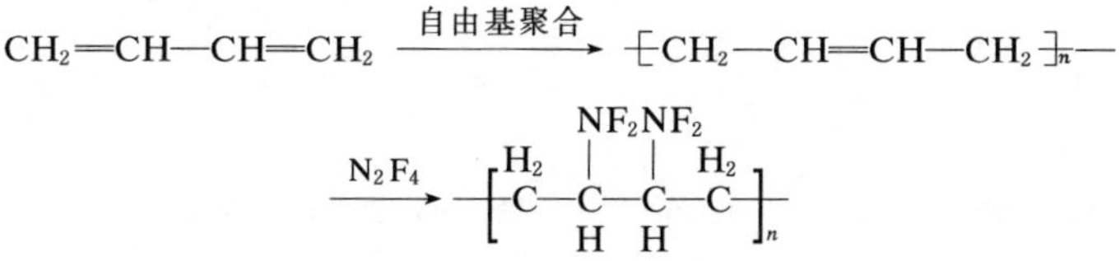

3）以全氟胍为二氟氨基化试剂合成的含能预聚物

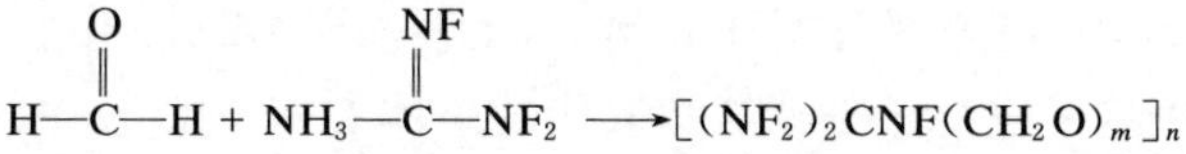

$$H-\overset{O}{\overset{\|}{C}}-H + NH_3-\overset{NF}{\overset{\|}{C}}-NF_2 \longrightarrow [(NF_2)_2CNF(CH_2O)_m]_n \tag{3-59}$$

合成上述二氟氨基含能预聚物所使用的三种氟氨化试剂都需要预先合成，且其合成的难度较大，这主要是由于在合成这些氟氨化试剂过程中极易发生爆炸，且得率低、毒性大。

我国在20世纪70年代，也有一些研究者对二氟氨类含能预聚物进行了合成研究，其中具有代表性的是以下几种预聚物：

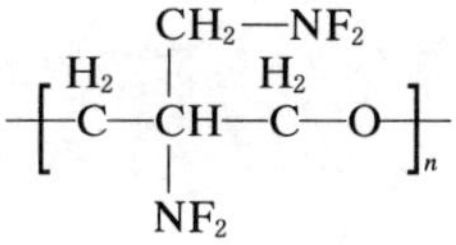

$$\left[\overset{H_2}{C}-C(CH_2-NF_2)(NF_2)H-\overset{H_2}{C}-O\right]_n \qquad (N_2F_4\ \text{加成})\ M_n=3400\sim5000$$

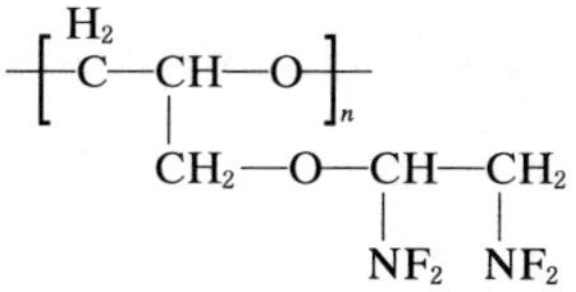

$$\left[\overset{H_2}{C}-CH(CH_2-O-CH(NF_2)-CH_2(NF_2))-O\right]_n \qquad (N_2F_4\ \text{加成})\ M_n=1600\sim3200$$

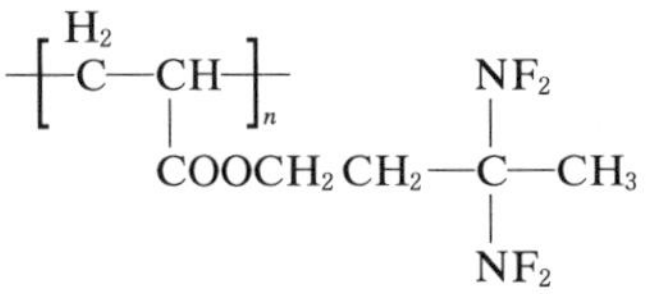

$$\left[\overset{H_2}{C}-\underset{\displaystyle |}{CH}\right]_n\ -COOCH_2CH_2-C(NF_2)_2-CH_3 \qquad (HNF_2\ 加成)\ M_n=2500$$

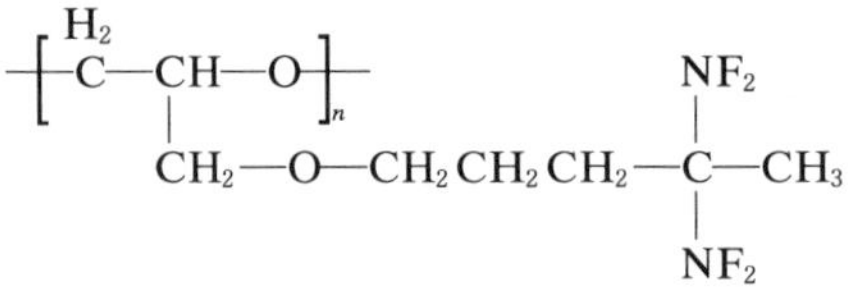

$$\left[\overset{H_2}{C}-CH-O\right]_n\ -CH_2-O-CH_2CH_2CH_2-C(NF_2)_2-CH_3 \qquad (HNF_2\ 加成)\ M_n=4000$$

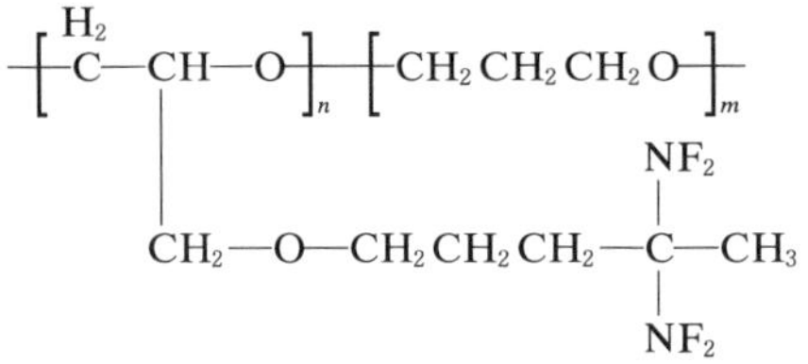

$$\left[\overset{H_2}{C}-CH-O\right]_n\left[CH_2CH_2CH_2O\right]_m\ -CH_2-O-CH_2CH_2CH_2-C(NF_2)_2-CH_3 \qquad (HNF_2\ 加成)\ M_n=2000\sim5000$$

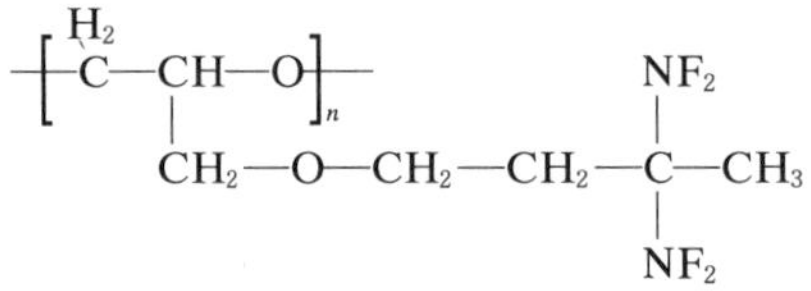

$$\left[\overset{H_2}{C}-CH-O\right]_n\ -CH_2-O-CH_2-CH_2-C(NF_2)_2-CH_3 \qquad (HNF_2\ 加成)\ M_n=1000\sim3000$$

目前成功合成的极具代表性的二氟氨类含能单体为3-二氟氨基甲基-3-甲基环氧丁烷(DFAMO)和3,3-双(二氟氨基甲基)环氧丁烷(BDFAO)。这两种二氟氨类含能单体感度较低，化学安全性好，合成较为容易。在成功合成DFAMO和BDFAO单体的基础上，Manser等人以BDO/$BF_3\cdot Et_2O$作为引发体系，在二氟甲烷中进行了二氟氨基取代的单体DFAMO及BDFAO的阳离子开环聚合研究，分别得到了DFAMO和BDFAO的均聚物以及DFAMO/BDFAO的共聚物。BDFAO的开环聚合反应式如图3-28所示。

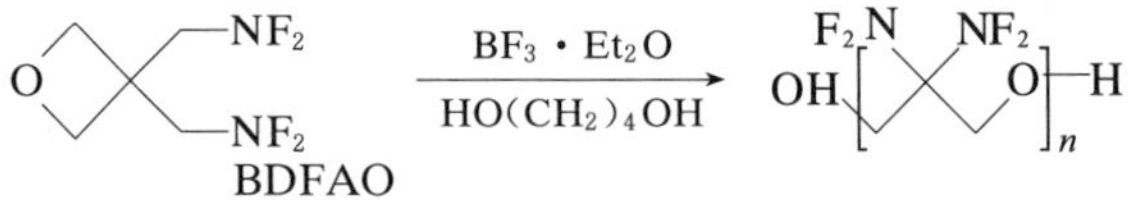

$$\text{BDFAO}\ \xrightarrow[HO(CH_2)_4OH]{BF_3\cdot Et_2O}\ OH\left[\ (F_2N)(NF_2)\ \ O\right]_n H$$

图3-28　BDFAO的开环聚合

BDFAO均聚物为固体聚合物，熔点为158℃。而对具有3,3-对称结构的DFAMO，无论是均聚物还是共聚物，即使相对分子质量在20000左右，室温下也都是无定形液态聚合物，可直接作为火炸药的黏合剂，而BDFAO均聚物由于具有结晶结构可作为合成含能热塑性弹性体的硬段。这三种二氟氨基预聚物的物理性质如表3-36所列。

表 3-36 二氟氨基预聚物的性质

项目	DFAMO 均聚物	BDFAO 均聚物	DFAMO-BDFAO 共聚物
外观	无定形液态	固体，熔点 158℃	无定形液态
$\overline{M}_w$(GPC)	18300	4125	21000
分散度	1.48	1.32	1.76
T_g(DSC)/℃	-21	130.78	—
初始分解峰(DSC)/℃	191.3	210	191.7
最大分解峰(DSC)/℃	230.7	222.3	219.8

此外，为了达到调节聚合物分子中 O/F 的比例、降低分子结构的规整性、进一步降低预聚物的玻璃化转变温度，Manser 等人的另一个合成目标是制备 BDFAO 与 3-硝酸酯甲基-3-甲基环氧丁烷(NMMO)的无规共聚醚，其合成反应式如下：

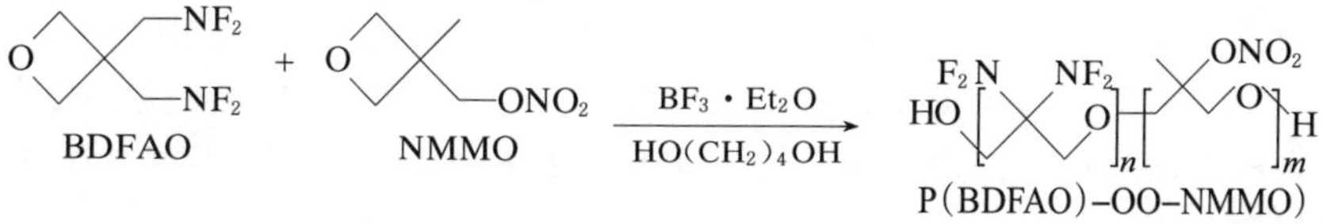

BDFAO + NMMO $\xrightarrow[HO(CH_2)_4OH]{BF_3 \cdot Et_2O}$ P(BDFAO)-OO-NMMO) (3-60)

同时在 1995 年他们还设计了分子中既含二氟氨基，又含有叠氮基或硝酸酯基的 3,3-不对称取代甲基环氧丁烷单体：

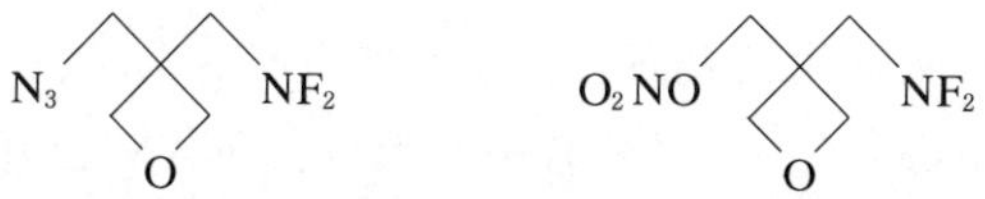

由其合成的均聚物可形成二氟氨基与叠氮基或硝酸酯基 1∶1 的聚合物，这对于改善预聚物的物理和化学性能、提高预聚物的能量密度极为有利。

综上可以看出，具有新戊基碳结构的二氟氨基环氧丁烷预聚物由于其独特的分子结构、良好的热稳定性和较低的感度，是目前很有发展前途的二氟氨基含能预聚物。

3.4 配位聚合合成法

配位聚合是由两种或两种以上组分组成的络合催化剂引发的聚合反应。单体首先在过渡金属活性中心的空位配位，形成配位络合物，进而这种被活化的单体插入过渡金属-碳键进行链增长，最后生成大分子的过程。氧杂环单体配位聚合所用的引发剂可分为四大类：第一类是碱土金属化合物；第二类是双基金属配位络合物；第三类是 Fe、Al、Zn 的醇盐及 Al、Zn 和 Mg 的有机金属化合物；第四类是金属卟啉引发剂。

1. 碱土金属化合物

最早引发氧杂环小分子聚合用的碱土金属化合物主要是 Sr、Ba 和 Ca 的碳酸盐。一般认为，其聚合机理是吸附于引发剂表面的水先与碳酸盐反应生成羟基，之后羟基再进攻氧杂环小分子而发生引发反应。

碱土金属氧化物是近几年发展起来的引发氧杂环小分子反应的引发剂，主要包括 CaO、CrO 等，它们都具有高的引发活性。这类催化剂的聚合机理是氧杂环单体的氧原子配位于碱土金属离子，再插入增长链末端的金属醇盐中。

2. 双基金属配位络合物

双基金属配位络合物引发剂是 20 世纪 60 年代由美国通用轮胎橡胶公司研究人员发现的一种用于环氧化合物聚合的高效引发剂(DMC)。在 20 世纪 90 年代初期，它已成功应用于高相对分子质量、低不饱和度聚醚多元醇的工业化生产。与传统的环氧化物引发剂相比，DMC 催化活性高，合成的聚醚具有低不饱和度、窄相对分子质量分布、低黏度等优点，性能明显优于碱土金属化合物开环聚合所得的聚醚，因此近年在国外 DMC 引发氧杂环的聚合反应上得到了迅速发展并获得了商业化。

DMC 引发剂一般是由水溶性金属氰化物的络合物和其他金属化合物反应并结合有机配体制备得到的。DMC 属于配位型聚合引发剂，一般认为 DMC 引发体系的开环聚合机理属于弱阳离子配位聚合。式(3-61)～式(3-63)给出了这种配位聚合机理：首先催化剂表面会形成活性中心 S^*，然后活性中心与氧杂环单体反应生成聚合中心 C^*，一旦聚合中心形成，单体就会开始不断插入，从而生成高相对分子质量聚合物。

链引发：

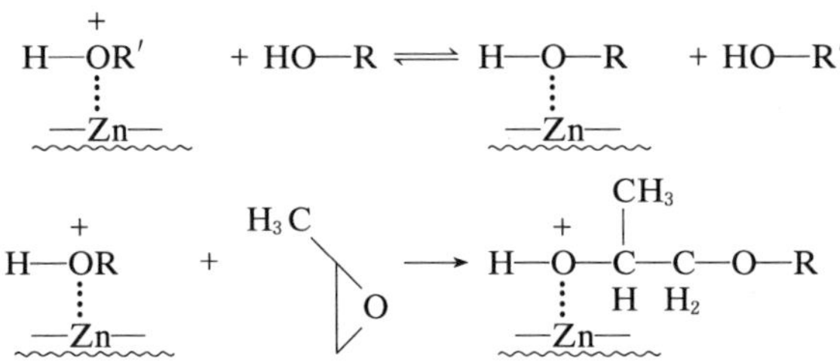

$$\underset{\underset{\sim\sim\sim\sim}{—Zn—}}{\overset{+}{H—OR'}} + HO—R \rightleftharpoons \underset{\underset{\sim\sim\sim\sim}{—Zn—}}{H—O—R} + HO—R' \qquad S + I \rightleftharpoons S^*$$

$$\underset{\underset{\sim\sim\sim\sim}{—Zn—}}{\overset{+}{H—OR}} + \underset{\text{(环氧丙烷)}}{H_3C\text{—}\triangle O} \longrightarrow \underset{\underset{\sim\sim\sim\sim}{—Zn—}}{\overset{+}{H—O}}—\underset{H}{\overset{CH_3}{C}}—\underset{H_2}{C}—O—R \qquad S^* + M \longrightarrow C^* \tag{3-61}$$

链增长：

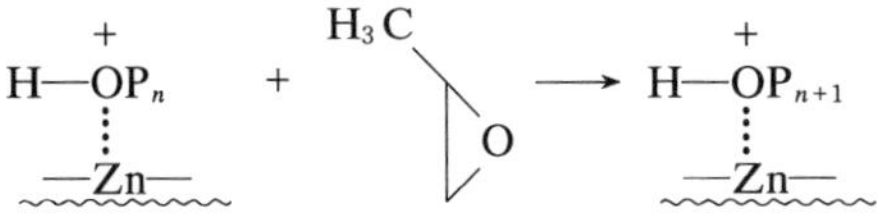

$$\underset{\underset{\sim\sim\sim\sim}{—Zn—}}{\overset{+}{H—OP_n}} + H_3C\text{—}\triangle O \longrightarrow \underset{\underset{\sim\sim\sim\sim}{—Zn—}}{\overset{+}{H—OP_{n+1}}} \qquad C^*(P_n) + M \longrightarrow C^*(P_{n+1}) \tag{3-62}$$

交换反应：

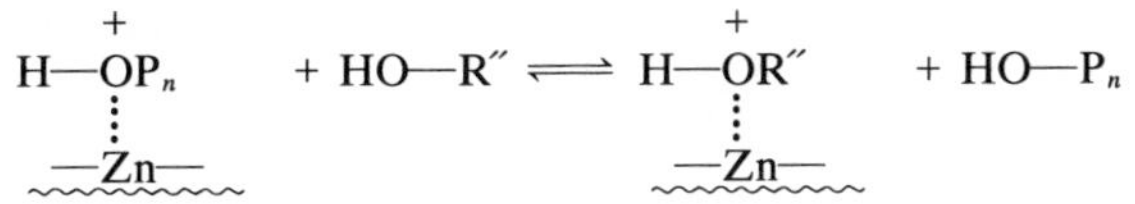

$$\overset{+}{\mathrm{H—OP_n}} \cdots \mathrm{—Zn—} + \mathrm{HO—R''} \rightleftharpoons \overset{+}{\mathrm{H—OR''}} \cdots \mathrm{—Zn—} + \mathrm{HO—P_n} \qquad \mathrm{C^*(P_n) + I' \rightleftharpoons S' + P_n} \tag{3-63}$$

3. 烷基金属引发剂

烷基金属引发剂主要有 $AlEt_3$、$Al(i—Bu)_3$、$ZnEt_2$、$MgEt_2$、$CaEt_2$ 等，本身可能活性很低，但当与其他物质形成络合物或螯合物时，活性极高。近年来还出现了乙酰丙酮铁和三异丁基铝（$Fe(acac)_3—Al(i—Bu)_3$）引发体系、镁铝复合金属氧化物引发体系以及磷酸酯氧化物等新型引发剂体系。

对于环氧化物的开环聚合，一般认为烷基金属引发剂的引发活性中心必须包含两个以上的金属原子，如对于 $R_2Al(acae)—H_2O—Et_2Zn$ 引发体系中引发活性中心的产生，Al—O—Al 结构的形成是必要前提，引发体系的活性结构形式如图 3-29 所示。

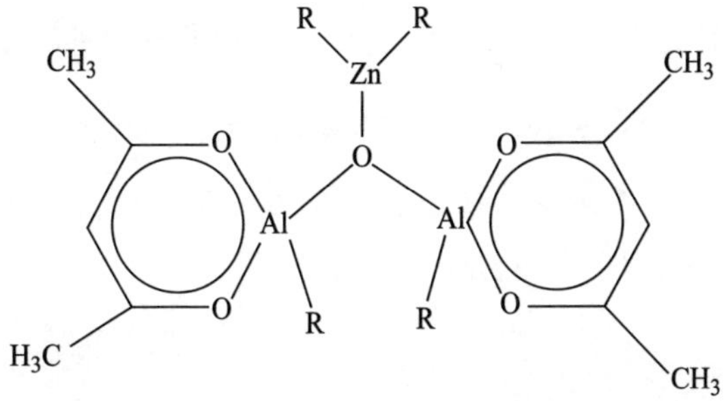

图 3-29 $R_2Al(acae)—H_2O—Et_2Zn$ 的结构式

通常在这类催化剂的催化活性结构中包含路易斯酸活性中心和路易斯碱活性中心，两种催化活性中心紧密相连，两种催化活性中心的共同作用使得氧杂环单体的烷氧基化反应具有高度的选择性和反应活性。在这两种活性中心中，其中一个进行单体配位，另一个进行链增长，从而使氧杂环单体聚合得到的聚合物的相对分子质量增大。其开环聚合反应机理如下：

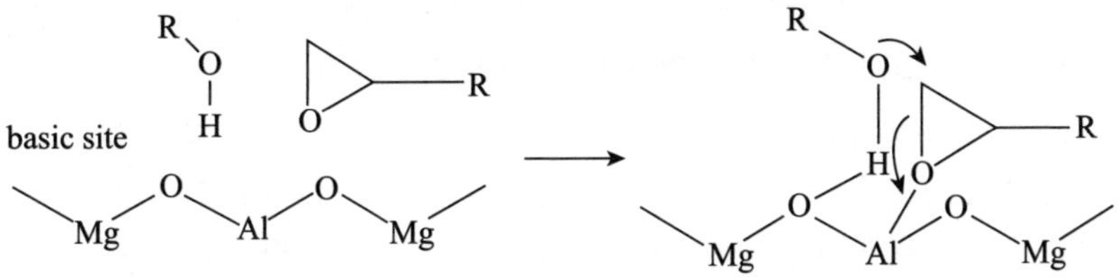

(3-64)

4. 金属卟啉引发剂

20 世纪 70 年代末，日本东京大学的井上祥平和相田卓三等发现金属卟啉配合体系对氧杂环单体的开环聚合具有引发作用。这类引发剂主要由有机配体(卟啉及其衍生物)、中心金属离子及与它们结合在一起的亲核性富电子基团组成。该引发体系最常用的为 5,10,15,20 -四苯基卟啉铝络合物(TPPAI - X)，如图 3 - 30 所示。

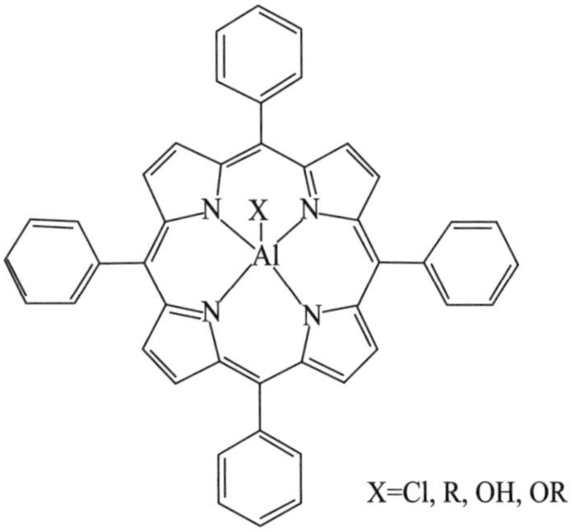

X=Cl, R, OH, OR

图 3 - 30　5,10,15,20 -四苯基卟啉铝络合物的结构式

金属卟啉配合体系引发氧杂环单体开环聚合是按照活性阴离子配位聚合机理进行的。以 TPPAI - Cl 为例，反应过程如下：

链引发：

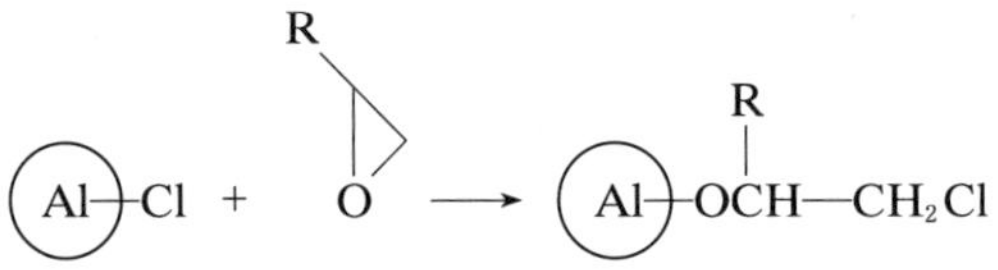

$$\text{(Al)}\!-\!\text{Cl} + \underset{\text{O}}{\overset{\text{R}}{\triangle}} \longrightarrow \text{(Al)}\!-\!\text{O}\overset{\text{R}}{\overset{|}{\text{C}}}\text{H}\!-\!\text{CH}_2\text{Cl} \tag{3-65}$$

链增长：

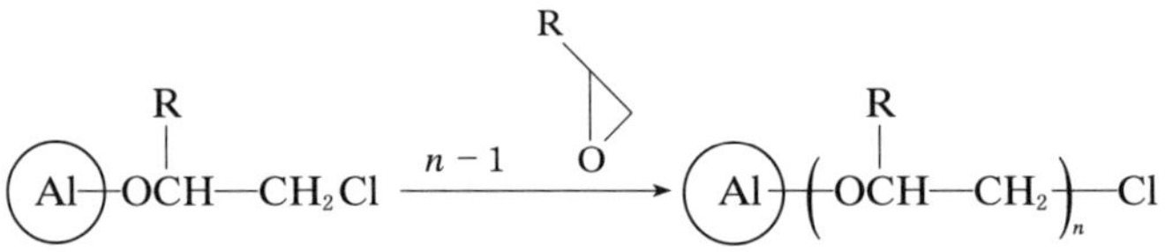

$$\text{(Al)}\!-\!\text{O}\overset{\text{R}}{\overset{|}{\text{C}}}\text{H}\!-\!\text{CH}_2\text{Cl} \xrightarrow[n-1]{\underset{\text{O}}{\overset{\text{R}}{\triangle}}} \text{(Al)}\!-\!\left(\text{O}\overset{\text{R}}{\overset{|}{\text{C}}}\text{H}\!-\!\text{CH}_2\right)_n\!-\!\text{Cl} \tag{3-66}$$

聚合反应主要在垂直于配合物面的方向上进行，活性中心 Al—O 键对氧杂环单体反复进行亲核进攻，使氧杂环单体开环插入 Al—O 键之间而增长。该反应符合活性聚合的特征，室温下即可生成窄分布的头-尾相连聚合物。

金属卟啉配合体系在引发氧杂环单体的开环聚合、形成窄分布相对分子质量可控的聚合物方面具有特殊意义。卟啉的大环结构使得引发剂分子的中心金属离子彼此孤立，难于发生分子间相互作用，从而使与催化活性中心相结合的氧杂环单体基团表现出相同的反应活性，导致氧杂环单体在开环聚合过程中具有相同的引发和增长速率，能够合成出单分散的高聚物。金属卟啉配合体系虽然在合成窄分布高聚物方面效果较好，但反应速率过慢，用路易斯酸与金属卟啉体系结合将会显著加快某些氧杂环单体聚合反应的反应速率。

根据配位聚合的机理，理论上可以通过配位聚合进行含能氧杂环单体的开环聚合，进而得到含能预聚物，该方法目前仍需进一步研究。

3.5 自由基聚合合成法

合成含能预聚物所使用的单体除了各种氧杂环小分子以外，还有一些具有双键的丙烯酸类含能小分子(如丙烯酸偕二硝基丙酯)。这些具有双键的含能小分子主要是通过自由基聚合法合成含能预聚物。

自由基聚合(free radical polymerization)又称游离基聚合，是用自由基引发单体，使链增长(链生长)自由基不断增长的聚合反应。它的主要应用范围是烯类单体的加成聚合反应。在烯类单体的自由基加成聚合反应中，每一个单体分子与链增长末端自由基发生加成反应，产生新的链自由基，并按照这种方式不断增长。最常用的产生自由基的方法是引发剂的受热分解或二组分引发剂的氧化还原分解反应，也可以用加热、紫外线辐照、高能辐照、电解和等离子体引发等方法产生自由基。

3.5.1 聚合反应原理及工艺

自由基聚合反应属于链式聚合反应，可分为链引发、链增长、链终止和链转移反应等基元反应。

1. 链引发反应

链引发反应 (chain initiation)是形成单体自由基的反应。有多种形成自由基的方法，如引发剂引发、热引发、光引发、辐射引发等。对常用的引发剂引发单体来说，链引发反应主要分为两步。

(1)引发剂 I 分解，形成初级自由基 R· ：

$$\mathrm{I} \rightarrow 2\mathrm{R}\cdot$$

(2)初级自由基与单体 M 加成，形成单体自由基 M· ：

$$\mathrm{R}\cdot + \mathrm{M} \rightarrow \mathrm{RM}\cdot$$

2. 链增长反应

链引发反应(chain propagation)形成的单体自由基，可与第二个单体发生加成反应，形成新的自由基。这种加成反应可以一直进行下去，形成越来越长的链自由基。

R· + M → RM· + M → RMM· + M → RMMM· + M → ····· → Mn·

3. 链终止反应

链自由基经反应活性中心消失(失去活性)，生成稳定大分子的过程称为链终止反应(chain termination)。自由基本身活性很高，终止反应绝大多数为两个链自由基之间的反应。反应的结果是两个链自由基同时失去活性，因此也称双基终止。双基终止分为偶合终止(combination termination)和歧化终止(disproportionation termination)两类。

偶合终止：两个链自由基的独电子相互结合形成共价键，生成一个大分子链的反应。

歧化终止：如果一个链自由基上的原子(多为自由基的 β-氢原子)转移到另一个链自由基上，生成两个稳定的大分子链的反应(或某一自由基夺取另一自由基的氢原子或其他原子的终止反应)。

偶合终止：

$$2\ \sim\sim CH_2-\underset{\substack{|\\X}}{CH} \xrightarrow{k_{tc}} \sim\sim CH_2-\underset{\substack{|\\X}}{CH}-\underset{\substack{|\\X}}{CH}-CH_2\sim\sim \tag{3-67}$$

歧化终止：

$$2\ \sim\sim CH_2-\underset{\substack{|\\X}}{CH} \xrightarrow{k_{td}} \sim\sim CH_2-\underset{\substack{|\\X}}{CH_2} + \sim\sim CH=\underset{\substack{|\\X}}{CH} \tag{3-68}$$

4. 链转移反应

对链自由基来说，除与单体进行正常的聚合反应外，还可能从单体、溶剂、引发剂或已形成的大分子上夺取一个原子而终止，同时使失去原子的分子成为新的自由基，再引发单体继续新的链增长，这种反应称为链转移反应(chain transfer reaction)，其实质是活性中心的转移。链转移形式主要有向单体转移、向溶剂转移和向引发剂转移等形式。

自由基聚合反应主要有如下几个特点：

(1) 自由基聚合若能进行，首先要形成一个活性中心——自由基。在微观上可以明显地分为链引发、链增长、链终止和链转移等基元反应。其中链引发反应速率最小，是控制总聚合反应速率的关键。该反应具有慢引发、快增长、速终止的特点。

(2) 链增长是形成大分子链的主要反应。只有链增长反应才使聚合度增加。增长反应一经开始，几乎瞬间即形成大分子，不能停留在中间聚合度阶段。因此反应过程的任一瞬间，体系仅由单体和聚合物(也可能含未分解的引发剂)组成。

(3) 聚合过程中活性中心不断生成又不断消失，每一活性中心形成的大分子链的聚合度相差不大。

3.5.2 自由基聚合在含能预聚物合成中的应用

1. 普通自由基聚合在含能预聚物合成中的应用

随着对烯类叠氮单体分子结构设计及聚合方法研究的深入，人们于 2002 年首次通过自由基聚合合成了叠氮聚合物，自此开辟了叠氮自由基聚合的研究方向。

2002 年 Guillemin 等人利用叠氮化钠与对氯甲基苯乙烯的亲核取代反应合成了 4-乙烯基苄基叠氮(图 3-31)，并通过自由基聚合实现了与苯乙烯的无规共聚。这是采用自由基聚合合成叠氮聚合物的首次报道，为叠氮聚合物的合成提供了新的方法。

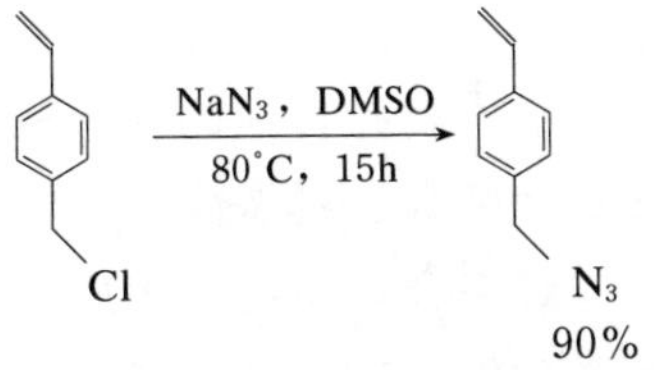

NaN_3，DMSO
80°C，15h
Cl
N_3
90%

图 3-31 4-乙烯基苄基叠氮的合成

2003 年 Jayakrishnan 等人合成了甲基丙烯酸 1,3-二叠氮异丙酯(图 3-32)，通过自由基均聚以及与甲基丙烯酸甲酯共聚首次合成了酯类叠氮聚合物，进一步扩大了叠氮聚合物的种类范围。

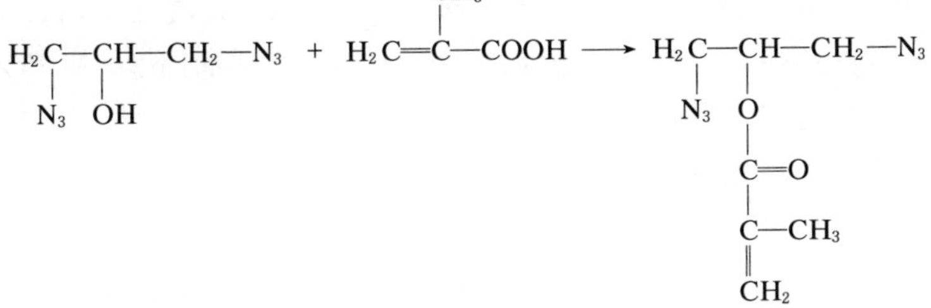

$$H_2C(N_3)-CH(OH)-CH_2-N_3 + H_2C=C(CH_3)-COOH \longrightarrow H_2C(N_3)-CH(O-C(=O)-C(CH_3)=CH_2)-CH_2-N_3$$

图 3-32 1,3-二叠氮异丙酯的合成

2008 年 Rühe 等人合成了一种新的芳香族叠氮单体——4-乙烯基苯磺酰叠氮，通过与其他烯类单体共聚合成了含磺酰叠氮基的聚合物，如图 3-33 所示。本书作者将这类叠氮聚合物成功地用作表面改性材料。

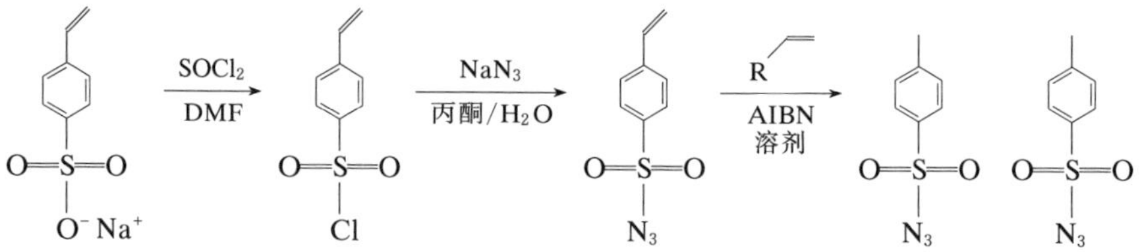

$SOCl_2$ DMF NaN_3 丙酮/H_2O R AIBN 溶剂 O=S=O O^-Na^+ Cl N_3

图 3-33 含磺酰叠氮基聚合物的合成

2. 活性自由基聚合在含能预聚物合成中的应用

由于普通自由基聚合慢引发、快增长、易链转移和链终止等特点导致聚合物相对分子质量难以精确控制，相对分子质量分布比较宽。自 1982 年 Otsu 等人报道第一种活性自由基聚合方法——引发转移终止聚合(Iniferter)以来，活性自由基聚合取得了大进展，人们先后发现了稳定自由基聚合(SFRP)、原子转移自由基聚合(ATRP)和可逆加成断裂—链转移(RAFT)聚合等活性自由基聚合方法。这些活性自由基聚合的基本原理都是通过向聚合体系中引入休眠种使其与增长自由基之间形成快速动态平衡，降低聚合体系中的瞬时自由基浓度，使自由基终止的概率降低，并且通过活性中心与休眠种之间的频繁快速转换使所有活性聚合物链或休眠聚合物链均具有相同的增长概率，最终得到链长近乎相等的聚合物链。采用活性自由基聚合，只需简单调整单体、引发剂或转移剂的投料比及聚合时间就可以实现对聚合物相对分子质量及相对分子质量分布的有效控制，合成出结构规整的聚合物。活性自由基聚合兼具了自由基聚合和活性聚合的优点，适用单体范围广，反应条件温和，因此也为结构规整叠氮聚合物的合成提供了有效的方法。

1) 原子转移自由基聚合(ATRP)

Matyjaszewski 课题组和 Sawamoto 课题组几乎同时报道了原子转移自由基聚合 (Atom Transfer Radieal Polymerization，ATRP)。近几年 ATRP 快速发展成为最有效的活性自由基聚合方法之一。ATRP 机理如图 3-34 所示，采用过渡金属作为催化剂，通过氧化还原反应使过渡金属化合物 M_t^n 从有机卤化物夺取卤原子生成氧化物 $M_t^{n+1}X$ 和自由基 R·，接着自由基 R·与单体 M 反应，生成链自由基 R—M·，R—M·与 $Mt^{n+1}X$ 反应生成 R—M—X，同时过渡金属被还原，R—M—X 继续被过渡金属还原，生成的增长链自由基与单体 M 反应，生成新的链自由基 R—M_{n+1}·，这个反应重复进行，最终生成预定相对分

子质量的聚合物 P_n - X。

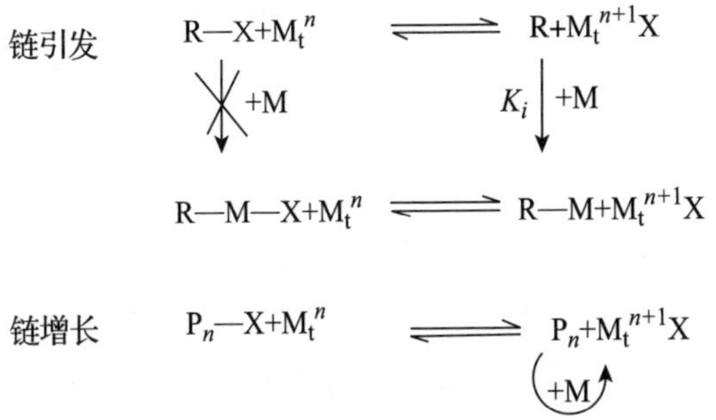

$$\text{链引发}\quad R—X+M_t^n \rightleftharpoons R+M_t^{n+1}X$$

$$R—M—X+M_t^n \rightleftharpoons R—M+M_t^{n+1}X$$

$$\text{链增长}\quad P_n—X+M_t^n \rightleftharpoons P_n+M_t^{n+1}X$$

图 3-34 ATRP 的聚合机理

2005 年 Matyjaszewski 等人通过甲基丙烯酰氯与 3-叠氮丙醇反应合成了一种新的叠氮单体——甲基丙烯酸-3-叠氮丙酯，首次采用 ATRP 合成了叠氮聚合物——聚甲基丙烯酸-3-叠氮丙酯(图 3-35)。然而，此叠氮聚合物的相对分子质量分布较宽，达到 1.44，可能是由于在 50℃下叠氮基团会与丙烯酸酯类的碳碳双键发生环加成副反应的缘故。到目前为止这是仅有的一篇采用 ATRP 合成叠氮聚合物的报道。

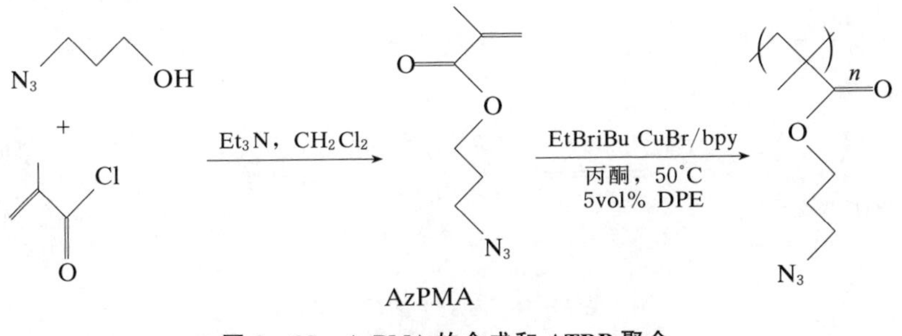

图 3-35 AzPMA 的合成和 ATRP 聚合

2）可逆加成—断裂链转移(RAFT)聚合

澳大利亚 Rizaardo 等人于 1998 年报道了另一种新的活性自由基聚合方法——可逆加成—断裂链转移聚合。这一活性聚合的特点是以硫代羧酸酯作为链转移剂，其单体适用范围很广，几乎所有能够进行普通自由基聚合的单体都可以进行 RAFT 聚合，适用于不同的引发体系，聚合条件温和，聚合温度范围较宽(-20～200℃)，反应过程无需保护和脱保护，可以通过功能性单体直接聚合合成许多功能性聚合物。相反，其他活性自由基聚合条件相对较苛刻，如 ATRP 对酸性或极性基团非常敏感，因此要采用 ATRP 合成相关的功能性聚合物，通常需要在聚合之前对功能基进行保护，聚合后再脱保护。因此 RAFT 聚合在被报道后迅速成为人们研究的热点，也成为最有效的活性自由基聚合方法之一。这也为叠氮聚合物的合成提供了一种新的途径。

RAFT 聚合的机理如图 3-36 所示。硫代羧酸酯 1 中的 Z 基团通常是具有共扼结构的基团，R 基团是能够再引发自由基聚合的离去基团，引发剂产生的自由基快速引发单体聚合生成增长链自由基 Pn·，硫代羧酸酯 1 会迅速捕捉生成的增长链自由基 Pn·发生加成反应生成稳定的过渡态自由基 2，自由基 2 转化为新的自由基 R·和化合物 3，R·引发单体聚合生成新的链自由基 Pm·，Pm·又会迅速与化合物 3 反应，如此反复循环，使整个聚合反应过程可控，最终得到预定相对分子质量、窄相对分子质量分布的聚合物。

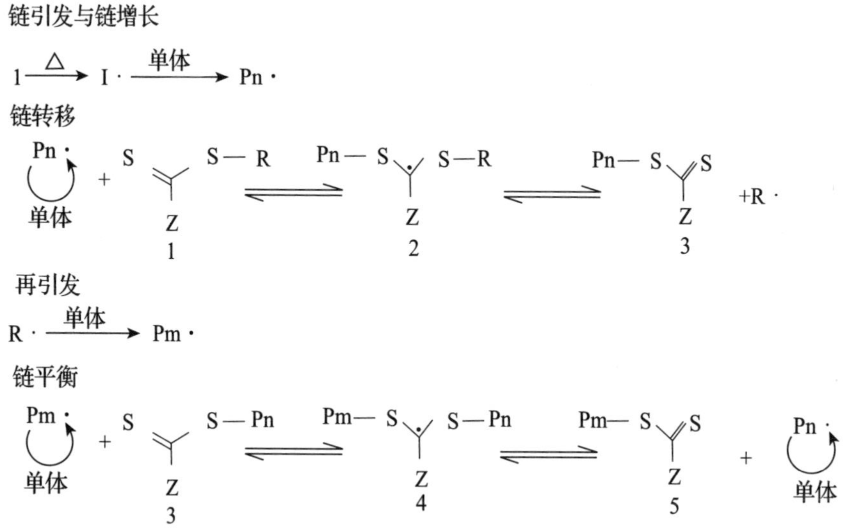

链引发与链增长

1 —△→ I· —单体→ Pn·

链转移

Pn·（单体） + S=C(Z)—S—R (1) ⇌ Pn—S—Ċ(Z)—S—R (2) ⇌ Pn—S—C(=S)Z (3) +R·

再引发

R· —单体→ Pm·

链平衡

Pm·（单体） + S=C(Z)—S—Pn (3) ⇌ Pm—S—Ċ(Z)—S—Pn (4) ⇌ Pm—S—C(=S)Z (5) + Pn·（单体）

图 3-36 RAFT 的聚合机理

Matyjaszewski 等人在 50℃下通过 ATRP 合成了聚酯类叠氮聚合物，但聚合物的相对分子质量分布较宽，这是由于叠氮基团在高温下与不饱和双键发生的副反应所致。由此可见，降低聚合反应温度是避免叠氮基团与不饱和双键副反应、获得结构规整叠氮聚合物的有效方法。辐射引发是自由基聚合的一种引发方式，Matyjaszewski 等人首次提出辐射引发活性自由基聚合的构想，并成功将这一构想变为现实，合成了一系列不同结构的硫代羧酸酯链转移剂，系统研究了在 ^{60}Co γ 射线辐射引发条件下烯类单体的活性自由基聚合行为。γ 射线辐射引发自由基聚合的显著特点是聚合可以在室温甚至更低的温度下进行，而且叠氮基团在 γ 射线辐射条件下能够稳定存在，所以为低温下进行烯类叠氮单体的活性自由基聚合提供了可能。

2005 年，Matyjaszewski 等人在 0℃下通过 γ 射线辐射引发成功实现了烯丙基叠氮与丙烯酸甲酯、甲基丙烯酸甲酯及苯乙烯的 RAFT 共聚，如图 3-37 所示。由于聚合是在低温下进行的，成功避免了叠氮基团与双键环化副反应的发生，为叠氮聚合物的合成提供了一种有效的方法，这也是采用 RAFT 聚合合成叠氮聚合物的首例报道。

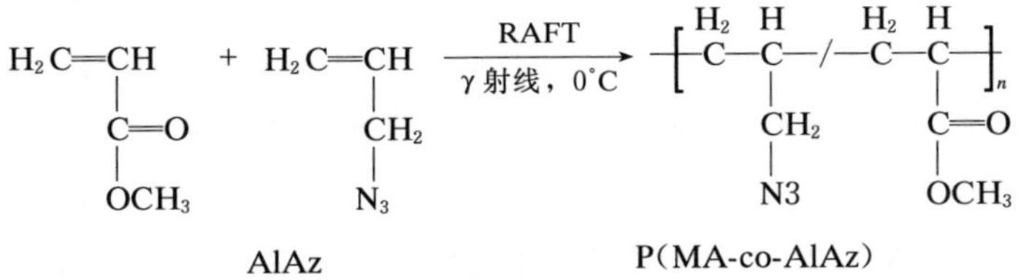

$$H_2C{=}CH(C{=}O)OCH_3 + H_2C{=}CH{-}CH_2{-}N_3 \xrightarrow[\gamma\text{射线，}0^\circ C]{RAFT} {-}\!\!\left[\overset{H_2}{C}{-}\overset{H}{C}(CH_2N_3){-}/{-}\overset{H_2}{C}{-}\overset{H}{C}(C{=}O\,OCH_3) \right]_n\!\!{-}$$

AlAz　　　　P(MA-co-AlAz)

图 3-37　γ 射线辐射引发 P(MA-co-AlAz)

尽管 γ 射线辐射是有效的低温活性自由基聚合引发方法，但并不是每个实验室都具有 γ 射线源，它的应用仍有局限性，因此有必要发展更加通用和便利的聚合方法。2007 年，Li 等人利用 2，2'-偶氮双(4-甲氧-2,4 二甲基戊腈)(V-70)在 40℃下引发甲基丙烯酸叠氮乙醋 RAFT 聚合得到了一种新的聚酯类叠氮聚合物——聚甲基丙烯酸叠氮乙酯(PAzMA)，如图 3-38 所示。通过研究发现，50℃下会发生叠氮基团与双键的环加成副反应，而在 40℃聚合时环加成副反应的发生概率明显降低。

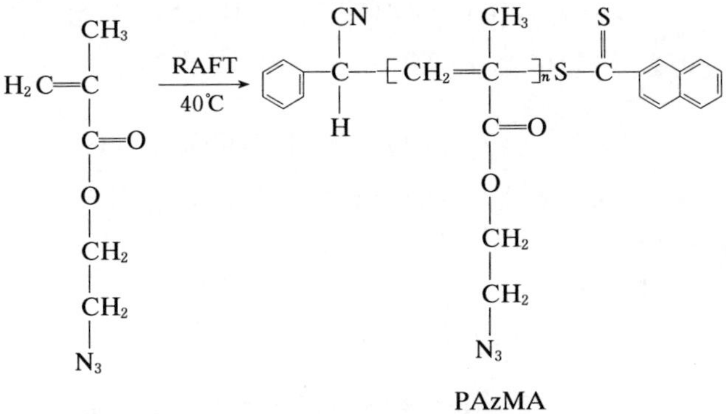

$$H_2C{=}C(CH_3){-}C({=}O){-}O{-}CH_2{-}CH_2{-}N_3 \xrightarrow[40^\circ C]{RAFT} Ph{-}C(CN)(H){-}\left[CH_2{=}C(CH_3)(C{=}O\,O{-}CH_2{-}CH_2{-}N_3)\right]_n{-}S{-}C({=}S){-}C_{10}H_7$$

PAzMA

图 3-38　RAFT 聚合合成 PAzMA

尽管采用 RAFT 聚合合成叠氮聚合物取得了一系列进展，但 γ 射线辐射引发聚合有其局限性，V-70 引发聚合的反应温度仍然偏高。

3.6 缩合聚合合成法

3.6.1 缩合聚合反应原理

缩聚反应是缩合聚合反应的简称，是指带有两个或两个以上官能团的单体间连续、重复进行的缩合反应，主产物为大分子，同时还有低分子副产物生成。

根据生成的聚合物的结构进行分类，可以将缩聚反应分为线型缩聚和体型缩聚。线型缩聚是指参加反应的单体含有两个官能团，形成的大分子向两个方向增长，得到线型缩聚物的反应，如涤纶聚酯、尼龙等。线型缩聚的首要条件是需要 2－2 或 2 官能度体系作原料。体型缩聚是指参加反应的单体至少有一种含两个以上官能团，并且体系的平均官能度大于 2，在一定条件下能够生成三维交联结构聚合物的缩聚反应。如采用 2－3 官能度体系(邻苯二甲酸酐和甘油)或 2－4 官能度体系(邻苯二甲酸酐和季戊四醇)聚合，除了按线型方向缩聚外，侧基也能缩聚，先形成支链，进一步形成体型结构。

可进行缩聚反应的基团种类很多，如—OH、—NH_2、—COOH、酸酐、—COOR、—COCl、—H、—Cl、—SO_3、—SO_2Cl 等。可供缩聚的单体类型很多，很多聚合物都是通过缩聚得到的，如聚己二酰己二胺、聚对苯二甲酸乙二醇酯、聚硅氧烷：

$$
\begin{aligned}
&n\mathrm{HOOC(CH_2)_4COOH} + n\mathrm{H_2N(CH_2)_6NH_2} \longrightarrow \\
&\mathrm{H{+}NH(CH_2)_6NH \cdot CO(CH_2)_4CO{+}_nOH} + (2n-1)\mathrm{H_2O}
\end{aligned}
\tag{3-69}
$$

$$
\begin{aligned}
&n\mathrm{HOOC{-}C_6H_4{-}COOH} + n\mathrm{HO(CH_2)_2OH} \longrightarrow \\
&\mathrm{HO{+}OC{-}C_6H_4{-}COO(CH_2)_2O{+}_nH} + (2n-1)\mathrm{H_2O}
\end{aligned}
\tag{3-70}
$$

$$
n\,\mathrm{Cl{-}Si(CH_3)_2{-}Cl} + n\mathrm{H_2O} \longrightarrow \mathrm{{+}Si(CH_3)_2{+}} + 2n\mathrm{HCl}
\tag{3-71}
$$

缩合聚合在机理上属于逐步聚合机理，以二元酸和二元醇的缩聚为例，两者第一步是缩聚，形成二聚体羟基酸，之后二聚体羟基酸的端羟基和端羧基又可以与二元酸或二元醇反应，形成三聚体，如此逐步进行下去，相对分子质量逐渐增加，最后得到高相对分子质量聚酯。

$$
\mathrm{HOOC{-}R{-}COOH + HO{-}R'{-}OH \rightarrow HOOC{-}R{-}CO{-}O{-}R'{-}OH + H_2O}
$$

$$HOOC—R—COO—R'—OH + HOOC—R—COOH \rightarrow$$
$$HOOC—R—COO—R'—OOC—R—COOH + H_2O$$
$$\cdots\cdots$$
$$HO—[OC—R—COO—R'—O]_n—H + HO—[OC—R—COO—R'—O—]—_m H \rightarrow$$
$$HO—[OC—R—COO—R'—O]_{n+m}—H + H_2O \qquad (3-72)$$

3.6.2 缩合聚合的相对分子质量控制

具有两个或两个以上官能团的单体，相互反应生成高分子化合物，同时产生简单分子的化学反应称为缩合聚合反应。

缩聚物的相对分子质量都不是很高，因为实际的反应程度比极限值低很多。主要原因是热力学平衡的限制以及官能团的失活所造成的动力学终止。可能原因如下：

(1)缩聚反应通常是热力学的可逆反应。随着反应的进行，体系里反应物的浓度不断减小，而产物特别是副产物(AB)的浓度逐渐增加，使得逆反应的速度越来越明显，直至正逆反应速度相等，即达到热力学平衡。对于缩聚反应，如何控制反应的条件非常重要。如果改变反应条件，使平衡向正反应的方向移动，则缩聚反应仍可进行。

(2)在缩聚过程中原料(官能团)的非当量比，也是大分子链终止增长的原因之一。在投料时，即使设法准确地称量也不能保证严格的等当量比。另外，由于原料纯度(特别是含有单官能团物质)和在反应过程中官能团的变化的原因，使得反应体系里有一种官能团会过量，当反应到一定程度后，其大分子的端基都被过量的官能团占据。如果这时补充不足的官能团，则可使反应进行下去。

(3)反应官能团的活性降低。在缩聚过程中由于催化剂的消耗或反应温度的降低等原因，使得官能团的活性减小，因而使得大分子的增长反应无法进行下去。如果再填加新的催化剂或提高反应温度，缩聚反应仍可进行下去。

(4)体系的反应概率降低。随着反应的进行，体系的黏度增大，分子的运动受阻，再加上反应过程中大量的官能团都已成键消耗，剩余的官能团的浓度很小，因而分子之间碰撞的概率降低，特别是到缩聚过程后期，由于体系的黏度很大，使稀少的反应基无法相互靠近，因而反应无法进行下去。另外，缩聚反应后期，由于黏度过大，使生成的小分子不容易除去，也是大分子链停止增长的原因之一。

(5)官能团丧失活性，这主要有以下几种情况：

①反应体系里有单官能团的物质，在缩聚过程中起到封闭端基、终止大分子链增长的作用。因而通常对缩聚单体的纯度应有一定的要求。

②成环反应。在反应过程中，单体可以成环，大分子链也可以成环、终止了大分子的增长。

③反应官能团的消除。在缩聚过程中，由于某些原因，反应官能团起了化学变化，失去了反应能力。

3.6.3 缩合聚合合成的典型含能预聚物

通过高分子缩聚反应也可以制备出官能度和相对分子质量等性能指标符合理想黏合剂要求的含能预聚物，但与阳离子开环聚合相比，其含能单体合成路线较长，工艺复杂，产品质量难以控制，仅在为数不多的几种含能预聚物的合成中得到了应用。

聚三硝基苯(PNP)是一种硝基类高分子化合物，通过芳香族 C—C 键连接而成。每个苯环含有三个硝基基团，这三个硝基基团以对称结构连接在苯环上。PNP 的合成是基于厄尔曼(Ullmann)缩聚反应。

甘孝贤等采用图 3-39 所示的合成过程合成了 PNP。具体反应过程是 1,3-二氯-2，4，6-三硝基苯(DCTNB)。加热搅拌下将 DCTNB 加入到硝基苯中，一定温度下分批加入铜粉，并保温得到最终产物 PNP。该反应在机理上属于不可逆缩聚反应类型，实际进入反应体系的 Cu 与 Cl 的摩尔比决定了 PNP 的相对分子质量。得到的 PNP 的性能如表 3-37 所列。

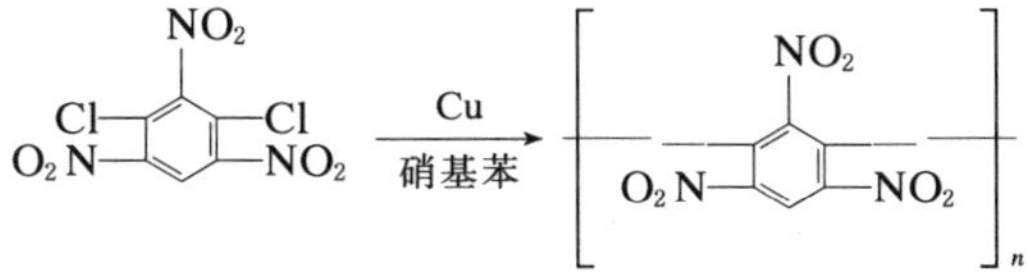

图 3-39 1,3-二氯-2，4，6-三硝基苯缩合聚合得到聚三硝基苯

表 3-37 PNP 的性能参数

外观	熔点	溶剂成膜性	M_n/(g·mol^{-1})	撞击感度/%(10kg，25cm)	摩擦感度/%(3.92MPa，90°)
黄褐色固体	无熔点，高温爆燃	丙酮，能制成膜	2000	80	96

3.7 聚合物降解反应合成法

值得注意的是，近年来以工业氯醇橡胶为原料，在偶极非质子介质中与叠氮化钠进行取代和降解反应可制备得到高相对分子质量的叠氮预聚物，这种制

备含能预聚物的方法引起了人们的极大兴趣，成为含能聚合物研究领域的一个新的研究热点。

3.7.1 聚合物降解反应原理

聚合物在使用过程中，受众多环境因素的综合影响，性能变差，如外观变色变黄、变软变黏、变脆变硬，物化性质上相对分子质量、溶解度、玻璃化转变温度的增减，力学性能上强度、弹性的消失，这些都是降解和/或交联的结果，总称为老化。

降解是聚合度相对分子质量变小的化学反应的总称。它是高分子链在机械力、热、超声波、光、氧、水、化学药品、微生物等作用下，发生解聚、无规断链及低分子物脱除等的反应过程。

聚合物的降解有很多种，如热降解、力化学降解、水解和化学降解、氧化降解、光降解和光氧化降解等。其中热降解是高分子在热的作用下发生降解的一种常见现象，主要有解聚反应、无规断链反应、侧基脱除热降解三种类型。

1. 解聚反应

在这类降解反应中，高分子链的断裂总是发生在末端单体单元，导致单体单元逐个脱落生成单体，是聚合反应的逆反应。发生解聚反应时，由于是单体单元逐个脱落，因此聚合物的相对分子质量变化很慢，但由于生成的单体易挥发导致重量损失较快。典型的例子如聚甲基丙烯酸甲酯的热降解。

$$\sim CH_2-\overset{\overset{CH_3}{|}}{\underset{\underset{COOCH_3}{|}}{C}}-CH_2-\overset{\overset{CH_3}{|}}{\underset{\underset{COOCH_3}{|}}{C}}\cdot \longrightarrow \sim CH_2-\overset{\overset{CH_3}{|}}{\underset{\underset{COOCH_3}{|}}{C}}\cdot + CH_2=\overset{\overset{CH_3}{|}}{\underset{\underset{COOCH_3}{|}}{C}} \tag{3-73}$$

2. 无规断链反应

在这类降解反应中，高分子链从其分子组成的弱键发生断裂，分子链断裂成数条聚合度减小的分子链。相对分子质量下降迅速，但产物是仍具有一定相对分子质量的低聚物，难以挥发，因此重量损失较慢。如聚乙烯的热降解，聚乙烯受热时，大分子链可能在任何位置直接无规断链，形成低分子物，但很少产生单体。

$$\begin{aligned}&\sim\sim C-C-C-C-C-C\sim\sim \longrightarrow\\&\sim\sim C-C-C\cdot + C\cdot-C-C\sim\sim\\&\longrightarrow \sim\sim C\wr C-C-C\wr C-C-C\end{aligned} \tag{3-74}$$

3. 侧基脱除热降解

温度不高时，聚合物主链可能暂不断裂，而发生侧基的脱除。典型的如聚氯乙烯的脱 HCl、聚醋酸乙烯酯的脱酸反应等。

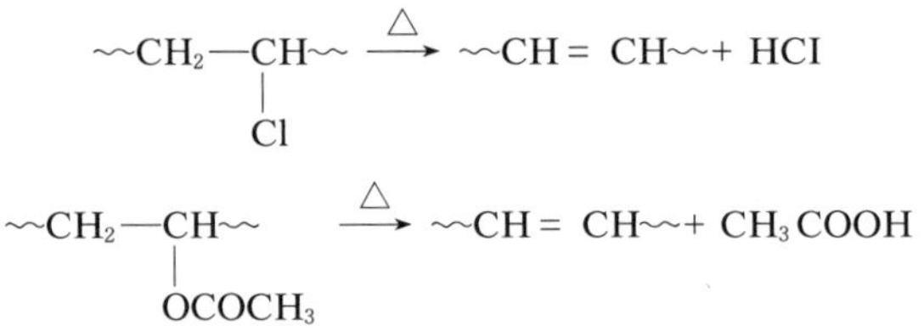

$$\sim\!\sim CH_2-\underset{\underset{Cl}{|}}{CH}\sim\!\sim \xrightarrow{\triangle} \sim\!\sim CH=CH\sim\!\sim + HCl$$

$$\sim\!\sim CH_2-\underset{\underset{OCOCH_3}{|}}{CH}\sim\!\sim \xrightarrow{\triangle} \sim\!\sim CH=CH\sim\!\sim + CH_3COOH \qquad (3-75)$$

3.7.2 聚合物降解反应合成的典型含能预聚物

支化聚叠氮缩水甘油醚(B-GAP)是通过聚合物热降解反应合成的典型含能预聚物。

1989 年，Ahad 发现氯醇橡胶在偶极非质子溶剂中，很容易发生叠氮化反应。若在较高的温度下进行叠氮化反应，氯醇橡胶主链上的 C—O—C 键会发生断裂，使聚合物发生降解。降解后生成的断链通过分子内或分子间的亲核取代反应进行接枝，反应既可发生在氧原子上，也可发生在碳原子上，最终会生成官能度较大的支化聚叠氮缩水甘油醚(B-GAP)。在用 PECH 裂解制备 GAP 的反应中，裂解反应、支化反应和侧基上—Cl 的取代反应同时发生，所以系统中反应体系较复杂，相对分子质量、相对分子质量分布和官能度的调控非常困难。但是，通过实验和分析，本书作者找到了这三个反应的共同点，即它们都是亲核反应。粗略分析可知，它们是反应体系中的三个竞争反应。随着裂解催化剂用量增加，裂解程度增大，产物相对分子质量变小，因此通过改变裂解催化剂的用量可调节产物相对分子质量。当加入裂解催化剂进行裂解反应时，叠氮化程度越高，侧基上的—Cl 就越少，发生支化反应的概率就越小，产物的官能度就越低。反应机理如图 3-40 所示。

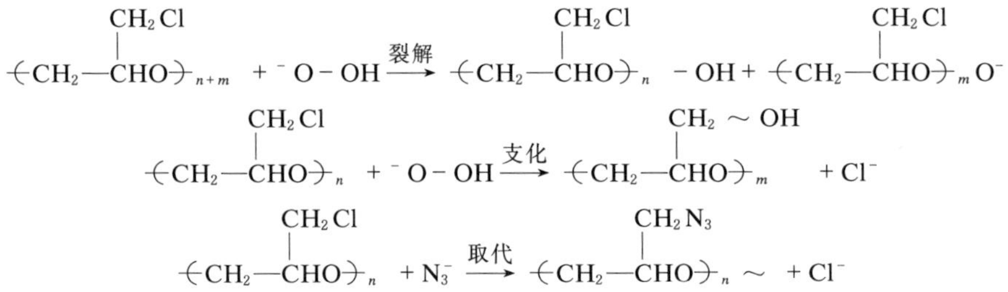

$$-\!\!\left(CH_2-\underset{}{\overset{\overset{CH_2Cl}{|}}{CH}}O\right)\!\!-_{n+m} + {}^{-}O-OH \xrightarrow{\text{裂解}} -\!\!\left(CH_2-\overset{\overset{CH_2Cl}{|}}{CH}O\right)\!\!-_{n} -OH + -\!\!\left(CH_2-\overset{\overset{CH_2Cl}{|}}{CH}O\right)\!\!-_{m} O^{-}$$

$$-\!\!\left(CH_2-\overset{\overset{CH_2Cl}{|}}{CH}O\right)\!\!-_{n} + {}^{-}O-OH \xrightarrow{\text{支化}} -\!\!\left(CH_2-\overset{\overset{CH_2\sim OH}{|}}{CH}O\right)\!\!-_{m} + Cl^{-}$$

$$-\!\!\left(CH_2-\overset{\overset{CH_2Cl}{|}}{CH}O\right)\!\!-_{n} + N_3^{-} \xrightarrow{\text{取代}} -\!\!\left(CH_2-\overset{\overset{CH_2N_3}{|}}{CH}O\right)\!\!-_{n}\sim + Cl^{-}$$

图 3-40 PECH 裂解生成 GAP 的反应机理

叠氮化反应中加入 Li—OCH_3 或 NaOH 催化剂，可制备出重均相对分子质量为 1000～40000，羟基官能度为 2～10 的 B-GAP。如果叠氮化反应中不加入催化剂，取代和降解产物的重均相对分子质量更高，一般为 40000～200000，羟基官能度可达 10。故 Ahad 以极性溶剂作为反应介质，在碱性裂解剂、多元醇和 NaN_3 的存在下，于 90～120℃通过高相对分子质量的 PECH 的自动降解和叠氮化反应合成了支化 GAP，合成出的 B-GAP 的分子结构如图 3-41 所示。

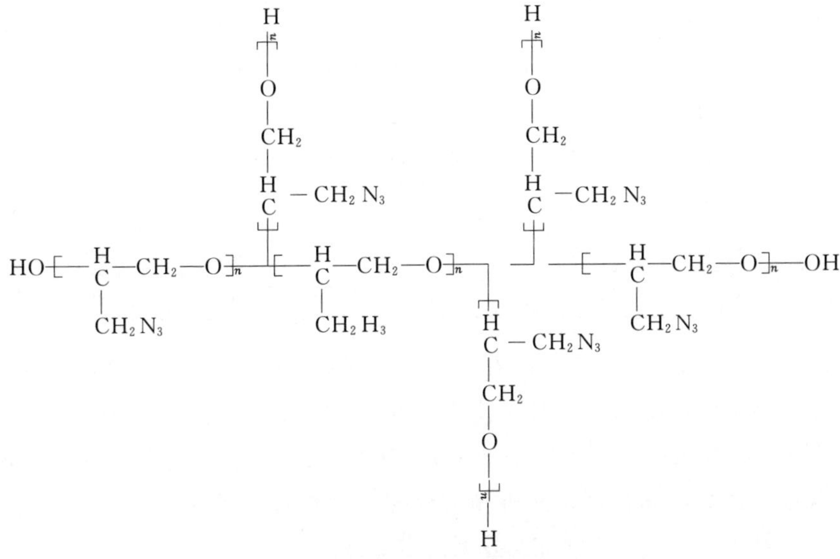

图 3-41 B-GAP 的分子结构

1992 年 Ahad 对 B-GAP 的合成工艺进行了多次改进，分别以 DMF 和 DMA 为溶剂、甲醇锂和氢氧化钠为催化剂，研究了各种反应条件对支化反应产物结构和性能的影响，结果见表 3-38 和表 3-39。支化 GAP 的相对分子质量可通过调节催化剂/聚合物的质量之比来控制。支化 GAP 的性能列于表 3-40。

表 3-38 反应条件对支化反应产物结构与性能的影响(100℃，未加催化剂)

起始原料				反应产物		
反应橡胶	$\overline{M}_w$(×10^6)	溶剂	t/h	反应产物	T_g/℃	$\overline{M}_w$
PECH	2.8	DMF	16	GAP	-45	130000
PECH	2.8	DMA	16	GAP	-45	160000
PECH	2.8	DMA	32	GAP	-45	130000
PECH	2.0	DMF	16	GAP	-48	100000
PECH	2.0	DMF	32	GAP	-50	60000
PECH	1.3	DMF	16	GAP	-50	80000
PECH	0.7	DMF	16	GAP	-50	53000
PECH	0.7	DMA	16	GAP	-50	80000

表 3-39 催化剂对支化反应产物结构与性能的影响(DMF, 100℃, 16h)

起始原料				反应产物			
反应橡胶	催化剂	m(催化剂):m(橡胶)	m(溶剂):m(橡胶)	反应产物	$\overline{M}_w$	T_g/℃	官能度
PECH	$LiOCH_3$	0.05	5	GAP	15000	-50	3.5
PECH	$LiOCH_3$	0.10	5	GAP	11000	-50	3.0
PECH	$LiOCH_3$	0.15	5	GAP	6000	-55	2.5
PECH	$LiOCH_3$	0.15	10	GAP	3000	-55	2.5
PEEC	NaOH	0.05	5	GAP	26000	-55	4.0
PEEC	NaOH	0.15	5	GAP	10000	-55	3.5
PEEC	NaOH	0.15	10	GAP	4000	-60	3.0

从表 3-38 和表 3-39 可以看出，与线型 GAP 相比，相同反应条件时 B-GAP 预聚物不但玻璃化转变温度较低，而且相对分子质量高，分子量分布窄，因此能够使其力学性能获得明显改善；同时，也具有良好的热稳定性，故 B-GAP 既可作为交联黏合剂，又可制成热塑性弹性体。高相对分子质量的支化 GAP 是叠氮类含能预聚物研究与发展的重要方向。

表 3-40 B-GAP 的性能

$\overline{M}_n$	$\overline{M}_w$	$\overline{M}_w/\overline{M}_n$	官能度	T_g/℃	η(25℃)/(Pa·s)
36000	90000	2.5	9.5	-45	500000
10000	22000	2.5	3.7	-50	70000
5600	2800	2.0	2.4	-50	28000
3200	1900	1.7	2.2	-55	16000

1993 年英国帝国化学工业公司加拿大炸药分公司的麦克马斯德尔炸药技术中心和加拿大 DREV 也采用类似 Ahad 的方法通过一步反应合成出了 B-GAP，即在碱性降解催化剂和引发剂的存在下，在极性有机溶剂中，氯醇橡胶与 NaN_3 在 100℃下反应 16h。氯醇橡胶是一种相当便宜的工业用固态像胶，相对分子质量($\overline{M}_w$)的范围在 7×10^5～3×10^6。为了完成降解和叠氮化反应，所使用的溶剂必须能溶解 PECH、NaN_3 和催化剂。合适的极性有机溶剂包话二甲基乙酰胺、二甲基亚砜和二甲基甲酰胺，引发剂选择了乙二醇或甘油。碱性降解催化剂可以提高降解速率，主要用来控制和进一步降低叠氮基产物的相对分子质量。通过催化剂浓度的变化可以把产物相对分子质量调节到要求的数值。在反应混合

物中通过提高催化剂/PECH 的质量比来使 B-GAP 的相对分子质量降低。甲醇锂和 NaOH 可以用作碱性降解催化剂。据报道他们已合成出相对分子质量在 4000～12000 内可调，官能度在 3～6 内可控，氮含量在 41%以上的 B-GAP 产品。

国内曹一林等人通过调控裂解催化剂用量等手段，也用氯醇橡胶裂解合成出 M_n 为 1500～20000，官能度为 3～6 的 GAP。

3.8 聚合物基团化学反应合成法

为了避免叠氮单体在聚合反应中由于放热而易引发爆炸的危险，还可采用基团化学反应的方法来合成含能聚合物，即通过基团间的化学反应将含能基团引入到聚合物中。

3.8.1 聚合物基团化学反应的特征

聚合物化学反应种类很多，按照结构和聚合度变化进行归类，可大致分为基团反应、接枝、嵌段、扩链、交联、降解等几大类。其中基团反应时聚合度和总体结构变化较小，因此可称为相似转变。

聚合物和低分子同系物可以进行相似的基团反应，但聚合物的化学反应又有其特殊的性质：

(1)高分子链上的功能基很难全部起反应。反应产物分子链上既带有起始功能基，也带有新形成的功能基，并且每一条高分子链上的功能基数目各不相同。

(2)聚合物化学反应的复杂性和不均匀性。产物聚合度大小不一、功能基转化程度不一样，因此所得产物是不均一的、复杂的。聚合物的化学反应可能导致聚合物的物理性能发生改变，从而影响反应速率甚至影响反应的进一步进行。

影响聚合物反应的因素有物理因素和化学因素。物理因素主要有溶解效应和链构象影响：聚合物的溶解性随化学反应的进行可能不断发生变化，反应速率将相应发生变化，一般溶解性好对反应有利；高分子链在溶液中可呈螺旋或无规线团状，溶剂改变，链构象也改变，基团的反应性会发生明显的变化。化学因素主要有概率效应和邻近基团效应。

(1)功能基孤立化效应(概率效应)：当高分子链上的相邻功能基成对参与反应时，由于成对基团反应存在概率效应，即反应过程中间可能会产生孤立的单个功能基，单个功能基难以继续反应，因而不能 100%转化，只能达到有限的反应程度。

(2)邻基效应：① 位阻效应，由于新生成的功能基的立体阻碍，导致其邻近功能基难以继续参与反应，如聚乙烯醇的三苯乙酰化反应，由于新引入的庞大的三苯乙酰基的位阻效应，使其邻近的—OH 难以再与三苯乙酰氯反应；② 静电效应，邻近基团的静电效应可降低或提高功能基的反应活性，如丙烯酸与甲基丙烯酸对硝基苯酯共聚物的碱催化水解反应，由于邻近的羧酸根离子参与形成酸酐环状过渡态促进水解反应的进行。

聚合物的基团反应，常见的有聚二烯烃的加成反应、聚烯烃和聚氯乙烯的氯化、聚醋酸乙烯酯的醇解反应、聚丙烯酸酯类的水解反应、聚苯乙烯系列取代反应、纤维素化学改性(酯化、醚化等)等。

3.8.2 聚合物基团化学反应合成的典型含能预聚物

1. 硝酸酯基端羟基聚丁二烯

硝酸酯基端羟基聚丁二烯(NHTPB)是聚合物基团化学反应合成的典型含能预聚物。端羟基聚丁二烯(HTPB)是目前复合固体推进剂应用的黏合剂，但由于 HTPB 分子链为非极性结构，溶度参数较低，同时存在着与推进剂中硝酸铵等氧化剂相容性差的缺点，而且 HTPB 是惰性分子，因此对 HTPB 进行结构上的改性非常必要。而硝化的 HTPB，即硝化聚丁二烯(NHTPB)，既能保持原有 HTPB 的优点又能弥补 HTPB 与氧化剂和其他添加剂相容性差的缺陷。因此 NHTPB 自 20 世纪 80 年代问世以来就受到了人们的关注。

早期 NHTPB 的合成采用硝汞-脱汞两步法合成路线，如图 3－42 所示。但是在 NHTPB 合成的脱汞过程中常伴随有大量的副反应发生，导致聚丁二烯骨架的降解和聚合物的交联，形成不溶物，致使产物 NHTPB 的溶解度和稳定性较差。Lugadet 等人对硝汞-脱汞法进行了改进，通过控制反应条件来抑制副反应的发生，使得产物的性能明显提高。但是硝汞-脱汞两步法合成路线中要使用氯化汞(剧毒)，故该合成路线不符合环境友好的要求，同时由于反应产物侧链引入了硝基基团，导致产物不稳定。

$$HO\!-\!\!\left(CH_2\!-\!CH\!=\!CH\!-\!CH_2\right)_n\!\!-OH \xrightarrow[NaNO_2]{HgCl_2}$$

$$HO\!-\!\!\left(CH_2\!-\!\underset{}{\overset{HgCl}{\overset{|}{CH}}}\!-\!\underset{\underset{NO_2}{|}}{CH}\!-\!CH_2\right)_n\!\!-OH \xrightarrow{\text{碱}}$$

$$HO\!-\!\!\left(CH_2\!-\!\underset{\underset{OH}{|}}{CH}\!-\!\underset{\underset{NO_2}{|}}{CH}\!-\!CH_2\right)_n\!\!-OH$$

图 3－42　NHTPB 的早期合成路线

20 世纪 80 年代出现了新型硝化剂五氧化二氮(N_2O_5)，由于 N_2O_5 硝化是一种绿色硝化工艺，具有易于控温，无需废酸处理，选择性高、易分离等优点，所以也有研究者进行了以 N_2O_5 为硝化剂合成 NHTPB 的研究。Colclough 和 Millar 等人提出了一种新的合成路线，即利用原位过氧酸作氧化剂，将端羟基聚丁二烯(HTPB)进行部分环氧化，然后将得到的环氧化端羟基聚丁二烯(EHTPB)在有机溶剂中与 N_2O_5 反应，将环氧基硝化得到邻位的二硝酸酯聚合物(NHTPB)，其反应过程如图 3 - 43 所示。聚合物中双键转化为硝酸酯基团的程度(硝化度)主要依赖于环氧化端羟基聚丁二烯中间体中环氧基团的含量。该方法不仅克服了硝汞-脱汞路线的缺点，而且在产物中引入硝酸酯基团，是一种清洁合成方法

$$HO\text{-}\left(CH_2-CH=CH-CH_2\right)_n\text{-}OH \xrightarrow{CH_3COOH/CH_2Cl_2}$$

$$HO\text{-}\left(CH_2-CH=CH-CH_2\right)_x\left(CH_2-\underset{\diagdown\ O\ \diagup}{HC-\!\!-\!\!-CH}-CH_2\right)_y\text{-}OH$$

$$\downarrow N_2O_5/CH_2Cl_2 \qquad\qquad (6)$$

$$HO\text{-}\left(CH_2-CH=CH-CH_2\right)_x\left(CH_2-\underset{ONO_2}{\underset{|}{HC}}-\overset{ONO_2}{\overset{|}{CH_3}}-CH_2\right)_y\text{-}OH$$

图 3 - 43 稀硝酸硝化 ETHPB 法合成 NHTPB

HTPB 的硝化度对其物理性能影响较大。如硝化度为 10% 的 NHTPB，黏度为 12.8 Pa · s，T_g 为 - 58℃；当硝化度为 20% 时，黏度则增至 200Pa · s，T_g 升至 - 22℃。但硝化度为 10% 的 HTPB 聚合物具有较低的黏度，不仅容易处理，而且允许装填高的固体含量，其 T_g 较 HTPB 略高。HTPB 与含能增塑剂不相容，而 NHTPB 与含能增塑剂则具有较好的相容性。NHTPB 的制备较廉价，因而目前英国 RARDE(英国皇家兵器研究发展中心) 正在对其进行放大和应用研究。

天津大学王庆法等人采用 Colclough 和 Millar 等提出的 NHTPB 合成路线，合成出不同硝酸酯含量的 NHTPB 样品，对不同硝酸酯含量的样品的热性能进行了测试，并和聚(3 -甲基硝酸酯- 3 -甲基环氧丁烷)(PNIMMO)、聚缩水甘油硝酸酯(PGLYN)进行了对比，认为此合成路线所得 NHTPB 合成成本低，耐老化性能好。黎明化工研究院的王勃等人采用稀硝酸硝化环氧基端羟基聚丁二烯(EHTPB)合成了硝酸酯基端羟基聚丁二烯(NHTPB)，认为所得样品撞击感度低，安全性能好，热稳定性良好，与硝酸酯含能增塑剂相容性好，且

NHTPB 黏合剂配方比端羟基聚丁二烯(HTPB)黏合剂配方燃速提高了2 mm/s，可满足配方使用要求。

2. 硝化纤维素

纤维素广泛分布在木材(约含 50%纤维素)和棉花(约 96%纤维素)中。天然纤维素的质均聚合度可达 10000～18000，其重复单元由两个 D-葡萄糖结构单元[$C_6H_7O_2(OH)_3$]按 β-1，4-键接而成。每一葡萄糖结构单元有 3 个羟基，都可参与酯化、醚化等反应，形成许多衍生物，如硝化纤维素。

纤维素分子间有强的氢键，结晶度高(60%～80%)，高温下只分解不熔融，不溶于一般溶剂，却可被适当浓度的氢氧化钠溶液(约 18%)、硫酸、醋酸所溶胀。因此纤维素在参与反应前，需先溶胀，以便化学药剂的渗透。

硝化纤维素是由纤维素在 25～40℃经硝酸和浓硫酸的混合酸硝化而成的酯类。浓硫酸起着使纤维素溶胀和吸水的双重作用，硝酸则参与酯化反应。反应原理如下：

$$\text{Ⓟ}-OH + HNO_3 \xrightarrow{H_2SO_4} \text{Ⓟ}-ONO_2 + H_2O \tag{3-76}$$

并非 3 个羟基都能被全部硝化，每单元中被取代的羟基数定义为取代度(DS)，工业上则以含氮量(质量分数)来表示硝化度。理论上硝化纤维素的最高硝化度为 14.4%(DS=3)，实际上则低于此值，硝化纤维素的取代度或硝化度可以由硝酸的浓度来调节。混合酸的最高比例为：$m(H_2SO_4):m(HNO_3):m(H_2O)=6:2:1$。不同硝化度的硝化纤维素应用于不同的场合，高氮(12.5%～13.6%)硝化纤维素用作火药，低氮(10.0%～12.5%)硝化纤维素可用作塑料、片基薄膜和涂料。

硝化纤维素的合成化学与工艺等将在第 6 章详细介绍。

3. 叠氮聚乙烯

聚氯乙烯是一种应用广泛的聚合物材料，通过叠氮基团的亲核取代反应可以合成出功能性的聚合物材料。西班牙的 Reinecke 课题组和 Martínez 课题组进行了叠氮钠与聚氯乙烯反应制备叠氮聚乙烯的研究。其反应方程式如下：

$$-\!\!\left(CH_2-\underset{\displaystyle Cl}{\underset{|}{CH}}\right)\!\!- + NaN_3 \longrightarrow -\!\!\left(CH_2-\underset{\displaystyle Cl}{\underset{|}{CH}}\right)_x\!\!\left(CH_2-\underset{\displaystyle N_3}{\underset{|}{CH}}\right)_y\!\!- \tag{3-77}$$

实验结果表明，聚合物链中的氯原子比较难被叠氮基团完全取代，因此得到的聚合物中叠氮含量不易精确控制。

4. 改性聚磷腈

聚磷腈化合物是具有$(N=PR_2)_n$结构(图3-44)的无机-有机化合物，其中侧基R是卤素或有机基团。基于磷腈化合物的无机高分子因其具有高密度、低玻璃化转变温度、优良的化学稳定性和热稳定性，所以可通过改性成为含能聚合物黏合剂使用。

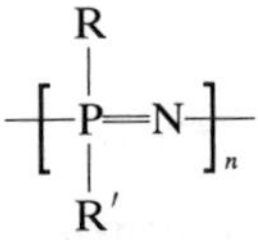

图3-44 聚磷腈的化学结构

聚磷腈化合物改性成含能化合物是通过硝酸酯基团或叠氮基团取代卤素/有机基团得到的。合成路径包括磷腈的烷氧基前体聚合和含能基团亲核取代烷氧基团。英国原子武器研究中心(AWE)在实验室成功合成了硝酸酯基和叠氮基含能聚磷腈，为其作为黏合剂使用奠定了基础。

参考文献

[1] Szwarc M. Living Polymers[J]. Nature，1956，178:1168.

[2] Worfold D J，Bywater S. Anionic Polymerization of isoprene[J]. Can J Canadian Journal of Chemistry，1964，42:2884.

[3] Morton M，Bostick E E，Livigni R A，et al. Homogeneous anionic polymerization. IV. Kinetics of butadiene and isoprene polymerization with butyllithium[J]. Journal of Polymer Science Part A：General Papers，1963，1(5)：1735-1747.

[4] Hadjichristidis N，Iatrou H，Pispas S，et al. Anionic polymerization：high vacuum techniques[J]. Journal of Polymer Science Part A：Polymer Chemistry，2000，38(18)：3211-3234.

[5] Uhrig D，Mays J W. Experimental techniques in high-vacuum anionic polymerization [J]. Journal of Polymer Science Part A：Polymer Chemistry，2005，43(24)：6179-6222.

[6] 马红卫，李杨，张春庆，等. 基于高真空实验技术活性阴离子聚合方法学研究进展[J]. 高分子通报，2011，09:35-51.

[7] Cheradame H，Andreolety J P，Rousset E. Synthesis of polymers containing pseudohalide groups by cationic polymerization，2. Copolymerization of 3，3-bis (azidomethyl) oxetane with substituted oxetanes containing azide groups[J].

Makromol Chem, 1991, 192: 919 - 933.

[8] Manser G E. The development of energetic oxetane polymers[C]//The Proceedings of 21st ICT, Karlarule, Germany, 1991.

[9] Archibald T G, Manser G E, Immoos J E. Difluoroamino oxetanes and polymers formed therefrom for use in energetic formulations: US, 5272249[P]. 1995.

[10] Manser G E, Hills E D, Malik E D. Polymers and copolymers from azidomethyl-3-nitrotomethyloxetane: US, 5463019[P]. 1995.

[11] Liu Y L, Hsiue H G, Chiu Y S. Cationic ring-opening polymerization of oxetane derivatives initiated by superacids: Studies on their propagating mechanism and species by means of ^{19}F-NMR[J]. J Polym Sci. Part A: Polym Chem, 1994, 32: 2543 - 2549.

[12] Xu B P, Lin Y G, Chien J C W. Energetic ABA and (AB)$_n$ thermoplastic elstomers[J]. J Appl Poly Sci, 1992, 46: 1603 - 1611.

[13] Manser G E, Fletcher R W, Shaw G C. High energetic binders: summary report to office of naval research[R]. Arlington, VA, ONR N - 0014 - 82 - C - 0800, 1984.

[14] Lindsay G A, Talukder M A, Nissan R A, et al. Energetic polyoxetane thermoplastic elastomers synthesis and characterization[R]. ADA209612, 1988.

[15] Desai H J, Cunliffe A V. Synthesis and characterization of α, ω-hydroxy and telechelic oligomers of 3, 3-(nitratomethyl) methyl oxetane (NIMMO) and glycidyl nitrate(GLYN)[J]. Polymer, 1996, 37(15): 3461 - 3469.

[16] Frankel M B, Flanngan J E. Energetic hydroxy-teminated azide polymer: US, 4268450[P]. 1981.

[17] Frankel M B, Watucki E E, Woolery D O. Aqueous process for the quantitative conversion of polyepichlohydrin to azide polymer: US, 4379894[P]. 1983.

[18] Vanderberg E J, Woods F. Polyethers containing azidomethyl side chains: US, 3645917[P]. 1972.

[19] Earl R A. Use of polymeric ethylene oxides in the preparation of glycidl azide polymer: US, 4486351[P]. 1984.

[20] Johannessen B. Hydroxyl—termimted polyepichloredrin polymers: US, 4879419[P]. 1989.

[21] 张九轩，孙忠祥. 液体端羟基聚环氧氯丙烷的合成[J]. 黎明化工，1994(6): 26 - 29.

[22] 孙亚斌，周集义. 端羟基聚环氧氯丙烷的合成与表征[J]. 聚氨酯工业，2006 21(1): 16 - 19.

[23] Masanori Y, Yasumi S. Preparation of liquid hydroxyl-terminated ECH homopolymers[P]. JP, 04198319, 1992.

[24] Kazaryan G A, Sarkisyan V A, Arutyunyan R S, et al. Kinetic and mechanism of cationic polymerization of ECH in the presence of sulfuric acid[J]. Vysokomol Soedin, Ser A, 1981, 23(4): 925 - 931.

[25] Dreyfuss M P. Oxonium ion ring-opening polymerization[J]. J Macromol Sci Chem, 1975, 9(5): 729 - 743.

[26] Kim C S. Telechelic Polymerization of epichlorohydrin using 1,4-butanediyl ditriflate asthe initiator[J]. Macromolecules, 1990, 23: 4715 - 4717.

[27] Wanger R I, Wilson E R, Grant L R, et al. Glycidyl azide polymer and method preparation: US, 4937361[P]. 1990.

[28] Joshua Aronson. The synthesis and characterization of energetic materials from sodium azide[D]. Georgia Insitute of Technology, 2004.

[29] 王平,李常青,夏中均,等. 高相对分子质量线型叠氮缩水甘油醚聚合物的合成[J]. 含能材料,1998,6(3):102 - 106.

[30] 冯增国,李再峰,侯竹林. 聚叠氮缩水甘油醚的合成[J]. 北京理工大学学报,1996(2):138 - 141.

[31] Gomez O, Jose R, Aenas S, etal. Process for obtaining a hydroxyl-ended glycidyl azide polymer:US, 5319037[P]. 1994.

[32] Ahad E. Branched hydroxy-terminated aliphatic polyether: US, 4882395[P]. 1989.

[33] Frankel M B, Grant L R, Flanagan J E. Historical development of GAP[J]. J Propulsion Power, 1992, 8: 560 - 563.

[34] Ahad E. Branched energetic polyether elastomers: US, 5130381[P]. 1992.

[35] Ahad E. Azido thermoplastic elastomers: US, 5223056[P]. 1993.

[36] Laviqne J, et al. Branched-GAP properties, pilot plant and applications[C]// The Proceedings of 24th ICT, Karlarule, Germany, 1993.

[37] Feng H T, Mintz K J, Augeten RA. Thermal Analysis of. Brached GAP[J]. Thermochimica Acta, 1998, 3(15): 105 - 111.

[38] Brochu S, Amplemon G. Synthesis and characterization of glycidyI azide polymers using isotactic and chiral poly(epichlorohydrin)s[J]. Macromolecules, 1996,29:5539 - 5545.

[39] 王旭朋,罗运军,郭凯,等.聚叠氮缩水甘油醚的合成与改性研究进展[J]. 精细化工,2009,26(8):813 - 817.

[40] 曹一林,张九轩. 四氢呋喃共聚型GAP黏合剂研究[J]. 固体火箭技术,1997,

20(1)：45－51.

[41] Kawamoto A M，Diniz M F，Lourenco V L，et al. Synthesis and characterization of GAP/BAMO copolymers applied at high energetic composite propellants[J]. Journal of Aerospace Technology and Management，2010，2(3)：307－322.

[42] Pisharath S，Ang H G. Synthesis and thermal decomposition of GAP-Poly-(BAMO) copolymer[J]. Polymer degradation and stability，2007，92(7)：1365－1377.

[43] 赵一搏. PBAMO/GAP 含能黏合剂的合成、表征和应用研究[D]. 北京：北京理工大学，2012.

[44] 赵一搏，罗运军，李晓萌，等. PBAMO/GAP 三嵌段共聚物的合成和表征[J]. 火炸药学报，2012，35(2)：58－61.

[45] 赵一搏，罗运军，李晓萌，等. BAMO-GAP 三嵌段共聚物的热分解动力学及反应机理[J]. 高分子材料科学与工程，2012，28(11)：42－45.

[46] Mohan Y M，Raju M P，Raju K M. Synthesis and characterization of GAP-PEG copolymers[J]. J Polym Mater，2005，54：651－666.

[47] Ampleman. Synthesis of a diazido terminated energetic plasticizer：US，5124463[P]. 1990.

[48] Frankel M B，Cunningham M A，Wilson E R. Glycidyl azide polymer azide：UK，2285624[P]. 1995.

[49] Willson. Azide-terminated azide compound：US，4781861[P]. 1998.

[50] Flanagan. Glycidyl azide polymer esters：US，4938812[P].1990.

[51] Johannessen B，Manzara A P. Non-detonable poly（glycidyl azide）product：US，5565650[P]. 1996.

[52] Jean M，Bouchez，Herve，et al. Polyglycidyl azides comprising an a cyloxy terminal group and an azide terminal group：US，6323352[P]. 2001.

[53] Manzara A P，Johannessen B. Primary hydroxyl-terminated polyglycidyl azide：US，5164521[P]. 1992.

[54] Hinshaw J C，R Hamilton S. Polymers used in elastomeric binders for high energy compositions：US，5747603[P]. 1998.

[55] Ampleman G，Desilets S，Marois A. Energetic thermoplastic elastomers based on glycidyl azide polymers with increased functionality [C]//The Proceedings of 27th ICT，Karlarule，Germany，1996.

[56] 李娜，甘孝贤，邢颖，等. 含能粘合剂 PAMMO 的合成与性能研究[J]. 含能材料，2007，15(1)：53－55.

[57] Barbieri U, Polacco G, Paesano E, etal. Low risk synthesis of energetic poly (3 -azidomethy - 3 - methy oxetane) from tosylated procurors[J]. Propellants Explosives Pyrotechnics, 2006, 63(5): 369 - 375.

[58] 董军,甘孝贤,卢先明,等. 含能黏合剂 PAMMO 的间接法合成[J]. 化学推进剂与高分子材料,2008,6(2):33 - 36.

[59] Frankel M B. Synthesis of energetic compounds[R]. ADA103844,1981.

[60] Manser G E. Cationic polymerization:US, 4393199[P]. 1983.

[61] Wardle R B,Hinshaw J C,Edwards W W. Synthesis of ABA triblock polymers and B star polymers from cyclic ethers: US, 4952644[P]. 1990.

[62] 卢先明,甘孝贤. 3,3 -双叠氮甲基氧丁环及其均聚物的合成与性能[J]. 火炸药学报, 2004, 27(3): 49 - 52.

[63] 张弛.BAMO-AMMO含能粘合剂的合成、表征及应用研究[D].北京:北京理工大学, 2011.

[64] 沙恒,杨红梅.新型含能黏结剂 BAMO[J]. 火炸药,1995(4):34 - 40.

[65] 屈红翔,冯增国,谭惠民, 等. 3,3 -双(叠氮甲基)环氧丁烷-四氢呋喃共聚醚的合成及其链结构分析[J]. 高分子学报,1997 (5): 615 - 619.

[66] 王永寿. BAMO系聚合物的合成与特性评价[J]. 固体火箭技术,1992(4): 67 - 76.

[67] Barbieri U, Keicher T, Polaccol G. Homo-and copolymers of 3-tosyloxymethyl-3-methyl oxetane (TMMO) as precursors to energetic azido polymers[J]. e-Polymers, 2009 (46):1 - 11.

[68] Cheradame H,Gojon E. Synthesis of polyymers containing pseudohalide groups by cationic polymerization[J]. Makro Chem,1991:919 - 933.

[69] 周劲松, 于海成, 冯渐超, 等. 聚缩水甘油醚硝酸酯合成研究进展[J]. 化学推进剂与高分子材料, 2003, 1(6): 9 - 12.

[70] Willer R L,Day R S. Process for producing improved poly(glycidyl nitrate): US, 5120827[P]. 1992.

[71] Willer R L, Newark D. Isotactic poly(glycidyl nitrate) and synthesis thereof: US, 5162494[P]. 1992.

[72] Willer R L, Del Newark. Isotactic poly(glycidyl nitrate) and synthesis thereof: US, 5264596[P]. 1993.

[73] Bagg G. Manufacture of energetic binders using N_2O_5[C]// The Proceedings 21st ICT, Karlsruhe, 1991.

[74] Desai H J, Cunliffe A V. Synthesis of narrow molecular weight α,ω-hydroxy and telechelic (glycidylnitrate) and estimation of theoretical heat of explosion

[J]. Polymer, 1996, 37(15): 3471-3476.

[75] Cliff M D, Desai H J. Plasticised polyGLYN binders for composite energetic materials[C]//The Proceedings 30st ICT, Karlsruhe, 1999.

[76] Paul N C. An improved polyGLYN binder through end group modification[M]. ICI Explosives, 1998.

[77] Cannizzo Louis F, Highsmith T K. A low cost synthesis of polyglycidyl nitrate [C]//The Proceedings 31st ICT, Karlstruhe, 2000.

[78] Highsmith T K, Johnston H E. Continuous process and system for production of glycidyl nitrate and its conversion to poly(glycidylnitrate):GB, 2398567[P]. 2004.

[79] Highsmith T K, Johnston H E. Continuous process and system for production of glycidyl nitrate from glycerin, nitric acid and caustic and conversion of glycidyl nitrate to poly(glycidylnitrate) :US, 6870061[P]. 2005.

[80] Sanderson A J, Martins L J. Process for making stable cured poly(glycidylnitrate) and energetic compositions comprising same:US, 6861501[P]. 2004.

[81] Sanderson A J, Martins L J. Method for making stable cured poly(glycidylnitrate): US, 6861501[P]. 2005.

[82] Provatas A. Energetic Polymers and plasticisers for explosive formulations-a review of recent advances [R]. DSTO-TR-0966: 10-11, 29.

[83] 王庆法,米镇涛,张香文. 硝酸酯类含能黏合剂绿色合成研究进展[J]. 化学推进剂与高分子材料, 2008, 6(2): 11-15.

[84] Archibald T G, Manser G E. Composes de neopentyl dofluoroamino utilses dans formations energetiques: WO, 9405643[P]. 1994.

[85] Miller R S, Mater. Research on new energetic materials[J]. Res Soc Symp. Proc, 1996, 418: 3-14.

[86] Archibald T G, Manser G E, Immoos J E. Difluoroamino oxetanes and polymers formed therefrom for use in energetic formulations: US, 5272249[P]. 1995.

[87] Malagu K, Guérin P, Cuillemin J C. Preparation of soluble polymeric surpports with a functional group for liquicl-phase organic synthesis[J]. Synlett,2002, 2:316-318.

[88] James N, Jayakrishnan A. Synthesis polymerization, and copolymerization of aliphatic vinylazide[J]. Journal of Applied Polymer Science,2003,87(11):1852-1857.

[89] Schuh K, Prucker O, Ruühe J. Surface attached polymer networks through thermally induced cross-linking of sulfonyl azide group containing polymers[J].

Macromolecules, 2008, 41(23): 9284 - 9289.

[90] Wang J S, Matyjaszewski K. Controlled"living" radical polymerization. Atom transfer radical polymerization in the presence of transition-metal complexes [J]. Journal of the American Chemical Society, 1995, 117(20): 5614 - 5615.

[91] Kato M, Kamigaito M, Sawamoto M, et al. Polymerization of methyl methacrylate with the carbon tetrachloride/dichlorotris-(triphenylphosphine) ruthenium (II)/methylaluminum bis (2, 6-di-tert-butylphenoxide) initiating system: possibility of living radical polymerization[J]. Macromolecules, 1995, 28(5): 1721 - 1723.

[92] Sumerlin B S, Tsarevsky N V, Louche G, et al. Highly efficient "click" functionalization of poly (3 - azidopropyl methacrylate) prepared by ATRP[J]. Macromolecules, 2005, 38(18): 7540 - 7545.

[93] Chiefari J, Chong Y K, Ercole F, et al. Living free-radical polymerization by reversible addition-fragmentation chain transfer: the RAFT process [J]. Macromolecules, 1998, 31(16): 5559 - 5562.

[94] Chong Y K, Le T P T, Moad G, et al. A more versatile route to block copolymers and other polymers of complex architecture by living radical polymerization: the RAFT process[J]. Macromolecules, 1999, 32(6): 2071 - 2074.

[95] Bai R K, You Y Z, Pan C Y. 60Co γ-Irradiation-Initiated "Living" Free-Radical Polymerization in the Presence of Dibenzyl Trithiocarbonate[J]. Macromolecular rapid communications, 2001, 22(5): 315 - 319.

[96] Hua D, Bai W, Xiao J, et al. A strategy for synthesis of azide polymers via controlled/living free radical copolymerization of allyl azide under 60Co γ-ray irradiation[J]. Chemistry of materials, 2005, 17(18): 4574 - 4576.

[97] Li Y, Yang J, Benicewicz B C. Well-controlled polymerization of 2-azidoethyl methacrylate at near room temperature and click functionalization[J]. Journal of Polymer Science Part A: Polymer Chemistry, 2007, 45(18): 4300 - 4308.

[98] Lugadet F, Deffieux A, Fontanille M. Synthese de polybutadienes nitres hydroxytelecheliques par nitromercuration-demercuration II: Etude de la demercuration et caracterisation des polybutadienes niters [J]. European Polymer Journal, 1990, 26: 1035 - 1040.

[99] Colclough M E, Paul N C. Nitrated hydroxy-terminated polybutadiene: Synthesis and properties[J]. Amer Chem Soc Symp Series, 1996, 623: 97 - 101.

[100] Millar R W, Paul N C, Richards D H. Nitrated polybutadiene: GB2181139

[P]. 1987.

[101] 王庆法,米镇涛,张香文. 硝酸酯类含能黏合剂绿色合成研究进展[J]. 化学推进剂与高分子材料, 2008, 6(2): 11-15.

[102] Sacristán J, Reinecke H, Mijangos C. Surface modification of PVC films in solvent-non-solvent wixtures[J]. Polymer, 2000, 41:5577-5582.

[103] Martínz G. Synthesis of PVC-g-PS through stereoslective nucleophilic substitution on PVC [J]. Journal of polymer sciance, Pare A: polymer Chernistry, 2006, 44: 2476-2486.

[104] Allcock H R, Reeves S D, Nelson J M, et al. Synthesis and characterization of phosphazene di-and triblock copolymers via the controlled cationic, ambient temperature polymerization of phosphoranimines[J]. Macromolecules, 2000, 33(11): 3999-4007.

[105] Golding P, Trussel S J, Beckham R W. Novel energetic polyphos-phazenes: WO, 0322882 A1[P]. 2006.

04 第4章 热固性含能黏合剂的合成化学与工艺学

热固性含能黏合剂是指在加热、加压下或在固化剂作用下，进行化学反应，交联固化成不熔不溶的含能聚合物，其主要应用于浇铸成型的火炸药。在火炸药浇注时通过它与固化剂(如异氰酸酯)发生固化交联化学反应，生成三维网络结构，该网络结构不能溶解和熔融。目前常用的热固性含能黏合剂主要有叠氮类热固性含能黏合剂、硝酸酯类热固性含能黏合剂和二氟氨类热固性含能黏合剂，其固化方法主要有升温固化、室温固化、分段固化、加压固化等。

4.1 制备原理及方法

4.1.1 加成聚合反应

加成聚合反应是热固性含能黏合剂制备的最主要方法。加成聚合反应是指单体分子的官能团可按逐步反应的机理相互加成而获得聚合物，但又不析出小分子副产物的反应。就加成聚合反应机理而言，这类反应属于官能团间反应，并遵循缩聚反应的规律：大分子链逐步增长，每步反应后都能得到稳定的中间加成产物；聚合物相对分子质量随反应时间增长而增大；单体的等物质的量之比是获得高相对分子质量聚合物的必要条件，若一种单体过量，会造成另一种单体过早耗尽，从而导致大分链增长终止；加入单官能团化合物(如一元醇或一元胺等)可控制聚合物相对分子质量。

加成聚合反应制备热固性含能黏合剂从本质上讲是热固性聚氨酯弹性体的生成，即通过端羟基含能预聚物、异氰酸酯化合物等为原料进行聚氨酯分子的交联。实现交联主要有交联剂交联、加热交联、利用聚氨酯分子自身结构中的“氢键”交联等方式。

1. 采用多异氰酸酯作为交联剂的交联反应

将端羟基含能预聚物与多异氰酸酯固化剂反应，在反应的初期即可生成交联网络结构。

$$
\text{OCN}\!-\!\underset{}{\overset{\text{NCO}}{|}}\!-\!\text{NCO} + \text{HO}\sim\sim\text{OH} \longrightarrow \text{OCN}\sim\sim\text{NH}-\overset{\text{O}}{\overset{\|}{\text{C}}}-\text{O}-\overset{\text{OCN}\sim\sim\text{NH}-\overset{\|}{\text{C}}-\text{O}}{\underset{}{\overset{\text{O}}{|}}}-\text{O}-\overset{\text{O}}{\overset{\|}{\text{C}}}-\text{NH}\sim\sim\text{NCO}
$$

（氨基甲酸酯基）

如多官能度的 N－100 与 GAP 固化即为该种类型反应。

2．用多元醇作为交联剂的交联反应

将带有—NCO 端基的预聚体或扩链聚合物与多元醇反应，在加热下即可产生交联。

$$
3\ \text{OCN}\sim\sim\text{NCO} + \text{HO}\!-\!\overset{\text{OH}}{|}\!-\!\text{OH} \longrightarrow \text{OCN}\sim\sim\text{NH}-\overset{\text{O}}{\overset{\|}{\text{C}}}-\text{O}-\overset{\text{OCN}\sim\sim\text{NH}-\overset{\|}{\text{C}}-\text{O}}{\overset{\text{O}}{|}}-\text{O}-\overset{\text{O}}{\overset{\|}{\text{C}}}-\text{NH}\sim\sim\text{NCO}
$$

（氨基甲酸酯基）

此类反应如 GAP 与 TDI 进行反应生成的—NCO 端基的预聚体与三羟甲基丙烷固化。

$$
\sim\text{NCO} + \sim\text{NH}-\overset{\text{O}}{\overset{|}{\text{C}}}-\text{O}\sim \xrightarrow{\triangle} \begin{array}{l} \sim\text{N}-\overset{\text{O}}{\overset{\|}{\text{C}}}-\text{O}\sim \\ \quad | \\ \quad \text{C}{=}\text{O} \\ \quad | \\ \sim\text{NH} \end{array} \quad \text{脲基甲酸酯基交联}
$$

$$
\sim\text{NCO} + \sim\text{NH}-\overset{\text{O}}{\overset{|}{\text{C}}}-\text{NH}\sim \xrightarrow{\triangle} \begin{array}{l} \sim\text{N}-\overset{\text{O}}{\overset{\|}{\text{C}}}-\text{NH}\sim \\ \quad | \\ \quad \text{C}{=}\text{O} \\ \quad | \\ \sim\text{NH} \end{array} \quad \text{缩二脲基交联}
$$

$$
\sim\text{NCO} + \sim\text{NH}-\overset{\text{O}}{\overset{|}{\text{C}}}\sim \xrightarrow{\triangle} \begin{array}{l} \sim\text{N}-\overset{\text{O}}{\overset{\|}{\text{C}}}\sim \\ \quad | \\ \quad \text{C}{=}\text{O} \\ \quad | \\ \sim\text{NH} \end{array} \quad \text{酰脲基交联}
$$

3．用过量二异氰酸酯的加热交联反应

在合成含能预聚体时，通常都是异氰酸酯过量。这部分过量的—NCO 基团可以与预聚体分子或扩链后聚合物分子中的氨基甲酸酯、脲基及酰胺基上的氢原子交联反应，各自生成脲基甲酸酯基、缩二脲基及酰脲基三种交联键。如果原先合成的预聚体或扩链后的预聚物分子两端带有的基团是羟基，则在交联时必须另行加入适量的异氰酸酯作为交联剂以进行交联反应。

4. “氢键”型交联

在聚氨酯分子中含有许多内聚能很大的极性基团，如氨基甲酸酯及脲基等，所以一个大分子链中的羰基可与另一个大分子链上的氢原子形成氢键，它同样可束缚分子链的自由运动。

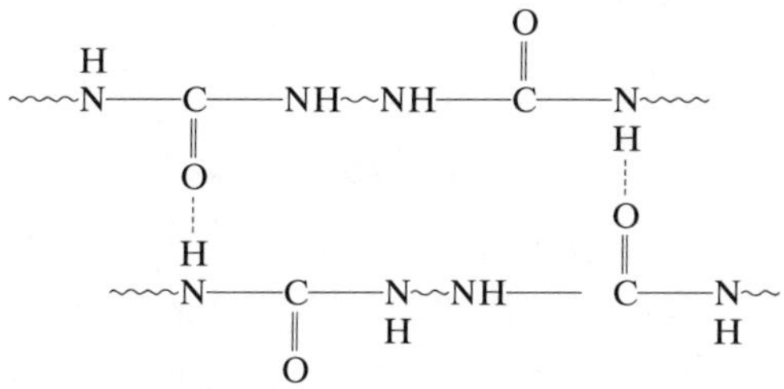

```
                                      O
     H                                ‖
~~~~N——C——NH~~NH——C——N~~~~
           ‖                           H
           O                           ⋮
           ⋮                           O
           H                           ‖
     ~~~~N——C——N~~NH——  C——N~~
                ‖    H                 H
                O
```

聚氨酯交联后生成的交联键可以归纳为两种：一种是通过氨基甲酸酯基、脲基甲酸酯基或缩二脲基等化学键所形成的交联，它们是不可逆的和稳定的，键能很大，通常称为一级交联；另一种是可逆的氢键交联，键能很小，很不稳定，加热下即能“断裂”，通常称为二级交联。在交联的聚氨酯树脂中，可同时存在各种类型的交联，它们的数量及相对含量对聚氨酯材料的性能有很大的影响。

4.1.2 自由基聚合反应

自由基聚合(Free Radical Polymerization)又称游离基聚合。自由基聚合是人类开发最早、研究最为透彻的一种聚合反应历程，60%以上的聚合物是通过自由基聚合得到的，如低密度聚乙烯、聚苯乙烯、聚氯乙烯、聚甲基丙烯酸甲酯、聚丙烯腈、聚醋酸乙烯、丁苯橡胶、丁腈橡胶、氯丁橡胶等。自由基聚合为用自由基引发，使链增长(链生长)自由基不断增长的聚合反应。自由基聚合反应属链式聚合反应，分为链引发、链增长、链终止和链转移四个基元反应。第 3 章已介绍了自由基聚合原理，本章不再赘述。

含能黏合剂聚丙烯酸偕二硝基丙酯(PDNPA)是以丙烯酸偕二硝基丙酯(DNPA)为单体，偶氮二异丁腈为引发剂，甲苯为溶剂，按照自由基聚合机理反应合成的，反应式如下：

$$CH_2{=}CH{-}\underset{\underset{O}{\|}}{C}{-}O{-}CH_2{-}\underset{NO_2}{\overset{NO_2}{\underset{|}{\overset{|}{C}}}}{-}CH_3 \xrightarrow[N_2]{AIBN}$$

$$\begin{array}{c}\leftarrow\!CH_2{-}CH\!\rightarrow_n\qquad\qquad\qquad NO_2\\ \qquad\quad|\qquad\qquad\qquad\qquad\qquad|\\ \qquad O{=}C{-}O{-}CH_2{-}C{-}CH_3\\ \qquad\qquad\qquad\qquad\qquad\qquad\quad|\\ \qquad\qquad\qquad\qquad\qquad\qquad NO_2\end{array}$$

4.1.3 点击化学反应

点击化学(Click Chemistry)，是由美国化学家巴里·夏普莱斯(K B Sharpless)在2001年提出的一个合成概念，主旨是通过小单元的拼接，来快速可靠地完成形形色色分子的化学合成。点击化学将化学过程形象地描述成像点击鼠标一样简单，具有高选择性和高效率。它尤其强调开辟以碳-杂原子键(C—X—C)合成为基础的组合化学新方法，并借助这些反应(点击反应)来简单高效地获得分子多样性。它是由一系列"可靠的化学反应"成功构建新的官能团。所谓"可靠的化学反应"是指这些反应能够生成具有高立体选择性的产物，且产生的副产物无害、对氧和水分不敏感，这意味着所得到的产物具有相当高的稳定性。

1. 点击化学反应的特点

点击化学反应过程一般具有以下特点：① 反应条件简单，反应过程对氧气和水不敏感；② 原料和反应试剂易得，反应溶剂通常用极性溶剂如叔丁醇、乙醇或水作为溶剂，一般情况下水是点击化学反应中常用的溶剂，因为有机分子在水中不能充分溶解时反而会有更高的自由能，使反应过程在水中比在有机溶剂中具有更高的表观速率常数，能得到较高的产率和单一的产物；在有些反应中，反应物间的反应速度比与水的反应更快；水可以消除质子性官能团对反应的干扰而不需要进行基团保护，并且对环境友好；③ 产率高，产物分离简单；④ 副产物无害；⑤ 反应有很强的立体选择性。

2. Huisgen 1，3-偶极环加成反应合成热固性黏合剂机理

根据作用基质的不同可以将点击反应分为如下四类：亲核开环反应、环加成反应、羰基化合物的缩合反应、碳碳多键的加成反应。其中环加成反应，特别是Cu(I)催化的Huisgen 1，3-偶极环加成反应已在热固性含能黏合剂的制备方面得到了较为广泛的应用。通过Huisgen反应能够将叠氮类含能预聚物中的叠氮基团与炔基结合起来，从而可以固化制备热固性含能黏合剂。它是点击化

学反应中最经典的反应，可以完美地达到点击化学反应的要求，专一性地生成1，4 取代产物。该反应对温度没有严格要求，温度范围为 0～160℃，溶剂多样化(包括水)，且 pH 值范围宽，可以在 5～12；该反应加 Cu(Ⅰ)催化后反应速率可提高 10^7 倍，反应后纯化只需简单的过滤；此外，该反应不受位阻的影响，一级、二级、三级叠氮基以及芳香叠氮基都不受位阻的影响，同样对于端基炔来说反应也不受其取代基位阻的影响。正是由于该反应有诸多的优点，使得该反应在近年来得到了较为广泛的应用。

叠氮与炔基在催化剂卤化亚铜和无催化剂条件下的环加成反应示意图如图 4-1所示。迈克尔首先提出无卤化亚铜催化环加成反应，而有亚铜催化的反应则是由夏普利斯与丹麦的 Meadal 分别独立发现的。这两类不同催化剂体系的反应对温度要求和反应时间上差别很大，叠氮与炔基在没有亚铜催化的条件下发生环加成反应温度需要 80～120℃，反应时间长达 12～24 h，同时反应产物为 1,4 -二取代三唑环化合物和 1,5 -二取代三唑环化合物的混合物，而叠氮与炔基在亚铜作为催化剂的条件下发生环加成反应只生成 1,4 -二取代三唑环化合物，且反应产率高，反应时间短。

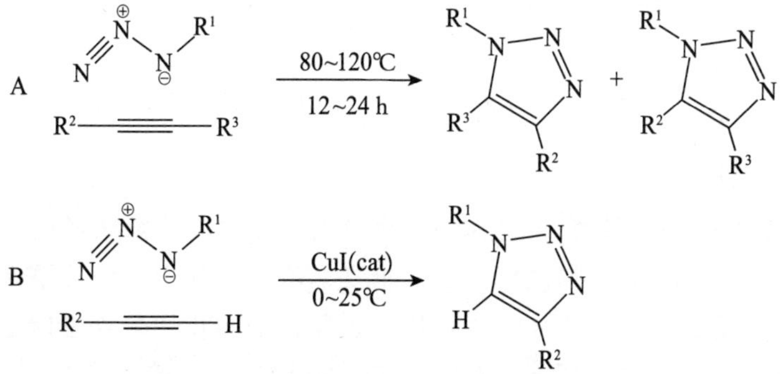

图 4-1　叠氮与炔基环加成反应示意图

通常点击反应需要 Cu(Ⅰ)来催化，而常用的催化剂体系包括 CuI、抗坏血酸钠还原 $CuSO_4$ 体系等。有很多的方法可以得到点击反应的催化剂，最常用的方法是还原二价铜离子，例如 $CuSO_4 \cdot 5H_2O$ 可以被还原为 Cu(Ⅰ)盐，经典的还原剂是抗坏血酸钠(Sodium ascorbate)，一般用量是 3～10 倍。用抗坏血酸钠还原硫酸铜得到 Cu(Ⅰ)盐的方法，其优点是反应可以在水中进行，对氧气不敏感；不足之处是二价铜离子容易被还原成单质铜，不过这可以通过调节还原剂和催化剂的比例或者是加稳定铜试剂如三羟丙基三唑甲基胺(THPTA)来控制。获得点击反应催化剂的第二种方法是直接加入 Cu(Ⅰ)盐，如 CuBr 、CuI 、$CuOTf \cdot C_6H_6$、$[Cu(NCCH_3)_4] \cdot [PF_6]$ 等，这种方法不需要还原剂，但是不仅需要无氧环境，而且还需要用到有机溶剂，这就意味着保护基团必须加入适量的碱，实验表明，过量的碱如 2 ,6-二甲基吡啶和二异丙基乙胺(DIPEA)产生副产物最少。引入催化剂的第三种方法是氧化铜，但是这种方法有很多不足之处：反应时间长；需要大量的铜，价格昂贵；还需要少量的酸来溶解铜，这样不仅会破坏反应试剂而且也会影响底物中对酸敏感的基团。

例如，通过点击化学反应制备 GAP 热固性黏合剂体系的具体过程如下(图 4－2)：将 GAP 、固化剂 2，2－二炔丙基马来酸二甲酯(DDPM)、催化剂氯化亚铜等按配方用量称好，在容器中混合，常温下充分搅拌均匀后，倒入模具中抽真空 30min，然后于 50℃ 水浴烘箱中固化 7 天，从而制得 GAP 热固性黏合剂。

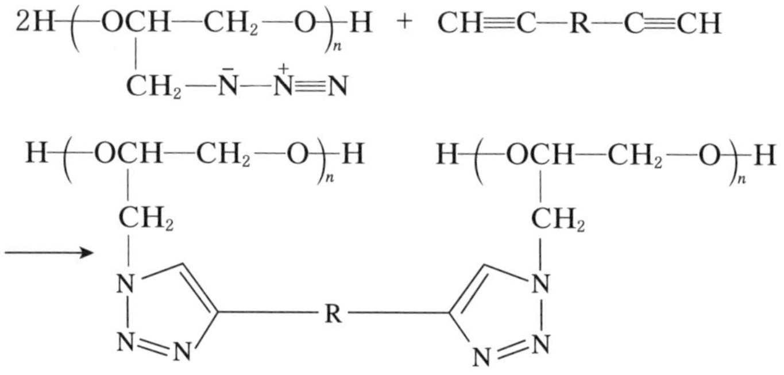

$$2H\!\left(OCH(CH_2-\overset{-}{N}-\overset{+}{N}\equiv N)-CH_2-O\right)_n\!H + CH\equiv C-R-C\equiv CH$$

$$\longrightarrow H\!\left(OCH-CH_2-O\right)_n\!H \quad\quad H\!\left(OCH-CH_2-O\right)_n\!H$$

（两个 OCH 分别经 CH_2 连接到 1,2,3-三唑环的 N 上，两个三唑环之间以 R 相连）

图 4－2　点击化学制备 GAP 热固性黏合剂

3. 固化剂种类

点击化学制备热固性黏合剂使用的固化剂种类主要包括炔烃类、丙炔醇酯类、丙(丁)炔酸酯类、丙烯酸酯类及不饱和缩醛类。其中炔烃类固化剂是合成含能热固性黏合剂常用的固化剂。常用点击固化的固化剂主要包括丁二酸二丙炔醇酯(BPS)、3,6,9－三氧杂十一烷二酸丙炔醇酯(BP－Tounds)、2,2－二炔丙基马来酸二甲酯(DDPM)、1,4－双(1－羟基丙炔基)苯(BHPB)、双酚 A 二丙炔醚(BABE)，其分子结构见图 4－3。

丙炔醇酯类固化剂主要有碳酸二丙炔醇酯、草酸二丙炔醇酯、丙二酸二丙炔醇酯、丁二酸二丙炔醇酯、戊二酸二丙炔醇酯、己二酸二丙炔醇酯、间苯二甲酸二丙炔醇酯及其他三元羧酸的丙炔醇酯。丙(丁)炔酸酯类固化剂主要为丙炔酸和二元醇及多元醇酯化合物，如己二醇二丙炔酸酯(HDDP)。丙烯酸酯类主要有季戊四醇三丙烯酸酯(PE3A)、己二醇二丙烯酸酯(HDDA)、己二醇二甲基丙烯酸酯(HDDMA)、聚乙二醇 400 二甲基丙烯酸酯(SR344)及四乙二醇二丙烯酸酯(TEGDA)。其他不饱和化合物类主要包括烯丙醇和醛缩合物、丙烯醛和醇缩合物、烯基醚类、炔基醚类及炔丙基胺类。

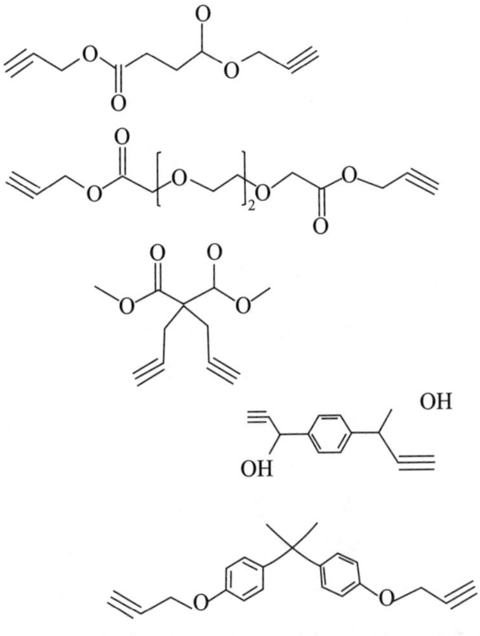

BPS

BP-Tounds

DDPM

BHPB

BABE

图4-3 常用炔基固化剂分子结构

4.1.4 IPN化学反应

互穿聚合物网络(Interpenetrating Polymer Network，IPN)是一种高分子合金，其独特之处在于两种或两种以上的组分共聚物各自独立进行交联共聚反应，形成两个或两个以上相互贯穿的三维交联共聚网络。IPN技术是20世纪80年代发展起来并迅速得到推广应用的一门新兴聚合物共混改性技术。作为一种新的聚合物共混改性技术，将IPN技术应用于黏合剂体系，利用IPN独特的技术特点，通过选用不同聚合物基体材料和选择相适应的共混方法，可达到提高黏合剂力学性能、改善加工工艺性能、增强抗蠕变性能的目的。

根据热固性含能黏合剂制备方法不同，可将IPN分为以下几类：

(1)分步IPN。首先合成一种交联聚合物网络(通常是弹性体)，然后将另一种聚合物合成所需的单体、交联剂和引发剂等在前一种聚合物网络中溶胀和聚合形成自己的大分子链。

(2)同步IPN。将合成两种聚合物网络的单体或线型齐聚物以及催化剂和引发剂混合，然后按不同反应机理同时进行两个互不干扰的平行反应(例如缩聚反应和自由基聚合反应)形成各自的交联网络。

各种IPN体系通常显示不同程度的相分离，其相区的大小、形态、连续性和界面状况各不相同，它们的结构形态对其性能具有显著的影响。IPN材料制备过程中至少有一种聚合物最初是处于单体或低聚物状态，或者两种线型聚合物处于熔融状态。在制备前期，两组分相容性较好。随着相对分子质量的增加或体系的温度降低，逐渐产生相分离，但这种相分离受到交联网络互穿缠结的限制，因而最终只能形成细小而均匀的微区，这就使得在一般共混条件下相容不好的聚合对能获得较好的相容性，即IPN的"强迫互容"性。与其他高分子合金一样，IPN也呈两相或多相结构，这种相互贯穿的特殊结构有利于各相之间发挥良好的协同效应，从而赋予IPN共聚物许多优异的性能。

IPN固化技术具有以下特点：①由于其独特的制备方法和网络互穿结构，导致特殊的强迫互容作用，使组分的相容性显著改善，能使2种或2种以上性能差异很大的聚合物形成稳定的聚合物共混物，从而实现组分之间性能或功能互补；②由于其特殊的细胞状结构、界面互穿、双相连续等形态特征以及由此产生的牢固界面结合，又使它们在宏观性能上产生特殊协同作用，从而提高最终产品的力学性能；③通过选择合适的第二组分，使体系黏度大幅度下降，在提高力学性能的同时可以改善加工工艺性能，从而可以进行高固含量固体填料的填充；④通过选择和调节组分间的相容性、交联密度、组成比例和合成方法等，可以调节组分间相畴的大小，即相畴越小，界面层接触面积越大，组分间相互作用和相互影响越大，IPN两个玻璃化转变温度相互靠近程度就越大，松弛时间谱变宽，抗蠕变性能增强等。

IPN技术作为一种新兴聚合物共混改性技术，在热固性含能黏合剂体系中的应用已取得了显著成效。IPN技术打破了火炸药黏合剂体系为单一聚合物品种的传统观念，对推动火炸药的发展和应用具有深远影响。

例如，GAP/PMMA互穿网络黏合剂体系的具体制备过程为：将PU组分GAP、N-100及第二相组分单体MMA(甲基丙烯酸甲酯)、DVB(二乙烯基苯)，引发剂BPO等按配方用量称好，在容器中混合，搅拌均匀后，加入PU催化剂，再次搅拌均匀，倒入密封的玻璃模具中，除去气泡，在50℃下固化4天，再升温到80℃固化1天后，将胶片脱模放入干燥器中常温放置1周后进行各项性能测试。

通过对CAP型PU/PMMA IPN力学性能的影响因素研究发现，PU(GAP)/PMMA的力学性能随组分比的改变而改变，当PMMA质量分数在40%时，断裂伸长率达到最大值。

4.2 升温固化工艺

热固性含能黏合剂主要是通过含能预聚物经固化剂和催化剂的作用在一定条件下固化，其制备过程如图 4-4 所示。热固性含能黏合剂的制备工艺主要包括升温固化工艺、室温固化工艺、分段固化工艺、加压固化工艺，本节主要介绍升温固化工艺。

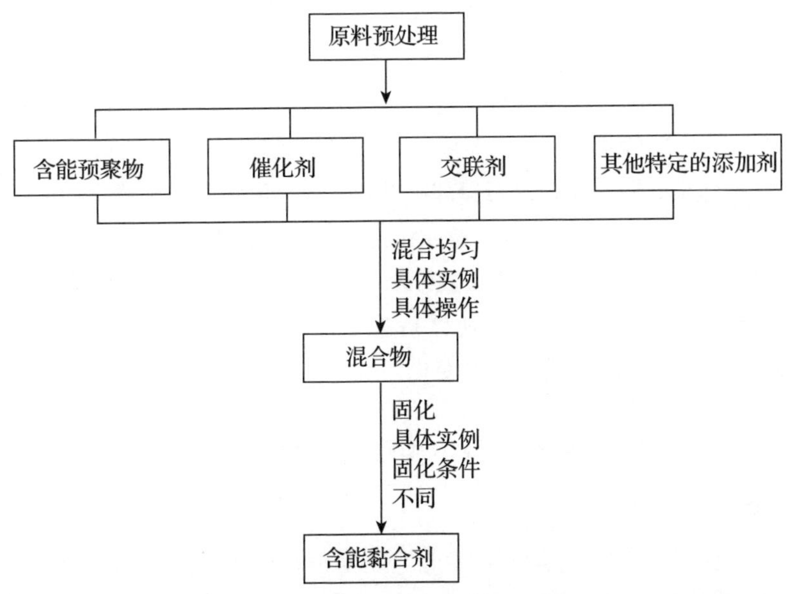

图 4-4 热固性含能黏合剂制备过程

4.2.1 特点

所谓热固性含能黏合剂升温固化，通常是指含能预聚物、固化剂和交联剂在催化剂等的作用下发生交联反应，通过升高反应温度，使反应控制在几分钟到几小时或一周等不同的时间内完全反应的过程。

升温固化是制备热固性含能黏合剂最常用的固化工艺，含能预聚物与固化剂等反应需要一定的能量，升高温度使交联反应快速完成。其最大的优点是通过控制温度来准确地控制固化时间，但是存在固化完成后温度降至常温时带来的热应力作用缺陷。

在制备热固性含能黏合剂过程中大多采用升温固化的工艺，典型的升温固化工艺流程为：将驱水处理后的含能预聚物和固化剂按配比混合，加入少量固化催化剂，搅拌均匀，真空除去气泡，沿一个方向浇入一定尺寸的模具内，在温度高于室温条件下固化一定时间即可成胶片，取出放入干燥器中静置一段时间后，进行测试。一般来说，如无催化剂、反应温度低，则固化时间要长。采用升温固化工艺一般采用的固化温度为40～70℃，加入催化剂的量为反应物总质量的0.1%～0.5%。

在进行升温固化时，需注意以下几点：

(1)固化前反应原料气泡要除尽。作为原料的含能预聚物和固化剂的混合物，要先进行均匀混合、搅拌脱泡，在这一步骤中必须除尽混合液中的气泡，否则气泡将严重影响胶片质量，然后注入模具固化成型。

(2)固化时间适中。原料中的活性基团在混合和搅拌的过程中已开始反应，初期反应时黏度较低，再进一步反应会使黏度迅速增大直至凝固，必须在开始固化前让混合组分充满整个模具型腔，也就是有足够的操作时间。

(3)脱水完全。由于水极易与氰酸酯基团反应，所以组分中残留的微量水分都能导致胶片中有气泡，出现次品。所以在浇注前组分要预脱气，尽量脱除水分。

(4)组分黏度小和稳定性好。组分浇注要求每个组分的黏度要小，流动性好，便于浇注，特别是低温时仍能保持较好的流动性，不能结晶析出或凝固；能存放较长时间，其性质不会发生变化。

4.2.2　升温固化制备典型热固性含能黏合剂

1. GAP热固性黏合剂

GAP黏合剂是热固性含能黏合剂中研究最早、最为成熟的一种，GAP可与异氰酸酯类化合物(如TDI、IPDI、N-100等)在一定温度下进行固化反应。采用异氰酸酯类固化剂对GAP进行固化是通过加成聚合反应而完成的，图4-5为以固化剂N-100为例的固化示意图。

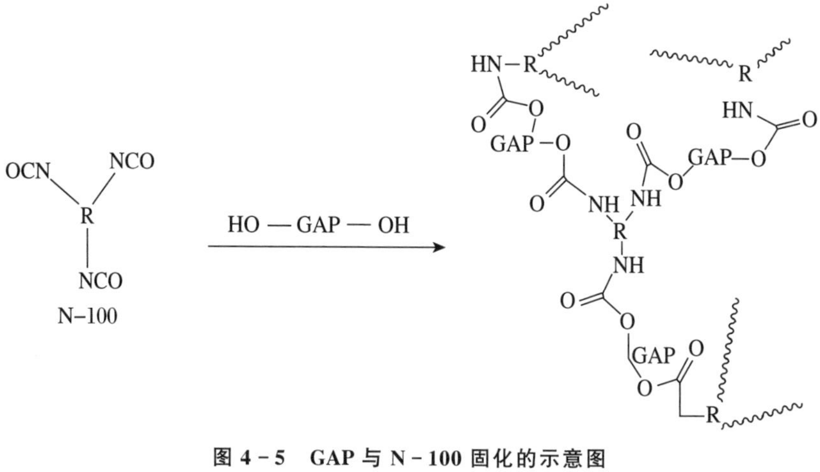

图4-5　GAP与N-100固化的示意图

N－100 是 HDI 与水加成产物，具有活性高、难挥发、毒性小等特点，是热固性含能黏合剂常用的固化剂。典型的 GAP/N－100 热固性含能黏合剂升温固化制备过程：将 GAP 预聚物和固化剂 N－100 按配比混合，加入少量固化催化剂 T_{12}，搅拌均匀，真空除去气泡，沿一个方向浇入 100mm×80mm×2mm 的聚四氟乙烯模具内，于 60℃水浴烘箱内固化 4～6 天即可成弹性体，取出后放入干燥器中静置一周，可进行相应性能测试。

1)GAP/N－100 固化反应动力学

根据 IR 光谱法可研究 GAP/N－100 固化反应动力学，通过跟踪反应物特征吸收峰的变化，就可以得到反应过程的整体情况。图 4－6 和图 4－7 为测试 GAP/N－100 在 40℃、50℃、60℃、70℃、80℃五个温度下的反应转化率随时间的变化。

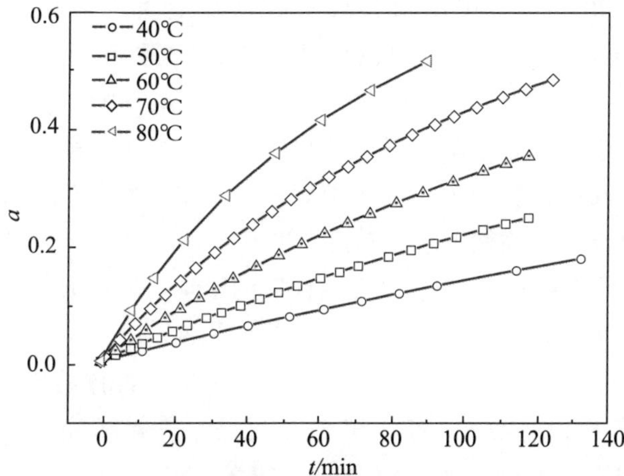

图 4－6　不同温度下 GAP/N－100 的 α～t 关系图

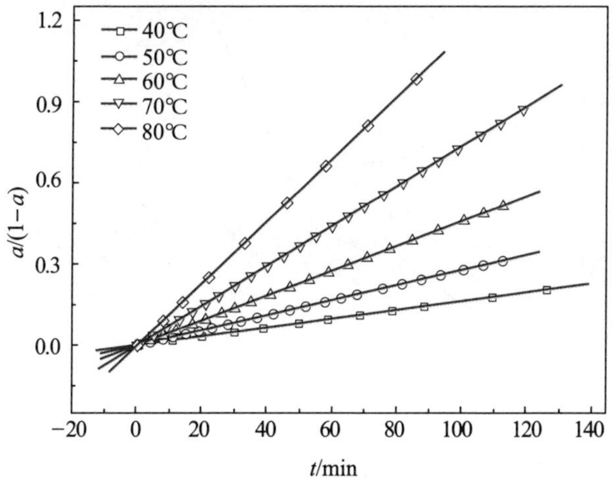

图 4－7　GAP/N－100 反应的 α/(1－α)对 t 的关系图

根据 Arrhenius 公式计算可得 GAP 与 N－100 反应的活化能 E_a = 44.961kJ/mol，进而计算可得 GAP/N－100 固化反应动力学方程为

$$-\frac{\mathrm{d}(1-\alpha)}{\mathrm{d}t}=50905.734\mathrm{e}^{-\frac{44961}{8.314\times T}}(1-\alpha)^2$$

2)GAP/N－100 黏合剂力学性能

R 值是影响聚氨酯力学性能的重要参数。当 $R<1.0$ 时，异氰酸酯相对不足，固化反应不能完全进行，某些交联剂分子不能通过与—NCO 作用，形成氨基甲酸酯支化交联点进入网络；另外，还产生了许多端羟基悬挂链，网络结构松散，力学性能较差。当 $R=1.0$ 时，羟基与异氰酸酯物质的量相等，理论上讲，—NCO 与—OH 反应生成了—NHCOO—而进入交联网络，因此强度应该较大。实际上，少量空气中的水分与—NCO 反应生成了脲基键，使得部分 NCO 被屏蔽，不能与其他—OH 反应，即—NCO 得到消耗，生成脲基和端羟基的悬挂链，从而造成了交联网络中有较多的缺陷。当 $R>1.0$ 时，NCO 过量，固化后除生成一般的氨基甲酸酯交联外，还有脲基交联，这样使其力学性能大幅度上升，交联密度增大，链间相对分子质量下降。但 R 值也不能过大，否则会产生过度交联，柔性下降，延伸率也下降。

图 4－8 为 R 值对 GAP 黏合剂力学性能的影响。随着 R 值的增大，黏合剂的拉伸强度先增大后减小，延伸率持续下降。在 N－100 不过量时，N－100 与 GAP 反应所形成交联点间相对分子质量较大，此时弹性体的拉伸强度较小，延伸率最大。随着 R 值的增大，N－100 逐渐过量，剩余 N－100 会与氨基甲酸酯上的—NH—反应生成脲基，增大了弹性体的交联密度，降低了交联点间相对分

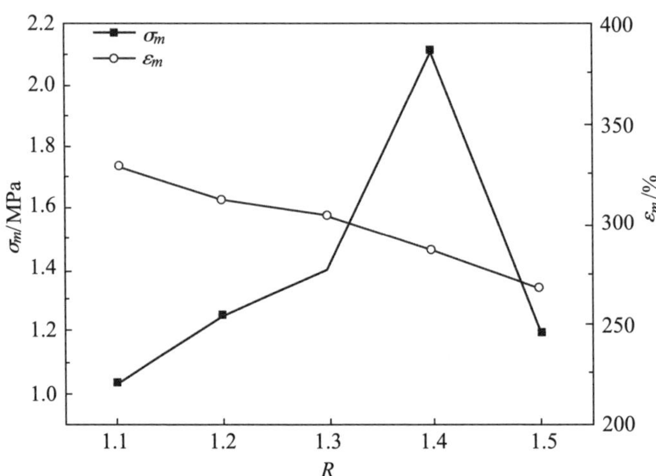

图 4－8　R 值对 GAP/N－100 弹性体力学性能的影响

子质量，使得弹性体拉伸强度上升，延伸率下降。当 R 值进一步增大时，则在弹性体交联网络上出现对力学性能无效的悬挂链，并进一步破坏了弹性体的网络结构完整性，引起了拉伸强度的下降。

3)GAP/N－100 黏合剂热分解特性

图 4－9 为 GAP/N－100 的热失重曲线。由图可见，弹性体在 228.72℃开始分解，237℃时出现最大失重速率，到 239℃完成第一阶段热分解，失重 89.46%。在 435.14℃开始第二阶段热分解，终止于 467.64℃，失重 2.51%，到 500℃剩余残渣 6.11%。由于 GAP/N－100 弹性体中 GAP 含量较大，弹性体分解过程中放热很大，使得该谱图中三种分解类型区分不是很明显。

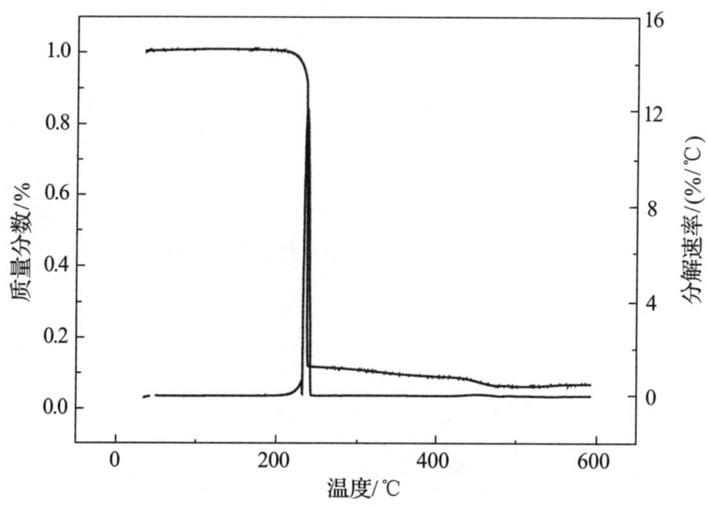

图 4－9　GAP/N－100 弹性体的 TG 图

2. P(BAMO-AMMO)热固性黏合剂

P(BAMO-AMMO)热固性含能黏合剂也可通过升温固化工艺制备。聚 3,3′-双叠氮甲基环氧丁烷(PBAMO)是能量含量最高的聚合物之一，但是由于它具有较高的结晶性，不利于加工，并且力学性能较差，无法单独作为黏合剂使用。聚 3－叠氮甲基－3′－甲基环氧丁烷(PAMMO)的冲击感度低，热稳定性、力学性能和低温力学性能好，但是能量水平不高。而 P(BAMO/AMMO)含能黏合剂则可以结合两者的优势，获得较佳的性能。典型的 P(BAMO-AMMO)热固性黏合剂的合成过程为：称取定量的 P(BAMO-AMMO)、BDO、TMP 加入烧杯中，然后加入 TDI 和催化剂，混合均匀，浇入聚四氟乙烯模具中，铺平后真空脱除气泡。于 60℃烘箱中固化 6 天，脱模后放置于干燥器中静置 7 天。

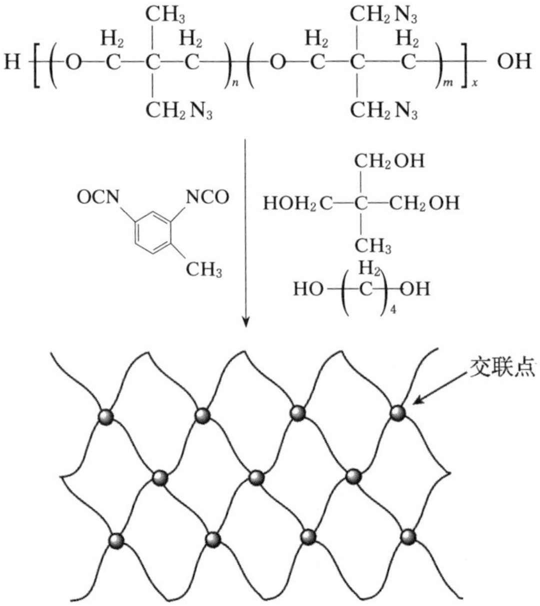

图 4-10 P(BAMO-AMMO)黏合剂的制备路线

采用升温固化工艺制备的 P(BAMO-AMMO)热固性含能黏合剂的性能见表 4-1。

表 4-1 P(BAMO-AMMO)及热固性黏合剂性能

性能	数值
起始分解温度 /℃(质量损失 5%)	233
T_g/℃	-35.02
δ /$(J/mL)^{1/2}$	22.13
拉伸强度 / MPa	6.34
断裂伸长率 / %	475

3. PBAMO/GAP 热固性含能黏合剂

PBAMO/GAP 也是研究较多的热固性含能黏合剂，将 GAP 和 PBAMO 相结合得到的 PBAMO/GAP，可发挥两者的优点，克服各自的缺点，使其在保持较高能量水平的同时具有较好的力学性能，是一类具有重要应用前景的含能黏合剂。

典型的 PBAMO/GAP 黏合剂胶片的合成过程：将 PBAMO/GAP、N-100、IPDI、BDO 按比例混合，加入少量 TPB 溶液，搅拌均匀，真空除去气泡，然后浇入聚四氟乙烯模具内，于 60℃恒温固化 7 天成胶片，取出放入干燥器中静置一周后，进行测试。

制备的 PBAMO/GAP 热固性含能黏合剂的性能见表 4-2。

表 4-2 PBAMO/GAP 热固性黏合剂性能

起始分解温度 /℃(质量损失 5%)	217
T_g/℃	-50
δ /$(J/mL)^{1/2}$	23.66
拉伸强度 / MPa	0.87
断裂伸长率 / %	106

4.3 室温固化工艺

所谓热固性含能黏合剂室温固化，通常是指含能预聚物、固化剂和交联剂在催化剂等的作用下于室温(20～30℃)条件下发生交联反应，几分钟到几小时内凝胶，在不超过一周的时间内完全反应的过程。典型热固性含能黏合剂室温固化工艺流程如图 4-11 所示。

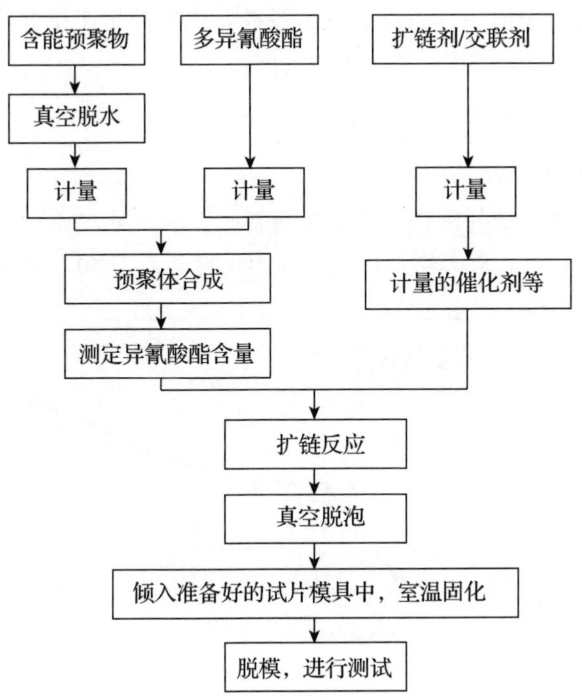

图 4-11 典型热固性含能黏合剂室温固化工艺流程

热固性含能黏合剂实现室温固化的重要途径是高催化性能固化催化剂的使用，如三-(乙氧苯基)铋(TEPB) 和氯化三苯基锡等。室温固化黏合剂可解决传统的升温固化(50～65℃)结束后黏合剂温度降至常温时带来的热应力作用，从而可保证基于热固性含能黏合剂的推进剂药柱与包覆层及壳体的黏结，避免药柱的“脱黏”，提高发动机使用的可靠性。室温固化可降低黏合剂固化温度，是减少和消除黏合剂收缩应力、提高黏合剂力学性能和安全性能、降低黏合剂制造工艺成本、减少能源消耗的有效途径，因而是推进剂研制中一项具有重要意义的新技术。同时，室温固化还具有省时省力、节省能源、使用方便等诸多优点，不仅可以降低黏合剂的成本，而且可以简化加工过程。室温固化降低了生产过程中的操作温度，对于含有硝化甘油等高感度硝酸酯的推进剂安全生产有重要意义；室温固化也减少了一系列升温、保温设备，降低了动力消耗，符合经济要求。

GAP 热固性含能黏合剂可通过室温固化工艺获得，其工艺过程如下：将 GAP、TDI、N－100 按配比准确称量，置于一个干净的烧杯中，手工搅拌 25min，加入催化剂继续搅拌 10min。浇入聚四氟乙烯模具，抽真空除去气泡，除气后置于水培箱中固化。固化后取出脱模，将胶片置于干燥器中保存。放置一周后，即可进行力学性能、热性能等的测试。

1．GAP 室温固化胶片的力学性能

1)R 值与固化温度的影响

25℃、60℃固化胶片的拉伸强度及断裂伸长率如图 4－12 所示。从图 4－12 可以发现，当 $R<1.8$ 时，室温固化胶片力学性能低于 60℃固化胶片，这是由

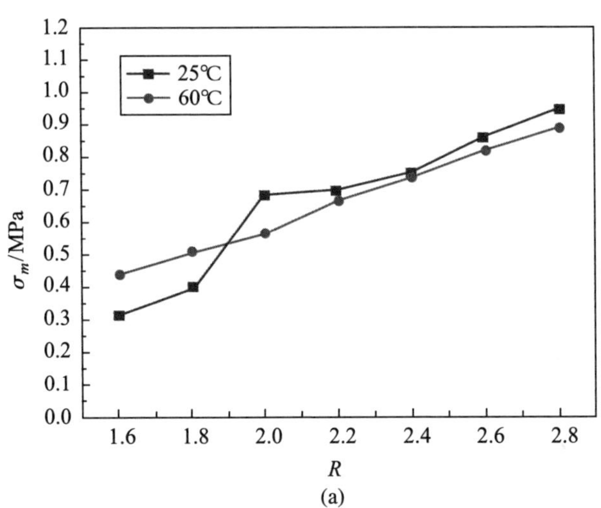

(a)

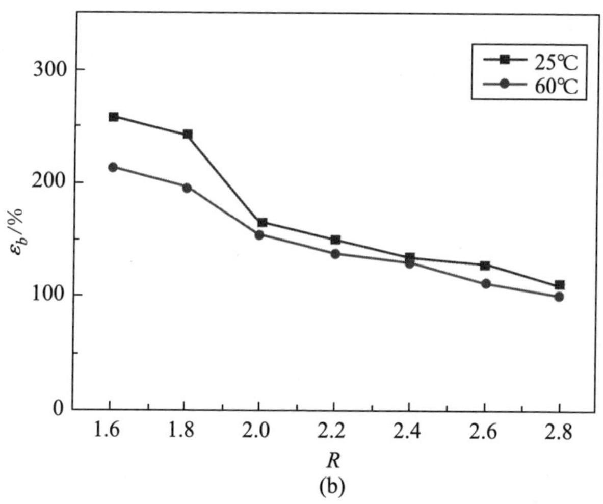

图 4-12 R 值与固化温度对 GAP 胶片的影响

于在 R 值为 1.8 附近，室温固化胶片虽然形成了可进行力学测试的胶片，但由于温度较低，反应尚未完全进行，所形成胶片的交联密度较小，导致力学性能也较差。$R>1.8$ 时，室温固化胶片力学性能始终高于 60℃ 胶片的性能。其原因可能是室温下固化反应较慢，黏合剂体系形成的交联网络较完整，所以具有更好的力学性能。另外，高温固化的固化物更易产生热应力，从而影响固化体系的力学性能。

2）TEPB 用量的影响

图 4-13 是不同 TEPB 用量 GAP 室温固化胶片的力学性能。从图 4-13 可以看出，随着 TEPB 用量的增加，胶片的拉伸强度和断裂伸长率均无明显的变化。TEPB 用量为 3%时，拉伸强度达到最大值，为 0.67MPa。

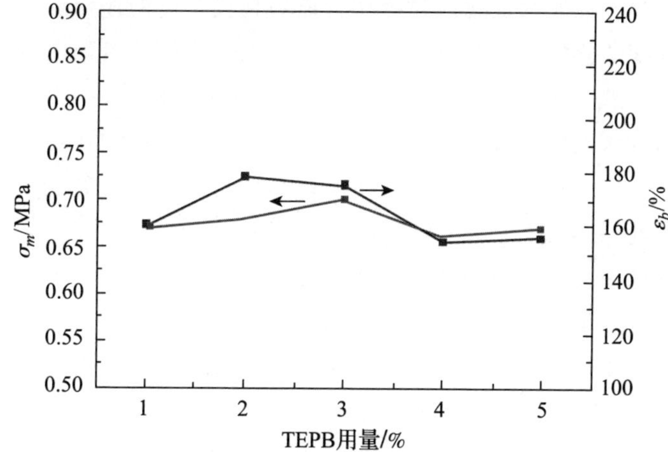

图 4-13 TEPB 用量对 GAP 胶片力学性能的影响

2. GAP 室温固化胶片的收缩率

表 4-3 是不同温度 GAP 固化胶片收缩率的测试结果。可以看出，25℃下固化胶片的收缩率均小于 60℃下胶片的收缩率。这说明，高温固化胶片在冷却过程中，会由于较大的收缩率而具有较大的热应力，这种热应力的存在影响了胶片的力学性能。由表 4-3 还可以看出，室温固化胶片固化后密度较均匀，而 60℃固化胶片则有较大波动。这种现象是因为高温固化胶片在冷却的过程中，由于表层和内部的冷却速度与冷却时间不一致，造成的内部与表层的收缩程度不同，从而反映在密度的差异上。

表 4-3 不同温度 GAP 固化胶片的收缩率

固化温度/°C	25	25	25	60	60	60
样品编号	A	B	C	a	b	c
固化前密度/(g·cm^{-3})	1.258	1.266	1.263	1.241	1.243	1.245
固化后密度/(g·cm^{-3})	1.273	1.272	1.273	1.257	1.270	1.261
收缩率/‰	12	5	8	13	22	13

4.4 分段固化工艺

热固性含能黏合剂高温固化虽然速度快、固化成型所需时间短，但易变形；而采用低温(或者室温)固化，成型时间长，但变形小。分段固化针对上述高温固化和低温固化存在的缺陷，将热固性含能黏合剂在一次完成的固化过程改进为分不同温度的阶段来完成，一般采取含能预聚物、固化剂和交联剂先在高温进行固化以使含能预聚物快速固化成型，缩短在模具内的停留时间，之后将具有一定固化程度的胶片脱模，再经整形后在常温中降温至较低温度下保温，使胶片达到完全固化，最大限度地减少了胶片的变形。此外，采用该固化工艺，还有利于热固性含能黏合剂交联网络的平稳建立，对提高固化后的胶片力学性能大有裨益。分段固化特别适合对尺寸有高精度要求及形状复杂的热固性含能黏合剂基火炸药采用。

由于传统的异氰酸酯固化技术存在固有的缺点，近年来叠氮黏合剂的炔基固化技术得到了大量的研究。在该领域研究较多是德国 ICT 研究所的 Keicher 研究小组。他们采用商品化的 GAP-二醇、GAP-三醇等黏合剂与丁二酸二丙炔醇酯(BPS)，采用分段固化工艺，在 45℃预固化 1 天，65℃固化 4 天制备了三唑交联弹性体。研究发现，调节 BPS 的用量可使交联弹性体的力学性能在较宽的范围内可调，弹性模量介于 0.06～0.674 MPa、延伸率 50%～90%、拉伸强度 0.05 ～0.32 MPa。此外，完全固化 GAP 所需 BPS 用量较异氰酸酯少，使得体系具有更大的能量。不利的是由于三唑环的刚性结构，BPS 固化的三唑弹性体较六亚甲基二异氰酸酯缩二脲(N－100) 固化的聚氨酯弹性体玻璃化转变温度稍有升高。另外，Keicher 等合成了新的炔基固化剂 3,6,9 -三氧杂十一烷二酸丙炔醇酯(BP-Tounds)，采用同样的方法与 GAP 制备了三唑交联弹性体。研究发现，与 BPS 固化相比，BP-Tounds 固化的弹性体具有更大的拉伸强度和模量、更低的延伸率，以及较高的玻璃化转变温度。这由于 BP-Tounds 固化时交联点之间具有更大的距离所导致的。

GAP/PET 热固性含能黏合剂也可通过分段固化工艺获得，其工艺过程：将 GAP、PET、N－100 按配比准确称量，置于干净的烧杯，手工搅拌 25min，加入催化剂继续搅拌 10min。浇入聚四氟乙烯模具，抽真空除去气泡，除气后置于 45℃水培箱中固化 3 天，再升温至 60℃固化 4 天。固化后取出脱模，将胶片置于干燥器中保存。随后可进行力学性能、热性能等的相关测试。

1. GAP/PET/N－100 分段固化的力学性能

1)R 值对弹性体力学性能的影响

固化参数 R 值([NCO]/[OH])是反应初始时总固化剂基团的物质的量与黏合剂基团的物质的量之比。固化参数是影响固体推进剂力学性能的重要因素之一，也是调节和控制力学性能的重要手段。以 GAP：PET＝50：50 为例对不同固化条件下(60℃－7 天，45℃－3 天，60℃－4 天)制备的不同 R 值的弹性体进行静态力学测试，最大拉伸强度 σ_m 和断裂延伸率 ε_m 如表 4－4 和图 4－14 所示。

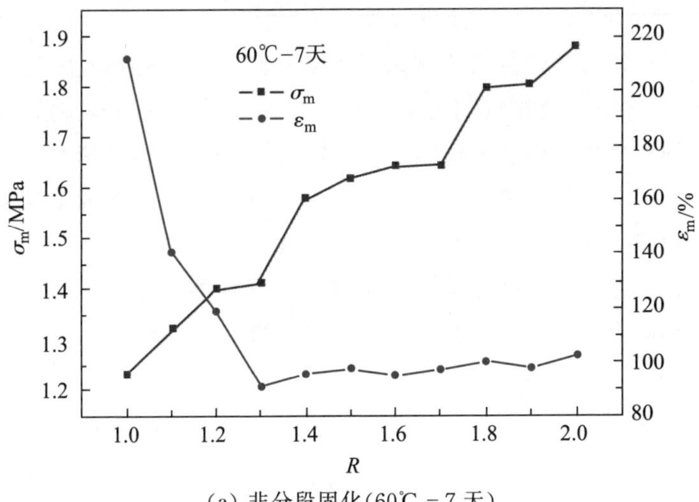

(a) 非分段固化(60℃－7 天)

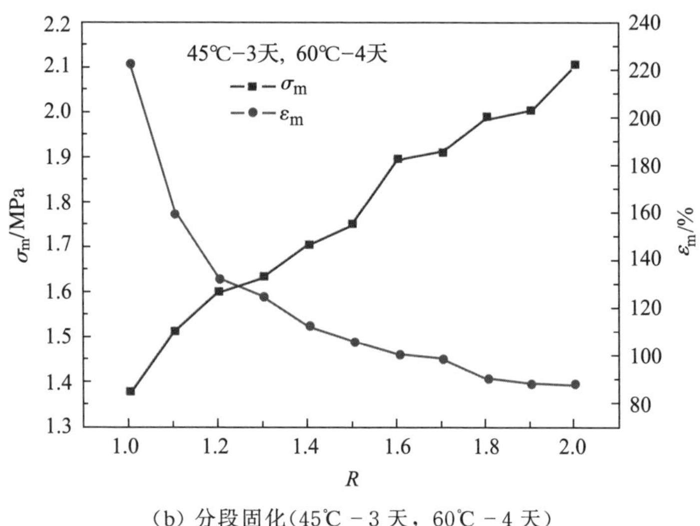

（b）分段固化（45℃－3 天，60℃－4 天）

图 4－14　不同固化条件下 GAP/PET/N－100/TPB/$_{12}$ 体系力学性能

表 4－4　不同固化条件下 GAP/PET/N－100/TPB/$_{12}$ 体系力学性能对比

	R	1.0	1.1	1.2	1.3	1.4	1.5	1.6	1.7	1.8	1.9	2.0
60℃－7 天	σ_m/MPa	1.23	1.32	1.39	1.41	1.58	1.62	1.64	1.65	1.79	1.80	1.88
	ε_m/%	211.68	140.15	118.11	90.85	95.30	97.19	94.98	96.82	99.94	97.50	102.0
分段固化	σ_m/MPa	1.38	1.52	1.60	1.63	1.71	1.75	1.90	1.91	1.99	2.00	2.11
	ε_m/%	222.11	159.14	131.66	125.02	111.95	105.45	99.95	98.45	89.85	88.45	87.21

通过对弹性体力学性能的测试结果可知，分段固化得到的弹性体力学性能明显好于 60℃条件下固化得到的弹性体，这主要是由于 60℃时，GAP、PET 会发生一定的相分离，而在分段固化时，GAP、PET 的固化速率大于其相分离速度，缓解了二者的相分离，使得体系在两种预聚物未完全发生相分离时，便已经与固化剂发生固化反应。且在低温下固化反应较慢，黏合剂体系形成的交联网络结构较完整，使得弹性体具有更好的力学性能；另外，高温固化反应会产生较大的热应力，热应力的存在影响了胶片的力学性能。

2）*R* 值对弹性体交联密度的影响

图 4－15 和表 4－5 是不同 *R* 值下分段固化得到的黏合剂的交联密度情况，根据实验数据可知，随着 *R* 值的增大，固化剂含量增加，GAP/PET/N－100 交联弹性体的交联密度（V_e）逐渐增大，交联点间的链段平均相对分子质量（M_c）

逐渐降低，这主要是因为固化剂 N－100 含量过多时，固化反应过程中交联点产生速率太快，不利于交联网络中链段的调整，容易形成不规整的网络结构，使得共混胶片在固化过程中产生了大量的内应力，降低了固化胶片的力学性能。这些内应力又会迫使部分链段自发断裂，在拉伸前就在交联网络中形成缺陷。这些缺陷受力拉伸后容易形成应力集中，进而大幅降低固化胶片的力学性能。

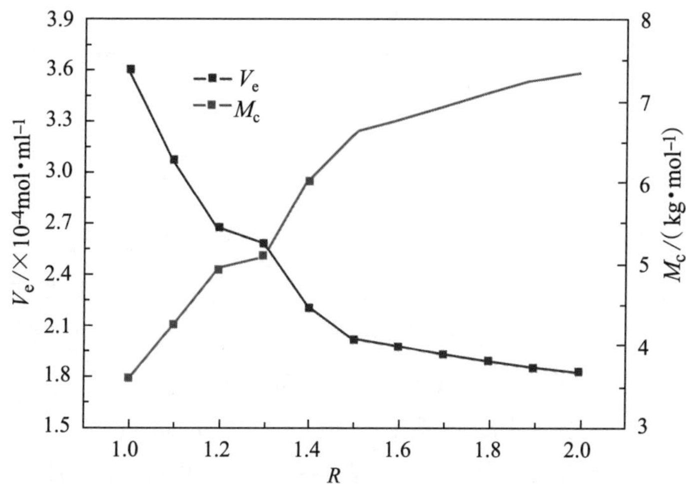

图 4－15　*R* 值对 GAP/PET/N－100/TPB/$_{12}$ 交联弹性体交联密度的影响

表 4－5　*R* 值对 GAP/PET/N－100/TPB/$_{12}$ 交联弹性体交联密度的影响

R	1	1.1	1.2	1.3	1.4	1.5	1.6	1.7	1.8	1.9	2.0
V_e/(×10^{-4}mol·ml^{-1})	1.78	2.09	2.42	2.50	2.94	3.23	3.30	3.37	3.46	3.53	3.57
M_c/(kg·mol^{-1})	7.36	6.25	5.42	5.24	4.45	4.05	3.97	3.88	3.78	3.71	3.66

4.5 加压固化工艺

热固性含能黏合剂基火炸药主要采用浇注工艺，由于火炸药和发动机/战斗部壳体两者热膨胀系数的差异以及药柱外表面与刚性发动机/战斗部壳体的内表面相黏结，从而使药柱的位移变形受到限制。这两方面因素，致使火炸药在浇注成型后会在药柱内存在残余应力，这对发动机或战斗部的可靠性带来极大的危害。为了消除药柱上产生的热应力，主要是采用消除限制药柱外表面上产生变形的方法达到的。因而，为抵消因热负荷产生的内能(应变能)，需要给予一个等值的外部载荷，故采用加压固化方式是克服上述缺陷的有效手段。

所谓加压固化工艺，即在含能预聚物与固化剂等在固化时通过对固化体系加压，使固化体系产生弹性膨变形，从而可利用黏合剂固化后慢慢冷却时消除产生的压缩力，以求用来抵消因冷却而在黏合剂内产生的热应力。已有研究表明，热固性含能黏合剂若采用加压固化的工艺，除了能有效减少和解决装药内部质量缺陷外，还能有效消除装药与壳体间缝隙和底隙，能够最大限度消除固化产生的热应力。

加压固化时应加的压力可根据下列平衡条件求得：

$$U_T + U_P = 0$$

式中，U_T 为因冷却使黏合剂产生的热应力；U_P为所施加的压力。

采用的加压方法主要有两种：①借助胶膜进行加压(简称胶膜加压)；②用氮气直接加压(简称直接加压)。可根据加压固化后黏合剂的力学性能、密度以及与相应的绝热层间的黏结性能来适当选择加压方式。

在实际操作中，加压固化的效果受到以下几个方面因素的影响：

(1)施加压强不能超过理论压强，否则由于发动机/战斗部壳体收缩量大于热固性含能黏合剂基火炸药药柱冷却收缩量，药柱内部将产生额外的应变。

(2)在理论压强范围内，加压固化施加的压强越大，加压固化的效果越好。此外，发动机/战斗部壳体壳体的刚度越小，加压固化所需的理论压强也越小。

(3)由于加压固化需要持续较长的一段时间(通常 4～5 天)，施加的压强越大，工艺实施的困难性和危险性就越大，因此最大施加压强不宜过大(如不超过3Pa)。

(4)加压固化的理论设计效果不能达到 100%，这是由于药柱需要适量收缩使药柱与芯模脱开，从而能安全地取出芯模。

4.6 热固性含能黏合剂的基本性能及影响因素

4.6.1 热固性含能黏合剂的能量性能

在火炸药的实际应用中，无论是用于枪炮的发射药还是用于火箭、导弹的推进剂以及 PBX 炸药，高能量始终是其追求的目标。含能黏合剂分子链上带有大量的含能基团，这些含能基团包括硝酸酯基(—ONO_2)、硝基(—NO_2)、硝胺基(—NNO_2)、叠氮基(—N_3)和二氟氨基(—NF_2)等，它们最显著的特点就是在燃烧时能够释放出大量的热，并生成大量相对分子量低的气体，从而提高火炸药的燃烧热和做功能力。生成热是衡量含能黏合剂能量的主要主要指标，表 4-6列出了几种典型的含能基团的生成热数据。在这些含能基团中，生成热最高的是叠氮基团，因此叠氮类热固性含能黏合剂是目前研究最多的，也是最具应用前景的含能黏合剂。

表 4-6　含能基团的生成热

基团	—ONO_2	—NO_2	—NNO_2	—N_3	—NF_3
生成热/($kJ \cdot mol^{-1}$)	-81.2	-66.2	74.5	355.0	-32.7

由于热固性含能黏合剂是含能预聚物与固化剂(如异氰酸酯)发生固化交联化学反应，生成的三维网络结构聚合物，故热固性含能黏合剂能量主要取决于含能预聚物的生成热及其在黏合剂中的比例。从表 4-6 可以看出，相同比例条件下叠氮类热固性含能黏合剂的能量最高，以下依次是硝酸酯类热固性含能黏合剂、硝胺类热固性含能黏合剂、硝基类热固性含能黏合剂和二氟胺类热固性含能黏合剂。

4.6.2　热固性含能黏合剂的力学性能

力学性能是热固性含能黏合剂的最重要性能，这是由于火炸药的力学性能是由黏合剂母体提供的，黏合剂母体本身黏弹性能的优劣，对火炸药的力学性能起着决定性的作用，黏合剂的力学性能决定了火炸药的使用性能，也决定了火炸药的能量性能是否可以真正得以实现。

热固性含能黏合剂的力学性能受多种复杂因素的影响，是一个多变量的复杂函数。这些变量有：预聚物的相对分子质量及相对分子质量分布、官能团及官能团分布、预聚物的官能团活性及官能团在分子链中的分布、预聚物主链结构的柔顺性；固化剂的品种和用量；化学交联固化网络结构参数、物理交联点；水分；结晶程度；固化反应的催化剂及动力学因素等。这些诸多因素都不同程度地影响和决定着黏合剂的力学性能。下面主要介绍影响热固性含能黏合剂力学性能的主要因素。

1. 主链柔顺性的影响

主链柔顺性是决定黏合剂力学性能优劣的重要因素。主链柔顺有利于分子或链段运动或摆动，分子的玻璃化转变温度较低，并且使黏结体系中两个分子容易相互靠近并产生吸附力。主链柔顺性受主链组成结构、极性、链间氢键作用和位阻效应等多种因素影响。主链以—CH_2—CH = CH—CH_2—和—CH_2—O—CH_2—等为骨架的黏合剂，其主链旋转受约束程度小，构象多，柔性大，所以这些黏合剂具有良好的力学性能。主链含有羧基、苯环、氨基甲酸酯等基团时，因这些基团内聚能较大，分别约为—CH_2—内聚能的3.4、5.76和6.34倍，且多数会使主链柔性降低，并易出现结晶，因而力学性能较低，尤其是含有苯环结构不易内旋转，刚性大，柔顺性最差。

2. 侧链的影响

黏合剂侧链若在主链上分布过于密集，主链运动受阻，柔性降低，因而会对力学性能产生不利影响。侧基基团极性的大小，对黏合剂分子内和分子间的吸引力有决定性的影响，基团的极性小，吸引力低，分子柔性好，如果侧基基团为极性基团，黏合剂分子内和分子间引力高、内聚能强度高而柔性降低。侧链基团体积的大小也决定其位阻大小，对分子力学能也能起到较大的影响。如叠氮类含能黏合剂中，GAP黏合剂最明显的缺点就是其力学性能不好，主要是因为GAP聚合物的线型大分子具有—CH_2—N_3侧链，用于承载链的重量百分数低。侧基基团的位置对黏合剂性能也有很大的影响，聚合物分子中同一个碳原子链接两个不相同取代基，会降低分子的柔顺性。

3. 官能团的影响

热固性含能黏合剂必须含有足够数量的官能团，否则固化不完全，导致力学性能不能满足使用要求。零官能度分子不参加固化反应，不能加入固化网络；单官能度分子虽然能进行固化反应，但它存在悬吊自由链段，所以零、单官能度分子对力学性能均无贡献。固化时，只有二官能度和大于二官能度的分子反应后能够进入固化网络，对力学性能起贡献作用。官能度大于2的分子本身具有交联功能，含量过多会使拉伸强度增加、伸长率降低。作为火炸药用的黏合剂，官能度分布越窄，固化形成的网络越规整，力学性能越好。官能团在预聚物分子中数量很少，但它在链中的位置对黏合剂的力学性能影响很大。一般官能团在主链的两端，固化后能形成较规整的封闭网络；而官能团在主链上无规分布，固化后形成的网络不规整，其存在对黏合剂力学性能无贡献的悬吊自由链段，所以力学性能与前者相比要差。

4. 交联程度的影响

热固性含能黏合剂主要是化学交联，所以交联固化过程对其性能有很大的影响。交联密度是决定网络结构材料力学性能的重要参数。含能黏合剂要有合适的交联密度，交联密度过小，达不到所需要的力学性能，黏合剂强度过低；

交联密度过大，黏合剂强度增加，但是断裂伸长率减小。

在热固性含能黏合剂中，其交联密度取决于含能预聚物中羟基与异氰酸酯中异氰酸酯基的摩尔比(NCO/OH)。除了 NCO/OH 的摩尔比会影响固化体系的力学性能外，固化温度也会对固化热过程产生重要影响。通常固化材料的固化温度必须与固化剂种类相匹配。固化时间、扩链剂含量、固化剂种类等同样对黏合剂力学性能有很大的影响。如固化剂用量不够，黏合剂固化就不完全，用量过大，使交联密度提高，致使材料综合性能变差。固化时间短，制作火炸药时适用期太短，不能使填料混合均匀。一般异氰酸酯化合物的化学活性很大，常温下能与含活泼氢化合物发生化学反应，固化时间太长，反应过程中受水分影响，固化产物易与水进行反应生产伯胺，而伯胺与 NCO 能反应生成 CO_2，导致材料中有气孔产生，而这将严重影响材料的力学性能。

5. 含能基团的影响

作为热固性含能黏合剂，其链中含有—NO_2、—ONO_2 和—N_3 等各种含能基团。含能基团的存在，虽然提高了黏合剂能量，但对黏合剂性能也带来许多不利影响。首先，因各种含能基团都具有较大的极性，而且内聚能很大，因此引入含能基团后不仅使黏合剂 T_g 升高，而且黏度变大。当含能基团引入数量过多时，黏合剂甚至变成蜡状或固体，会给火炸药制造工艺带来困难。此外，含能基团在链中的位置对黏合剂性能也有重要影响。含能基团直接与主链相连，力学性能较差，而从侧链上引入含能基团力学性能较好。

6. 相对分子质量及相对分子质量分布的影响

黏合剂相对分子质量及其分布是影响黏合剂力学性能的重要因素。通常相对分子质量增大，力学性能随之提高。但是黏合剂本体黏度随相对分子质量增大而增高，相对分子质量过大，反而会对火炸药成型工艺等带来不利影响。黏合剂应具有相应的相对分子质量大小或聚合度范围，在进行黏合剂分子设计时，应当使制备使用的预聚物相对分子质量可控和相对分子质量分布窄，如此才能使黏合剂重现性好。相对分子质量及其分布对黏合剂交联网络的性能有重要的影响。相对分子质量可控，可以满足不同黏合剂网络结构调节的需要，窄的相对分子质量分布是使热固型火炸药具有批次间重复性好的重要保证。

7. 结晶性的影响

黏合剂结晶性增大，其屈服应力、强度和模量均有提高，而抗张伸长率及耐冲击性能下降。高结晶性的黏合剂，其分子链排列紧密有序，空隙率降低，结晶使分子间相互作用力增大，分子链难以运动，导致聚合物硬化和脆化。但是同时结晶性能提高了黏合剂软化温度，黏合剂力学性能对温度变化敏感性能减小。黏合剂的结晶形态主要受其分子结构的影响，其表现为：化学结构越简单，越易结晶；分子链越规整，越易结晶。分子链上取代基空间位阻越小，越容易结晶；链段之间相互分子链越大，越有利于结晶。如 BAMO 是一种结构高度对称的单体，由其形成的均聚物具有极高的立构规整性，导致 PBAMO 在室温条件下即为结晶的固态聚合物，熔点比火炸药的浇铸固化温度高很多。所以要对 BAMO 进行分子改性使其具有可用的力学性能。

4.6.3 热固性含能黏合剂的热稳定性

含能材料的热性能直接影响其使用价值、使用安全性以及储存可靠性。相关研究表明，火炸药能量释放(燃烧或爆炸)速率是由其热分解率决定的，从某种意义上来说，热分解是火炸药做功反应的关键步骤，因此热固性含能黏合剂的热分解特性也是其主要性能之一。表征热固性含能黏合剂热分解特性的参数主要如下：

1. 起始放热温度

起始放热温度是衡量化学物质发生化学反应的难易程度的重要参数，如果此反应具有放热特性，那么它也是衡量此物质热稳定性的一个非常重要的指标。起始放热温度不是某种化学物质的固有参量，它是一个表观参量，不仅与所用测定仪器的感度和实验条件有关，还与实验人员所采取的确定方法有关。起始放热温度一般以放热曲线的切线与基线的交叉点所对应的温度来表示。

2. 反应热

反应热的热力学定义是反应产物生成热和反应物生成热的差值，也就是消耗单位反应物所能释放的热量。反应性化学物质的反应热大小与其自燃危险性具有紧密关系：物质的反应热越大，则该系统的温升就越高，反应物通常就不稳定。反应热的大小反映了整个化学反应所能释放的热量总和。然而，反应热表示的是整个反应进程中放热量的一个积分值，它不能表示出反应过程中的放热量随温度的变化情况。

3. 分解反应活化能(E_a)

分解反应活化能是分子从常态变为容易发生化学反应的活跃态所需要的能量，本质相当于分子发生碰撞所必须具有的最低相对动能。但这一解释一般仅对基元反应适用，而对于复杂的化学反应，分析得到的活化能只是一个表观值，表示的是各个基元反应活化能的组合。通常情况下，活化能越低，分解反应越容易进行。

从黏合剂结构而言，其结构中含有多种基团，而各种基团对分子内引力相应的影响可以用组分中各种不同基团在小分子中的分子内聚能来加以表示，数值高的则具有较强的吸引力。内聚能越高，分子的热稳定性能越好。表 4 - 7列出了典型聚氨酯中主要基团的内聚能。从表中可以看出脂肪烃和醚基的内聚能最低，氨基甲酸酯和酰胺基较高，脲基分子的内聚能要高于氨基甲酸酯。

表 4 - 7 几种基团的内聚能

基团	—CH_2—	—O—	—O—C(=O)—O—	—C_6H_4—	—C(=O)—NH—	—O—C(=O)—NH—
内聚能/($kJ \cdot mol^{-1}$)	2.85	4.19	12.14	16.32	35.59	35.59

因此一般来说，选择以 TDI 为代表的芳香族固化剂较以 IPDI 为代表的脂肪族固化剂固化的热固性含能黏合剂的热稳定性要高。此外，热固性含能黏合剂交联度的大小也直接影响着其热分解性能，固化后的黏合剂交联密度越高其热稳定性也越好。当然在相同条件下，不同含能基团的热分解温度直接影响着热固性含能黏合剂的热稳定性。表 4 - 8 列出了常见含能基团的起始分解温度。

表 4 - 8 含能基团的起始分解温度

基团	起始分解温度/℃
—C—O—NO_2	210
—C—NO_2	279
—N—NO_2	217
—C—N_3	221
—C—NF_2	191

从表 4 - 8 可以看出，相同条件下硝基类热固性含能黏合剂的热稳定性最好，以下依次是叠氮类热固性含能黏合剂、硝胺类热固性含能黏合剂、硝酸酯类热固性含能黏合剂和二氟胺类热固性含能黏合剂。

参考文献

[1] 罗运军，王晓青，葛震. 含能聚合物[M]. 北京：国防工业出版社，2011.

[2] 傅明源,孙酣经.聚氨酯弹性体及其应用[M].北京:化学工业出版社,2006.

[3] 李娟,段明,张烈辉,等.点击化学及其应用[J]. 化学进展,2007,19(11)：1754 - 1760.

[4] Varma I K. High energy binders：Glycidyl azide and allyl azide polymer[J]. Macromol Symp，2004，210：121 - 129.

[5] 常伟林,王建伟,王文浩,等. 叠氮黏合剂非异氰酸酯固化技术进展 [J]. 化学推进剂与高分子材料,2010,8(4)：16 - 23.

[6] Jung J H，Lim Y G，Lee K H，et al. Synthesis of glycidyl triazoly polymers using click chemistry[J]. Tetrahedron Letters，2007，48：6442 - 6448.

[7] Ding Y Z,Hu C,Guo X.Structure and mechanical properties of novel composites based on glycidyl azide polymer and propargyl-terminated polybutadiene as potential binder of solid propellant[J]. Journal of Applied Polymer Science，2014,131：40007 - 40015.

[8] Hu C，Guo X，Jing Y H. Structure and mechanical properties of crosslinked glycidyl azide polymers via click chemistry as potential binder of solid propellant [J]. Journal of Applied Polymer Science,2014,131：40636.

[9] Min B S,Park Y C,Yoo J C. A study on the triazole crosslinked polymeric binder based on glycidyl azide polymer and dipolarophile curing agents[J]. Propellants Explosive Pyrotechnics,2012,37：59 - 68.

[10] Katritzky A R,Meher N K,Hancl S,et al.Preparation and characterization of 1,2,3-triazole-cured polymers from end capped azides and alkynes[J]. Journal of Polymer Science：Part A：Polymer Chemistry,2008,46：238 - 256.

[11] 李辉,赵凤起,于倩倩,等. 点击化学在三唑固化体系及固体推进剂中的研究进展[J]. 固体火箭技术，2015，38(12)：73 - 78.

[12] 陈莉，陈苏.聚氨酯互穿网络聚合物的研究进展[J]. 黏接，2002，(23):4 - 9.

[13] 高建宾，张宏元，陶永杰. 互穿聚合物网络技术在固体推进剂中的应用前景[J]. 化学推进剂与高分子材料,2003,1(4)：11 - 14.

[14] 高建宾，张宏元，陶永杰. GAP 型 PU/PMMA 聚合物互穿网络的力学性能研究[J]. 化学推进剂与高分子材料,2003,1(6)：31 - 34.

[15] Frankel M，Wilson E，Woolery D，et al. Energetic Azido Compounds[R]. DTIC Document，1982.

[16] 申飞飞,Abbas Tanver, 罗运军. FTIR 法研究 GAP 与 N-100 的催化反应动力学[J]. 火炸药学报, 2104, 37(4): 14-18.

[17] 张弛. BAMO-AMMO 含能粘合剂的合成、表征及应用研究[D]. 北京:北京理工大学, 2011.

[18] 赵一搏. PBAMO/GAP 含能粘合剂的合成、表征和应用研究[D]. 北京:北京理工大学, 2012.

[19] Ou Y P,Chang S J, Zhang B L. Effect of TPB on Curing Reaction of HTPB-TDI[J]. Journal of measurement science and instrumentation,2014,5(4):89-92.

[20] Thibieroz B, Lecume S, Bigot Y. Development and characterization of PBX cast at ambient temperature. Insensitive Munitions and Energetic Materials Technology Symposium[C].2001.

[21] 刘训恩, 唐松青.室温固化催化剂的研制和在固体推进剂中的应用[J]. 化学推进剂与高分子材料, 2004, 2(2): 4-6.

[22] Han J L, Yu C H, Lin Y H, et al. Kinetic study of the urethane and urea reactions of isophorone diisocyanate[J]. Journal of Applied Polymer Science, 2008, 107(6):3891-3902.

[23] 贾云峰. HTPB 和 GAP 粘合剂室温固化研究[D]. 北京:北京理工大学, 2014.

[24] Keicher T, Kuglstatter W, Eisele S, et al. Isocyanate-free curing of glycidyl-azide-polymer(GAP) [C] // 41th Int Ann Conf of ICT, 2010.

[25] 荒井敬司. 固体火箭发动机加压固化的研究[J]. 国外固体火箭技术,1984, 12(2):54-63.

05 第5章 热塑性含能黏合剂的合成化学与工艺学

热塑性含能黏合剂是一类新型黏合剂。在基于该类黏合剂的火炸药制造过程中，成型是通过增塑剂在加热挤压等方式下将大分子塑化而完成，其冷却固化属物理过程。在加热条件下，增塑剂经扩散进入黏合剂分子之间，将颗粒状或粉状的黏合剂变成宏观均匀、连续的固体，从而完成固化过程。由于此类黏合剂系统常温变硬，处于玻璃态，温度升高到一定程度后又会软化呈塑性，故人们习惯上称其为热塑性。第6章叙述的硝化纤维素正属于此类黏合剂，本章要介绍的主要是指除硝化纤维素外的热塑性含能黏合剂。

5.1 热塑性含能黏合剂的性能特点

热塑性含能黏合剂主要指含能热塑性弹性体，而含能热塑性弹性体是指含有—NO_2、—ONO_2、—N_3、—NF_2、—NNO_2 等能量基团的热塑性弹性体（Energetic Thermoplastic Elastomer，ETPE）。

ETPE在常温下表现为橡胶弹性，而在高温下又能塑化成型，这类聚合物兼有塑料和橡胶的特点。在热塑性弹性体的分子链中，显示橡胶弹性的成分称为橡胶段或软段，而约束成分则称为塑料段或硬段。由约束成分聚集起来形成的相畴，则称为物理交联相。这些物理交联相分散在周围大量的橡胶弹性链段之中，前者称分散相，后者为连续相。简而言之，热塑性弹性体分子组成的一个重要特点就是：分子中一部分是由具有橡胶弹性的柔性链段组成，另一部分可组成分子间的假性交联。在常温下由于假性交联和橡胶弹性链段的存在而具有橡胶弹性，在高温下由于假性交联的消失而使材料具有热塑性。

ETPE是由软段相和硬段相组成的两相嵌段共聚物，软段提供橡胶弹性，而硬段则提供物理交联点并起着填料的功能。ETPE之所以具有这些功能原因在于其不寻常的两相形态结构。由于其两相结构单元在热力学上是不相容的或是不完全相容的，因而产生微相分离即形成两个微区，ETPE显示的微观相分离结构如图 5-1 和图 5-2 所示。微区的结构和性质主要由两相结构单元的溶度参数差异和两相的相对含量大小两个因素决定。由于微观的相分离，使得硬链段在软链段中相互聚集从而产生了分散的小微区，并用化学键与软段部分连接。这些微区形成键间有力的缔合，使之形成物理交联。这种物理交联与硫化橡胶弹性体中的化学交联具有同样的功能。在软段的玻璃化转变温度（T_{gs}）或硬段的熔点（T_m）以上时这种硬微区将熔融，因此热塑性弹性体可以用熔融加工的方法进行加工。另外，这种玻璃态硬嵌段的填料还对弹性体产生增强作用，其原因是：①硬链段微区形成分离相；②硬链段微区具有一定的尺寸和均匀性；③链段间的化学键使两相间的黏着力得到保证。ETPE 结合了交联弹性体的优良物理化学性能及热塑性弹性体便于加工的特点，因而获得了广泛的应用。

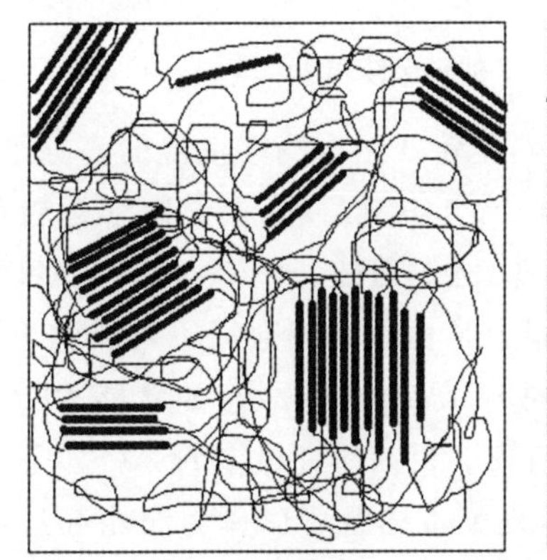
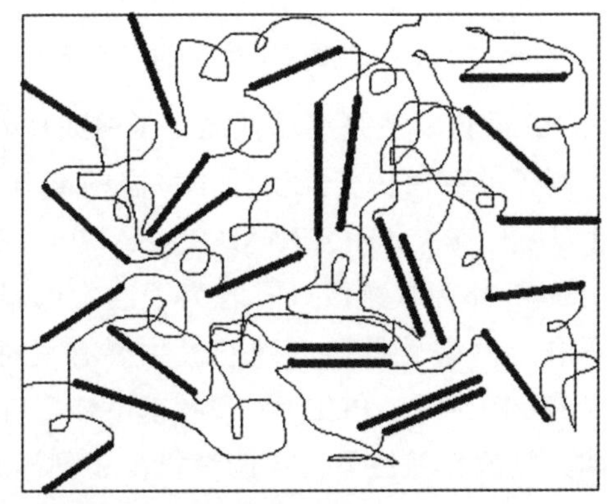

图 5-1　ETPE 体系的微相分离结构示意图

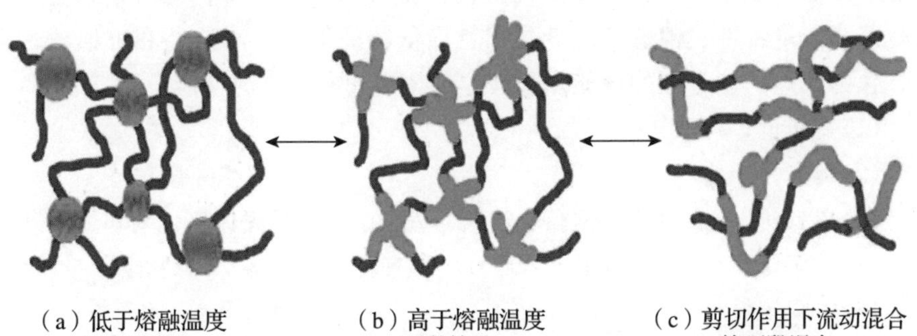

图 5-2　结晶性聚合物作为硬链段的含能聚氨酯弹性体的结构模型

ETPE 的使用性能和功能直接与其软段的玻璃化转变温度 T_g 和硬段的熔点 T_m 相关。ETPE 的使用温度介于玻璃化转变温度 T_g 和熔点 T_m 之间，温度高于

T_m，硬段微区便会熔融而使 ETPE 流动，这有利于采用模压、挤出等方法对其进行加工。图 5-3 给出了不同状态下 ETPE 的形态结构。当将其冷却至 T_m以下时，ETPE 会重新变为固体，恢复弹性，并保持其弹性特征直至温度达到 T_g。

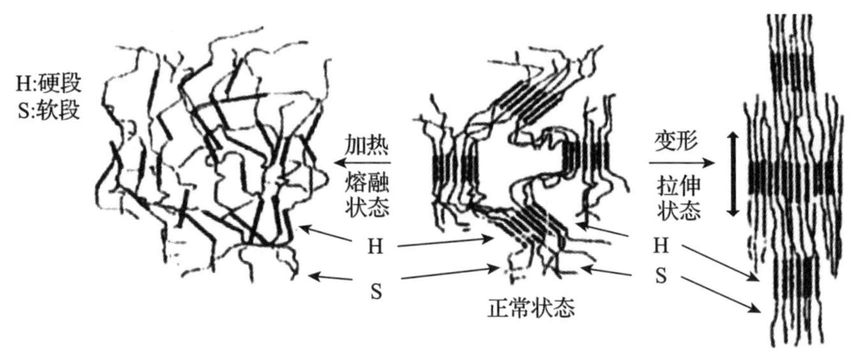

图 5-3 不同状态下 ETPE 的形态结构

ETPE 硬段一般是结晶性高分子链或玻璃化转变温度高于室温的高分子链，而软段则是玻璃化转变温度低于室温的高分子链。一般以常温无定形含能预聚物（如 GAP、PAMMO、AMMO-BAMO、BAMO-THF、GAP-THF、PNIMO 和 PGLYN）作为软链段，有时为了改善低温力学性能，还会以不含能的 PEG、PET 等作为共聚软链段。硬链段主要有两种：结晶性聚合物（如含能 PBAMO 和不含能 PBEMO、PCL 等）和氨基甲酸酯链段。目前研究最多的 ETPE 是含能聚氨酯类热塑性弹性体。含能聚氨酯类热塑性弹性体既可以作为高能低易损性（HELOVA）火炮发射药和固体火箭推进剂的黏合剂，又可以作为塑料黏结（PBX）炸药的黏结剂。含能热塑性弹性体是火炸药的新一代黏合剂，它将赋予火炸药高能量特性、钝感性、低易损性、低特征信号、清洁性和可回收性等优点。作为火炸药黏合剂的含能热塑性弹性体应具有如下的性能：

（1）高能量；

（2）熔点介于 80～95℃；

（3）在 100℃左右时的熔体黏度较低，适于添加大量固体氧化剂和金属燃料；

（4）玻璃化转变温度低（T_g<40℃），具有良好的低温力学性能；

（5）感度较低；

（6）与火炸药其他组分有良好的相容性；

（7）储存性能好，火炸药在储存过程中能保持良好的力学性能，即具有较好的化学安定性、热稳定性和环境稳定性；

（8）具有较低的毒性，安全性能好。

火炸药中采用含能热塑性弹性体，可减少火炸药中含能固体填料的含量，同时 ETPE 能吸收外界冲击能，降低火炸药的冲击感度，从而提高火炸药加工和储存的安全性。而且 ETPE 又能保持热塑性弹性体加工性能好的优点，适应压伸成型的工艺要求。综上可以看出，含能热塑性弹性体作为火炸药黏合剂具有力学性能好、加工性能优良、低成本、安全、易回收等优点，而且可以采用无溶剂加工方法，不需对现有设备进行改进，对于发展新一代高能不敏感火炸药起着重要的作用，含能热塑性弹性体是一类很有发展前途的黏合剂。

含能热塑性弹性体的制备方法主要包括官能团预聚体法、活性顺序聚合法、大分子引发剂法、可控自由基聚合法等方法，下面分别加以介绍。

5.2 官能团预聚体法合成化学与工艺

官能团预聚体法合成 ETPE 是先合成官能团(如—OH、—COOH、—NH_2 和—NCO 等)封端的可作为弹性体软、硬链段的预聚物，然后通过官能团之间的化学反应将软段和硬段连接在一起。如先合成具有硬段相(玻璃态)和软段相(橡胶态)的端羟基含能预聚物，之后通过二异氰酸酯或碳酸酯将软、硬段相连接，从而形成 ETPE，合成示意图如图 5-4 所示。

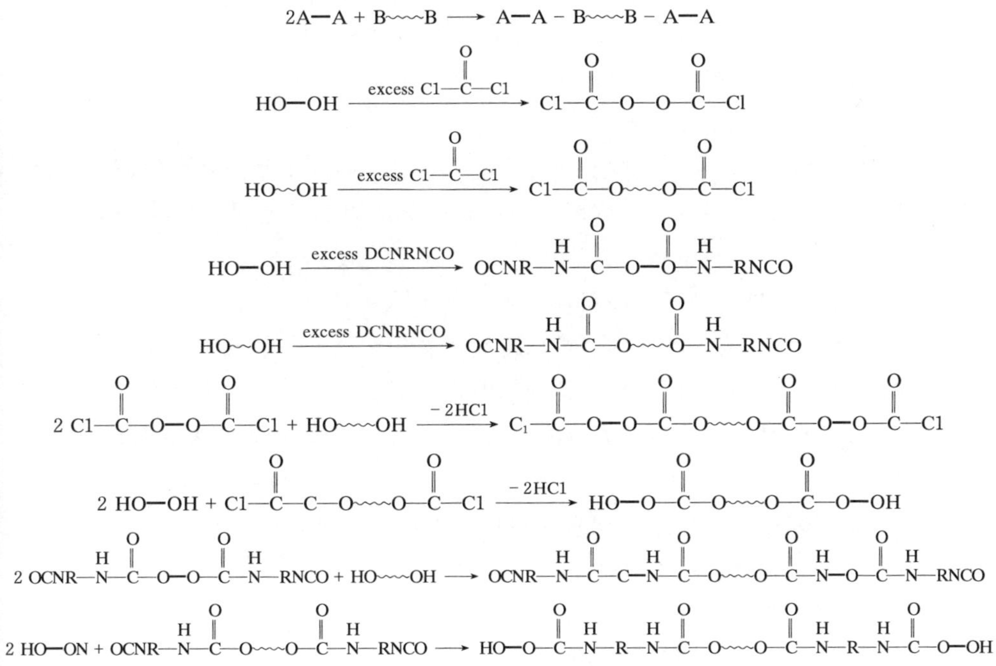

2A—A + B∼∼∼B ⟶ A—A - B∼∼∼B - A—A

HO—OH —(excess Cl—C(=O)—Cl)⟶ Cl—C(=O)—O—O—C(=O)—Cl

HO∼∼OH —(excess Cl—C(=O)—Cl)⟶ Cl—C(=O)—O∼∼∼O—C(=O)—Cl

HO—OH —(excess DCNRNCO)⟶ OCNR—N(H)—C(=O)—O—O(=O)—N(H)—RNCO

HO∼∼OH —(excess DCNRNCO)⟶ OCNR—N(H)—C(=O)—O∼∼∼O(=O)—N(H)—RNCO

2 Cl—C(=O)—O—O—C(=O)—Cl + HO∼∼∼OH —(-2HCl)⟶ C_1—C(=O)—O—O—C(=O)—O∼∼∼O—C(=O)—O—O—C(=O)—Cl

2 HO—OH + Cl—C(=O)—C—O∼∼∼O—C(=O)—Cl —(-2HCl)⟶ HO—O—C(=O)—O∼∼∼O—C(=O)—O—OH

2 OCNR—N(H)—C(=O)—O—O—C(=O)—N(H)—RNCO + HO∼∼∼OH ⟶ OCNR—N(H)—C(=O)—C—N(H)—C(=O)—O∼∼∼O—C(=O)—N(H)—O—C(=O)—N(H)—RNCO

2 HO—ON + OCNR—N(H)—C(=O)—O∼∼∼O—C(=O)—N(H)—RNCO ⟶ HO—O—C(=O)—N(H)—R—N(H)—C(=O)—O∼∼∼O—C(=O)—N(H)—R—N(H)—C(=O)—O—OH

图 5-4 官能团预聚体法合成 ETPE 示意图

(—为硬段相， ∼∼∼ 为软段相)

官能团预聚体合成法从反应原理上讲为逐步加成聚合反应，简称聚加成反应，是单体分子通过反复加成，使分子间形成共价键，逐步生成高相对分子质量聚合物的过程，其在聚合物形成的同时没有小分子析出。故官能团预聚体合成法的主要特征如下：①聚合反应是通过单体功能基之间的反应逐步进行的；②每一步反应的速率和活化能大致相同；③反应体系始终由单体和相对分子质量递增的一系列中间产物组成，单体和中间产物以及任何两个中间产物间都能发生反应；④产物的相对分子质量是逐步增大的。

官能团预聚体法的两个重要参量是反应程度和聚合度，反应程度是表征官能团预聚体法合成 ETPE 反应进行的程度。反应程度 p 的计算式如下：

$$p=\frac{(N_0-N)}{N_0}=\text{已反应官能团数/起始官能团总数} \tag{5-1}$$

式中，N_0为反应起始时单体的总物质的量；N 为反应体系中同系物(含单体)的总物质的量。

而聚合度$\overline{X}_n$ 与反应程度的关系为

$$\overline{X_n}=\frac{1}{(1-p)} \tag{5-2}$$

注意：式(5-2)必须在官能团等物质的量条件下才能使用。

反应温度、单体浓度、催化剂、搅拌和惰性气体保护是影响官能团预聚体法合成 ETPE 反应的 6 个影响因素。

(1)反应温度：①升高温度使聚合度降低；②升高温度会提高反应速率，降低体系黏度；③升高温度会导致副反应的发生。所以必须通过实验确定最佳的反应温度。

(2)催化剂：催化剂可提高聚合反应速率。

(3)单体浓度：高的单体浓度可以得到较高相对分子质量的 ETPE。

(4)搅拌：①有利于反应物料的均匀混合与扩散；②强化传热过程以利于温度控制；③高强度的搅拌剪切力可能导致 ETPE 链断裂，从而引发机械降解。

(5)惰性气体：①避免氧化反应的发生；②可能带出单体，不利于维持低沸点单体的等摩尔配比。所以，如果原料单体的沸点较低，则不宜在反应初期而只能在反应中后期通入惰性气体。

因此，获得高相对分子质量 ETPE 的重要条件是：

(1)单体纯净，无单官能团化合物；

(2)官能团等摩尔配比；

(3)尽可能高的反应程度，包括温度控制、催化剂、惰性气体保护等。

官能团预聚体法根据软硬段之间连接键的不同，又可分为聚氨酯加成聚合法和聚碳酸酯加成聚合法。

5.2.1 聚氨酯加成聚合法

聚氨酯加成聚合法是研究最多的官能团预聚体法，该方法通过官能团之间的化学反应形成氨基甲酸酯连接键从而得到 ETPE。此方法通常是在少量催化剂存在下，将羟基封端的低相对分子质量含能聚醚或聚酯类预聚物先与过量的二异氰酸酯进行反应，生成异氰酸酯基封端的预聚物，然后加入扩链剂(如二元醇、肼和二元胺等)进行扩链，即可得到聚氨酯(聚脲)类含能热塑性弹性体，反应过程见图 5-5。有时也可不加扩链剂，直接将羟基封端的低相对分子质量含能聚醚或聚酯类预聚体与等当量的二异氰酸酯反应，同样可生成聚氨酯类含能热塑性弹性体。在聚氨酯类含能热塑性弹性体的链结构中，软链段为常温无定形的羟基封端的低相对分子质量含能聚醚或聚酯类预聚物，而硬链段可以是二异氰酸酯与羟基反应生成的氨基甲酸酯或者是结晶性的聚醚和聚酯二醇(如含能的 PBAMO 和不含能 PBEMO、PCL 等)。所形成的氨基甲酸酯链段如图 5-5 所示。

$$\underset{\text{无定形预聚体}}{\mathrm{HO{-}R_S{-}OH}}\ (+\ \underset{\text{结晶性预聚体}}{\mathrm{HO{-}R_H{-}OH}})\ +\ \mathrm{OCN{-}R{-}NCO} \longrightarrow$$

$$\mathrm{OCH{-}R{-}\overset{H}{N}{-}\overset{O}{\overset{\|}{C}}\!\left(O{-}R_S{-}O{-}\overset{O}{\overset{\|}{C}}{-}\overset{H}{N}{-}R{-}\overset{H}{N}{-}\overset{O}{\overset{\|}{C}}\right)_{\!n} R_S{-}O{-}\overset{O}{\overset{\|}{C}}{-}\overset{H}{N}{-}R{-}NCO}$$

$$\xrightarrow[\text{扩链}]{\mathrm{HO-R_1-OH}} \sim\!\sim\mathrm{O\overset{O}{\overset{\|}{C}}{-}\overset{H}{N}{-}R{-}\overset{H}{N}{-}\overset{O}{\overset{\|}{C}}{-}O{-}R_1{-}O{-}\overset{O}{\overset{\|}{C}}{-}\overset{H}{N}{-}R{-}\overset{H}{N}{-}\overset{O}{\overset{\|}{C}}{-}O}\sim\!\sim$$

图 5-5 聚氨酯加成聚合法合成 ETPE 示意图

1. 聚氨酯加成聚合法合成 ETPE 的主要原料

聚氨酯加成聚合法合成 ETPE 的主要原料是羟基封端的预聚物、二异氰酸酯化合物，此外，还有扩链剂及催化剂等。

1) 羟基封端的预聚物

合成 ETPE 常用的羟基封端的低相对分子质量含能聚醚或聚酯预聚物主要有聚叠氮缩水甘油醚(GAP)、聚 3-叠氮甲基-3-甲基氧丁环(PAMMO)、3,3-二(叠氮甲基)氧丁环-3-叠氮甲基-3-甲基氧丁环共聚物(BAMO-AMMO)、3,3-二(叠氮甲基)氧丁环-四氢呋喃共聚物(BAMO-THF)、叠氮缩水甘油醚-四氢呋喃共聚物(GAP-THF)、聚3-硝酸甲酯基-3-甲基氧杂环丁烷(PNIMO)和聚硝化缩水甘油醚(PGLYN)等含能预聚物。关于羟基封端的含能预聚物前面已经介绍较多，这里就不再赘述。有时为了改善ETPE的低温力学性能，在合成聚氨酯类ETPE时，还以不含能的聚乙二醇(PEG)和环氧乙烷-四氢呋喃无规共聚醚(PET)等作为共聚软链段。

2）二异氰酸酯化合物

二异氰酸酯化合物的O═C═N—基团是高度不饱和的基团，化学性能十分活泼，能与任何一种含有活泼氢原子的化合物反应。

$$R—\overset{\ominus}{\ddot{N}}—\overset{\oplus}{C}═\ddot{O} \longleftrightarrow R—\ddot{N}═C═\ddot{O} \longleftrightarrow R—\ddot{N}═\overset{\oplus}{C}—\overset{\ominus}{\ddot{O}}: \qquad (5-3)$$

二异氰酸酯化合物合成主要有伯胺光气法和一氧化碳法。

(1)伯胺光气法。工业中采用的只有伯胺光气法。

$$R—NH_2 + COCl_2 \longrightarrow R—NCO + 2HCl \qquad (5-4)$$

该方法缺点是光气的毒性大，副反应多，且有焦油状副产物。

(2)一氧化碳法。主要是利用一氧化碳与硝基化合物在催化剂作用下直接合成。

$$R—NO_2 + 3CO \xrightarrow[\text{催化剂}]{\text{Pt等贵金属}} R—NCO + 2CO_2 \qquad (5-5)$$

该反应必须在高温(160～220℃)、高压(可高达29MPa)下进行，需贵金属作催化剂。

常用合成ETPE的二异氰酸酯化合物主要有4,4'-亚甲基二苯基异氰酸酯(MDI)、甲苯二异氰酸酯(TDI)、1,6-亚己基二异氰酸酯(HDI)和异氟尔酮二异氰酸酯(IPDI)等。

① 4,4'-二苯基甲烷二异氰酸酯(MDI)。MDI主要通过如下反应式进行合成：

$$2\,C_6H_5—NH_2 + HCHO \longrightarrow H_2N—C_6H_4—CH_2—C_6H_4—NH_2 \xrightarrow{\text{光气化}} OCN—C_6H_4—CH_2—C_6H_4—NCO \qquad (5-6)$$

MDI易二聚，毒性低，一般在低温下储存。

② 甲苯二异氰酸酯(TDI)。TDI是使用最广、耗量最大的一种异氰酸酯。若用甲苯为原料，先经二硝化，再还原成二胺，随后经光气反应制得TDI。因

为二硝化时可得到 2,4 和 2,6 -位两种二硝基的异构体，所以采用不同的生产工艺路线，可以得到异构体含量不等的 TDI。工业中常见的三种 TDI 混合物，简称为 TDI-100、TDI-80 及 TDI-65。TDI-100 含 100%（质量）的 2,4 -甲苯二异氰酸酯，TDI-80 含 2,4 -位与 2,6 -位的分别为 80%、20%，TDI-65 含 2,4 -位与 2,6 -位的分别为 65%、35%（质量）。

由于 2,4 -位的 TDI 反应活性大于 2,6 -位的，所以 TDI-100 活性最大，TDI-65 活性最小。采用 TDI 所制得的聚氨酯制品物理性能较好，但其沸点低、蒸气压高、毒性大，是 TDI 最主要的缺点。

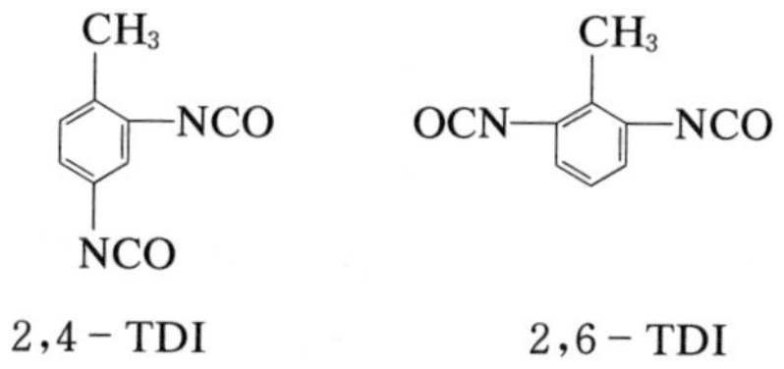

CH_3 NCO NCO　　CH_3 OCN NCO

2,4-TDI　　2,6-TDI

③ 1,6 -亚己基二异氰酸酯（HDI）。

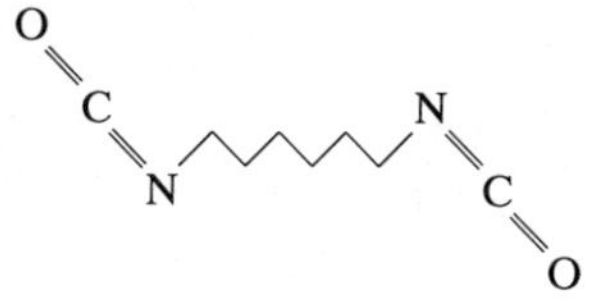

O C N N C O

HDI 主要由己二胺盐酸盐与光气作用而制得，其挥发性强，毒性大，化学性质非常活泼，需密封干燥储存。

④ 异氟尔酮二异氰酸酯（IPDI）。

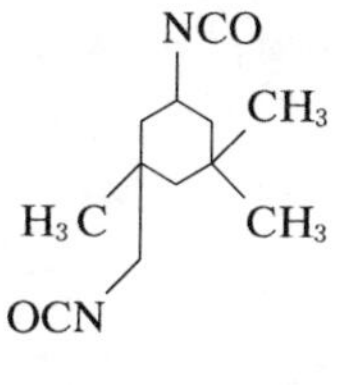

NCO CH_3 H_3C CH_3 OCN

IPDI 的工业产品含 75% 顺式异构体和 25% 反式异构体，它的反应活性比芳香族异氰酸酯低，蒸气压也低。IPDI 分子中 2 个 NCO 基团的反应活性不同，因为分子中伯 NCO 受到环己烷环和 α -取代甲基的位阻作用，使得连在环己烷上的仲 NCO 基团的反应活性比伯 NCO 的高 1.3～2.5 倍；IPDI 与羟基的反应速度比 HDI 与羟基的反应速度快 4～5 倍。

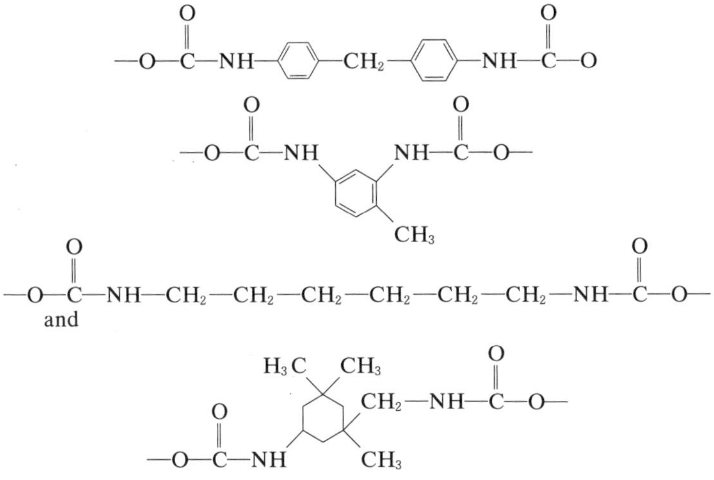

$$-O-\overset{O}{\overset{\|}{C}}-NH-C_6H_4-CH_2-C_6H_4-NH-\overset{O}{\overset{\|}{C}}-O$$

$$-O-\overset{O}{\overset{\|}{C}}-NH-C_6H_3(CH_3)-NH-\overset{O}{\overset{\|}{C}}-O-$$

$$-O-\overset{O}{\overset{\|}{C}}-NH-CH_2-CH_2-CH_2-CH_2-CH_2-CH_2-NH-\overset{O}{\overset{\|}{C}}-O-$$

and

$$-O-\overset{O}{\overset{\|}{C}}-NH-(\text{3,3,5-三甲基环己基, } H_3C, CH_3, CH_3)-CH_2-NH-\overset{O}{\overset{\|}{C}}-O-$$

图 5-6 不同异氰酸酯生成的氨基甲酸酯链段

二异氰酸酯化合物的活性较高，在一定条件下会发生如下反应。

① 芳香族异氰酸酯的二聚反应：

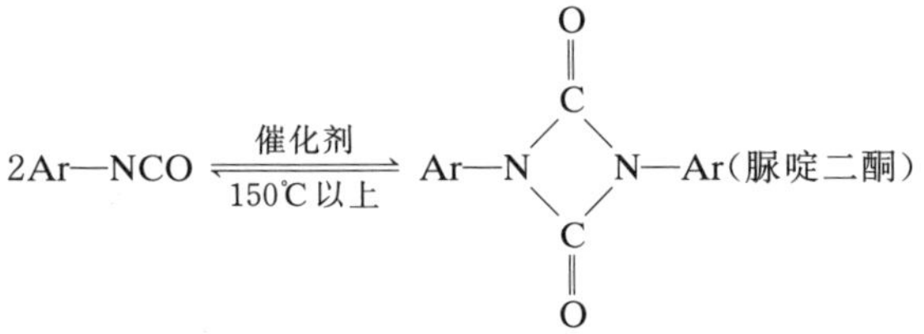

$$2Ar-NCO \underset{150℃\text{以上}}{\overset{\text{催化剂}}{\rightleftharpoons}} Ar-N\langle\overset{\overset{O}{\|}}{C}, \underset{\underset{O}{\|}}{C}\rangle N-Ar\text{（脲啶二酮）} \tag{5-7}$$

此反应在室温下缓慢地进行，叔胺及磷化合物可催化其加速；高温下（150℃）二聚体会发生分解。

②异氰酸酯的三聚反应。脂肪族和芳香族异氰酸酯均可发生三聚反应。采用的催化剂有胺及钠、钾、钙等金属的可溶性化合物。

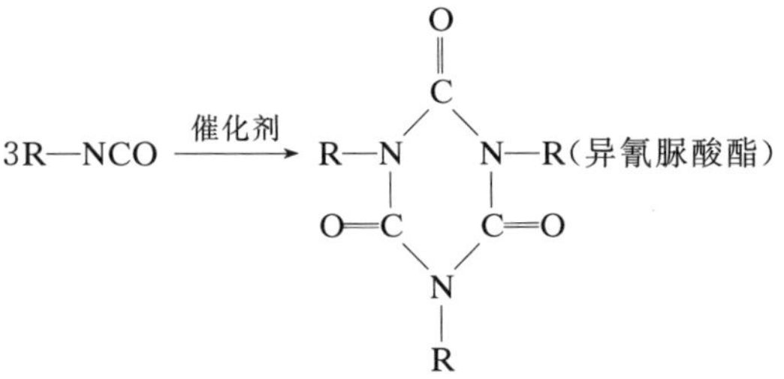

$$3R-NCO \xrightarrow{\text{催化剂}} (RNCO)_3\text{（异氰脲酸酯）} \tag{5-8}$$

③ 异氰酸酯的线型聚合反应：

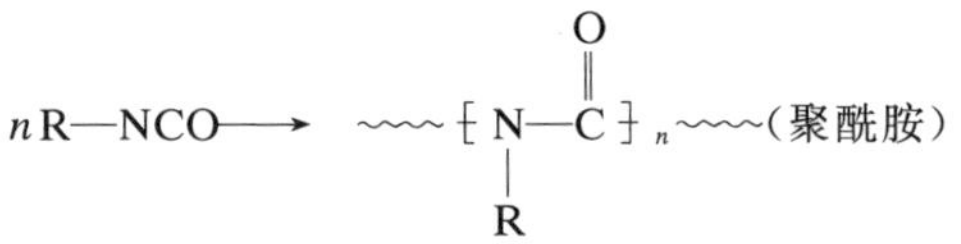

$$nR-NCO \longrightarrow \sim\sim [\underset{\underset{R}{|}}{N}-\overset{\overset{O}{\|}}{C}]_n \sim\sim\text{（聚酰胺）} \tag{5-9}$$

式中，R 为脂肪族或芳香族基团；n 值高达 2000。

④ 异氰酸酯的脱二氧化碳缩聚反应：

$$n\mathrm{OCN—R—NCO} \longrightarrow \left[\mathrm{N{=}C{=}N—R} \right]_n + n\mathrm{CO_2}\uparrow \tag{5-10}$$

上述反应发生会影响二异氰酸酯化合物的纯度，因此在采用聚氨酯预聚体法合成 ETPE 时应避免这类反应发生。

3）扩链剂

扩链剂是聚氨酯型 ETPE 制备中仅次于二异氰酸酯化合物和聚合物二元醇的重要原料，它们与预聚体反应可使分子链扩展而增大，并在 ETPE 分子中形成硬段。合成 ETPE 常用的扩链剂一般为小分子二元醇，主要包括 1,4 -丁二醇(BDO)、1,3 -丙二醇、2,4 -戊二醇、乙二醇和 1,6 -己二醇等。

4）催化剂

聚氨酯型 ETPE 制备中最重要的两种催化剂是叔胺类和有机锡类化合物。

(1)叔胺类：三乙胺、三乙醇胺、三亚乙基二胺、丙二胺、N，N -二甲基苯胺及 N -烷基吗啉等。这些胺类化合物都具有碱性。

$$\mathrm{R'—N{=}C{=}O + R_3N \longrightarrow \left[R'—N—C—O^{\ominus}\right]}\ \ (\mathrm{C} \leftarrow \overset{\oplus}{\mathrm{N}}\mathrm{R_3})$$

$$\mathrm{\left[R'—N{=}C—O^{\ominus}\right]}\ (\mathrm{C} \leftarrow \overset{\oplus}{\mathrm{N}}\mathrm{R_3}) + \mathrm{R''OH} \longrightarrow \mathrm{R'NH\overset{\overset{\displaystyle O}{\|}}{C}OR'' + R_3N} \tag{5-11}$$

催化机理：发生亲核反应，叔胺与 R′—NCO 生成过渡状态络合物，在其他醇分子进攻下生成聚氨酯并释出催化剂叔胺分子。叔胺化合物的碱性越强，其催化能力也越强。

(2)有机锡类化合物：二丁基锡二月桂酸酯、辛酸亚锡及油酸亚锡等。以前两种最为重要。

有机锡类催化剂对“—NCO～ROH”反应的催化活性强于叔胺类催化剂。有时，可采用“胺～有机锡”混合催化剂，可产生协同效应，其催化效果比单一的催化剂要提高很多倍。

2. 反应特点及影响因素

聚氨酯加成聚合法属于逐步加成聚合反应，在形成大分子的反应过程中，起主要作用的只有一种化学反应(缩合反应)，该化学反应不断重复的增长即可形成聚合物，反应的特征如下：

(1)聚合反应主要依靠单一化学反应的不断重复、增长来完成；

(2)单体中可以包含羟基、异氰酸酯基、胺基等多种官能团，每一种官能团都可能随机地发生反应；

(3)单体在聚合反应的初期就消耗殆尽；

(4)产物的相对分子质量随着单体转化率的增加而缓慢增长；

(5)在整个反应过程中，任意聚合度的低聚物都可参与聚合，因此产物相对分子质量分布较宽；

(6)原料需要按照严格的化学计量比配制；

(7)单体的纯度要求比较高。

聚氨酯加成聚合法合成 ETPE 的过程中主要存在以下几种反应。

(1)异氰酸酯与羟基反应生成氨基甲酸酯：

$$R{-}NCO + HO{-}R' \longrightarrow R{-}NH\overset{\overset{\displaystyle O}{\|}}{C}{-}O{-}R' \tag{5-12}$$

(2)氨基甲酸酯与二异氰酸酯反应生成脲基甲酸酯：

$$R{-}NCO + \overset{\overset{\displaystyle R''}{|}}{N}H\overset{\overset{\displaystyle O}{\|}}{C}{-}O{-}R' \longrightarrow R{-}NH{-}\overset{\overset{\displaystyle O}{\|}}{C}{-}\overset{\overset{\displaystyle R''}{|}}{N}{-}\overset{\overset{\displaystyle O}{\|}}{C}{-}O{-}R' \tag{5-13}$$

(3)异氰酸酯和胺类反应生成脲键结构：

$$R{-}NCO + H_2N{-}R' \longrightarrow R{-}NH\overset{\overset{\displaystyle O}{\|}}{C}{-}NHR' \tag{5-14}$$

(4)体系中若有微量水，水将与异氰酸酯基反应生成胺和二氧化碳，生成的胺将进一步与异氰酸酯基反应：

$$R{-}NCO + H_2O \longrightarrow R{-}NH_2 + CO_2 \tag{5-15}$$

$$R{-}NCO + H_2N - R' \longrightarrow R{-}NH\overset{\overset{\displaystyle O}{\|}}{C}{-}NHR' \tag{5-16}$$

(5)脲键上的氢与异氰酸酯反应生成缩二脲结构：

$$R{-}NCO + R'NH{-}\overset{\overset{\displaystyle O}{\|}}{C}{-}NHR'' \longrightarrow RNH{-}\overset{\overset{\displaystyle O}{\|}}{C}{-}\overset{\overset{\displaystyle R'}{|}}{N}{-}\overset{\overset{\displaystyle O}{\|}}{C}{-}O{-}R'' \tag{5-17}$$

(6)此外，当催化剂存在时，异氰酸酯还会产生二聚、三聚和多聚作用生成脲酐、三聚异氰酸酯和线型高分子聚合物，但这些反应发生的可能性较小。

$$R—NCO + OCN—R \longrightarrow R—N\overset{\overset{O}{\|}}{\underset{\underset{O}{\|}}{\diamond}}N—R \quad \text{(C=O 四元环: R—N(C=O)₂N—R)} \tag{5-18}$$

$$R—NCO + R—NCO + R—NCO \longrightarrow \text{(1,3,5-三-R-异氰脲酸酯六元环)} \tag{5-19}$$

$$nR—NCO \longrightarrow \left[\overset{R}{\overset{|}{N}}—\overset{O}{\overset{\|}{C}} \right]_n \tag{5-20}$$

当以二醇为扩链剂时，反应过程中容易发生(2)、(4)副反应；当以二胺为扩链剂时，反应过程中则容易发生(4)、(5)副反应，(2)和(5)反应易在高温下发生，低温下发生的可能性较小。

在上述反应中，异氰酸酯与羟基的反应为所期望的生成线型高相对分子质量ETPE的主要反应。而氨基甲酸酯与二异氰酸酯的反应则会在分子链间产生交联，从而使合成的产物失去热塑性的性质。氨基甲酸酯与二异氰酸酯反应的活性较低，通常需在高温(120～140℃)或选择性催化剂的作用下才具有足够的反应活性。

影响聚氨酯加成聚合法合成ETPE的因素主要有：

1）水分

水的存在会导致上面所述的副反应。而且水和异氰酸酯基的反应速度与仲羟基和异氰酸酯基的反应速度相当，但水和异氰酸酯基反应最终生成伯胺和二氧化碳，伯胺和异氰酸酯基的反应速度很快，约是伯羟基的100倍。伯胺和异氰酸酯基反应生成脲基，脲基很容易和异氰酸酯基反应，从而导致交联。因此，即使是微量的水分也将导致化学交联，使得弹性体变硬变脆，而且生成的二氧化碳会在弹性体中形成气泡。当环境中的湿度超过60%时，该反应将很容易进行。因此为确保弹性体的质量，必须严格控制基础原材料的含水量，一般低于0.05wt%对反应的影响就很小了。

2）异氰酸酯指数（R 值）

逐步聚合反应中，羟基与异氰酸酯基两种官能团的摩尔比决定了合成产物的相对分子质量的大小及端基的结构，而对于聚氨酯加成聚合法来说，ETPE 取决于异氰酸酯指数（R 值）。

$$R=\frac{\text{—NCO 摩尔量}}{\text{—OH 摩尔量}}$$

R 值大小的影响如下：

$0<R<1$，分子扩链，端基为—OH；

$R=1$，分子无限扩链，端基为—NCO 及—OH；

$1<R<2$，分子扩链，端基为—NCO；

$R=2$，分子不扩链，端基为—NCO；

$R>2$，分子不扩链，端基为—NCO，且存留有未反应的异氰酸酯。

因此在合成 ETPE 时为了避免化学交联，实现反应的可控性和可重复性，要严格控制 R 值等于 1。从理论上讲，在聚氨酯加成聚合反应中 R 值越接近于 1 越有利于弹性体相对分子质量的增长。当 NCO 过量时将导致共价交联而生成脲基甲酸酯或缩二脲（水存在条件下），而—OH 过量则反应不完全，弹性体力学性能不好。在聚合过程中通常由于体系微量水分的存在，以及异氰酸酯基相互之间的自聚作用，使异氰酸酯基相对损失较多，因此在合成 ETPE 投料时，通常使异氰酸酯基稍稍过量，即 R 值稍大于 1。

3）反应温度

对各步反应温度的选择应充分考虑到反应速度、副反应的影响以及体系黏度等各方面的原因。根据 Arrhenius 方程，温度的升高有利于反应速度的提高，从而缩短反应时间，并且可极大地降低反应黏度，增加反应的可操作性。但是，过高的温度也增大了发生副反应的可能性，从而严重影响所合成弹性体的性能。但是温度过低则会使反应速率慢。综合各种文献来看，反应温度一般选择在 60～120℃。

3. 合成工艺

聚氨酯加成聚合法制备 ETPE 的合成工艺根据加料方式的不同可分为一步法和二步法。

1）一步法

由二异氰酸酯化合物与羟基封端的含能预聚物、扩链剂等直接进行逐步加成聚合反应以合成 ETPE 的方法，称为一步法。如 TDI 和 GAP、BDO 的反应：

$$\mathrm{HO{+}\underset{\underset{CH_2N_3}{|}}{CH}{-}CH_2{-}O{+}_nH} + \mathrm{TDI\,(OCN,\ NCO,\ CH_3)} + \mathrm{HO{-}CH_2CH_2CH_2CH_2{-}OH} \longrightarrow$$

GAP　　TDI　　BDO

$$\mathrm{{+}{+}\overset{O}{\overset{\|}{C}}{-}NH{-}C_6H_3{-}NH\overset{O}{\overset{\|}{C}}{-}O{-}CH_2CH_2CH_2CH_2{-}O{+}_{n-1}\overset{O}{\overset{\|}{C}}{-}NH{-}C_6H_3{-}NH\overset{O}{\overset{\|}{C}}{-}O{-}GAP{+}_n} \tag{5-21}$$

2）两步法

整个过程可分为两个步骤。

第一步，合成预聚体。

羟基封端的含能预聚物与过量二元异氰酸酯制备两端端基为—NCO 基团的预聚物。

$$\mathrm{OCH{-}R_1{-}NCO + HO{-}R_2{-}OH + HO{-}R_3{-}OH \longrightarrow}$$

$$\mathrm{OCN{+}R_1{-}\overset{H}{\overset{|}{N}}{-}\overset{O}{\overset{\|}{C}}{-}O{-}R_2{-}O{-}\overset{O}{\overset{\|}{C}}{-}\overset{H}{\overset{|}{N}}{+}_x{+}R_1{-}\overset{H}{\overset{|}{N}}{-}\overset{O}{\overset{\|}{C}}{-}O{-}R_3{-}O{-}\overset{O}{\overset{\|}{C}}{-}\overset{H}{\overset{|}{N}}{+}_y R_1{-}NCO} \tag{5-22}$$

第二步，预聚体进行扩链反应。

将相对分子质量不高的预聚体进一步反应生成高相对分子质量的 ETPE。

$$\mathrm{OCH{-}R_4{-}NCO + HO{-}R_5{-}OH + HO{-}R_6{-}OH \longrightarrow}$$

$$\mathrm{HO{+}R_5{-}O{-}\overset{O}{\overset{\|}{C}}{-}\overset{H}{\overset{|}{N}}{-}R_4{-}\overset{H}{\overset{|}{N}}{-}\overset{O}{\overset{\|}{C}}{-}O{+}_z{+}R_6{-}O{-}\overset{O}{\overset{\|}{C}}{-}\overset{H}{\overset{|}{N}}{-}R_4{-}\overset{H}{\overset{|}{N}}{-}\overset{O}{\overset{\|}{C}}{-}O{+}_m R_6{-}OH} \tag{5-23}$$

从两种方法比较来讲，一步法虽然反应简单，反应速度快，大分子局部结构易结晶，但合成出的 ETPE 硬段长度分布宽，微区的形状和大小不均匀，性能较差；而两步法反应平稳，高分子结构较规整，产物性能好，但反应步骤要多一些。

从反应介质可分为溶液聚合法和本体熔融聚合法制备 ETPE。

1）溶液聚合法

溶液聚合是将单体溶于适当溶剂中加入引发剂(或催化剂)在溶液状态下进行的聚合反应。溶液聚合法反应平稳、易于控制、聚合速率较慢，需十几个小时才能完成；溶液法中经沉淀得到的是颗粒状弹性体粒子，可直接用于加工成型。

溶液聚合反应温度在溶剂的回流温度下进行，所以大多选用低沸点溶剂。为了便于控制聚合反应温度，溶液聚合通常在釜式反应器中半连续操作。直接使用的聚合物溶液，在结束反应前应尽量减少单体含量，或采用化学方法或蒸馏方法将残留单体除去。要得到固体物料须经过后处理，即采用蒸发、脱气挤出、干燥等脱除溶剂与未反应单体，制得粉状聚合物。溶液聚合法的工艺流程如图 5-7 所示。

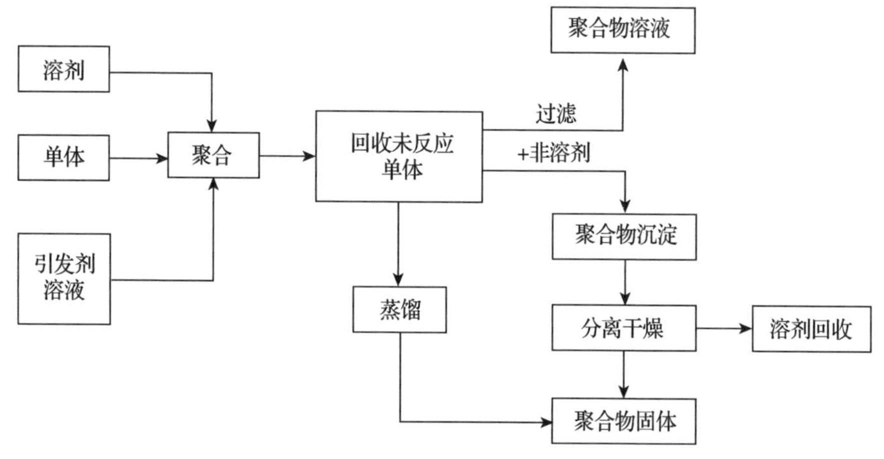

图 5-7　溶液聚合的工艺流程

2）本体聚合法

本体聚合法是单体在引发剂或热、光、辐射的作用下，不加其他介质进行的聚合过程。其特点是产品纯度高，不需复杂的分离、提纯，操作较简单，生产设备利用率高。本体聚合流程针对本体聚合法聚合热难以散发的问题，工业生产上多采用两段聚合工艺。第一阶段为预聚合，可在较低温度下进行，转化率控制在 10%～30%，一般在自加速以前，这时体系黏度较低，散热容易，聚合可以在较大的釜内进行。第二阶段继续进行聚合，在薄层或板状反应器中进行，或者采用分段聚合，逐步升温，提高转化率。由于本体聚合过程反应温度难以控制恒定，所以产品的相对分子质量分布比较宽。本体聚合的基本工艺流程如图 5-8 所示。

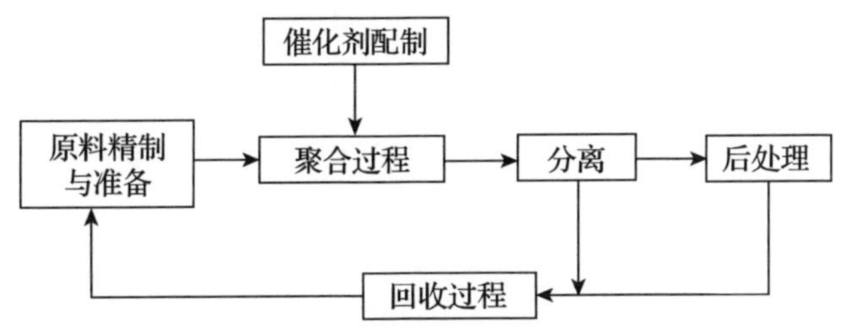

图 5-8 本体聚合的工艺流程

本体聚合的后处理主要是排除残存在聚合物中的单体。常采用的方法是将熔融的聚合物在真空中脱除单体和易挥发物，所用设备为螺杆或真空脱气机。也可采用泡沫脱气法，将聚合物在压力下加热使之熔融，然后突然减压使聚合物呈泡沫状，有利于单体的逸出。

溶液聚合法反应平稳、易于控制、聚合速率较慢，需十几个小时才能完成；而本体熔融聚合法聚合速率快，几个小时就可完成。溶液法中经沉淀得到的是颗粒状弹性体粒子，可直接用于加工成型；而本体熔融聚合法得到的是块状物，需要经粉碎和造粒才能进一步加工成型。但溶液法得到的共聚物相对分子质量较低，数均相对分子质量小于 50000；而本体熔融聚合法得到的共聚物数均相对分子质量可大于 1000000。综上可以看出两种工艺各有利弊。

田立颖等人分别通过本体聚合法和溶液聚合法制备了 PTMG/P(BAMO/AMMO)聚氨酯弹性体。表 5-1 是本体聚合方法与溶液聚合方法相同配方样品的性能比较。从表中数据可见，随着 PTMG 含量的增加，本体聚合法样品的强度损失较大，断裂伸长率没有随 PTMG 含量的增加而增大，没有规律性。而溶液聚合法所制备样品的强度损失较小，断裂伸长率随 PTMG 含量的增加而增大，符合一般规律。这是因为溶液聚合法中使用溶剂，并且采用两步法，有利于样品结构的均匀性及样品中软硬段的分相，这些对样品的物理性能都是有利的。

表 5-1 本体聚合与溶液聚合样品的物理性能比较

样品（本体法）	拉伸强度/MPa	断裂伸长率/%	样品（溶液法）	拉伸强度/MPa	断裂伸长率/%
PTMG 8%	21.9	400	PTMG 8%	14.5	440
PTMG 16%	11.1	334	PTMG 16%	14.3	592
PTMG 24%	7.1	200	PTMG 24%	12.8	597

他们还比较了两种方法制备的聚氨酯的相对分子质量，结果如表 5-2 所示，本体聚合的相对分子质量高于溶液聚合法。

表 5-2 本体聚合与溶液聚合样品的相对分子质量比较

样品名	M_n	M_w	M_z	D_n
溶液聚合法	55202	85885	118428	1.556
本体聚合法	63306	96512	130698	1.525

4. 聚氨酯加成法合成的 ETPE

采用聚氨酯加成聚合法合成 ETPE 时，硬段既可以是结晶聚合物，也可以是聚氨酯的氨基甲酸酯。

1）结晶性聚合物为硬链段 ETPE 的合成

美国 ATK Thiokol 公司从 20 世纪 80 年代就致力于结晶性聚合物作为硬链段合成聚氨酯类 ETPE 的研究，所采用的硬链段主要有含能的预聚物 PBAMO、PBFMO(3,3-二(氟甲基)氧杂环丁烷)和不含能的预聚物 PBEMO(3,3-二(乙氧基)氧杂环丁烷)、PBMMO(3,3-二(甲氧基)氧杂环丁烷)等。软链段主要是 BAMO/AMMO 无规共聚物、PAMMO、GAP、PNIMMO 和 PGN 等。合成的方法通常是用溶液法，以有机锡为催化剂，先用过量的二异氰酸酯(如 TDI)与羟基封端的双官能度预聚物(硬链段 PBAMO 和软链段如 BAMO/AMMO 无规共聚物、PAMMO、GAP、PNMMO、PGN)反应，生成异氰酸酯封端的聚氨酯预聚体，然后用扩链剂(如丁二醇)将聚氨酯预聚体连接起来，得到 ETPE。

目前在火炸药应用方面研究较多的该类含能热塑性聚氨酯弹性体主要有 GAP-BAMO、BAMO/AMMO-BAMO、AMMO-BAMO、GLYN-BAMO 和 NIMMO-BAMO 热塑性聚氨酯弹性体。上述热塑性聚氨酯弹性体的软硬段都是含能的，因而能量高。

(1) PBAMO/GAP 含能热塑性弹性体

本书作者利用两步法合成了 PBAMO/GAP 无规嵌段型热塑性弹性体：首先利用 TDI 对 PBAMO 和 GAP 的端羟基进行封端，之后加入 BDO 进行扩链，反应过程如图 5-9 所示。

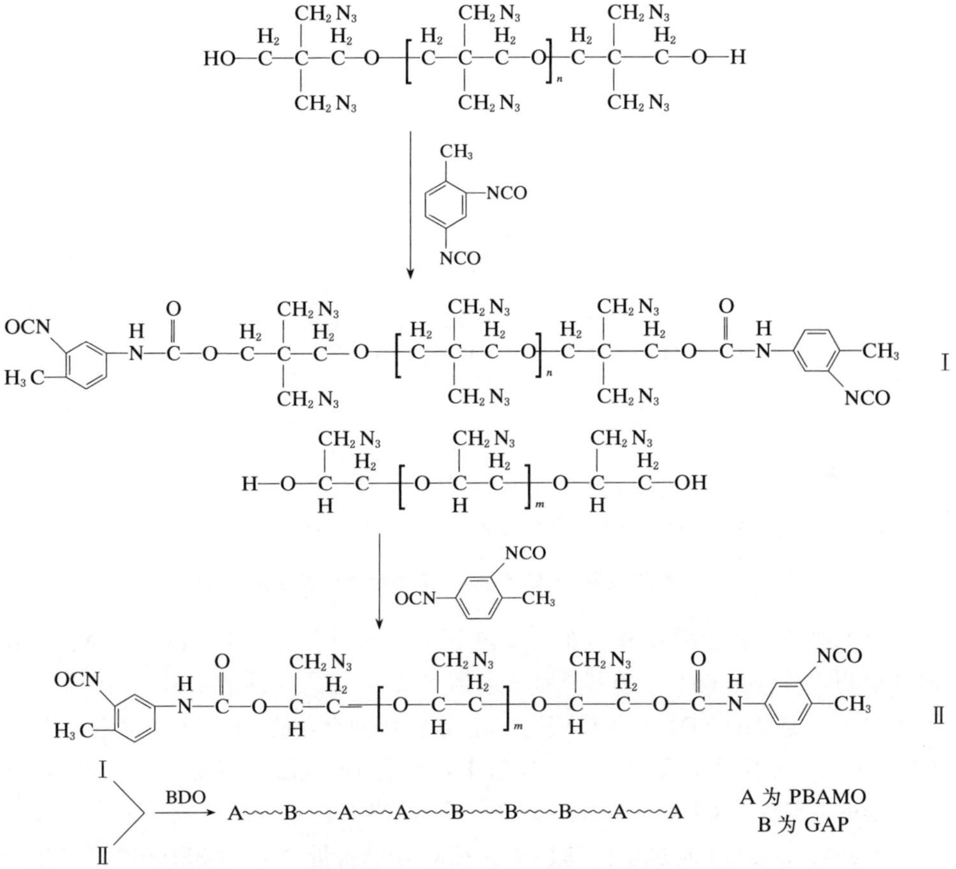

图 5-9 无规嵌段型 PBAMO/GAP 热塑性弹性体的合成路线

该方法的具体反应步骤：在三口烧瓶中加入一定量的 PBAMO 和 GAP，升温至 60℃，搅拌下抽真空脱气 2h；加入干燥的 DMF，在 60℃ 条件下加入一定量的 TDI，搅拌回流反应 2h 后将一定量的丁二醇溶于 DMF 中，高速搅拌下缓慢加入三口瓶中，反应 1h 后加入少量催化剂溶液，升温至 130℃ 反应 40h。实验结束后将产物倒入乙醇中沉淀得淡黄色固体，即无规嵌段型 PBAMO/GAP 热塑性弹性体。制得的无规嵌段型 PBAMO/GAP 含能热塑性弹性体的相对分子质量为$\overline{M_n}=34570$，相对分子质量分布 1.65，T_g 为 -40℃，起始热分解温度为 230℃，拉伸强度为 2.55MPa，断裂延伸率为 211%。

本书作者还采用 PBAMO/GAP 三嵌段共聚物为预聚物，通过 BDO 和 TDI 的扩链，制备了 PBAMO/GAP 交替嵌段型含能热塑性弹性体，产物中 PBAMO 和 GAP 链段可以形成较好的分布状态，因此可能具有更好的力学性能。其合成路线如图 5-10 所示。

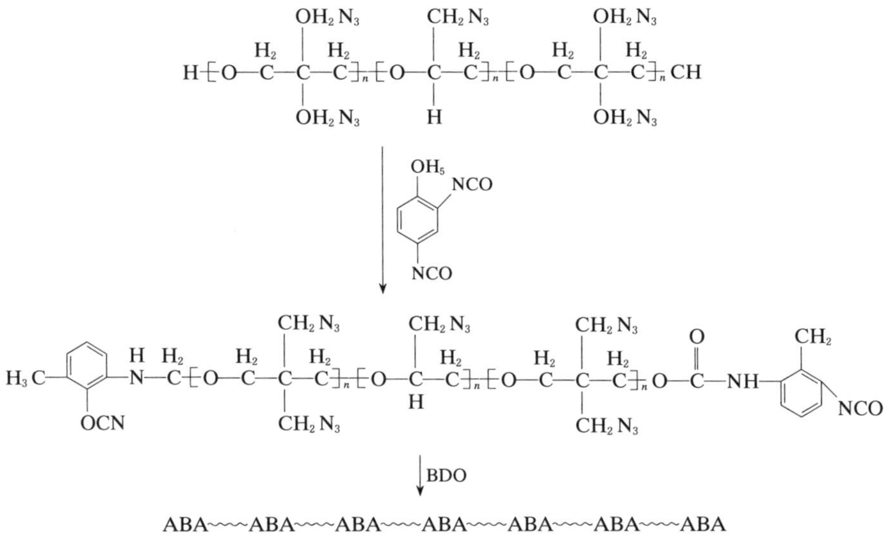

BDO

ABA~~~~ABA~~~~ABA~~~~ABA~~~~ABA~~~~ABA~~~~ABA

图 5-10 交替嵌段型 PBAMO/GAP 含能热塑性弹性体的合成路线

该方法的具体合成步骤：在三口烧瓶中加入一定量的 PBAMO/GAP 三嵌段共聚物，升温至 60℃，搅拌下抽真空脱气 2h；加入干燥的 DMF，在 60℃ 条件下加入一定量的 TDI，搅拌回流反应 2h 后将一定量的 1,4-丁二醇溶于 5mL DMF 中，高速搅拌下缓慢加入三口瓶中，反应 1h 后加入催化剂，在 130℃ 下反应 36h，实验结束后将产物倒入乙醇中沉淀得淡黄色固体。制备的无规嵌段型 PBAMO/GAP 含能热塑性弹性体的相对分子质量为 $\overline{M_n}=35600$，相对分子质量分布 1.63，T_g 为 -35℃，起始热分解温度为 230℃，拉伸强度为 1.66MPa，延伸率 240%。

(2) BAMO-AMMO 含能热塑性弹性体

国内外已有关于 BAMO-AMMO 基 ETPE 的报道。Piraino 将 PBAMO 和 PAMMO 预聚物通过 TDI 扩链后得到 $(AB)_n$ 型多嵌段共聚物，并通过原子力显微镜(AFM)分析了硬段球晶的形成过程。Sanderson 通过溶剂法合成了 BAMO-AMMO 聚氨酯型多嵌段共聚物，并讨论了异氰酸酯、溶剂与催化剂的选择条件。甘孝贤合成了数均相对分子质量在 25000 左右的 BAMO-AMMO 聚氨酯热塑性弹性体。本书作者分别以 PBAMO、PAMMO 和 BAMO-AMMO 三嵌段共聚物为预聚物，合成了 BAMO-AMMO 无规嵌段型 ETPE 和交替嵌段型 ETPE，实验结果表明交替嵌段型 ETPE 由于具有规整的分子结构，各项性能良好，具有应用价值。

BAMO-AMMO 无规嵌段型 ETPE 的合成是采用溶剂法聚氨酯合成工艺，以 THF 为溶剂，T_{12} 为催化剂，PBAMO 和 PAMMO 为预聚物，经 TDI 封端后，加入 BDO 进行扩链，通过调节预聚物与 TDI/BDO 的质量比得到不同扩链剂含量的弹性体。由于两种预聚物在扩链反应中的相互连接是随机的，因此在产物中呈现出无规嵌段的分布状态。合成路线如图 5－11 所示。

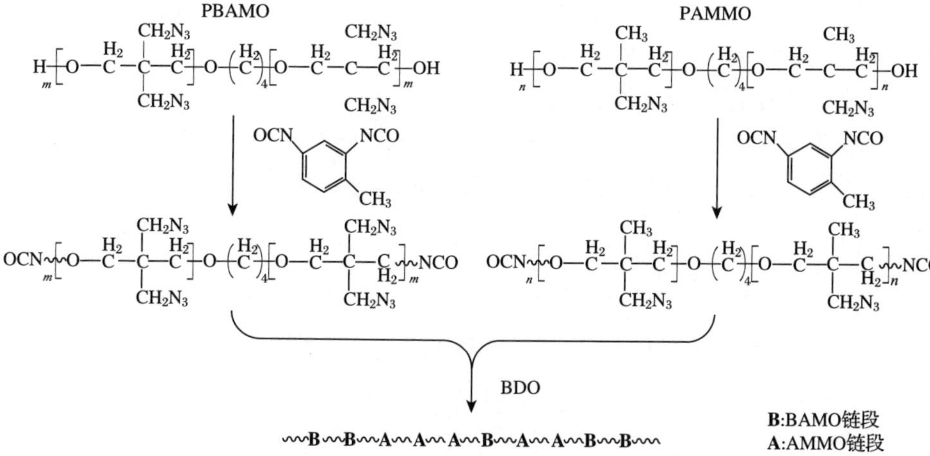

PBAMO PAMMO BDO

~B~B~A~A~A~B~A~A~B~B~

B:BAMO链段
A:AMMO链段

图 5－11 BAMO-AMMO 无规嵌段型 ETPE 的合成路线

BAMO-AMMO 交替嵌段型 ETPE 的合成也采用溶剂法聚氨酯合成工艺，以 THF 为溶剂，T_{12} 为催化剂，BAMO-AMMO 三嵌段共聚物为预聚物，经 TDI 封端后，加入 BDO 进行扩链，可以通过调节预聚物与 TDI/BDO 的质量比得到不同硬段含量的弹性体。由于预聚物为三嵌段共聚物，因此在扩链反应之后 BAMO 链段和 AMMO 链段呈现出交替排列的分布状态，期望这种规整的分子结构具有宏观性能上的优势。其合成路线如图 5－12 所示。

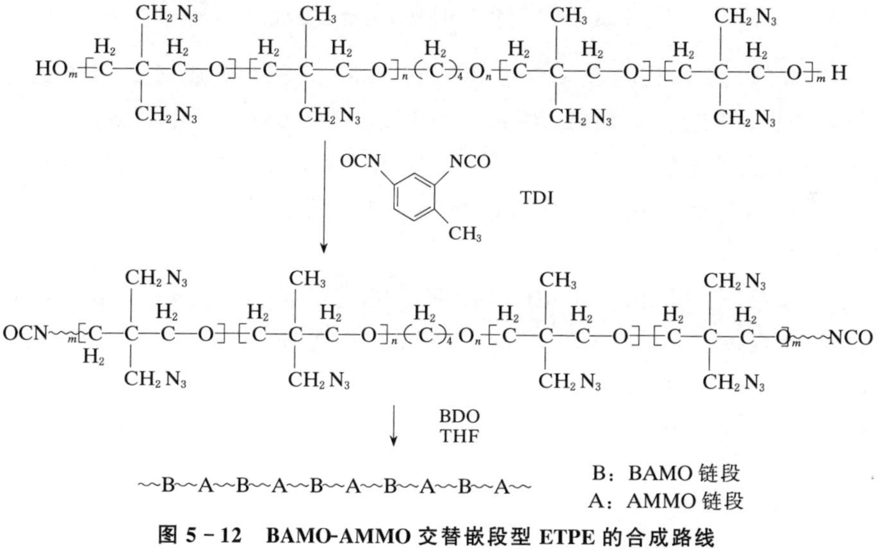

TDI

BDO
THF

~B~A~B~A~B~A~B~A~B~A~

B：BAMO 链段
A：AMMO 链段

图 5－12 BAMO-AMMO 交替嵌段型 ETPE 的合成路线

(3) CE-PBAMO

扩链 PBAMO(CE-PBAMO)是以 PBAMO 为预聚物，通过与二异氰酸酯反应，或再经过扩链剂扩链得到的一类含能聚合物。在 CE-PBAMO 的结构中不含有一般意义的软段结构，因此 CE-PBAMO 保持了 PBAMO 的高结晶性、高密度、高能量的特征，同时改善了其韧性，提高了机械强度，在固体推进剂、PBX 炸药和可燃药筒的制备上具有应用前景。

甘孝贤等人以端羟基的 PBAMO 为原料，利用 TDI 进行封端，再加入 BDO 进行扩链获得 CE-PBAMO，其主要合成路线如图 5-13 所示。

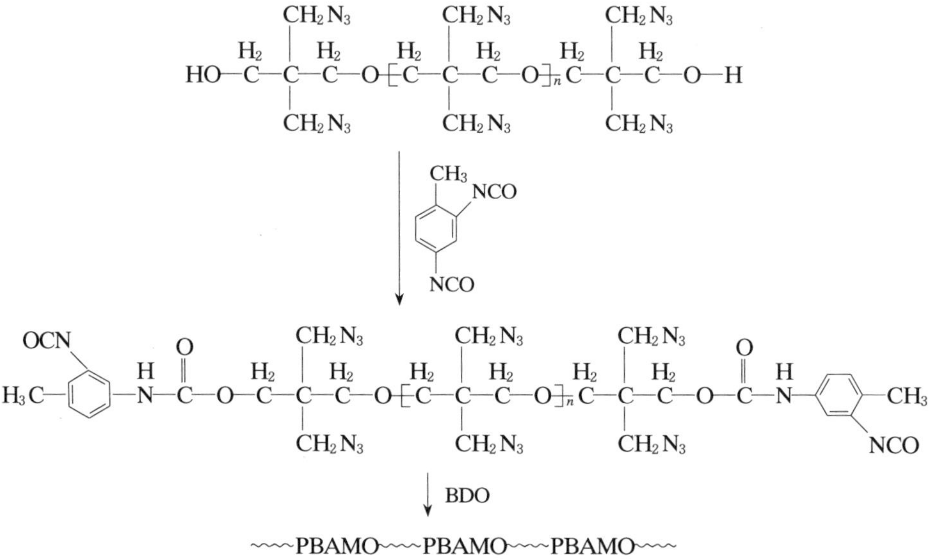

图 5-13 CE-PBAMO 的合成路线

该反应的具体步骤：在三口瓶中将 PBAMO 于 80℃下脱气 1～2 h 后，加入干燥 THF、TDI、一滴 T_{12} 原液，升温至 62～64℃ 回流反应 2h 后加入 BDO，继续搅拌回流反应 20～30 h。待反应液面趋于平面或出现爬竿现象时蒸出部分四氢呋喃溶剂，并将浓缩液倒入无水乙醇中沉淀，过滤干燥后得 CE-PBAMO。

本书作者分别用 IPDI 和 MDI 对 PBAMO 进行扩链，制备了 CE-PBAMO。合成反应示意图如图 5-14 和图 5-15 所示。合成步骤为：在带有搅拌和冷凝管的三口瓶中加入 PBAMO、IPDI 和 1，2-二氯乙烷，溶解混合均匀后加入 T_{12} 催化剂，在回流状态下反应 6h，倒入甲醇中沉淀，真空烘干后得到固体 CE-PBAMO。

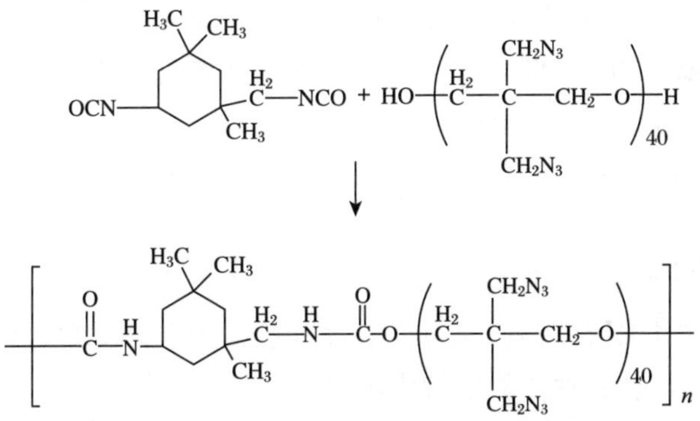

图 5－14 IPDI 扩链 PBAMO 的化学反应示意图

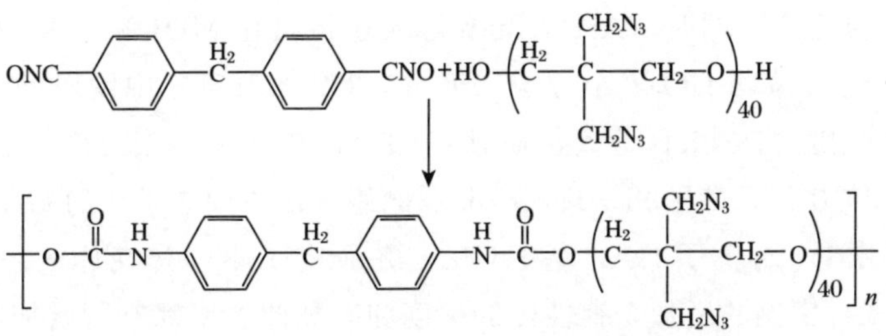

图 5－15 MDI 扩链 PBAMO 的化学反应示意图

对两种不同异氰酸酯扩链的 CE-PBAMO 性能研究结果表明，MDI 扩链 PBAMO 的结晶能力比 IPDI 扩链 PBAMO 的强，这是由于 MDI 形成的氨基甲酸酯连接键的刚性大，并且苯环之间存在静电吸引力，使分子链之间容易形成部分有序排列，有利于分子链进入晶格。

本书作者还分别通过 HMDI、IPDI、HDI 和 TDI 对 PBAMO 进行了扩链，并对其性能进行对比分析，不同 CE-PBAMO 的性能如表 5－3 所示。结果表明各异氰酸酯扩链得到的 CE-PBAMO 的玻璃化转变温度大小顺序为 TDI＜HMDI＜IPDI＜HDI。这是由于用 TDI 扩链得到的 CE-PABMO 结构最规整，微相分离程度最高，玻璃化转变温度越接近 PBAMO 的玻璃化转变温度（－30.5℃）。所以 TDI 扩链 PBAMO 的玻璃化转变温度最低，HMDI 次之，HDI 玻璃化转变温度最高。

表 5－3 不同异氰酸酯扩链得到的 CE-PBAMO 的性能

	HMDI 扩链	HMDI 扩链	HMDI 扩链	HMDI 扩链
M_n	10300	9178	9010	9023
T_g/℃	－25.8	－24.9	－24.7	－26.7

2）氨基甲酸酯链段作为硬链段的含能聚氨酯类热塑性弹性体的合成

加拿大 DREV 从 20 世纪 90 年代开始研究聚氨酯作为硬链段的聚氨酯热塑性弹性体。他们没有引入结晶性聚合物作为硬段，而是以存在氢键相互作用的氨基甲酸酯链段作为硬段。常选用线型的 GAP、PNIMMO 和 PGLYN 作为软段。

（1）GAP 为软段的弹性体

聚叠氮缩水甘油醚(GAP)是目前研究和应用最多的一种含能预聚物，可以作为合成含能热塑性弹性体的原料使用。

加拿大 Guy Ampleman 课题组以不同分子质量的 GAP 和 MDI 进行了共聚得到了 ETPE。他们还发现催化剂二月桂酸二丁基锡能够加快聚合反应速度，并且确保反应完全。同时，Ampleman 等人还指出在 MDI 和 GAP 聚合时可加入小分子扩链剂(如 BDO 等小分子二元醇)以增加 ETPE 中硬段的含量，进而增加材料的强度。Désilets 等人也通过 GAP 与 IPDI 的共聚反应，合成了 GAP 基 ETPE。2010 年，韩国 Si－Tae Noh 课题组利用不同质量比的 GAP 和聚己内酯(PCL)与 MDI 制备了 GAP 基 ETPE，并研究了不同弹性体动态力学性能。指出随着 PCL 比例的增加，弹性体的强度和断裂伸长率都有所增加，这是因为 PCL 起到了硬段的作用。本书作者比较研究了含不同碳链长度二元醇作为扩链剂的 GAP 基 ETPE 的性能，选用的二元醇扩链剂为碳原子数目为 2～6 的 5 种二元醇扩链剂：1,2－乙二醇(EDO)、1,3－丙二醇(PDO)、1,4－丁二醇(BDO)、1,5－戊二醇(PeDO)和 1,6－己二醇(HDO)，通过性能比较得出，丁二醇(BDO)扩链的 ETPE 微相分离程度高，力学性能较好。

近几年国内对 GAP 基 ETPE 的研究也取得了一定的进展。南京理工大学菅晓霞等人以 GAP 为软段，MDI 与 BDO 为硬段合成了不同硬段含量的 ETPE，当硬段含量为 40%时，拉伸强度为 6.12MPa，延伸率为 71%。合成弹性体的结构示意图如图 5－16 所示。

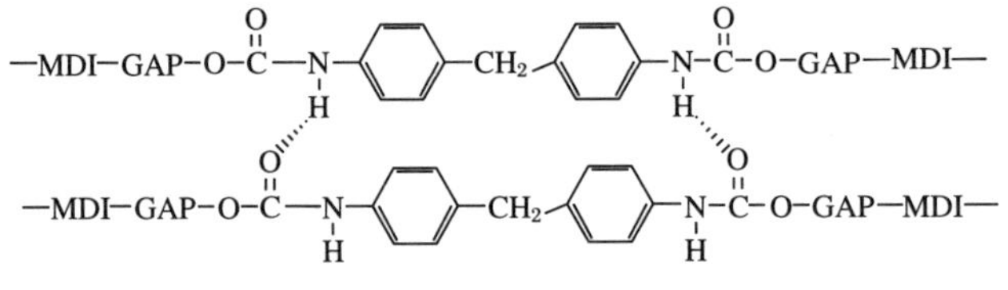

图 5－16　MDI 扩链的 GAP 基 ETPE 的结构示意图

左海丽等人以 GAP 为软段，MDI 和 BDO 为硬段，合成了一类 GAP 基 ETPE，而且以溶液共混法，制备了 NC/GAP 基 ETPE 的共混物，NC 的引入提高了混合物的能量和高温储能模量，而且 NC 价格便宜，也降低了黏合剂的成本。本书作者分别以 IPDI 和 BDO 为硬段，GAP、GAP/PET、GAP/PET/PEG、GAP/PET/PEPA 为软段合成了 5 种 GAP 基 ETPE。其中 PET 的加入可改善弹性体低温力学性能，PEG 的加入可提高弹性体与硝酸酯的相容性，PEPA 的加入可增强弹性体的强度。并采用基团加和法估算了各种 ETPE 的生成焓，结果表明同样 GAP 含量时各弹性体的生成焓大小顺序为：GAP＞GAP/PET/PEPA＞ GAP/PET/PEG ＞ GAP/PET。GAP 基 ETPE 结构示意图如图 5－17所示。

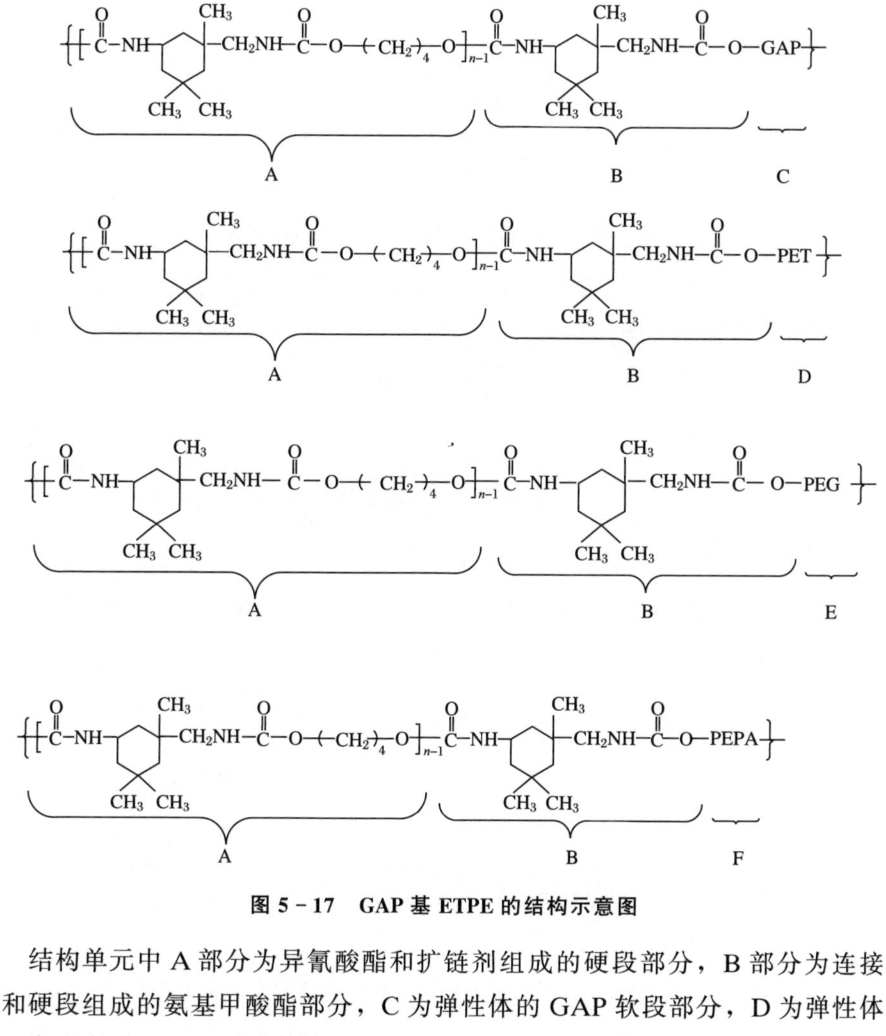

图 5－17　GAP 基 ETPE 的结构示意图

结构单元中 A 部分为异氰酸酯和扩链剂组成的硬段部分，B 部分为连接软段和硬段组成的氨基甲酸酯部分，C 为弹性体的 GAP 软段部分，D 为弹性体的 PET 软段部分，E 为弹性体的 PEG 软段部分，F 为弹性体的 PEPA 软段部分。采用熔融二步法，合成工艺流程图如图 5－18 所示。

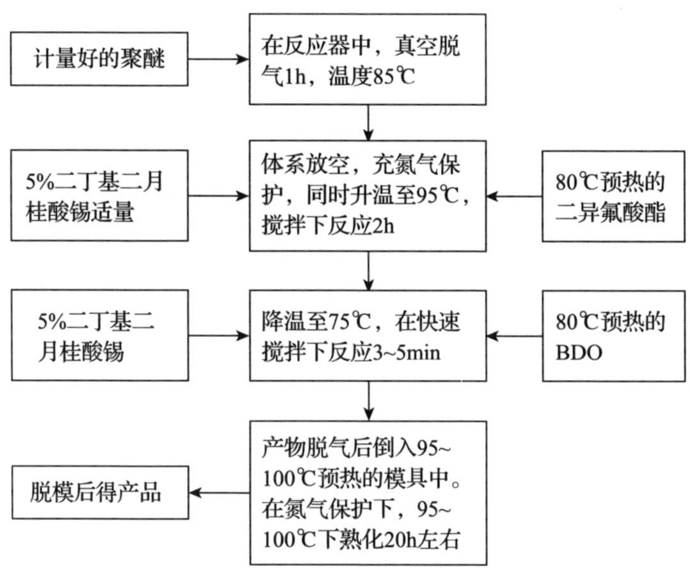

图 5-18　熔融二步法合成弹性体的工艺流程

本书作者以 HMDI 为异氰酸酯，以自制的含能小分子 2，2-二叠氮甲基-1,3-丙二醇为扩链剂，采用熔融二步法制备了 GAP 基 ETPE。含能小分子扩链剂的引入提高了 ETPE 的能量。其合成路线如图 5-19 所示。

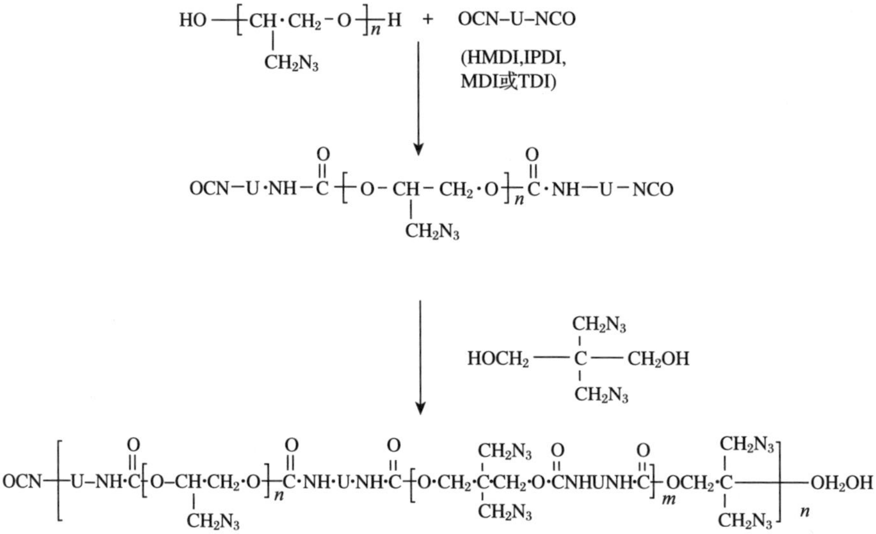

$$HO{-}\!\left[CH(CH_2N_3){\cdot}CH_2{-}O\right]_n{-}H \;+\; OCN{-}U{-}NCO$$

(HMDI,IPDI,MDI或TDI)

$$\downarrow$$

$$OCN{-}U{\cdot}NH{-}\overset{O}{\overset{\|}{C}}\left[O{-}CH(CH_2N_3){-}CH_2{\cdot}O\right]_n\overset{O}{\overset{\|}{C}}{\cdot}NH{-}U{-}NCO$$

$$\downarrow \quad HOCH_2{-}C(CH_2N_3)_2{-}CH_2OH$$

$$OCN\left[U{-}NH{\cdot}\overset{O}{\overset{\|}{C}}\left[O{-}CH(CH_2N_3){\cdot}CH_2{\cdot}O\right]_n\overset{O}{\overset{\|}{C}}{\cdot}NH{\cdot}U{\cdot}NH{\cdot}\overset{O}{\overset{\|}{C}}\left[O{\cdot}CH_2{\cdot}C(CH_2N_3)_2{\cdot}CH_2{\cdot}O{\cdot}\overset{O}{\overset{\|}{C}}NHUNH{\cdot}\overset{O}{\overset{\|}{C}}\right]_m OCH_2{\cdot}C(CH_2N_3)_2\right]_n{-}OH_2OH$$

图 5-19　含能小分子扩链剂扩链的 GAP 基 ETPE 的合成路线

由于扩链剂含有叠氮基团，使得所合成的含能热塑性弹性体的能量更高。

本书作者以 HMDI 为异氰酸酯，分别以二羟甲基丙二酸二乙酯(DBM)和氰乙基二乙醇胺(CBA)为扩链剂，合成了高软段(软段含量≥70%)的具有键合功能的GAP基ETPE。其合成路线分别如图5-20所示。实验结果表明，使用DBM和CBA为扩链剂，可以将酯基和氰基引入到ETPE中，提高ETPE与固体填料RDX的相互作用，进而赋予ETPE键合功能。

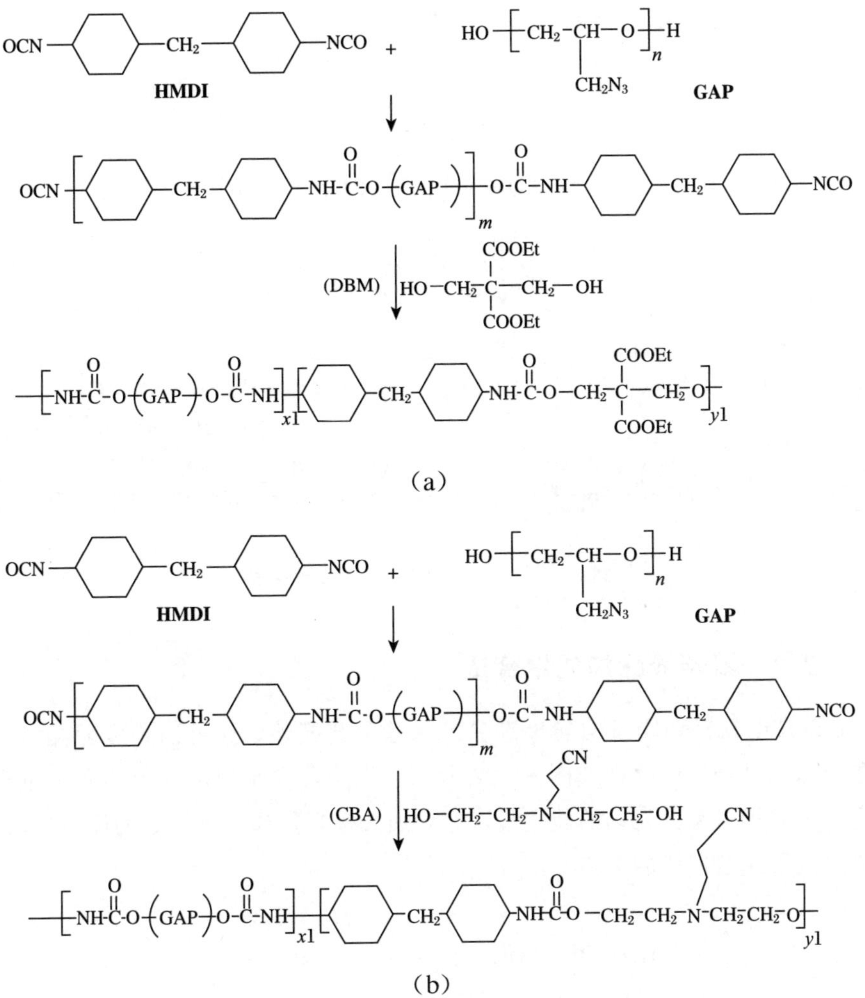

(a)

(b)

图5-20 DBM(a)和CBA(b)为扩链剂合成GAP基ETPE的合成路线

(2) PGN为软段的弹性体

Braithwaite等人用PGN(数均相对分子质量3900)和HDI在催化剂二月桂酸二丁基锡的催化下，合成了ETPE。他们采用溶液聚合法，溶剂为二氯甲烷。通过控制PGN与HDI的摩尔比，合成了10000～40000不同相对分子质量的

ETPE。本书作者采用 PGN 为聚醚软段，HMDI 为异氰酸酯，使用 1,4-丁二醇(BDO)和二羟甲基丙二酸二乙酯(DBM)为扩链剂，采用熔融两步法合成出 ETPE。实验结果表明，使用 DBM 扩链剂，可以将酯基引入到弹性体中，可以提高弹性体与固体填料的相互作用。其合成路线如图 5-21 所示。

$$\text{OCN}-\text{C}_6\text{H}_{10}-\text{CH}_2-\text{C}_6\text{H}_{10}-\text{NCO} \ (\textbf{HMDI}) + \text{HO}\left[\text{CH}_2-\underset{\text{CH}_2\text{ONO}_2}{\text{CH}}-\text{O}\right]_n\text{H} \ (\textbf{PGN})$$

$$\xrightarrow[\text{90℃ 2h}]{\textbf{DBTDL}}$$

$$\text{OCN}\left[\text{C}_6\text{H}_{10}-\text{CH}_2-\text{C}_6\text{H}_{10}-\text{NH}-\overset{\text{O}}{\overset{\|}{\text{C}}}-\text{O}(\text{PGN})\right]_m\text{O}-\overset{\text{O}}{\overset{\|}{\text{C}}}-\text{NH}-\text{C}_6\text{H}_{10}-\text{CH}_2-\text{C}_6\text{H}_{10}-\text{NCO}$$

$$\xrightarrow[\text{BDO和DBM, 60℃ 3~5min}]{\text{链增长}}$$

$$\left[\text{NH}-\overset{\text{O}}{\overset{\|}{\text{C}}}-\text{O}\left[(\text{PGN})\text{O}-\overset{\text{O}}{\overset{\|}{\text{C}}}-\text{NH}\right]_{x1}\left[\text{C}_6\text{H}_{10}-\text{CH}_2-\text{C}_6\text{H}_{10}-\text{NH}-\overset{\text{O}}{\overset{\|}{\text{C}}}-\text{O}-\text{CH}_2-\text{C}(\text{COOEt})_2-\text{CH}_2-\text{O}\right]_{y1}\right.$$

$$\left.\text{NH}-\overset{\text{O}}{\overset{\|}{\text{C}}}-\text{O}(\text{PGN})\text{O}-\overset{\text{O}}{\overset{\|}{\text{C}}}-\text{NH}\right]_{x2}\left[\text{C}_6\text{H}_{10}-\text{CH}_2-\text{C}_6\text{H}_{10}-\text{NH}-\overset{\text{O}}{\overset{\|}{\text{C}}}-\text{O}-\text{CH}_2-\text{CH}_2-\text{CH}_2-\text{CH}_2-\text{O}\right]_{y2}$$

图 5-21 PGN 基 ETPE 的合成路线

5.2.2 聚碳酸酯加成聚合法

ETPE 中软段和硬段的连接键除了氨基甲酸酯外，还可以是碳酸酯键。聚碳酸酯加成聚合反应原理如图 5-22 所示：先将羟端基软段预聚体和过量光气反应，生成氯甲酸酯封端的软嵌段，然后加入等当量或二倍当量的硬段预聚体，生成二嵌段或三嵌段的 ETPE。

$$\text{HO}-\text{R}_s-\text{OH} + \textbf{Excess}\ \text{Cl}-\overset{\text{O}}{\overset{\|}{\text{C}}}-\text{Cl} \longrightarrow$$

$$\text{Cl}-\overset{\text{O}}{\overset{\|}{\text{C}}}-\text{O}-\text{R}_s-\text{O}-\overset{\text{O}}{\overset{\|}{\text{C}}}-\text{Cl} + \text{HO}-\text{R}_h-\text{OH} \longrightarrow$$

$$\underbrace{\text{HO}-\text{R}_h}_{\text{硬段}}-\text{O}-\overset{\text{O}}{\overset{\|}{\text{C}}}-\text{O}-\underbrace{\text{R}_s}_{\text{软段}}-\text{O}-\overset{\text{O}}{\overset{\|}{\text{C}}}-\text{O}-\underbrace{\text{R}_h-\text{OH}}_{\text{硬段}}$$

图 5-22 碳酸酯连接键形成的含能热塑性弹性体的合成示意图

对于第一步反应，虽然利用光气进行反应得到的产物产率高、纯度好，并且反应过程中容易加料，反应结束后过量的光气可以直接通过蒸发来除去，这些都是气态光气所具有的优势。但是光气存在一个致命的缺陷，即它是一种剧毒性活泼气体。光气在正常状态下为气态，沸点低、挥发性大，这使得其在使用、运输以及储存时极其不方便，需要采取多重安全措施，稍不小心就容易发生光气爆炸和泄漏中毒事件。而且光气易水解，遇水会分解成为一氧化碳和盐酸。因为人的肺部湿润，吸入光气后相当于遇水分解。一氧化碳能使人窒息，而盐酸会腐蚀人的肺部。因此，光气中毒主要是伤害呼吸器官。当吸入较高浓度光气时，即可引起严重中毒，甚至死亡。因此光气的运用、运输及其储存过程中具有很大的危险性。虽然工业化应用的设备和技术安全性不断的更新提高，但由于光气的特殊性，且不易被检测，因而光气中毒的事故还在不断发生。

第二步反应是采用第一步反应产物氯代甲酸酯进一步与羟基封端硬段分子形成碳酸酯的反应很慢。提高温度可以加快反应速率，但是羟基易于被氯取代，形成单羟基化合物，从而在聚合度还很低时即发生链终止，难以得到高相对分子质量的聚碳酸酯，故反应很难控制。综合上述两步反应的特点，现在该种方法已被完全摒弃。

固体光气又称三光气，化学名称为双(三氯甲基)碳酸酯，简称BTC，是白色结晶化合物，有类似光气的气味，分子式为$CO(OCCl_3)_2$。三光气的研究与应用仅有20余年的历史。三光气的反应活性与光气类似，因此三光气可替代二光气和醇、醛、胺、酰胺、羧酸等多种物质反应，其反应类型有氯甲基化、脲化、碳酸酯化、异氰酸酯化、氯化、异腈化、成环反应、醇的氧化等。

一分子三光气可生成三分子的活性中间体，它可与各种亲核体在温和的条件下进行反应，反应机理如式(5-24)所示。正是基于这一机理，三光气可以和醇、醛、胺、酰胺、羧酸、酚、羟胺等多种化合物反应。该反应具有安全经济、使用方便、无污染、反应计量准确、制备工艺简单等特点，因此固体光气在含能弹性体的合成应用值得进一步研究。

$$
\begin{array}{l}
1/3\ Cl_3C{-}O{-}CO{-}O{-}OCl_3 \xrightarrow[+Nu]{+\text{作用物}} \text{产物} + [NuH]^{\oplus}Cl^{\ominus} \\
\downarrow \qquad\qquad\qquad\qquad\qquad\qquad\qquad\qquad \uparrow {-Nu}\ |\ {+\text{作用物}} \\
1/3(Cl_3C{-}O{-}CO{-}O + O{=}CCl_2Cl^{\ominus}) \\
\downarrow \\
(O{=}CCl_2 + Cl{-}\underset{\underset{Nu^{\ominus}}{|}}{C}{-}O + O{=}CCl_2 + Cl^{\ominus}) \xrightarrow{+2/3Nu} Cl{-}\underset{\underset{Nu^{\oplus}Cl^{\ominus}}{|}}{C}{=}O
\end{array}
\tag{5-24}
$$

5.3 活性顺序聚合法合成

5.3.1 活性顺序聚合的特征

官能团预聚体法引入了连接键氨基甲酸酯键和碳酸酯键，而这两种连接键在环境水分的作用下会发生缓慢水解，并且分子链中大量氨基甲酸酯键的存在会导致分子链间大量氢键的生成，黏度增大，导致成型加工温度偏高。因此人们也尝试采用活性顺序聚合法，不用连接键，直接将软硬链段连接在一起合成ETPE，如图5-23所示。

$$\mathrm{I}^{*} \xrightarrow{n\ \mathrm{EGM}} 1\text{-}(\mathrm{EGM})_{n-1}\text{-}\mathrm{EGM}^{*} \xrightarrow{m\ \mathrm{ERM}} 1\text{-}(\mathrm{EGM})_{n}\text{-}(\mathrm{ERM})_{m-1}\text{-}\mathrm{ERM}^{*}$$

$$\xrightarrow[2)\ \mathrm{QS}]{1)\ n\ \mathrm{EGM}} 1\text{-}(\mathrm{EGM})_{n}\text{-}(\mathrm{ERM})_{m}\text{—}(\mathrm{EGM})_{n}\text{—}\mathrm{QS}$$

$$^{*}1\text{—}1^{*} \xrightarrow{2\ m\ \mathrm{ERM}} {}^{*}\mathrm{ERM}\text{—}(\mathrm{ERM})_{m-1}\text{—}1\text{—}1\text{—}(\mathrm{ERM})_{n-1}\text{—}\mathrm{ERM}^{*}$$

$$\xrightarrow[2)\ \mathrm{QS}]{1)\ 2\ n\ \mathrm{EGM}} \mathrm{QS}\text{—}(\mathrm{EGM})_{n}\text{—}(\mathrm{ERM})_{m}\text{—}1\text{—}1\text{—}(\mathrm{ERM})_{m}\text{—}(\mathrm{EGM})_{m}\text{—}\mathrm{QS}$$

图5-23 活性顺序聚合法合成ETPE过程

1^{*}—活性种；ERM—含能橡胶态单体；ECM—含能塑料态单体；QS—链终止剂。

活性聚合(Living Polymerization)是指不存在任何使聚合链增长反应停止或不可逆转副反应的聚合反应。一般活性聚合的原理是指聚合过程中聚合物链的末端始终保持有反应活性。聚合过程中聚合物链的增长速率可由$-\mathrm{d}[\mathrm{M}]/\mathrm{d}t=k[\mathrm{M}][\mathrm{R}\cdot]$表示，在聚合过程中几乎没有终止反应，即$[\mathrm{R}\cdot]$为常数，因此可以通过调节单体的浓度来控制聚合物链的增长速度，在单体浓度一定的条件下，可由反应时间来控制聚合物的相对分子质量和相对分子质量分布指数。一般情况下聚合物的相对分子质量及相对分子质量分布指数随单体浓度、反应时间线型增加。活性聚合可以阻止相邻的自由基之间发生双基终止反应，因为链增长自由基Mn·(活性中心)的稳态浓度低，同时Mn·与MnX(休眠种)处于一种快速动态平衡之中：$\mathrm{MnX} \longleftrightarrow \mathrm{Mn}\cdot + \mathrm{X}\cdot$。对于增长自由基而言，终止是二级反应，而增长是一级反应，因此自由基浓度低使得终止的机会下降。Mn·与MnX之间的交换是一个快速可逆过程，可以用已消耗单体浓度与休眠链浓度的比值来预测聚合度。

原则上所有活性聚合方法都可用于含能嵌段共聚物的合成，但由于目前所用单体多是环状醚类化合物，如AMMO、BAMO、NIMMO、GLYN等，因此获得广泛应用的是阳离子活性顺序聚合法。合成三嵌段共聚物有两条路线：

①用单官能度引发剂引发单体A开环聚合，单体A消耗完后，形成硬段A，加入另一种单体B继续聚合，直至单体B消耗完，形成软段B，接着再次加入单体A开环聚合，最终形成A-B-A三嵌段共聚物；②用双官能度引发剂引发单体开环聚合，单体B消耗完后，形成两端带有聚合活性中心的软段B，引发另一种单体A聚合，形成A-B-A三嵌段共聚物。两条路线示意图如图5-24所示。由于路线1在聚合过程中，需要相继两次除去未反应的单体A和单体B，而路线2只需一次除去未反应的单体B，工艺相对简单，因此目前多采用路线2。

$$\text{A(单体)}\longrightarrow\text{A(活性聚合物)}\xrightarrow{\text{B(单体)}}\text{AB(活性聚合物)}\xrightarrow{\text{A(单体)}}\text{ABA 三嵌段聚合物}\quad\text{(合成路线 1)}$$

$$\text{B(单体)}\longrightarrow\text{B(双官能度活性聚合物)}\xrightarrow{\text{A(单体)}}\text{ABA 三嵌段聚合物}\quad\text{(合成路线 2)}$$

图5-24 A-B-A三嵌段共聚物合成路线图

活性顺序聚合的特征主要有：

(1)聚合一直进行到单体全部转化，继续加入单体，大分子链又可继续增长；

(2)聚合产物的数均相对分子质量与单体转化率呈线型增长关系；

(3)在整个聚合过程中，活性中心数保持不变；

(4)聚合物相对分子质量可进行计量调控(不可能发生链转移而影响高聚物的相对分子质量)；

(5)当单体转化率达100%后，向聚合体系中加入新单体，聚合反应继续进行，数均相对分子质量进一步增加，并仍与单体转化率成正比(图5-25)；

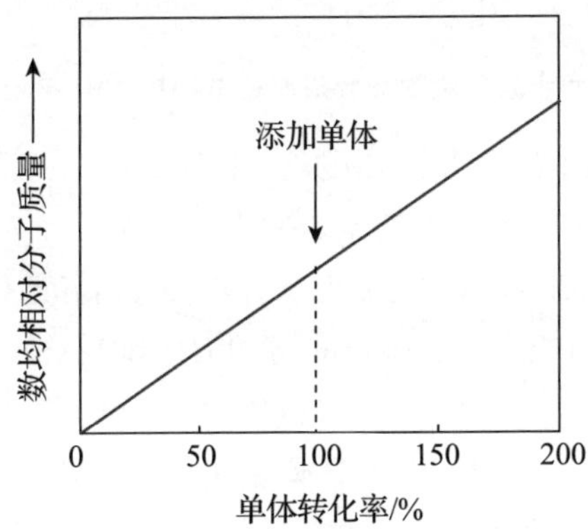

图5-25 活性顺序聚合产物的数均相对分子质量与单体转化率的关系

(6)聚合产物相对分子质量具有单分散性，即 $\overline{M}_w/\overline{M}_n \to 1$；

(7)聚合产物的数均聚合度等于消耗掉的单体浓度与活性中心，即

$$X_n = [M]_0 \times 转化率/[I]_0$$

(8)采用顺序加入不同单体的方法，可制备嵌段共聚物；

(9)可合成链末端带功能化基团的聚合物。

5.3.2 活性顺序聚合法制备热塑性含能黏合剂

1. BAMO-THF-BAMO 三嵌段共聚物

这种 ETPE 的合成方法是以三氟甲基磺酸酐($(CF_3SO_2)_2O$)作为双官能度引发剂，使四氢呋喃(THF)和 3,3 -双叠氮甲基氧丁环(BAMO)进行阳离子开环聚合反应。采用两步顺序活性聚合法合成 BAMO-THF-BAMO 的反应路线如图 5 - 26所示。

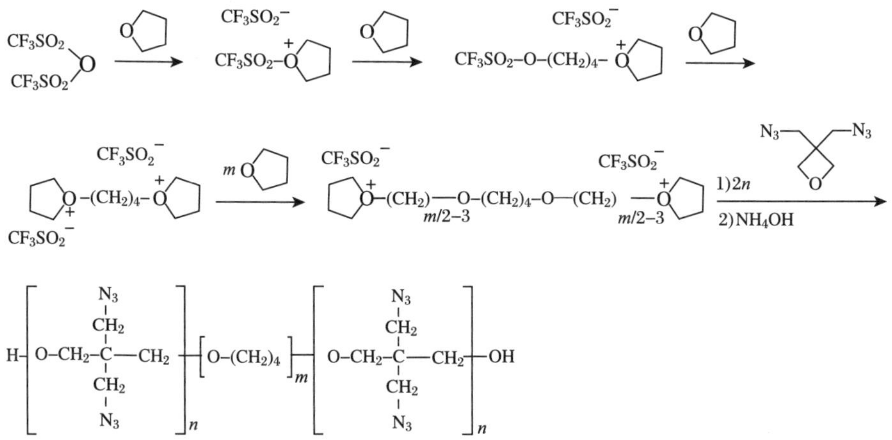

图 5 - 26 两步顺序活性聚合法制备 BAMO-THF-BAMO 的反应

图 5 - 27 和图 5 - 28 分别为 BAMO-THF-BAMO 三嵌段共聚物的 ^1H - NMR 和 ^{13}C - NMR(均采用氘代氯仿为溶剂)谱图。在图 5 - 27 中，1.68ppm 处出现的化学位移对应于 THF 中 CH_2 的质子，在 3.35ppm 处的多重质子峰是由 BAMO 中—CH_2N_3所引起的，3.65ppm 是 THF 和 BAMO 中 OCH_2处的质子化学位移。在图 5 - 28 中，26.00ppm 为 THF 中不与氧原子相连的亚甲基 C 的化学位移，44.896ppm 为 BAMO 中季碳的化学位移，51.55 ～ 53.83ppm 为 BAMO 中 CH_2N_3的 C 的化学位移，62.32ppm 为 THF 中与氧原子相连亚甲基 C 的化学位移，70.67ppm 为 BAMO 中与氧原子相连亚甲基 C 的化学位移。

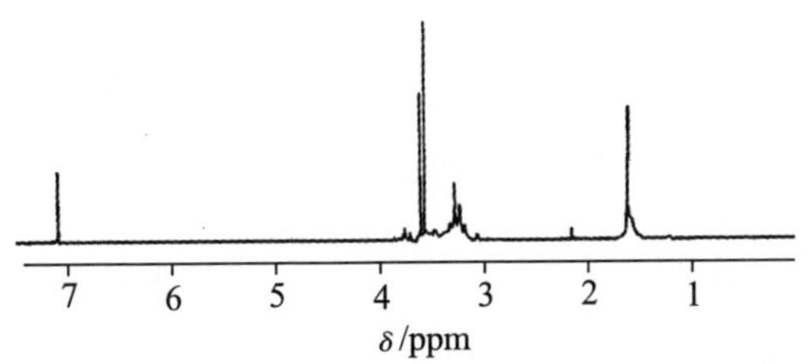

图 5-27 BAMO-THF-BAMO 三嵌段共聚物的^{1}H—NMR

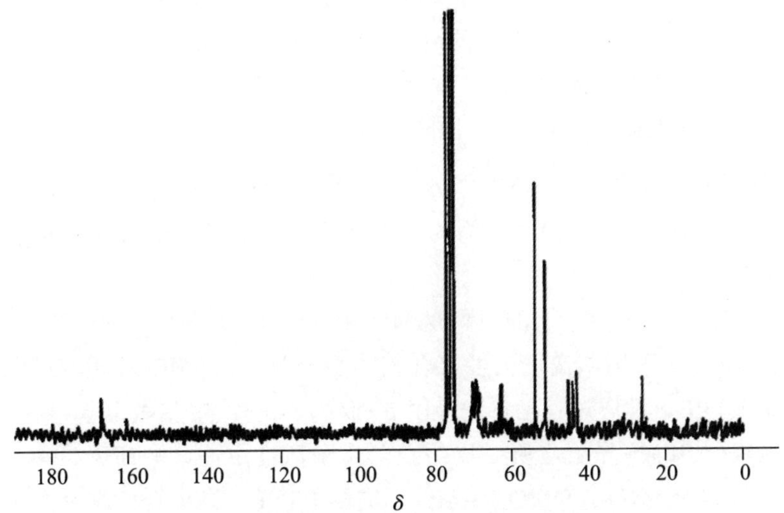

图 5-28 BAMO-THF-BAMO 三嵌段共聚物的^{13}C—NMR

2. BEMO-BAMO/AMMO-BEMO 嵌段共聚物

BEMO-BAMO/AMMO-BEMO 嵌段共聚物的合成示意图如图 5-29 所示。

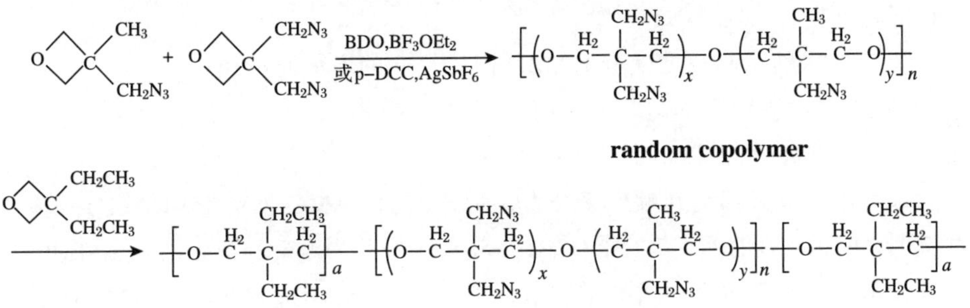

$$\text{(oxetane)}\ C(CH_3)(CH_2N_3) + \text{(oxetane)}\ C(CH_2N_3)(CH_2N_3) \xrightarrow[\text{或 p-DCC, AgSbF}_6]{\text{BDO, BF}_3\text{OEt}_2} \left[\left(O-\overset{H_2}{C}-\underset{CH_2N_3}{\overset{CH_2N_3}{C}}-\overset{H_2}{C}\right)_x-O-\left(\overset{H_2}{C}-\underset{CH_2N_3}{\overset{CH_3}{C}}-\overset{H_2}{C}-O\right)_y\right]_n$$

random copolymer

$$\xrightarrow{\text{(oxetane)}\ C(CH_2CH_3)(CH_2CH_3)} \left[O-\overset{H_2}{C}-\underset{CH_2CH_3}{\overset{CH_2CH_3}{C}}-\overset{H_2}{C}\right]_a-\left[\left(O-\overset{H_2}{C}-\underset{CH_2N_3}{\overset{CH_2N_3}{C}}-\overset{H_2}{C}\right)_x-O-\left(\overset{H_2}{C}-\underset{CH_2N_3}{\overset{CH_3}{C}}-\overset{H_2}{C}-O\right)_y\right]_n-\left[O-\overset{H_2}{C}-\underset{CH_2CH_3}{\overset{CH_2CH_3}{C}}-\overset{H_2}{C}\right]_a$$

BEMO **AMMO/BAMO** **BEMO**

图 5-29 BEMO-BAMO/AMMO-BEMO 嵌段共聚物的合成示意图

BEMO-BAMO/AMMO-BEMO嵌段共聚物的合成过程：首先在无水二氯甲烷中加入新蒸馏的BDO和三氟化硼·乙醚，室温下搅拌反应；然后加入含有BEMO的二氯甲烷溶液，接着加入同时溶有BAMO和AMMO的二氯甲烷溶液，维持室温继续反应16h；最后加入BEMO/CH_2Cl_2，反应3h后用饱和食盐水溶液使反应中止。经过水洗、干燥、过滤和沉淀处理，即可得到BEMO-BAMO/AMMO-BEMO三嵌段共聚醚。上述合成得到的BEMO-BAMO/AMMO-BEMO三嵌段含能热塑性弹性体的熔点为86℃，DSC测试其玻璃化转变温度为-53℃，GPC给出的数均相对分子质量约为43000。力学性能测试表明，当延伸率为35%时，所对应的最大强度为4.16MPa，这时样品出现收缩现象，这表明样品中有球晶的生成。样品断裂时延伸率为600%，邵氏硬度为89，与商品热塑性弹性体Kraton力学性能相当。

3. BAMO-AMMO-BAMO三嵌段共聚ETPE

BAMO-AMMO三嵌段共聚物的合成是通过采用阳离子活性顺序聚合法合成，分为直接法和间接法。

(1) 直接法：即直接采用单体BAMO和AMMO的阳离子活性聚合的方法。

Manser等人采用阳离子活性聚合直接法合成了BAMO-AMMO-BAMO三嵌段共聚ETPE，具体过程是首先采用p-双(α，α-二甲基氯甲基)苯(BCC)与六氟锑酸银(ASF)预先反应所生成的碳阳离子活性中心，顺序引发AMMO和BAMO，得到BAMO-AMMO-BAMO三嵌段ETPE。该聚合反应速度很快，几分钟之内即完成。

通过对ETPE进行热分析测试可发现：

① 在熔融状态下，两嵌段组分完全互溶；

② 形态(晶粒尺寸)依赖于ETPE的结晶温度(最小的晶粒尺寸在低于熔点10℃下就可生长)；

③ ETPE的结晶速度随着BAMO嵌段尺寸的增加而增加；

④ ETPE的T_g基本与其均聚物的T_g相一致；

⑤ 在ETPE熔点以下加热1h，ETPE的熔点会升高3～8℃。

本书作者也采用活性顺序聚合直接法合成了BAMO-AMMO-BAMO三嵌段共聚ETPE，具体过程是以BDO/BF_3·Et_2O为引发体系，首先加入AMMO单体进行阳离子开环聚合，得到带有活性端基的PAMMO；然后以PAMMO为大分子引发剂，加入BAMO单体，聚合后得到B-A-B型的三嵌段共聚物。合成路线如图5-30所示。

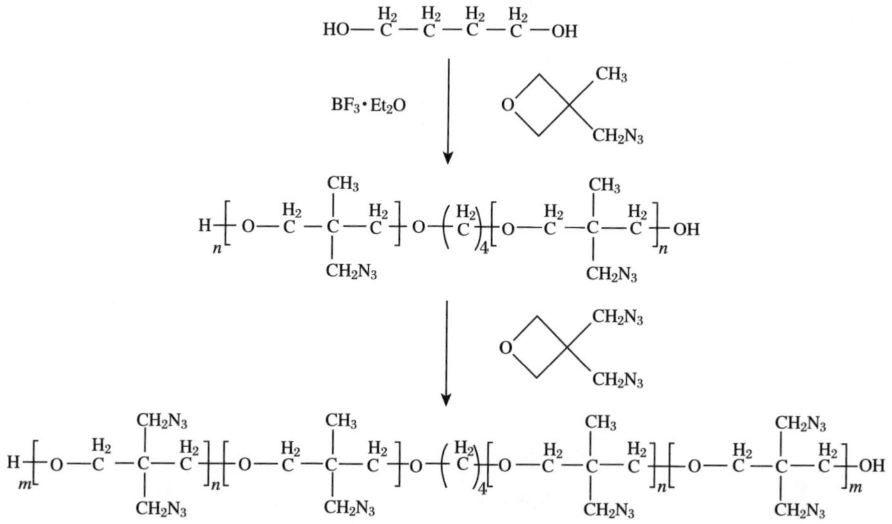

$$HO-CH_2-CH_2-CH_2-CH_2-OH$$

$$\xrightarrow[\text{AMMO}]{BF_3\cdot Et_2O}$$

$$H{-}[O-CH_2-C(CH_3)(CH_2N_3)-CH_2]_n{-}O{-}(CH_2)_4{-}[O-CH_2-C(CH_3)(CH_2N_3)-CH_2]_n{-}OH$$

$$\xrightarrow{\text{BAMO}}$$

$$H{-}[O-CH_2-C(CH_2N_3)_2-CH_2]_m{-}[O-CH_2-C(CH_3)(CH_2N_3)-CH_2]_n{-}O{-}(CH_2)_4{-}[O-CH_2-C(CH_3)(CH_2N_3)-CH_2]_n{-}[O-CH_2-C(CH_2N_3)_2-CH_2]_m{-}OH$$

图 5－30　BAMO-AMMO-BAMO 三嵌段共聚物的直接法合成路线

该方法的具体合成过程：在氮气保护下，分别将 CH_2Cl_2 和 BDO 加入到三口瓶中，搅拌至溶解。然后加入 $BF_3 \cdot Et_2O$ 溶液，室温下反应 3h 后冷却至 0℃。将 AMMO 单体溶于 CH_2Cl_2 中，缓慢滴入反应体系，5h 后滴加完毕。于 0℃继续反应 24h 后恢复至室温，将 BAMO 单体溶于的 CH_2Cl_2 中，缓慢滴入反应体系，5h 后滴加完毕，室温下继续反应 24h。加入 10%的 $NaHCO_3$ 水溶液终止反应。分离有机相，用甲醇沉淀并反复洗涤。真空干燥后得白色蜡状固体，即 BAMO-AMMO-BAMO 三嵌段共聚物。合成工艺流程如图 5－31 所示。

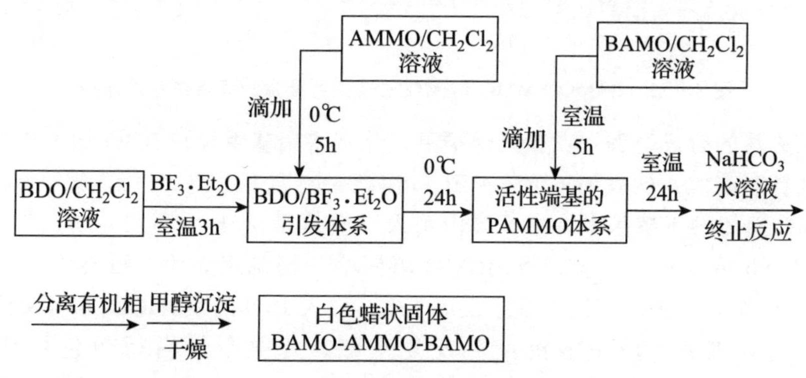

图 5－31　BAMO-AMMO-BAMO 三嵌段共聚物的直接法合成工艺流程

（2）间接法：先将非含能单体 BrMMO 和 BBMO 进行活性聚合，再将 BBMO-BrMMO-BBMO 三嵌段共聚物进行叠氮化得到 BAMO-AMMO-BAMO 三嵌段共聚物。

本书作者采用间接法合成了 BAMO-AMMO-BAMO 三嵌段共聚物，具体反应是首先以 BrMMO 为单体，在 BDO/$BF_3 \cdot Et_2O$ 引发体系的作用下进行阳离子开环聚合，得到带有活性端基的 BrMMO 均聚链段，继续加入 BBMO 单体，聚合后得到 BBMO-BrMMO 三嵌段共聚物；然后采用相转移催化法进行大分子叠氮化反应。合成路线如图 5－32 所示。

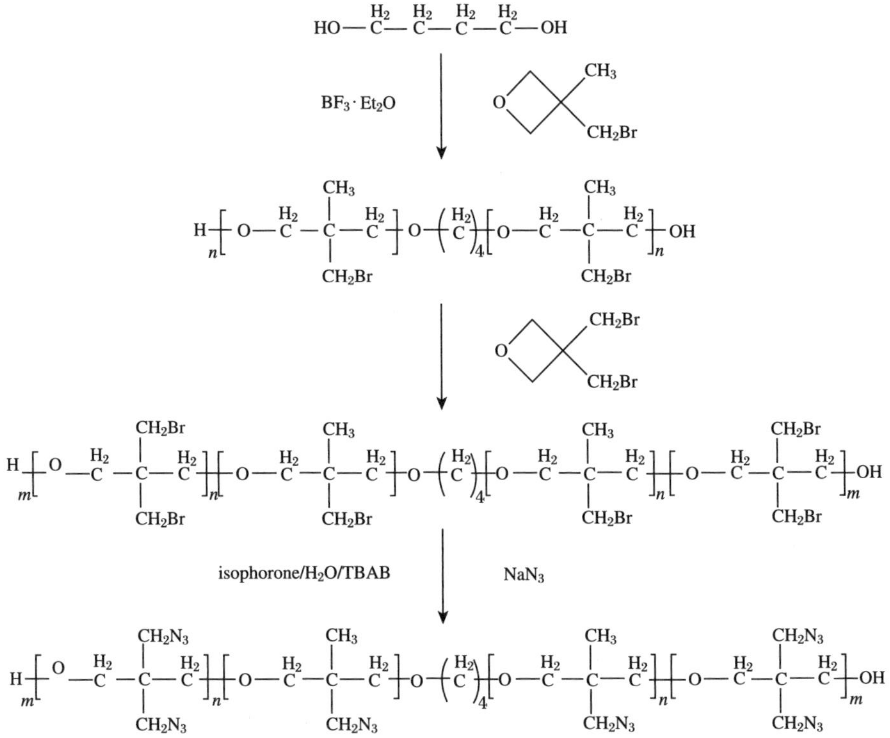

$$HO-CH_2-CH_2-CH_2-CH_2-OH$$

$BF_3 \cdot Et_2O$

$$H{+}O-CH_2-C(CH_3)(CH_2Br)-CH_2{+}_n O{(CH_2)}_4{+}O-CH_2-C(CH_3)(CH_2Br)-CH_2{+}_n OH$$

$$H{+}O-CH_2-C(CH_2Br)_2-CH_2{+}_m{+}O-CH_2-C(CH_3)(CH_2Br)-CH_2{+}_n O{(CH_2)}_4{+}O-CH_2-C(CH_3)(CH_2Br)-CH_2{+}_n{+}O-CH_2-C(CH_2Br)_2-CH_2{+}_m OH$$

isophorone/H_2O/TBAB　　NaN_3

$$H{+}O-CH_2-C(CH_2N_3)_2-CH_2{+}_m{+}O-CH_2-C(CH_3)(CH_2N_3)-CH_2{+}_n O{(CH_2)}_4{+}O-CH_2-C(CH_3)(CH_2N_3)-CH_2{+}_n{+}O-CH_2-C(CH_2N_3)_2-CH_2{+}_m OH$$

图 5－32　BAMO-AMMO-BAMO 三嵌段共聚物的间接法合成路线

该方法的合成过程：在氮气保护下，分别将硝基甲烷和 BDO 加入到三口瓶中，搅拌至溶解。然后加入 $BF_3 \cdot Et_2O$ 溶液，室温下反应 3h 后冷却至 0℃。将 BrMMO 单体溶于硝基甲烷中，缓慢滴入反应体系，5h 后滴加完毕。于 0℃ 继续反应 18h 后恢复至室温，将 BBMO 单体溶于硝基甲烷中，缓慢滴入反应体系，5h 后滴加完毕，室温下继续反应 18h。加入 10% 的 $NaHCO_3$ 水溶液终止反应。分离有机相，用甲醇沉淀并反复洗涤。真空干燥后得白色蜡状固体（BBMO-BrMMO 三嵌段共聚物）。称取 BBMO-BrMMO 三嵌段共聚物溶于异氟尔酮中，同时称取蒸馏水、NaN_3 和四丁基溴化铵（TBAB），在氮气保护下加入三口瓶中。升温至 100℃ 回流反应 24h，冷却至室温。分离有机相并用蒸馏水洗涤 3 次，甲醇沉淀后真空干燥。得淡黄色蜡状固体，即 BAMO-AMMO-BAMO 三嵌段共聚物。其工艺流程如图 5－33 所示。

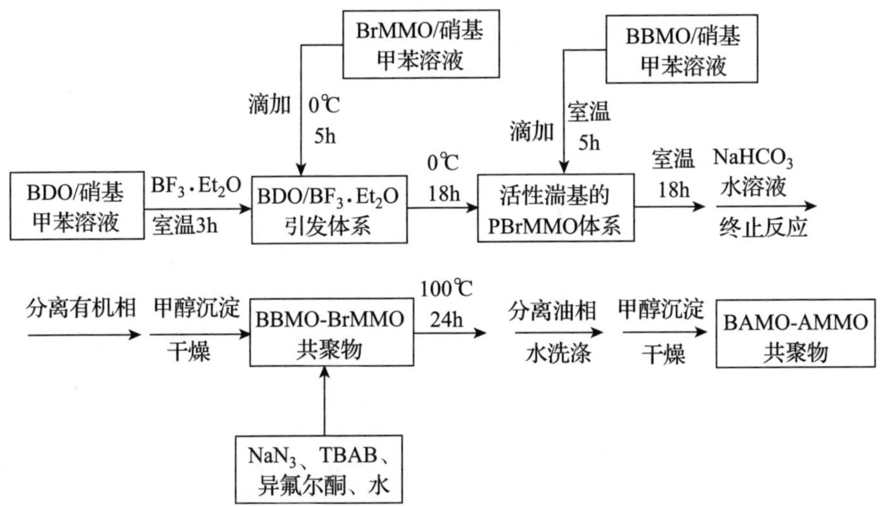

图 5-33　BAMO-AMMO-BAMO 三嵌段共聚物的间接法合成工艺流程

4. BAMO-GA 共聚物

本书作者以无规共聚的方式制备了 BAMO/GA 共聚物，在可以改善 PBAMO 力学性能的同时，赋予黏合剂更高的能量水平。合成路线是首先以 BDO 为起始剂，三氟化硼乙醚为引发剂，通过阳离子开环聚合合成了 BBMO/ECH 无规共聚物，之后通过相转移催化条件下的叠氮化反应，合成出 BAMO/GA 无规共聚物。合成路线如图 5-34 所示。

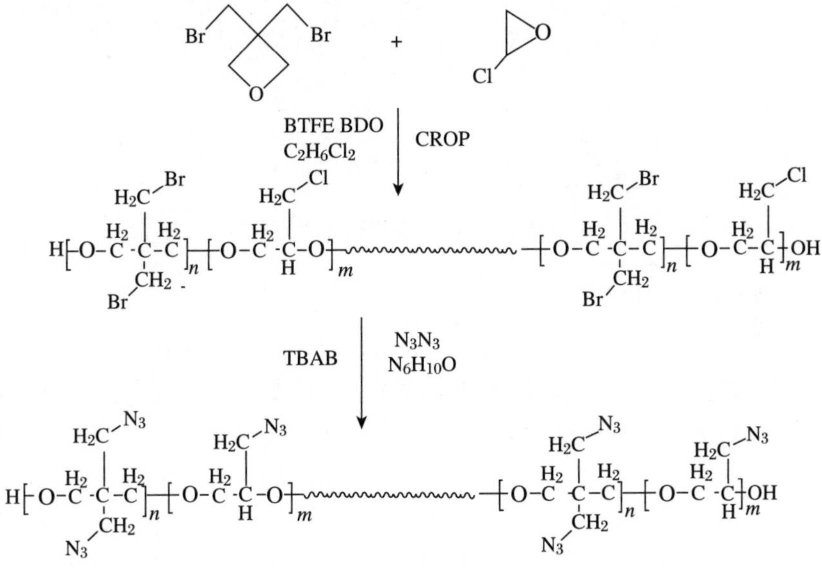

图 5-34　BAMO/GA 无规共聚物的合成路线

该方法的具体步骤：将BDO加入到三口烧瓶中，抽真空通氮气三次，排净体系内的空气，用注射器注入1，2-二氯乙烷，机械搅拌至混合均匀；用注射器注入三氟化硼乙醚溶液，室温下搅拌1h；将BBMO和ECH(摩尔比BBMO/ECH=1∶2)溶于1，2-二氯乙烷中，在15℃条件下用恒压滴液漏斗滴入三口瓶内，滴加时间6h；滴加完成后在15℃条件下反应30h。反应结束后向体系内加入100mL蒸馏水终止反应，倒入分液漏斗内分离出上层有机相，用蒸馏水洗涤后干燥聚合物，得到淡黄色黏稠液体(BBMO/ECH无规共聚物)。BBMO/ECH无规共聚物加入到三口瓶中，加入环己酮，升温至110℃，机械搅拌至聚合物完全溶解，将NaN_3和四丁基溴化铵加入三口瓶，在110℃条件下反应18h。冷却至室温后将产物在搅拌条件下缓慢加入到冰水中，将得到的聚合物溶于二氯甲烷中，过滤除去NaBr、NaCl和剩余NaN_3固体杂质，旋蒸除去溶剂，可得到淡黄色黏稠液体(BAMO/GA无规共聚物)。其工艺流程如图5-35所示。

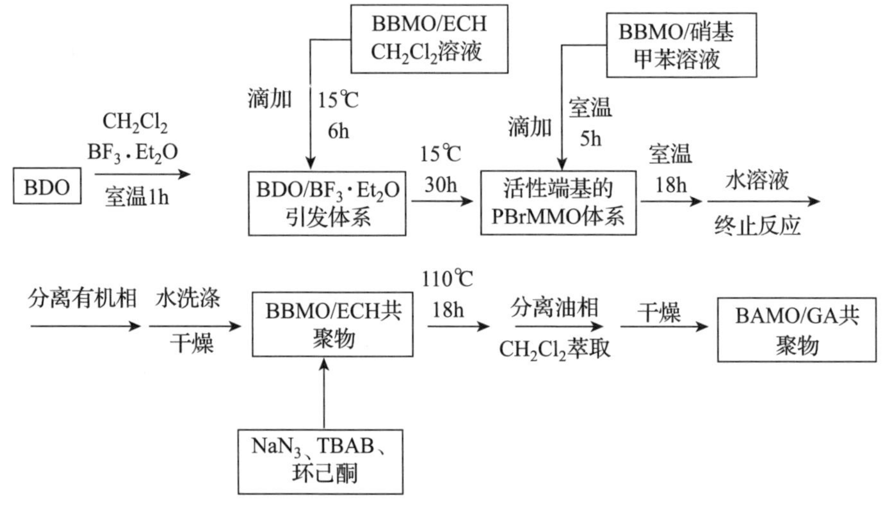

图5-35 BAMO/GA无规共聚物的合成工艺流程

5. PNMMO-PTMPO(超支化聚环氧乙烷)共聚ETPE

近年有文献报道采用活性顺序聚合法合成PNMMO-PTMPO(超支化聚环氧乙烷)共聚ETPE，具体合成过程为：首先3-羟基-3-环氧乙烷(TMPO)与PNMMO进行混合，1～1.5h后加入引发剂p-双(α，α-二甲基氯甲基)苯(BCC)与六氟锑酸银(ASF)预先反应合成的苯甲酰四硫六氟锑酸盐(TMPO的0.4wt%)和BF_3OEt(TMPO的0.4mol%)在100～120℃下进行反应4～5h后TMPO的转化率达到75%～80%。DSC测试结果表明，该ETPE具有两个T_g：-29℃(对应PNMMO)和40～55℃(对应PTMPO)。由于合成的ETPE

含有大量极性基团，导致无法找到合适的溶剂溶解它，故未能测得其相对分子质量。

5.4 大分子引发剂法合成

5.4.1 大分子引发剂法合成的主要特点

大分子引发剂法合成 ETPE 的主要特点在于需首先得到可引发其他单体的大分子引发剂，而大分子引发剂(Macroinitiator)是指在分子链上带有可分解成可引发单体聚合的活性中心的高分子化合物。早在 20 世纪 50 年代，Shah 就报道过这种高分子化合物的合成，他用邻苯二甲酰氯与过氧化钠反应制得聚邻苯二甲酸过氧化物。Smets 将它用于聚苯乙烯-聚甲基丙烯酸甲酯以及聚苯乙烯-聚醋酸乙烯酯的嵌段共聚中。20 世纪 60 年代，Smith 等人将带偶氮基的高分子化合物用于嵌段共聚。但到 70 年代，随着人们对嵌段共聚的研究，大分子引发剂才真正引起重视，上田明等人合成出一系列大分子引发剂并用它制备出了结构明确的嵌段共聚物。

大分子引发剂法制备 ETPE 的研究始于 20 世纪 80 年代后期，是一种制备结构规整嵌段共聚物的方法。这种方法所用大分子是无定形的，作为弹性体的软段，其末端带有特殊官能团，能引发其他单体聚合。目前所带官能团一般是羟基，与共引发剂协同作用，可引发环状醚单体或内酯单体进行阳离子开环聚合，形成结晶性嵌段作为弹性体的硬段。与活性顺序聚合法相比，大分子引发剂法可选用的单体范围更广。活性顺序聚合法中两种单体必须能够用同一种引发剂引发聚合，而大分子引发剂法则无此限制，大分子引发剂可由活性自由基法、活性阳离子法和活性阴离子法来制备，引发另一种单体聚合可采用与制备大分子引发剂截然不同的聚合方法。活性顺序聚合法的一个主要缺点在于一种单体聚合完成后，除尽未聚合的单体非常困难，易和第二种单体发生共聚，造成第二种嵌段不纯，影响性能。如在采用活性顺序聚合法制备 BAMO-THF-BAMO 三嵌段共聚物时，发现合成出的共聚物中，BAMO 硬链段的熔点只有二十几度，远低于 BAMO 均聚物熔点。大分子引发剂法引发另一种单体聚合从而合成 ETPE，可以采用阳离子开环聚合，也可采用自由基聚合。

5.4.2 大分子引发剂法制备热塑性含能黏合剂

1. GAP-BAMO 嵌段 ETPE

GAP 作为软段与结晶性聚合物共聚是改善 GAP 聚合物力学性能的有效途

径，因为软硬段之间的相分离能够提供给材料优异的力学性能。同时，硬段分子间也能形成三维物理交联网络结构，从而构成热塑性弹性体。由于 PBAMO 每个单体单元有两个—N_3基团，能提供很高的正生成热，而且 BAMO 的生成热和绝热火焰温度均比 GAP 高，同时 PBAMO 是结晶性聚合物，因此 GAP 与 BAMO 共聚形成 ETPE 引起了含能材料研究者的关注。GAP-BAMO 嵌段 ETPE 合成除官能团预聚体法外，也可采用大分子引发剂法。

PBAMO/GAP 三嵌段共聚物，可以采用直接法和间接法两种方法合成，如图 5-36 所示。

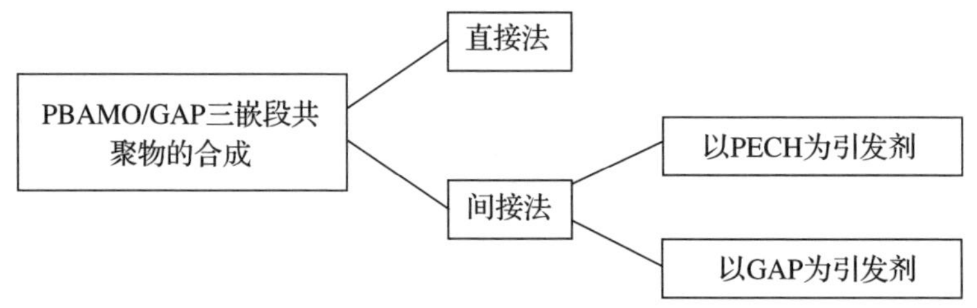

图 5-36 PBAMO/GAP 三嵌段共聚物的合成方法

直接法是以 GAP 为引发剂，引发 BAMO 单体进行阳离子开环聚合；而间接法路线包括两种，第一种是以 PECH 为引发剂，引发 BBMO 单体阳离子开环聚合，合成 PBBMO/PECH 三嵌段共聚物，然后对其进行叠氮化；第二种是以 GAP 为引发剂，首先引发 BBMO 单体的阳离子开环聚合，获得 PBBMO/GAP 三嵌段共聚物，之后通过叠氮化反应，以叠氮基团取代 Br 制备出 PBAMO/GAP 三嵌段共聚物。

Sreekumar 等人利用第一种间接法，以 PECH 为大分子引发剂合成了 PBAMO-GAP-PBAMO 三嵌段 ETPE，合成反应见图 5-37。合成分为两步反应：①首先用端羟基 PECH/BF_3OMe_2共引发体系引发 BCMO 开环阳离子聚合，生成 PBCMO-PECH-PBCMO 三嵌段共聚物，聚合过程可用 IR 监测，随转化率的上升，位于 938cm^{-1}处的单体环状醚键的特征吸收峰逐步消失，而位于 1126cm^{-1}处的分子主链上线型醚键的特征吸收峰逐步增强；②之后，将上步反应产物 PBCMO-PECH-PBCMO 三嵌段共聚物在 DMF 中于 110℃ 和叠氮化钠进行反应，生成 PBAMO-GAP-PBAMO 三嵌段共聚物。叠氮化过程用 IR 监测，随反应进行，位于 748cm^{-1}处的 C—Cl 键的特征吸收峰逐步消失，而位于 2100cm^{-1}处的叠氮基的特征吸收峰逐步增强，表明叠氮化反应进行，直至 IR 谱图中 C—Cl 键的特征吸收峰完全消失，表明叠氮化反应完全。然而，该种方法制备的共聚物相对分子质量不高，熔点为 66℃；T_g为 -35℃，和 GAP 的接近。其热失重主要分为两阶段：第一阶段从 180℃到 250℃，对应于叠氮基的分解；第二阶段从 260℃到 350℃，对应于分子主链的分解，热分解活化能随温度的上升而增大。

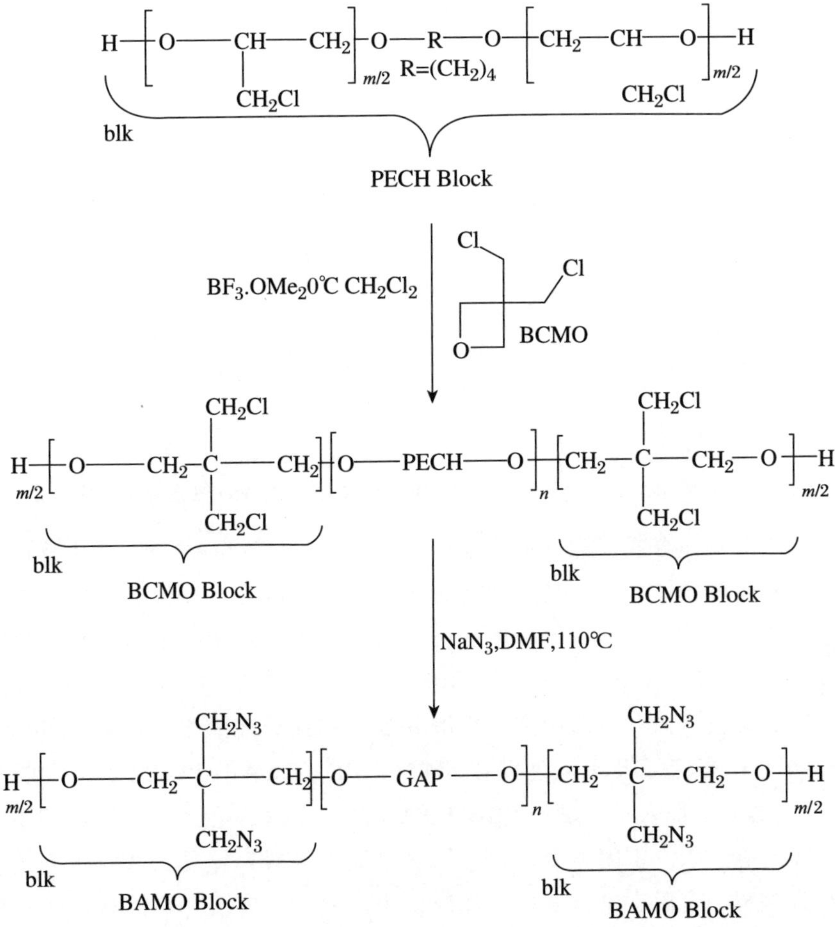

图 5－37 以 PECH 为引发剂合成 PBAMO-GAP-PBAMO 三嵌段共聚物

本书作者采用第二种间接法，以 GAP 为大分子引发剂，引发 BBMO 的阳离子开环聚合，采用去离子水终止反应，获得端羟基的 PBBMO/GAP 三嵌段共聚物，之后通过叠氮化反应，将 PBBMO 链段叠氮化，合成 PBAMO/GAP 三嵌段共聚物，合成路线如图 5－38 所示。对合成的不同结构单元比例的 PBAMO/GAP 三嵌段共聚物的结晶度进行了表征，结果表明随着 PBAMO 在链段结构中所占比例的降低，结晶能力逐渐下降，产物的结晶度随之降低。

$$HO-\underset{\underset{CH_2N_2}{|}}{\overset{H}{C}}-\overset{H_2}{C}-\left[O-\underset{\underset{CH_2N_2}{|}}{\overset{H}{C}}-\overset{H_2}{C}\right]_n-O-\underset{\underset{CH_2N_2}{|}}{\overset{H}{C}}-\overset{H_2}{C}-OH \quad \text{GAP}$$

$$\xrightarrow{\text{CROP}\quad \text{BBMO}}$$

$$HO-\left[\overset{H_2}{C}-\underset{\underset{\underset{Br}{|}}{CH_2}}{\overset{\overset{Br}{|}}{\overset{CH_2}{|}}{C}}-\overset{H_2}{C}-O\right]_n-GAP-\left[O-\overset{H_2}{C}-\underset{\underset{\underset{Br}{|}}{CH_2}}{\overset{\overset{Br}{|}}{\overset{CH_2}{|}}{C}}-\overset{H_2}{C}\right]_n-OH \quad \text{PBAMO/GAP 三嵌段共聚物}$$

$$\xrightarrow{NaN_3}$$

$$HO-\left[\overset{H_2}{C}-\underset{\underset{\underset{N_3}{|}}{CH_2}}{\overset{\overset{N_3}{|}}{\overset{CH_2}{|}}{C}}-\overset{H_2}{C}-O\right]_n-GAP-\left[O-\overset{H_2}{C}-\underset{\underset{\underset{N_3}{|}}{CH_2}}{\overset{\overset{N_3}{|}}{\overset{CH_2}{|}}{C}}-\overset{H_2}{C}\right]_n-OH \quad \text{PBAMO/GAP 三嵌段共聚物}$$

图 5-38 以 GAP 为引发剂合成 PBAMO-GAP-PBAMO 三嵌段共聚物

该方法的具体合成步骤：将一定量的大分子引发剂 GAP 加入到干燥的三口烧瓶中，密闭整个体系，抽真空通入氮气，重复三次，在室温(25℃)条件下进行反应。用注射器注入硝基苯，然后用注射器注入一定量的三氟化硼乙醚溶液为共引发剂，0.5h 后滴加一定量的 BBMO，滴加完成后继续在一定温度下进行反应。实验结束后向三口瓶中加入甲醇和氨水的混合溶液终止反应，过滤，用甲醇洗涤，干燥后可得淡黄色固体产物(PBBMO-GAP- PBBMO 三嵌段共聚物)。反应器瓶中加入一定量的 PBBMO/GAP 三嵌段共聚物、NaN_3、四丁基溴化铵、环己酮、水。密闭整个体系，抽真空通入氮气，重复三次。在氮气保护下油浴升温至一定温度进行实验。反应结束后冷却至室温，将溶液倒入乙醇中沉淀，烘干后得淡黄色弹性体，即 PBAMO-GAP-PBAMO 三嵌段共聚物。其合成工艺流程如图 5-39 所示。

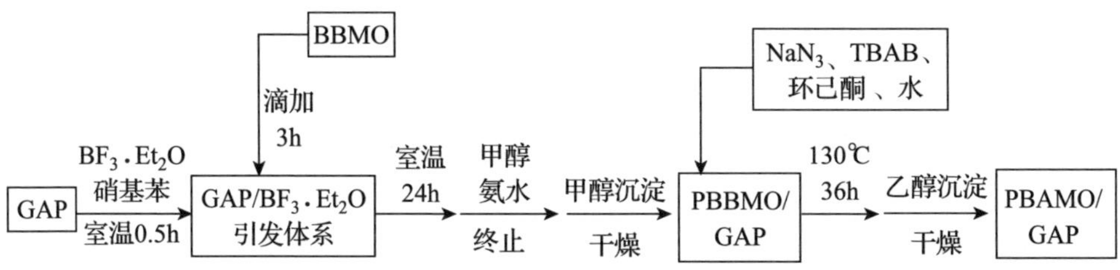

图 5-39 以 GAP 为引发剂合成 PBAMO-GAP-PBAMO 三嵌段共聚物的流程

2. 聚(α-叠氮甲基-α-甲基-β-丙内酯)(PAMMPL-叠氮基缩水甘油醚(GAP)嵌段 ETPE

叠氮聚酯是近年发展起来的一种新型含能聚合物，由于其结构中含有酯基易降解，而且其自身又是一种结晶性聚合物，因此可将其作为硬段引入到 ETPE 中，由其制备出的 ETPE 是一种环境友好聚合物。共聚所使用的叠氮聚酯主要是聚(α-叠氮甲基-α-甲基-β-丙内酯)(PAMMPL)，其结构式如下：

$$\left[CH_3 - \underset{CH_2N_3}{\overset{CH_3}{C}} - \overset{O}{\overset{\|}{C}} - O \right]_n$$

PAMMPL

PAMMPL 的合成过程：首先用 GAP/丁氧基锂作为大分子引发剂引发 CMMPL(聚 α-氯甲基-α-甲基-β-丙内酯)或 BMMPL(聚 α-溴甲基-α-甲基-β-丙内酯)单体聚合生成 PCMMPL-GAP-PCMMPL 或 PBMMPL-GAP-PBMMPL 三嵌段共聚物，然后在有机溶剂中进行叠氮化反应，得到 PAMMPL-GAP-PAMMPL 三嵌段共聚物，合成反应过程如图 5-40 所示。

$$m\ \text{HMMPL}\ (X=Cl\text{或}Br) + H\left(O - \overset{H_2}{C} - \underset{CH_2N_3}{\overset{H}{C}}\right)_n OH\ \text{(GAP)}$$

$$\xrightarrow{BuOLi}$$

$$\left(O - \overset{O}{\overset{\|}{C}} - \underset{CH_2X}{\overset{CH_3}{C}} - \overset{H_2}{C}\right)_x \left(O - \overset{H_2}{C} - \underset{CH_2N_3}{\overset{H}{C}}\right)_n O \left(\overset{H_2}{C} - \underset{CH_2X}{\overset{CH_3}{C}} - \overset{O}{\overset{\|}{C}} - O\right)_y$$

$$\xrightarrow{Azadition}$$

$$\left(O - \overset{O}{\overset{\|}{C}} - \underset{CH_2N_3}{\overset{CH_3}{C}} - \overset{H_2}{C}\right)_x \left(O - \overset{H_2}{C} - \underset{CH_2N_3}{\overset{H}{C}}\right)_n O \left(\overset{H_2}{C} - \underset{CH_2N_3}{\overset{CH_3}{C}} - \overset{O}{\overset{\|}{C}} - O\right)_y$$

图 5-40　PAMMPL-GAP-PAMMPL 三嵌段共聚物的合成

3. GAP-HTPB-GAP 型 ETPE

端羟基聚丁二烯(HTPB)预聚物是一种带有活性端羟基的液体“遥爪”型聚合物，由于其具有玻璃化转变温度低、低温性能和加工工艺性能好等优点，广泛用作固体推进剂和 PBX 炸药黏合剂。但由于 HTPB 分子链为非极性结构，溶度参数较低，同时存在着与推进剂中硝酸铵等氧化剂相容性差的缺点，而且 HTPB 是惰性分子，不满足固体推进剂高能发展的需要，因此对 HTPB 进行改性是非常必要的。GAP 相对于 HTPB 来讲，具有正的生成热、密度比 HTPB 高 40%以上、稳定性好、感度较低等优点。但是其分子链上主链承载的碳原子数少，且由于叠氮侧基的存在，力学性能较差，为此国内外研究者借鉴 GAP 的合成思路及方法，以 HTPB 为大分子引发剂对环氧氯丙烷进行开环聚合，之后通过叠氮化反应生成 GAP 与 HTPB 的共聚物。这样一方面可在 HTPB 高分子链上引入含能基团以提高其能量并改变其溶度参数，另一方面又能弥补 GAP 力学性能差的缺陷。1999 年，Subramanian 以 $BF_3 \cdot Et_2O$ 为引发剂使 ECH 通过阳离子开环聚合与丁羟(HTPB)反应生成 PECH-HTPB-PECH，之后该聚合产物再用 NaN_3 进行叠氮化反应制得了 GAP-HTPB-GAP 嵌段共聚物。同时他还以 GAP-HTPB-GAP 为黏合剂制备了推进剂，并与 HTPB 推进剂的性能进行了对比。发现惰性黏合剂 HTPB 上引入了 GAP 嵌段后，其制备的推进剂的燃速和生成热较 HTPB 推进剂有较大提高，抗拉强度有所增高，力学性能得到了改善。合成出的 GAP 与 HTPB 的共聚物玻璃化转变温度接近 HTPB，表现出良好的低温性能。从结构上看，它不仅具有 HTPB 的优点，如固体填量高，同时也具有 GAP 的优点，如与 NG 相溶性好、能量高等。

Vasudevan 等人也采用类似的方法合成了 GAP-HTPB-GAP 共聚物(具体反应见图 5-41)，同时将合成出的 GAP-HTPB-GAP 作为黏合剂制备了推进剂，

$$a\ \underset{\text{O}}{H_2C{-}CH}{-}CH_2Cl + HO{+}CH_2CH{=}CHCH_2{+}_kOH$$

$$\downarrow BF_3OEt_2$$

$$H{+}O{-}\underset{CH_2Cl}{\overset{H}{C}}{-}\overset{H_2}{C}{+}_nO{+}CH_2CH{=}CHCH_2{+}_kO{+}\overset{H_2}{C}{-}\underset{CH_2Cl}{\overset{H}{C}}{-}O{+}_mH$$

$$\downarrow NaN_3$$

$$H{+}O{-}\underset{CH_2N_3}{\overset{H}{C}}{-}\overset{H_2}{C}{+}_nO{+}CH_2CH{=}CHCH_2{+}_kO{+}\overset{H_2}{C}{-}\underset{CH_2N_3}{\overset{H}{C}}{-}O{+}_mH$$

图 5-41 GAP-HTPB-GAP 共聚物的合成过程

并对推进剂的性能进行了研究。Murali 等人合成了 GAP-HTPB 的接枝共聚物。该共聚物的合成涉及两步反应：第一步是在 N-甲基-2-氯吡啶碘盐作用下，4,4′-二叠氮基(2-甲基戊酸氰)(ACPA)与 GAP 二醇发生反应生成 GAP 引发剂(GAPMI)；第二步是 GAPMI 与 HTPB 进行接枝反应。通过 DSC 测试分析发现，该共聚物分别在 -74.03℃ 和 -35.84℃ 处出现了两个玻璃化转变温度，这表明该共聚物分子结构中 HTPB 和 GAP 链段不相容。

近来，本书作者也通过类似 Subramanian 的方法合成了 GAP-HTPB-GAP 共聚物，并研究了溶剂氯仿用量对环氧氯丙烷开环聚合反应的影响，结果如表 5-4 所示。

表 5-4 不同溶剂量对环氧氯丙烷开环聚合反应的影响

批次	HTPB 用量/%	ECH 用量/%	$BF_3(C_2H_5)_2O$ 用量/g	氯仿用量/mL	产物得率/%	$\overline{M}_n$	$\overline{M}_n/\overline{M}_w$
1	15.32	35	1.25	80	42.78	39320	5.756
2	15.32	35	1.25	90	56.06	15770	5.481
3	15.32	35	1.25	100	62.77	13500	2.353
4	15.32	35	1.25	110	67.81	10400	1.856
5	15.32	35	1.25	120	70.26	9642	1.937

从表 5-4 可以看出，随着溶剂量的增加，产物 PECH-HTPB-PECH 的得率增加，当溶剂量增加到一定值时，产率增加的速率会逐渐减慢，溶剂对于产物得率的影响逐渐减弱，当溶剂用量较小时，引发剂、催化剂、单体等浓度较大，反应速率也快，合成产物的分子量增加，分散系数变宽，而且重复性较差。当溶剂用量较大时，引发剂、催化剂、单体等浓度较小，反应速率变慢，合成产物的分子量变小，分散系数变窄，而且重复性较好。

5.5 可控自由基聚合法合成

高分子材料是随着合成技术的不断发展而发展的，作为高分子材料的分支——含能聚合物也是如此。目前，高分子合成方法的研究热点是可控(活性)自由基聚合法，关于这方面的文献数不胜数。那么能否也将此技术引入到含能聚合物的合成当中呢？答案是肯定的。如 2007 年文献报道了通过该方法制备了 GAP-PMMA 热塑性弹性体。

自由基聚合是高分子工业生产上最方便使用的合成方法，这是因为大多数聚合单体进行自由基聚合的条件较为简单。慢引发、快增长、速终止(含链转移)的聚合机理决定了传统自由基聚合的不可控性，即无法控制相对分子质量及分布，难以合成具有特殊结构的聚合物。从 20 世纪 60 年代起，世界各地的高分子合成化学家们就对“活性”自由基聚合进行了探索，他们试图通过用化学或物理的方法来稳定自由基聚合过程中的自由基活性种，抑制自由基的副反应，达到可控活性自由基聚合的目的。直至人们通过对自由基聚合动力学的研究，发现要实现真正意义上的活性/可控自由基聚合，最关键的是于控制反应体系中的自由基浓度。一般而言，自由基的终止速率常数为 $k_t = 10^{8\pm1}/(\mathrm{mol \cdot s})$，而增长速率常数 k_p($k_p = 10^{3\pm1}$)要远远小于 k_t，所以降低自由基浓度可以有效地抑制链终止反应，实现活性/可控聚合。

活性自由基聚合不但可以得到相对分子质量分布窄、相对分子质量可控、结构明确的聚合物，而且可聚合的单体种类多，反应条件温和，易控制，易实现工业化生产。因此，活性自由基聚合具有极高的实用价值，成为高分子化学领域的热门研究课题。在众多可实现可控自由基聚合的方法中，比较成熟的活性/可控自由基聚合方法主要有：①引发链转移终止剂法(Iniferter)；②稳定自由基调控聚合法(SFRP)；③可逆加成－裂解链转移聚合(RAFT)；④原子转移自由基聚合(ATRP)。上述几种方法基本原理是相同的，即通过引入休眠种，使它和增长自由基之间存在快速平衡，降低了瞬时自由基浓度。这一动态和快速的平衡不仅降低了自由基终止的可能性，而且通过活性中心和休眠种之间的频繁转换，使所有的活性或休眠的聚合物链上有相等的增长概率，这样得到的聚合物链长接近相等。

人们主要通过物理方法与化学方法来抑制终止反应，以实现自由基活性聚合。物理方法主要出现在非均相体系中，自由基被“包埋”而稳定，抑制了终止反应；化学方法则主要出现于均相体系中，通过增长链自由基被可逆钝化，形成休眠种来实现。目前多采用化学方法。

在化学方法中增长链自由基的可逆钝化主要有以下几种途径：

1. 增长链自由基与转移剂之间发生可逆转移反应

增长自由基(P°)有选择地迅速与转移剂(P_1—R)进行反应：

$$P^{\circ} + P_1\text{—}R \overset{k_{tr}}{\rightleftharpoons} P\text{—}R + P_1{}^{\circ} \tag{5-25}$$

反应中形成了 P—R 和具有链增长能力的新自由基 P_1°。P_1°的结构、性质与 P°相似，P_1°与单体反应得到的 P_m°可再与 P—R 反应，交换反应十分快，终止链数与链总数相比很低时，可得到窄分布聚合物。为降低可能的双分子终止，自由基的浓度必须足够低，也较转移剂浓度低得多。反应常需要用过量的真正的自由基引发剂(如 BPO、AIBN)。物种 P_1—R 不引发聚合，可以是烷氧基胺、有机磷化合物、碘代烷等。

2. 增长链自由基与非自由基种发生可逆反应

增长链自由基(P°)与非自由基种(X)发生可逆反应形成休眠的持久的自由基(此自由基不能发生增长反应)：

$$P^{\circ} + X \rightleftharpoons \{P—X\}^{\circ} \tag{5-26}$$

其中，X 的浓度与增长种 P°的浓度相等，所得到的持久的自由基浓度很高，比较成功的例子中 X 是有机金属铝化合物及过渡金属盐。

3. 增长链自由基和稳定自由基发生可逆反应

稳定自由基(R°)与增长链自由基(P°)可逆反应如下：

$$P^{\circ} + R^{\circ} \underset{k_{act}}{\overset{k_{deact}}{\rightleftharpoons}} P—R \tag{5-27}$$

其中，R°仅仅与 P°发生可逆反应，而不引发单体聚合。R°可以是金属离子自由基、氮氧自由基(= N— O°)、硫自由基、碳自由基(三苯甲基自由基)等。

下面简单介绍采用可控(活性)自由基聚合法制备 PMMA-GAP 共聚物 ETPE 的情况。合成过程一般如下：

预聚物 —引发剂/光→ 自由基 —单体→ 共聚物

1. PMMA-g-GAP 共聚物

南非的 Khalifa Al-Kaabi 等人通过可控自由基聚合法进行了合成 ETPE 的探索性研究。他们首先合成了含有 GAP 的大分子自由基，之后采用光照引发了甲基丙烯酸甲酯(MMA)聚合，进而合成了 PMMA-g-GAP 共聚物，并采用 IR 和 DSC 等手段分析和表征了该 ETPE 的结构性能。同时他们也用类似的方法合成了共聚物 PSt-g-GAP，二者的红外谱图如图 5-42 所示。在图 5-42 中，除了能观测到 PMMA 和 PSt 的特征峰以外，还在 2200 cm^{-1}处发现了叠氮基的吸收峰，表明合成了基于 GAP 的共聚物。同时通过 DSC 测试发现，PMMA-g-GAP 的分解温度大约在 250℃。

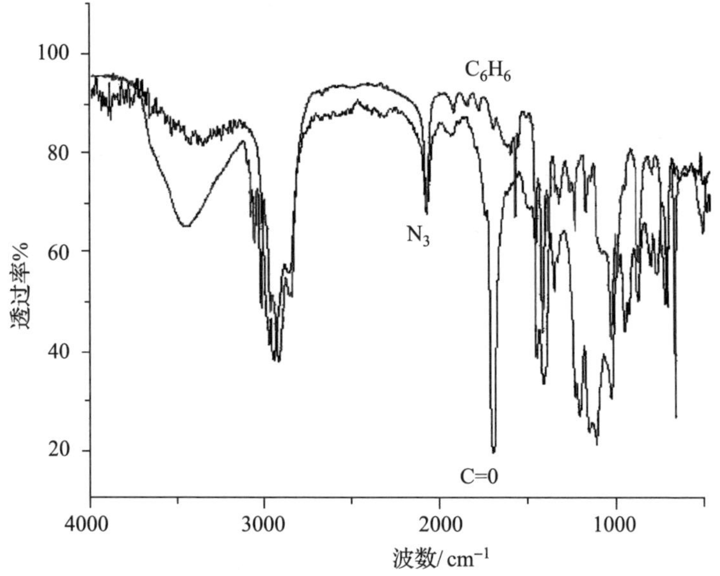

图 5-42 PMMA-g-GAP（黑线）和 PSt-g-GAP（红线）共聚物的 FTIR 谱图

2. PMMA-b-GAP 共聚物

土耳其的 Arslan 等人通过可控（活性）自由基聚合法合成了 PMMA-b-GAP 共聚物，具体过程是以 GAP/Ce$(NH_4)_2(NO_3)_6$ 为引发剂，引发甲基丙烯酸甲酯(MMA)进行自由基聚合，合成了共聚物 PMMA-b-GAP。聚合反应机理如下：

$$\underset{\substack{|\\ OH}}{CH_2}\cdots\cdots R\cdots\cdots \underset{\substack{|\\ OH}}{\overset{|}{CH}} + 2Ce^{IV} \longrightarrow 2Ce^{III} + 2H^+ + \bullet\underset{\substack{|\\ OH}}{CH}\cdots\cdots R\cdots\cdots \underset{\substack{|\\ OH}}{\overset{|}{C}}\bullet$$

······R······；GAP backbooc

$$\xrightarrow{+MMA} \text{(PMMA)}\!\!-\!\underset{\substack{|\\ OH}}{CH}\cdots\cdots R\cdots\cdots \underset{\substack{|\\ OH}}{\overset{|}{C}}\!-\!\text{(PMMA)} \tag{5-28}$$

同时，他们采用 GPC、^{1}H-NMR、FTIR、DSC、TGA 等方法分析表征了共聚物。合成出共聚物的^{1}H-NMR 谱图如图 5-43 所示。

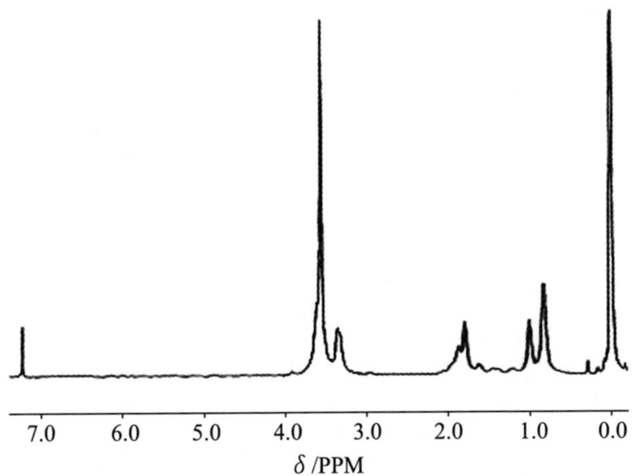

图5-43 PMMA-b-GAP共聚物的[1]H—NMR谱图

PMMA和GAP链段的特征峰均可在图5-43找到：δ = 3.6ppm，对应的是MMA中—OCH_3的质子；δ = 1.9～2.0ppm，对应的是MMA主链中—CH_2—的质子；δ = 1.0～0.8ppm，对应的是MMA中—CH_3的质子；δ = 3.4ppm，对应的是GAP中—CH_2N_3的质子。

GPC测试出PMMA-b-GAP共聚物的数均相对分子质量均在110000以上，TGA和DSC测试发现共聚物的放热分解峰均出现在240℃以上，TGA和DSC曲线如图5-44和图5-45所示。

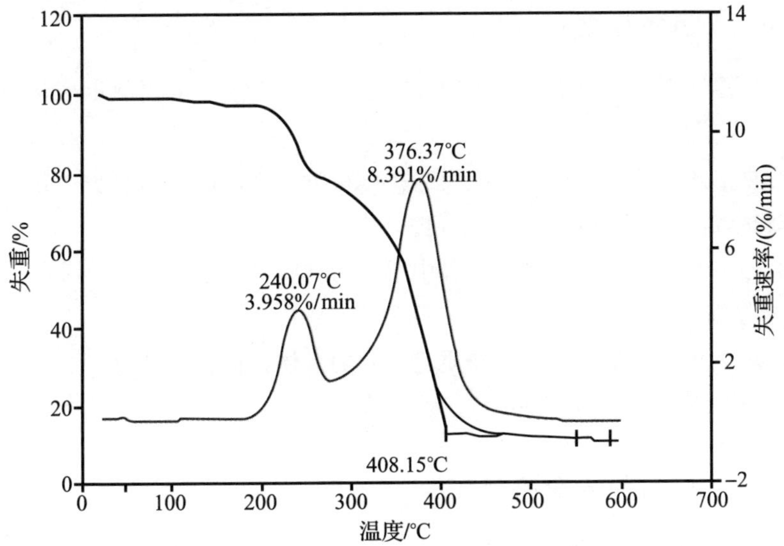

图5-44 PMMA-b-GAP共聚物的TGA曲线

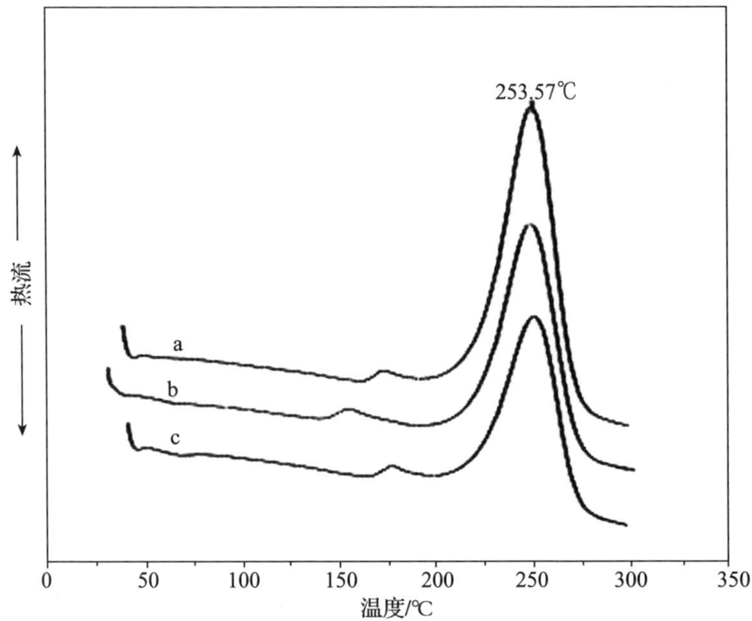

图 5-45 PMMA-b-GAP 共聚物的 DSC 曲线(a、b、c 为不同批次)

5.6 热塑性含能黏合剂的质量控制技术

5.6.1 基本原则

(1)热塑性含能黏合剂合成用的各种原料及辅助材料应当制定相应的质量指标，并应符合有关法规的要求。

(2)热塑性含能黏合剂的合成应当按照科学、规范的原则组织，各反应条件的选择和确定应符合基本的科学原理。

(3)热塑性含能黏合剂合成过程中所用的材料及工艺，应充分考虑可能涉及的安全性方面的事宜。

(4)热塑性含能黏合剂合成和质量控制的总体目标：保证原料及辅助材料使用安全、质量稳定、工艺可控、检测有效。

5.6.2 原材料质量控制技术

所有材料使用前应按照工艺要求进行质量检验，以保证其达到规定的质量标准。主要原料若为企业自己生产，其工艺必须相对稳定；若购买，其供应商要求相对固定，不能随意变更供应商，如果主要原料(包括工艺)或其供应商有变更，应依据国家相关法规的要求进行变更申请。

主要原料的常规检验项目一般包括：

(1)外观：肉眼观察，所有原料应符合相应外观标准。

(2)纯度和相对分子质量：原料的纯度和相对分子质量主要通过 GPC(或 VPO)及液相色谱检测，纯度应达到相应的质量标准，相对分子质量大小满足使用要求。

(3)羟值：端羟基预聚物可通过 GB/T12008.3—1989《聚醚多元醇中羟值的测试方法》、HG T2709—95《聚酯多元醇中羟值的测试方法》、GB/T7384—1996《多元醇羟值测定乙酸酐法》其中之一所述方法进行检测。

5.6.3 合成过程质量控制技术

由于热塑性含能黏合剂合成较多地是采用聚氨酯预聚体法进行，故从其合成过程进行质量控制主要是控制其相对分子质量及相对分子质量分布，下面从聚氨酯预聚体法的合成原理出发阐述热塑性含能黏合剂质量控制技术。

1. 相对分子质量的控制

对黏合剂的相对分子质量控制的目的为以下二者之一：①使黏合剂的相对分子质量达到或接近预期的数值，即使聚合反应在达到要求的相对分子质量时失去进一步聚合的条件，可采用控制两种官能团配比或加入端基封锁剂的方法；②使黏合剂的相对分子质量尽可能高，即创造使大分子两端的官能团能够无限制地进行聚合反应的条件。

简单地讲，黏合剂相对分子质量控制的方法往往是在两官能团等物质的量的基础上，使某官能团(或单体)稍过量或另加少量单官能团物质，使端基封锁，不再反应，反应程度被稳定在某一数值上，就可以制得预定聚合度的产物。

1)控制原料单体的摩尔配比

假设反应开始时单体 a－R－a 和 b－R′－b 物质的量分别为 N_a和 N_b，且 $N_a \leqslant N_b$，则两种官能团的物质的量分别为 $2N_a$和 $2N_b$，同时设 $N_a/N_b = \gamma \leqslant 1$(γ 称作官能团物质的量系数，旧称为摩尔系数或当量系数，是数值小的官能团物质的量与数值大的官能团物质的量之比)。则黏合剂的聚合度为

$$\overline{X_n} = (\text{起始单体物质的量})/(\text{同系物总物质的量}) = \frac{N_a + N_b}{N_a(1-p) + N_b(1-\gamma p)} \tag{5-29}$$

$$\overline{X_n}=\frac{1+\gamma}{1+\gamma-2\gamma p} \tag{5-30}$$

当γ=1 时，

$$\overline{X_n}=\frac{1}{1-p} \tag{5-31}$$

当 $p=1$ 时，

$$\overline{X_n}=\frac{1+\gamma}{1-\gamma}=\frac{N_b+N_a}{N_b-N_a}=\frac{1}{Q} \tag{5-32}$$

式中，Q 为过量官能团的过量摩尔分数。

就反应而言，决定黏合剂相对分子质量大小的首要因素是官能团的摩尔配比，其次才是反应程度。

2）加入封端剂

以等物质的量的 a－R－a 与 b－R′－b 反应（即 $N_a=N_b$）为例，加入的端基封锁剂为含有与其中一种单体相同的官能团（如 b）的单官能团化合物。假定达到 t 时刻物质的量少的官能团 a 的反应程度为 p_a。则黏合剂的聚合度为

$$\overline{X_n}=(\text{起始单体物质的量})/(\text{同系物总物质的量})=\frac{2N_a+N_s}{2N_a(1-p_a)+N_s} \tag{5-33}$$

式中，N_a 为端基封锁剂的物质的量。

当 $p_a=1$（即物质的量少的官能团反应完毕）时，

$$\overline{X_n}=\frac{2N_a+N_s}{N_s}=\frac{1}{q} \tag{5-34}$$

式中，q 为单官能团化合物在单体中的摩尔分数。

综合以上两种控制黏合剂聚合度的关系式可以看出，只有在充分保证单体纯度并严格控制单体摩尔配比的前提下，才有可能获得预期相对分子质量的黏合剂。

2. 相对分子质量的控制

聚合反应中黏合剂同系物组成的摩尔分数（或数量分数）分布函数为

$$\frac{N_n}{N_0}=p^{(n-1)}(1-p)^2 \quad (1\leqslant n<\infty) \tag{5-35}$$

线型平衡缩聚物分子组成的质量分布函数为

$$\frac{\overline{M_n}}{\overline{M}}=n\frac{N_n}{N_0}=np^{(n-1)}(1-p)^2 \quad (1\leqslant n<\infty) \tag{5-36}$$

上面两式为 Flory 分布函数，其用途：表征聚合物的相对分子质量分布；计算任何反应程度时任何聚合度同系物的摩尔分数。而黏合剂的数均聚合度与反应程度的关系为

$$\overline{X_n} = \frac{1}{1-p} \tag{5-37}$$

黏合剂的重均聚合度与反应程度的关系为

$$\overline{X_w} = \frac{1+p}{1-p} \tag{5-38}$$

黏合剂相对分子质量分散度为

$$\frac{\overline{X_w}}{\overline{X_n}} = 1 + \mathrm{p} = \frac{\overline{M_w}}{\overline{M_n}} \tag{5-39}$$

当聚合反应程度很高($p \to 1$)时，聚合物的分散度接近于 2。

参考文献

[1] Manser G E，Ross D L Energetic thermoplastic elastomers，Final report to office of naval research[R]. Arlington，VA，ADA122909，1982.

[2] 区洁，田立颖，王新灵. 软硬段对聚氨酯弹性体结构性能的影响[J]. 功能高分子学报，2010 (2)：160 - 165.

[3] Manser G E，Fletcher R W，Shaw G C. High energetic binders，Summary report to office of naval research[R]. Arlington，VA，ONR N - 0014 - 82 - C - 0800，1984.

[4] 赵一博. PBAMO/GAP 含能粘合剂的合成、表征和应用研究[D]. 北京：北京理工大学，2012.

[5] Piraino S，Kaste P，Snyder J，et al. Chemical and Structural Characterization of Energetic Thermoplastic Elastomers：BAMO/AMMO Copolymers[C] //35th International Annual Conference of ICT，Karlsruhe：Institut Chemische Technologie，2004.

[6] Sanderson A J. Method for the Synthesis of Energetic Thermoplastic Elastomers in Non-Halogenated Solvents：US，6997997[P]. 2006.

[7] 甘孝贤，李娜，卢先明，等. BAMO/AMMO 基 ETPE 的合成与性能[J]. 火炸药学报，2008，31(2)：81 - 85.

[8] 张弛. BAMO-AMMO 含能粘合剂的合成、表征及应用研究[D]. 北京：北京理工大学，2011.

[9] 卢先明，甘宁，邢颖，等. 高能热塑性粘合剂CE-PBAMO的合成[J]. 含能材料，2010，18(3)：261－265.

[10] 郭凯. PBAMO和PBAMO/GAP弹性体的合成、表征及应用基础研究[D]. 北京：北京理工大学，2009.

[11] Ahad E. Azido thermoplastic elastomers：US，5223056[P]. 1993.

[12] Ampleman G，Marois A，Beaupre F. Synthesis of en-ergetic copolyurethane thermoplastic elastomers for recyclable GAP-based HELOVA gun propellants [C] //NDIA IM/EM Symposium. 1998.

[13] De´silets S，Villeneuve S，Laviolette M，et al. 13C-NMR spectroscopy study of polyurethane obtained from azide hydroxyl-terminated polymer cured with isophorone diisocyanate（IPDI）[J]. Journal of Polymer Science，Part A：Polymer Chemistry，1997，35：2991－2998.

[14] You J S，Kweon J O，Kang S C，et al. A kinetic study of thermal decomposition of glycidyl azide polymer（GAP)-based energetic thermoplastic polyurethanes[J]. Macromolecular Research，2010，18(12)：1226－1232.

[15] You J，Noh S. Thermal and mechanical properties of poly（glycidyl azide)/polycaprolactone copolyol-based energetic thermoplastic polyurethanes [J]. Macromolecular Research，2010，18(11)：1081－1087.

[16] 菅晓霞，肖乐勤，左海丽，等. GAP基热塑性弹性体的合成及表征[J]. 含能材料，2008，16(5)：614－617.

[17] 菅晓霞. 发射药用热塑性弹性体的研究[D]. 南京：南京理工大学，2011.

[18] 左海丽. GAP基含能热塑性弹性体研究[D]. 南京：南京理工大学，2011.

[19] 吕勇. GAP型含能热塑性弹性体的合成与应用研究[D]. 北京：北京理工大学，2009.

[20] 吕勇，罗运军，郭凯，等. GAP型含能热塑性聚氨酯弹性体热分解反应动力学研究[J]. 固体火箭技术，2010. 33(3)：315－318.

[21] 吕勇，罗运军，葛震. 基团加和法估算含能热塑性聚氨酯弹性体的生成焓[J]. 含能材料，2009，17(2)：131－136.

[22] 酒永斌，罗运军，葛震，等. 以混合聚醚为软段的含能热塑性聚氨酯弹性体的性能研究[J]. 固体火箭技术，2010，33(5)：537－540.

[23] 张在娟. 含能热塑性聚氨酯弹性体的合成与表征[D]. 北京：北京理工大学，2016.

[24] Braithwaite P C，Lund G K，Wardle R B. High detonation pressure，velocity：US，5587553[P]. 1996.

[25] Zhang Z, Luo N, Wang Z, et al. Polyglycidyl nitrate (PGN)-based energetic thermoplastic polyurethane elastomers with bonding functions[J]. Journal of Applied Polymer Science, 2015, 132(23).

[26] Hsiue H J,LiuY L,Chiu Y S. Tetrahydroofuran and 3,3-bis(chloromethyl)oxetane triblock copolymers synthesized by two-end livng cationic polymerization [J]. Journal of Polymer Science, Part A: Polymer Chemistry, 1993, 31: 3371 - 3376.

[27] Hsiue H J, LiuY L, Chiu Y S. Triblock copolymers Based on cyclic ethers: preparation and properties of tetrahydroofuran and 3, 3-bis (azidomethy1) oxetane triblock copolymers[J]. Journal of Polymer Science, Part A: Polymer Chemistry, 1994(32):2155 - 2159.

[28] LiuY L, Hsiue H J, Chiu Y S. Studies on the polymerization mechanism of 3-nitratomethyl-3'-methyloxetane and 3- azidomethy1-3'-methyloxetane and the synthesis of their respective triblock copolymers with tetrahydroofuran[J]. Journal of Polymer Science, Part A: Polymer Chemistry, 1995(33):1607 - 1613.

[29] Wardle, Wayne W, Hinshaw J C. Method of producing thermoplastic elastomers having alternate crystalline structure such as polyoxetane ABA or star block copolymers by a block linking process: US, 5516854[P]. 1996.

[30] Manser G E, Fletcher R W. Energetic thermoplastic elastomer synthesis, third quarterly summary of progress on contract N00014 - 87 - c - 0098[R]. ADA196885, 1988.

[31] Shah H A, Leonard F, Tobolsky A V. Phthalyl peroxide as a polymerization initiator[J]. Journal of Polymer Science, 1951, 7(5): 537 - 541.

[32] Smets G, Woodward A E. A new method for the preparation of block copolymers[J]. Journal of Polymer Science, 1954, 14(73): 126 - 127.

[33] Smith DA, Makromolek. Chem. 1967,103:301.

[34] 上田明,高分子论文集(日),33,131(1976).

[35] Sreekumar P, Ang H G. Synthesis and Thermal Decomposition of GAP- Poly (BAMO) Copolymer[J]. Polymer Degradation and Stability, 2007(92): 1365 - 1377.

[36] Ampleman G, Brochu S, Desjardins M. Synthesis of energetic polyester thermoplastic homopolymers and energetic thermoplastic elastomers formed therefrom[R]. DREV TR - 175, 2001.

[37] 徐复铭,王泽山. 重视创新提高火炸药的跨越式发展[J]. 火炸药学报,2001(2): 1 - 5.

[38] Subramanian K. Hydroxyl-terminated poly (azidomethyl ethylene oxide-b-butadiene-b-azido-methyl ethylene oxide) synthesis, characterization and its potential as a propellant binder [J]. European polymer Journal, 1999(35): 1403-1411.

[39] Vasudevan V, Sundararajan G. Synthesis of GAP-PB-GAP triblock copolymer and application as modifier in AP/HTPB composite propellant[J]. Propellants Explosives Pyrotechnics, 1999(24): 295-300.

[40] Mohan Y M, Raju K M. Synthesis and characterization of HTPB-GAP crosslinked copolymers[J]. Designed Monomers Polymers, 2005, 8(2): 159-166.

[41] 葛震,罗运军,张继光,等. GAP-HTPB-GAP嵌段共聚物的合成与表征. 火炸药学术研讨会论文集[C].贵阳,2008.

[42] Khalifa A, Albert V R. Synthesis of energetic thermoplastic elastomers by using controlled radical polymerization[C]//Insensitive Munitions & Energetic Materials Technology Technology Symposium, Phoenix, Arizona, USA, 2007.

[43] Arslan H, Mehmet U, Hazer B. Cericion initiation of methyl methacrylate from poly(glycidyl azide)-diol[J]. European Polymer Journal, 2001(37): 581-585.

06 第6章 硝化纤维素的合成化学与工艺学

6.1 概述

硝化纤维素(又叫硝化棉，英文 Nitrocellulose，缩写 NC)是单基、双基、三基发射药，改性双基、交联改性双基及复合改性双基推进剂的主要组分，也是部分混合炸药的添加剂，因此 NC 是火药最重要的原材料之一，是火药使用最多的含能黏合剂。就应用范围、需求数量及在航天和军工领域中发挥的作用而言，硝化纤维素在发射药和推进剂领域中占有极其重要位置，其性能优劣将直接影响武器的射程和威力，其物理化学指标又决定了火药产品的加工成型、储存和使用性能。

硝化纤维素是纤维素与硝酸进行酯化的产物。1833 年 Braconnot 首次报道了硝化棉的制备方法，从此关于它的研究逐渐深入。硝化纤维素属于线型高分子聚合物，是一种白色或微黄色固态纤维状材料。仅从外观上看，与硝化前纤维素原料并没有太大的差异，仍保存了纤维的管状结构。其密度与含氮量紧密相关，且随含氮量的增大而略有增大，密度一般为 1.65～1.67g/cm^3，比热容为 1.674 J/(g·K)。本章主要介绍硝化纤维素合成原料、制备原理、化学合成方法及相关的工艺技术。

6.2 硝化纤维素的合成原料及性质

生产硝化纤维素原料主要有木纤维素与棉纤维素两种。第一次世界大战前，主要使用棉纤维素，因为它纯度高，能制备出较为均匀、稳定的 NC。第一次世界大战后，由于棉纤维素价格的上涨及其来源有限的问题，而木浆由于其价格相对较便宜，成为制备 NC 的主要原料。国外工业上多数以木纤维素为原料制备 NC，而在我国主要采用棉纤维素制备 NC，采用木纤维素得到高品质的

NC也是今后发展的重点。

本节主要阐述木、棉纤维素这两种硝化纤维素原材料的主要特征。

6.2.1 木纤维素的种类及特征

木材是植物界中最常见的材料之一，也是生产硝化纤维素的重要原材料之一。从组成上讲，以木材为主的植物的化学成分是45%～55%纤维素、10%～30%半纤维素和25%～30%木质素。制备木纤维素多采用纤维素含量高的木材，主要为针叶木、禾本植物、阔叶木等。针叶木的木质素含量较高，在精制制浆或漂白过程中条件要苛刻些；禾本植物的木质素含量较低，制浆条件温和；而阔叶木介于以上两种原料之间。禾本类植物半纤维素含量较高，所以浆粕具有紧度高、易吸水膨胀等特点，但灰分含量高(特别是稻草、麦草、芦苇和龙须草)，黑液量大，不利于碱回收。

1. 木质素的精制

如前所述，木材中含有纤维素、半纤维素、木质素等多种组分，其中α-纤维素是硝化纤维素的生产原料，是指在20℃时不溶于17.5%NaOH水溶液的纤维素组分。

木质素的精制是将半纤维素、木质素溶解，再漂白去除残留物，最后得到高α-纤维素含量的浆粕。其制备方法主要包括酸性亚硫酸盐法、亚硫酸盐法和预水解硫酸盐Kraft法。亚硫酸盐法由于化学再生时会产生不溶性的硫酸盐，使用受到限制。从软木到硬木原料，从酸性亚硫酸到碱性预水解Kraft法工艺，现代溶解木浆生产工艺得到很大的发展。使用硬木可生产高α-纤维素含量的木浆，且易实现完全无氯漂白过程。总之，性能优良的再生纤维素要求纤维素活性高、α-纤维素含量高、聚合度分布窄及其溶液容易控制等。

2. 硝化纤维素用木浆的质量参数

硝化纤维用木浆的性能指标指标主要包括：

1）R_{10}，R_{18}，S_{10}，S_{18}值

R_{10}，R_{18}，S_{10}，S_{18}值分别表示在特定条件下浆粕在10%和18%氢氧化钠溶液中的溶解程度的值，可作为纤维素纯度的判据。浆粕在10%和18%氢氧化钠溶液中的溶解量分别用S_{10}和S_{18}表示，而残余量分别用R_{10}和R_{18}表示。10%氢氧化钠溶液可溶解低相对分子质量的纤维素及浆粕中大部分半纤维素，而18%的氢氧化钠则可溶解大部分的半纤维素并使少量的纤维素降解。因此，S_{10}

减去 S_{18} 基本上为降解纤维素的含量，R_{10} 可衡量长链纤维素的含量。

2）α-纤维素含量

用浓度为 17.5%的氢氧化钠溶液在 20℃处理浆粕 45min，不溶解的部分为 α-纤维素。溶于上述碱液的部分统称为半纤维素。在中和时，能从碱液中沉淀出来的部分称为 β-纤维素，不能沉淀出来的部分称为 γ-纤维素。

α-纤维素含量是评价纤维素纯度的典型方法，但不少国家已广泛采用 R_{10} 和 R_{18} 值替代 α-纤维素含量来表征纯度。浆粕中的 α-纤维素含量值在 R_{10}～R_{18} 之间。

3）甘露糖、木糖成分

甘露糖和木糖是典型的中性单糖，以半纤维素形式包裹在溶解木浆粕中。甘露糖是从葡甘露聚糖衍生而来的，木糖是从木聚糖衍生而来的。市售的硝化纤维素溶解木浆中包含 0.3%～1.5%的甘露聚糖和 0.9%～2.6%的木糖。

4）DCM 提取物

DCM 提取物是指木浆中可溶于二氯甲烷的物质。利用索氏提取器抽提，可提取浆粕中的一些有机杂质，如有机酸、脂肪、树脂、石蜡、丹宁酸和固醇等。这些杂质的含量虽不高，但会严重影响 NC 产品的颜色和性能。

5）特性黏度

聚合度（DP_W）是根据浆粕溶解在某些溶剂中形成的溶液的特性黏度来计算出来的。

$$[\eta]=0.0226\times DP_W{}^{0.76} \tag{6-1}$$

式中，$[\eta]$为特性黏度。当$[\eta]=8.0$ 时，DP_W 为 2260。

由于硝化纤维素是在相对固定的条件下制备的，其原料的聚合度将直接影响产物硝化纤维素的聚合度。此外，木浆生产工艺而导致木浆的纤维结构和固有性质改变也会最终影响硝化纤维素的聚合度。

6）断裂强度、密度指数、硬度指数

断裂强度与基本质量和厚度的比值分别为断裂指数和硬度指数。断裂强度、密度指数、硬度指数可用于描述破碎木浆的难易程度，尤其是在干燥情况下。木浆破碎不充分会增加纤维素硝化过程中不可溶纤维的含量，从而导致硝化纤维素溶液出现浑浊和可滤性降低。硝化纤维素生产需要木浆具有较低的断裂指数和硬度指数。

6.2.2 棉纤维素的种类及特征

棉纤维素是制取纤维素的最宝贵材料，其纯纤维素含量高达92%～93%，而木材中纤维素含量为45%～50%，故棉纤维素是我国制备硝化纤维素物的主要原料。

1. 棉纤维的特征及组成

棉纤维于棉株开花时即开始生长，棉纤维在生长过程中其组成不断变化，聚合度也不断增大。具有工业价值的棉花主要有三种：棉属 Hirstum L、棉属 Barbadense L 和棉属 Arboretum L。每一种又可细分为许多小类。从细胞学角度，存在两种不同类别的棉纤维，分别称为皮棉和棉短绒，如图6-1所示。皮棉纤维是卷曲细胞，长20～40nm；棉短绒纤维较短，长度在5nm以下。

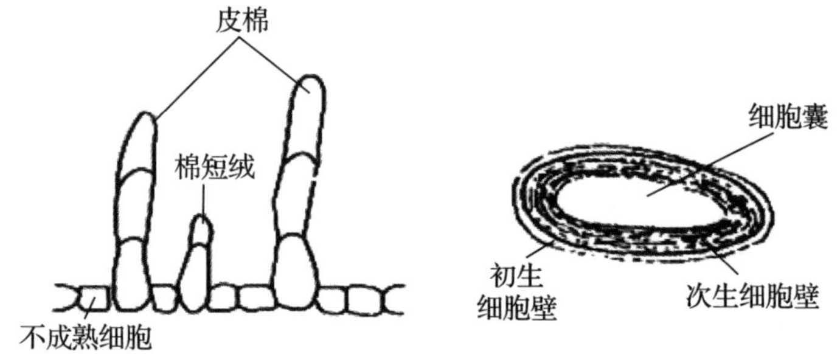

图6-1 棉纤维的结构

如表6-1所示，皮棉的主要成分为纤维素，其他组分含量很少，主要包括蜡状物、脂肪、含蛋白质与多酚的表皮及灰分等。这些组分可用碱液除去，得到高纤维素含量的商业棉。

表6-1 皮棉中各组分的比例

皮棉	纤维素/%	蜡、脂肪/%	蛋白质/%	角质层/%	灰分/%
1	98.6	0.55	0.72	—	0.12
2	98.2	0.43	0.54	0.68	0.13

棉短绒虽富含纤维素，但其中其他成分，如脂肪、蜡质、果胶等(表6-2)在作为纤维素化工衍生物原材料之前也必须去掉。这一过程称为精制过程，通过精制可以得到纤维素含量在98.5%以上的精制棉。

表 6-2 棉短绒经过精制前后组成的变化情况

组分	棉短绒	
	未精制	精制后
纤维素/%	90～91	98.5～98.6
脂肪、蜡/%	0.5～1	0.1～0.2
氮/%	0.2～0.3	0.02
果胶与多戊聚糖/%	1.9	1～1.2
木质素/%	3	—
灰分/%	1～1.5	0.18～0.3

2. 棉纤维的品质形成及影响因素

精制棉是生产硝化棉最重要的原料，也是影响硝化棉产品质量的关键因素。作为精制棉原料的棉短绒，其质量又是影响精制棉质量好坏的根源，棉短绒质量与棉花本身的质量有直接关系。所以，棉花质量是影响硝化棉质量的根本。

1）棉纤维的品质

一个特定的棉花品种产生一定品质的纤维，同时纤维品质性状之间也具有一定的相关性，如纤维长度、细度与强度间有高度正相关性，这就说明纤维各品质性状之间是相互影响、相互制约的，在它们的形成过程中，其形成机理也具有一定的相关性。衡量棉纤维品质的指标主要包括纤维结构、晶粒尺寸、晶区取向性等。

2）棉纤维品质的影响因素

棉纤维的生长发育受遗传、环境两方面因素的制约。多年来，大量研究集中在从遗传和环境两方面来探讨棉纤维形成机理及其对质量的影响规律，而又以环境影响研究居多。影响棉纤维品质的环境因素主要包括温度、水分、光源、氮、磷、钾元素等。

3）棉短绒的精制

棉短绒精制的主要目的是除去纤维素成分，同时降低黏度。棉短绒经过精制后质量的均匀性也有一定改善，主要是通过高温、高压、碱液处理棉短绒，并结合其他一些措施来实现的。习惯上将精制棉短绒的过程称为脱脂，因而精制棉也被称为脱脂棉。

通常，精制棉生产工艺包括选料、蒸煮、洗浆、漂白预处理、漂白、辗压脱水与烘干等工序。图 6-2 是精制棉的生产工艺流程。

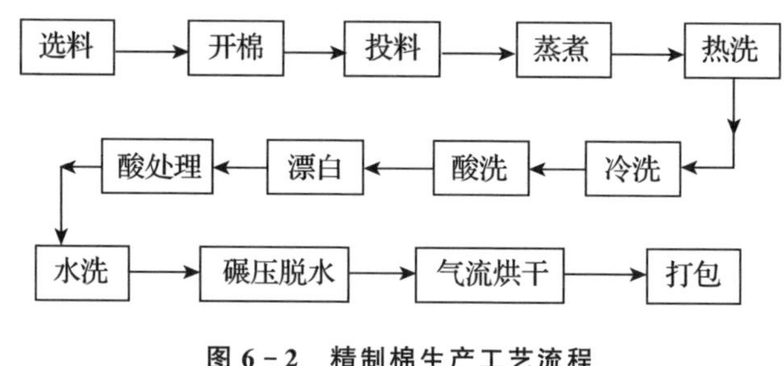

图 6-2 精制棉生产工艺流程

6.3 硝化纤维素的制备原理及方法

纤维素的硝化过程就是纤维素分子结构中的羟基与硝化剂中的硝酸发生酯化反应的过程，这一反应过程可用下式表示：

$$R\boxed{OH + HO}NO_2 \rightleftharpoons RONO_2 + H_2O + Q \tag{6-2}$$

式(6-2)反应是一个可逆反应过程，增加硝酸浓度，消除体系中生成的水以及加快体系热量散失速度都有利于硝化纤维素的生成。逆反应从原理讲是一个水解或称脱硝反应。纤维素被硝酸酯化的反应速度取决于正反应速度和逆反应速度的比值。此外，如果硝化剂是硝酸、硫酸、水三组分的混酸体系，除了有上面提到的副反应外，还会生成纤维素硫酸酯。生成硫酸酯的反应也是可逆反应。

$$R(OH) + H_2SO_4 \rightleftharpoons R(OSO_3H) + H_2O \tag{6-3}$$

硫酸酯的稳定性比硝酸酯差，硫酸酯在皂化后游离出硫酸。此外，残留在纤维素纤维内的伴生物也能被硝酸氧化，被硝酸或硫酸酯化，产物有可能留于酸性硝化棉中。随着硝化体系中水合硫酸含量的增加及硝酸浓度的降低，这些副反应都会加剧。提高硝化温度以及纤维素纤维吸湿度降低也会使副反应增多。生产中应该调整硝化工艺，尽量将发生副反应的程度降低。

硝化纤维素的制备过程由几个连续工序组成：纤维素的准备和硝硫混酸的配制，纤维素的硝化过程及硝化纤维素的安定处理过程等。

6.3.1 基于硝酸溶液硝化体系制备硝化纤维素

当用浓度较低(68%)的硝酸溶液处理棉纤维素时，纤维素只发生与强碱溶液作用时相同的结构变化，即纤维发生膨润，而基本不发生酯化反应。如果提高硝酸的浓度，如用浓度为89%～98%的硝酸处理棉纤维素，则可获得含氮量为11.5%～13.2%的硝化纤维素。1882年，Vielle发现用硝酸酯化纤维素时，硝化纤维素的含氮量及反应速度随硝酸浓度的增加而增加，实验结果见表6-3。

表6-3 硝化纤维素含氮量与硝酸浓度的关系

HNO_3浓度/%	77.3	80.8	83.5	87.0	89.6	92.1	95.1
硝化纤维素含氮量/%	6.85	8.07	8.78	10.33	11.53	12.23	12.68

硝化纤维素含氮量随着硝酸浓度的增加提高到一定数值后就难以继续增大了，即使采用100%的硝酸进行酯化，产物的含氮量也仅仅可达13.2%。这是由于一方面酯化过程中形成的水对硝酸产生稀释作用，降低了硝酸的酯化能力；另一方面稀硝酸对纤维素产生溶解作用，进一步增加了硝酸向纤维内部扩散的阻力，造成酯化不完全、含氮量低和溶解性能差等不良后果，所得到的硝化纤维素无法使用。再加之硝酸的挥发性强、产物溶解性能差等缺点，故仅仅使用硝酸作为硝化液的方法不具有工业化生产的意义。

典型的基于硝酸溶液硝化体系制备硝化纤维素过程为：向500mL的烧杯中注入135mL浓硝酸(密度为1.51g/cm^3)，并在有冰的水槽中冷却至0℃。将5g疏松并烘干的棉纤维素浸入酸中，同时用玻璃棒搅动，从而使纤维素被很好地润湿。硝化系数为40∶1。在纤维素的浸渍和硝化过程中，杯内温度应保持在0～5℃。将所有的硝化纤维素都放在杯中后，用玻璃盖盖好瓷杯，在指定温度下放置30min。其中，在前15min内应每隔5min用玻璃棒小心地搅拌一下杯内物质，后15min不需要搅动。硝化结束后，迅速(一次性地)将杯内物质倒入盛有水和碎冰的储存罐中，并充分搅动。水的体积应至少是反应物体积的15～20倍。将硝化纤维素从水中分离出来，并多次用水洗涤，直至呈中性(用甲基红测试)。将洗涤后的硝化纤维素放入1000mL的锥形瓶中。向锥形瓶中注入500mL蒸馏水，盖好煮2h。将硝化纤维素分离出来后，再用蒸馏水洗涤至中性。

6.3.2 基于硝酸的混酸硝化体系制备硝化纤维素

1. $HNO_3-H_2SO_4-H_2O$硝硫混酸硝化体系

由$HNO_3-H_2SO_4-H_2O$三组分组成的硝硫混酸是工业以及实验室中最常用的硝化体系。通过调整三组分的组成比例，可以得到含氮量在一个宽的范围内可调节的目标产物。

实验室中，采用此硝化体系制备硝化纤维素的过程如下：

1）配酸

将 500mL 的干燥瓷质杯子放入盛有水和冰混合物的槽内。向杯中注入定量体积的蒸馏水。将浓硫酸（密度 1.51g/cm^3）倒入有冷却水的杯子用玻璃棒持续搅拌 10min 使之冷却，控制杯中的溶液温度不要超过 25℃，因为随着温度的升高硝酸会被损耗，而且温度过高还会导致酸沸腾和喷出。待溶液的温度逐渐降低到 0～5℃后，慢慢地向杯子中注入浓硫酸（密度 1.83g/cm^3），继续不停地搅动和冷却。控制杯中混合液的温度不超过 30℃。将硫酸注入混合液中后用盖子盖好，待杯内液体冷却到室内温度时，用龙格-雷伊吸量管对准备好的硝硫混酸进行抽样分析，合格后进行纤维素的硝化。

2）硝化

在指定硝化温度下，把准备好的硝硫混酸保持 30min。取约 0.5g 风干疏松的纤维素分小块放入到硝硫混酸中，用玻璃棒把纤维素压入酸中，并不停搅动。不能将硝硫混酸倒在纤维素上，因为这可能会导致局部过热，引起反应物着火或喷出。纤维素的硝化反应会释放热量，故在硝化纤维素的生成过程中应特别注意温度的升高状况。如果混合液的温度迅速上升且达到 50℃，则应停止向硝硫混酸中继续加入纤维素，并应急速冷却杯中物质。如果该方法无效，温度继续上升，则应该迅速地将杯内物质一次性倒入盛有大量水的应急容器中，并迅速搅动。

整个硝化过程持续 30～60min 完成。在硝化反应的前 15min，应每隔 5min 用干的玻璃棒搅拌一次杯内物质。在硝化反应的后阶段，每 15～20min 搅拌一次。

硝化结束后，将杯内反应物倒入干燥的、不带滤纸的真空瓷漏斗中，该漏斗安装在带有排气管的抽滤瓶上。抽滤后的反应物，应小心地用干玻璃塞的背面和坩埚钳移入容量为 1000～2000mL 的杯子里，杯中装 3/4 的水，沿着杯壁将硝化纤维素倒入水中。

也可以采取其他的方法将硝化纤维素从废酸中分离出来。例如，在硝化结束后将杯内反应物一次性倒入盛有大量水的容器中，其中，水的质量应至少为反应物质量的 20 倍，然后快速搅动后抽滤。

用第一方案和第二方案都可以迅速地将硝化纤维素从水中分离出来，然后用水多次清洗直到水呈中性为止（用甲基橙或者石蕊试纸检测）。

3）安定处理

硝化纤维素安定处理的有关细节见表 6-4。

表 6-4 硝化纤维素的安定处理

操作	持续时间/h	操作目的
在浓度为 0.3%的 H_2SO_4 溶液中煮沸	3	破坏或除纤维素硫酸酯
用热水冲洗	反应达到中性（石蕊试纸测试）	除去 H_2SO_4
在浓度为 0.05%的 Na_2CO_3 的溶液中煮沸	3	破坏或去除其他硝基多糖
在蒸馏水中煮沸	1	除去 $NaCO_3$
用热水冲洗	反应达到中性（甲基橙试纸）	除去 $NaCO_3$

典型安定处理过程为：将清洗成中性的硝化纤维素移入容量为 1000mL 的配有冷却系统的锥形瓶中，向烧瓶中注入 500mL 的相应溶液（在安定过程中维持溶液的恒定浓度），使烧瓶与逆流冷凝装置连接，放在电炉上加热，在指定时间内将瓶内物质加热至沸腾。

硝化产物经过酸煮和水洗呈中性以后，在 0.05%的 $NaCO_3$ 溶液中洗涤浸泡。然后，再按照表 6-4 中的方法进行安定处理和洗涤。

以上的安定处理属于加速安定处理。这样处理后，硝化纤维素的安定性并不一定能满足需要。因此，应对其进行初步分析以确定其燃烧温度，如果其燃烧温度低于 160℃，则应继续对硝化纤维素进行安定处理。

最后，需要把安定处理后的硝化纤维素从水中取出，放在过滤纸中间挤压使其脱水干燥。

2. $HNO_3-H_3PO_4/P_2O_5$ 硝化体系

由于通过硝磷混酸硝化得到的产物酯化度很高，此法可用于制备含氮量为 13.7%的高氮量产物，却不适用于制备含氮量为 12%左右的低氮量产物。磷酸比硫酸更易腐蚀钢铁，成本也比硫酸高，且由于蒸馏温度相当高，废酸回收更加困难，故尚未用于工业化生产。

采用此硝化体系除可获得高酯化度的硝化纤维素外，所制备的硝化纤维素还具有较低的降解性、较高的安定性，且易溶于有机溶剂。表 6-5 列出了用于制备硝化纤维素的硝磷混酸体系，利用这些硝化体系可以得到含氮量为 12.45%～13.92%的硝化纤维素。

表 6-5 $HNO_3-H_3PO_4$ 硝化体系

硝化纤维素含氮量/%	混液组成/%		
	HNO_3	H_3PO_4	H_2O
13.75	93.0	7.0	—
13.92	82.5	17.5	—
13.85	74.0	26.0	—
13.45	45.7	54.3	—
13.65	77.45	15.10	7.45
13.55	57.00	35.25	7.45
12.81	19.20	73.60	7.20
13.08	31.40	58.20	10.4
13.21	54.0	31.0	15.0
12.47	29.9	54.0	16.1

注：表中所列数据是在硝化系数为 100：1，硝化时间为 2h，硝化温度为 15℃左右的情况下得到的

3. HNO_3-CF_3COOH 硝化体系

硝酸/三氟乙酸混合硝化液的硝化效率取决于其中 HNO_3 与 CF_3COOH 的比例。表 6-6 列出了当两者比例发生变化时所制备的硝化纤维素含氮量的变化情况。

表 6-6 硝化纤维素含氮量随 HNO_3 和 CF_3COOH 比例的变化情况

混合液中各成分的质量百分含量/%		硝化纤维素的含氮量/%
HNO_3	CF_3COOH	
30	70	13.0
40	60	13.6
50	50	13.8
60	40	14.0
70	30	13.8
80	20	13.8
90	10	13.6

在硝化反应过程中，三氟乙酸和纤维素并不发生相互作用，因而此体系所得的硝化纤维素不会被副反应生成的物质污染。

典型制备过程为：向 250mL 的锥形杯中加入 10g 三氟乙酸(密度 1.489g/cm^3)，然后边搅拌边慢慢注入 15g 发烟硝酸(慢速注入的目的是控制瓶内温度不超过 30℃)，必要时也可将装有混合液的烧瓶放在冷水槽中冷却。所有硝酸注入烧瓶后，将烧瓶安置于 30℃ 的恒温水槽内，将约 0.5g 的疏松和风干至恒量的棉纤维素放入烧瓶中，并用玻璃棒将其压入硝化液中。在此温度条件下，持续搅拌 15min，完成整个硝化过程。硝化完成以后，将瓶内物质转移到干燥的多孔玻璃过滤器中，待废酸抽出后，迅速将硝化纤维素放入盛有冷水(100mL)的杯子中，先用冷水清洗，然后用热水和 0.03%的氨水溶液洗涤，最后重新用冷水洗至呈中性(用甲基红测试)。

6.3.3 其他硝化体系制备硝化纤维素

1. 基于硝酸/ N_2O_3和 N_2O_4体系制备硝化纤维素

Rogovin 和 Thkhonov 分别利用含有 N_2O_3、N_2O_4或 N_2O_5的硝酸溶液与纤维素进行酯化反应，发现比单独利用硝酸酯化所获得的硝化纤维素含氮量高。但 N_2O_3和 N_2O_4的存在会引起纤维素在酯化过程中产生降解，故所得硝化纤维素的黏度比用含有 N_2O_5的硝酸酯化所得产物黏度低，而且稳定性差。

在同等条件下，用含 N_2O_4的硝酸溶液硝化纤维素，所得硝化纤维素含氮量介于用含 N_2O_3的硝酸溶液与用含 N_2O_5的硝酸溶液硝化产物的含氮量之间。用含 N_2O_4的硝酸溶液硝化纤维素所得实验结果见表 6-7。

表 6-7 含 N_2O_4的硝酸溶液硝化纤维素的实验结果

N_2O_4含量/%	NC 含氮量/%	2%丙酮溶液黏度/cP	稳定时间/min
0	13.0	312	240
2	13.35	150	—
4	13.65	175	150
10	13.65	193	90

2. 硝酸/乙酸酐混合硝化体系

采用硝酸/乙酸酐混合硝化体系制备的硝化纤维素含氮量可达到 14%左右。具体操作方法：在通风柜中准备好三颈烧瓶、搅拌器、温度计和滴液漏斗。向烧瓶中注入发烟硝酸，用乙二醇乙醚与干冰浴将其冷却至 -20～25℃。冷却浴的温度应该保持在 -25℃。通过滴液漏斗将乙酸酐滴入冷硝酸中，快速搅拌溶液使其持续冷却。乙酸酐滴入的速度以不使烧瓶内温度超过 -10℃且不生成棕色蒸气为宜。所有乙酸酐滴入烧瓶以后，将瓶内物质冷却到 -25℃。在进行搅拌的同时将少量疏松并风干至恒量的棉纤维素放入烧瓶。待所有纤维素放入以后，用水和冷水冷却槽代替乙二醇乙醚和干冰槽冷却。

纤维素的硝化在 0℃下继续进行，搅拌 1h。硝化时间也可增加到 4h。硝化时间延长并不会对硝化纤维素的酯化度产生影响，但能改善其化学均一性。硝化完成后，将瓶内物质倒入盛有冷水的储存罐中，并快速搅动抽滤，然后用冷水冲洗至中性(用甲基红测试)。为了提高硝化纤维素的安定性，可以在多孔玻璃过滤器中用 5 倍数量的乙醇清洗两三次。第一次乙醇变黄，最后一次变为无色。允许保存酒精水湿度不低于 20%的样品。

注意：浓硝酸和乙酸酐混合液在温度超过 10℃时是不稳定的，在搅拌不均或冷却不足时会急剧分解并伴随爆炸。二者的比例接近化学计量 63∶102 时是最危险的混合液。混合液中任一成分过剩，其分解危险系数都会降低。

3. 硝酸/乙酸酐/乙酸硝化体系

硝酸/乙酸酐/乙酸硝化体系采用乙酸酐代替硫酸作为脱酸剂。但硝酸-乙酸酐混合物很危险，会生成硝化乙酰，并且可能生成四硝基甲烷。如果在硝酸和乙酸混合物中加入乙酸酐，则可大大减少这种危险性。用含 50%硝酸、25%乙酸和 25%乙酸酐的混酸，于 15℃下与纤维素反应 5h，可获得含氮量为 14.08%的硝化纤维素，且产物保持纤维的结构不变。经过简单水洗，并用丙酮萃取后，可获得纯纤维素三硝酸酯，含氮量为 14.14%。也可用硝酸(100% HNO_3)与乙酸混酸酯化纤维素。含 75%硝酸和 25%乙酸的混酸在 30℃下与纤维素反应 4h 后，可得到含氮量接近 14%的硝化纤维素。

用乙酸酐作脱水剂制备硝化纤维素的方法常用于实验室制备三硝酸酯，以供研究之用。由于清洗产物后的稀乙酸回收较困难，成本又高，故从目前的技术发展来看，该方法在工业上并无实用价值。在实践中，代替硝酸和乙酸酐混合液更多会使用稳定性强和危险系数低的三元混合液，即硝酸、乙酸酐和乙酸。

4. 有机溶剂硝化体系

采用由有机溶剂，如二氯甲烷与浓硝酸构成的硝化体系制备硝化纤维素有一定的优势。其中的有机溶剂能够促进硝酸渗入纤维素，得到高酯化度的硝化纤维素。

通过改变硝化液中硝酸与二氯甲烷的组成比例可以得到在一定范围内不同含氮量的硝化纤维素，当二者的质量比为 1∶1 时，得到的硝化纤维素含氮量取得极大值。具体实验结果见表 6-8。

表 6-8 硝化纤维素含氮量随 HNO_3 和二氯甲烷相对比例的变化情况

混合液中各成分的质量百分含量/%		硝化纤维素的含氮量/%
HNO_3	CH_2Cl_2	
20	80	10.0～11.0
25	75	11.8～12.4
30	70	12.9～13.1
40	60	13.4～13.6
50	50	13.8～14.1
70	30	13.5～13.7

由表 6-8 可见，通过改变硝酸和二氯甲烷的比例关系，可得到含氮量为 10.0%～13.7%的硝化纤维素。

如果要制备高取代的硝化纤维素，则必须使用无水硝酸（密度为 1.51g/cm^3）且硝化体系中硝酸的加入量应为理论量的 6～9 倍。在室温下制备硝化纤维素。硝化系数可选择为 50∶1。如果要最大程度地降低产物的降解现象，硝化应在 0℃条件下进行。

5. 含硝酸盐的硝化体系

向硝酸中加入 KNO_3，NH_4NO_3，$NaNO_3$，$Mg(NO_3)_2$，$Zn(NO_3)_2$，K_2SO_4，$(NH_4)_2SO_4$ 等物质可以改善硝化试剂向纤维素纤维内部的扩散条件，从而加速硝化过程，并得到优质硝化纤维素。

采用棉纤维制备含氮量为 11.5%～13.8%的硝化纤维素。建议采用下列硝化条件。硝化液的组成（质量百分含量，%）：$HNO_3$45～94 + H_2O2.7～21 + $Mg(NO_3)_2$3.3～34；$Mg(NO_3)_2/H_2O$ 的比例 1.2∶1～2.2∶1；硝化系数为（10～100）∶1；硝化温度为 20～50℃；硝化时间约为 5min。硝化混合液最好在纤维素硝化前即时配制。由于硝酸镁可以与 1～6 个水分子相结合，故采用硝酸和硝酸镁（硝酸锌）的混合溶液与纤维素反应，可解决硝化反应中形成的水对硝酸的稀释和稀硝酸对纤维素的溶解。纤维素的硝化方法与上述的单一硝酸的硝化方法一样。

6. 硝酸蒸气硝化体系

采用硝酸蒸气对纤维素进行酯化是制备硝化纤维素的又一方法。用这种方法可以得到含氮量高达 14%的高酯化度硝化纤维素，并且硝化温度越高，酸蒸气浓度越大，纤维素表面活性越大，硝化速度也越快。纤维素与硝酸蒸气的反应属于固相-气相反应，纤维素以固态纤维状参与反应，硝化反应后应保持原有的纤维状形态。

Miles 等人对纤维素在硝酸蒸气中的酯化反应机理进行了详细研究，认为反应过程是两个硝酸分子与纤维素分子中的一个羟基反应。反应式为

$$—OH + 2HNO_3 \rightleftharpoons —ONO_2 + HNO_3 \cdot H_2O \tag{6-4}$$

生成的水分子与硝酸分子结合形成的复合酸是一个强的脱硝剂，这就是用硝酸蒸气酯化难以获得高氮量产物的原因。同时，由于酸气不能充分扩散到纤维内部，故产物的均匀性较差。

可见，用硝酸蒸气作硝化体系制备硝化纤维素时反应速度过于缓慢，而且这种方法所制备的硝化纤维素结构和性能不均匀，如不采取其他有效措施，在工业生产上也没有应用价值。

另外，以硝酸蒸气为介质制备硝化纤维素时，硝酸蒸气会在纤维内部凝结，并以 HNO_3形式存在。含有 10%～12%这样的强氧化剂(硝酸)的硝化纤维素是高能且敏感的爆炸物，在进行类似的实验过程中要予以足够的重视，并采取充分的预防措施。

6.4 硝化纤维素的生产工艺

硝化纤维素生产工艺主要包括纤维素的预处理及计量、硝硫混酸配酸生产、纤维素的硝化、后处理等工序(图 6-3)。下面按照各工序逐一介绍。

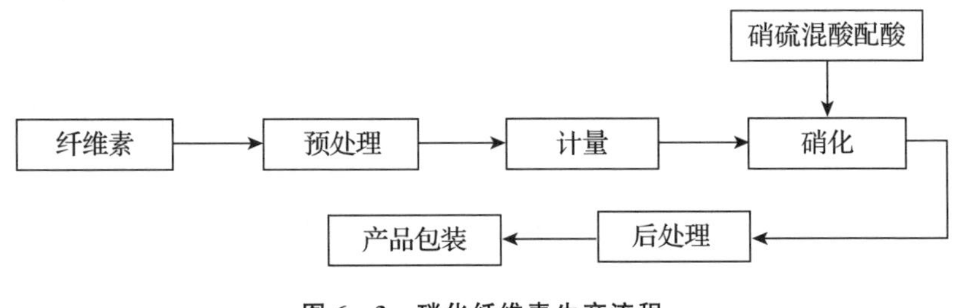

图 6-3　硝化纤维素生产流程

6.4.1　纤维素的预处理及计量技术

纤维素为天然线型高聚物，每个葡萄糖单元上有 3 个羟基，故羟基密度极高，使其成为线型完整的半刚性链。其分子链紧密排列，形成高度有序的结晶区，与无定形区形成了天然纤维素独特结构。纤维素的这种独特结构也决定了大多数反应都是在两相甚全多相介质中进行，亦即反应要经历一个由表及里的过程，使得最终硝化产品 NC 普遍存在取代不均匀、氮量低的缺陷。NC 在溶解

或塑化过程中，不同程度存在不溶的“胶粒”。形成这些“胶粒”的主要原因是由不完全取代的纤维素组成，它比溶解的分子簇(Molecular Clusters)堆积的更为密实，在安定处理阶段由于脱硝和降解，使这些“胶粒”体积增大，影响最终产物的质量，导致成型后火药的均匀性差，加工性能、力学性能和燃烧性能均不理想。

为了提高 NC 的品质，必须对纤维素进行改性处理。下面重点介绍蒸气闪爆、电子辐射技术及液氨预处理等 NC 预处理改性技术。

1. 蒸气闪爆处理技术

蒸气闪爆(Steam Explosion，SE)，是 1927 年由 Mason 首先提出来，现已广泛用于饲料生产、植物纤维的高效分离。蒸气闪爆技术对纯纤维素进行改性，主要是靠瞬间卸载，将吸附在纤维素内孔及间隙的水蒸汽瞬间排除到空气中，此过程可以打断纤维系大分子内的氢键，以得到溶解度高、反应性能好的再生纤维素。图 6-4 是闪爆过程中纤维素结构和形态变化的推测机理。

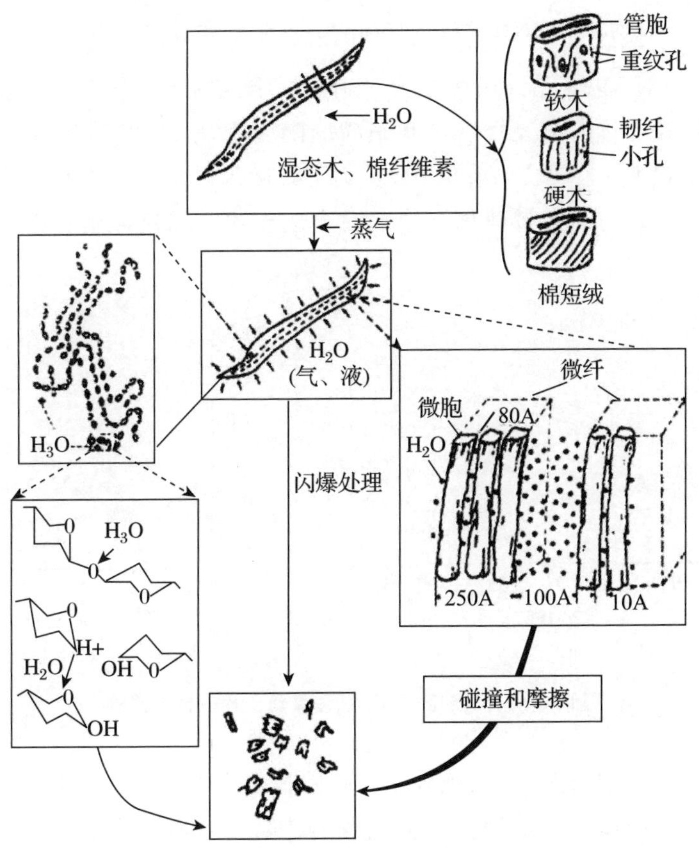

图 6-4　纤维素蒸气闪爆处理示意图

闪爆前、后棉纤维合成NC的SEM照片如图6-5所示。棉纤维未经处理制备的NC表面较光滑，裂纹少，纤维较卷曲。而经过闪爆处理棉纤维后制备的NC，纤维扭曲成螺旋状，纤维表面有裂纹、裂孔，并且较为粗硬，卷曲交杂的程度有所降低。

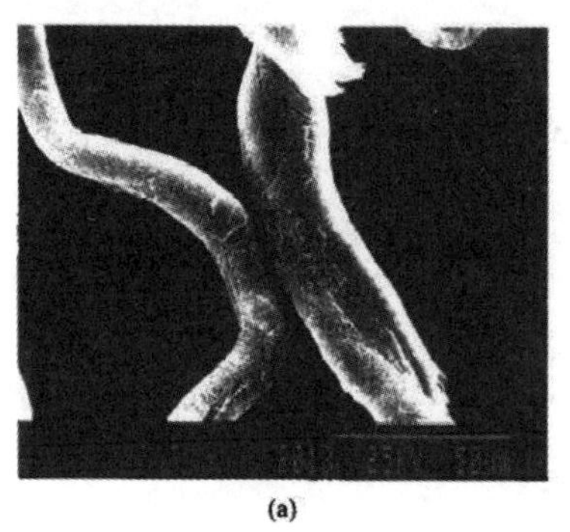
(a)

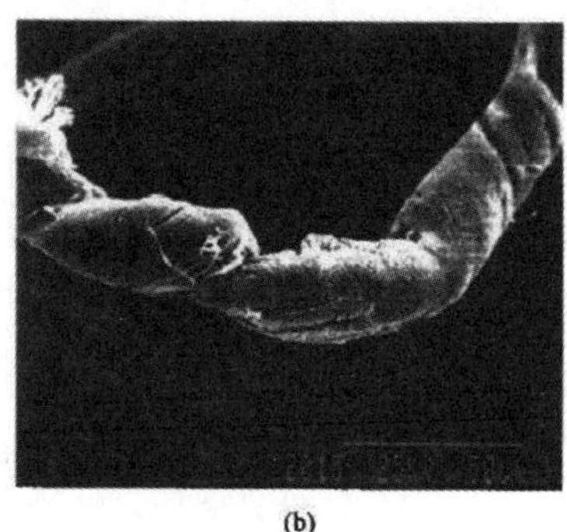
(b)

图6-5　闪爆前(a)、后(b)棉纤维合成NC的SEM照片

由图6-6可以看出，闪爆压力对硝化纤维素的含氮量有较明显的影响作用。棉纤维素经过闪爆改性后，其硝酸的酯化度从11.88%上升到11.98%，提高的幅度较大。在0.5～4.5MPa压力下，随闪爆压力的增加，含氮量呈现平缓上升趋势。与高氮量硝化纤维素的合成相比，低氮量硝化棉的含氮量提高较小。

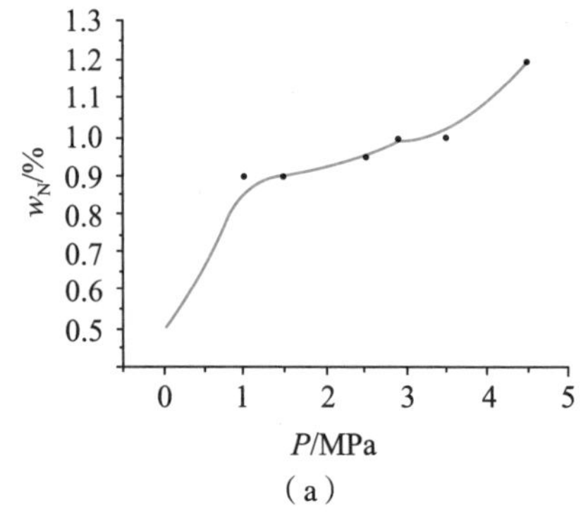

(a)

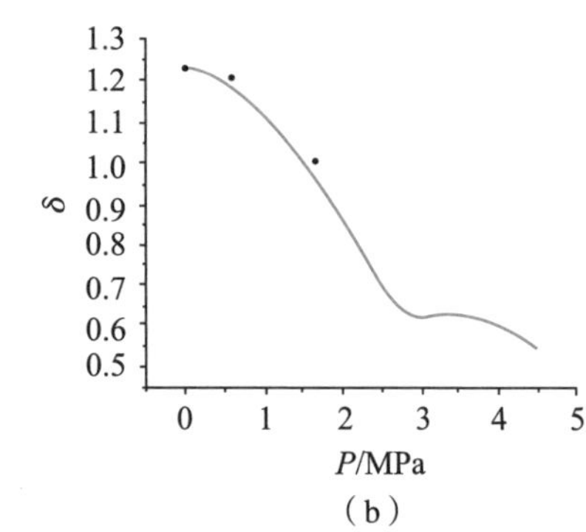

(b)

图6-6　闪爆压力对NC含氮量、均一性的影响

图6-6(b)是闪爆压力与低氮量NC硝基取代的均匀性关系。由图可直观地看出，随着闪爆压力的增大，低氮量NC取代的均匀性呈上升趋势。在低于2.5MPa压力下，取代的均匀性随压力的增大而上升明显；当高于2.5MPa压力，变化较缓和。上述表明，在2.5MPa下棉纤维素经闪爆处理后，已经

能使大部分硝酸酯基较均匀地分布在分子链上，从而使硝化均匀性得到较大程度提高。

除了用水蒸气进行纤维素闪爆处理外，还可采用超临界CO_2闪爆处理技术，超临界CO_2闪爆方法与水蒸气闪爆相比具有操作温度低等优点。通过CO_2闪爆，纤维结构发生破裂，增加纤维素基质与水解酶的可接触表面。此外，还有用氨气进行闪爆处理纤维素，其主要是利用氨分子的极性比水强，氨又呈碱性，能与纤维素上部分羟基形成Cell—OH…NH_3络合物，从而使纤维素发生膨胀，加上压力突然降低致使纤维的结构受到破坏。

2. 高能电子辐射处理技术

在黏胶纤维、醋酸纤维及军用NC等生产过程中，广泛采用高能射线如电子射线、$^{60}Co\gamma$射线预处理纤维素原料，主要通过在一定剂量的辐射源条件下对纤维素进行辐照处理，可增加纤维素的活性和获得所期望的纤维素聚合度，以减少溶解用或反应用化学药品造成的废水、环境等污染。研究结果表明，电离辐射的作用，一方面是使纤维素聚合度(DP)降低，使其相对分子质量分布比普通纤维素窄；另一方面是使纤维素的结构松散，并影响到纤维素的晶体结构，从而使纤维素的活性增加。

闪爆与辐射处理技术均属物理处理技术，具有安全、经济、缩短工艺流程、不污染环境的优点，今后必将在NC的研究及生产领域得到广泛的应用。

3. 液氨处理技术

纤维素液氨预处理也是有效的技术途径之一，其工艺过程为纤维素与液氨在常温下混合均匀，之后加热至70℃以上并保持一段时间，而后使氨以气体形式释放，待冷却后取出处理后的纤维素即可。通过与液氨作用，纤维素纤维结构会发生如下变化：

(1)晶胞结构的变化，纤维素Ⅰ与纤维素Ⅱ浸液氨处理得到干态纤维素的第三种变体——纤维素Ⅲ；

(2)结晶度变化，在液氨作用下，纤维素的结晶度有不同程度的下降，即液氨对纤维素具有一定程度的消晶作用；

(3)晶体尺寸变小；

(4)纤维微孔尺寸和内比表面积发生变化；

(5)平均聚合度变化，与处理的时间、温度、压力有关，纤维素经过液氨处理后其聚合度有不同程度的下降，导致纤维素的化学反应性和反应的均匀性提高。

4. 纤维素原料的计量技术

新型多组纤维素仓斗式计量系统是值得推广应用的。该系统的特点是采用两个水平放置的计量螺旋输送机，以保证将纤维素原料连续输送到预反应器的各个角落，使硝化混酸快速浸透纤维素原料，并防止其自动分解。设备适合任何形状的、不同品种的纤维素原料计量输送，计量误差小于5%。有些国家则采用射线技术，发射与接收相应的信号，对纤维素原料进行在线检测计量，也有较高精度。

6.4.2 硝硫混酸生产工艺

在硝化纤维素生产中有两种配酸工艺：间断式和连续式。

1. 间断式

当用原料酸配制硝化混酸时，采用硫酸和稀硝酸进行修配。稀硝酸的浓度应为45%～55%。酸由贮槽经过相应计量槽，按所计算的量加入配酸机，开始先加硫酸，然后在配酸机搅拌器搅拌下，加入规定量的硝酸。搅拌时放出热量，要通过搅拌器搅拌使酸液均匀。配酸机内酸温不超过50℃时，可加入硝酸。高于50℃时，禁止加硝酸。酸全部加完并搅匀后，对硝化混酸取样分析。如果成分不符合要求，用发烟硫酸和浓硝酸进行修正。如果硝化混酸分析结果合格，硝化混酸就直接打入混酸高位槽。

当用废酸和原料酸配制硝化混酸时，先向配酸机打入预先用过滤器净化的废酸，然后边搅拌边往配酸机中加入原料酸。可以在废酸分析结果出来之前加入原料酸，根据上次废酸分析结果和混酸量进行修正。这种应急配酸方法，缩短了整个配酸的生产周期，提高了生产能力。

2. 连续式

连续配酸方法借助液面控制仪表严格控制废酸的液面(保证酸恒定液面，控制所需的浓度)。然后利用自动控制系统开启阀门，从计量槽将一定量的发烟硫酸、浓硝酸或梅兰氏酸加入配酸机。转换旋塞开关、配酸机的传动装置启动和停止是程序自动控制的。

在连续配酸(图6-7)工艺中，由硝化工序的废酸进入接收槽，然后再用泵连续打入配酸机中。达规定液面，浮标装置给出电信号关闭加酸管线的阀门，启动主控系统，主控系统按严格规定的程序打开硝酸和发烟硫酸管线上的阀门。

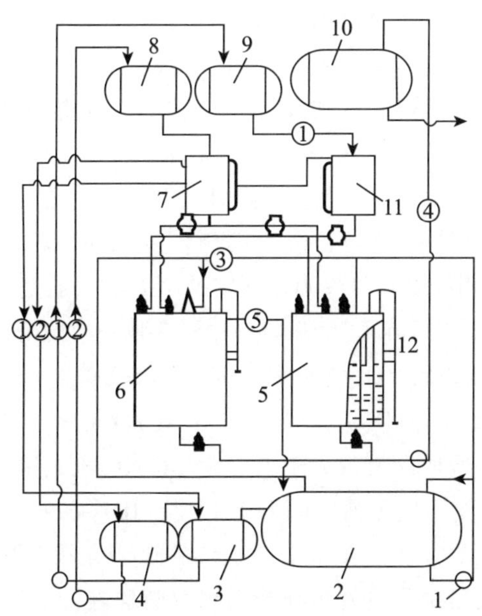

图6－7　连续配酸工艺流程

①—硫酸；②—硝酸；③—废酸；④—硝化混酸；⑤—溢流混酸。

1—泵；2—贮槽；3，4—接受槽；5，6—配酸机；7，11—计量槽；8，9，10—高位槽；12—调温器。

由恒位槽配酸的原理是在恒定压头条件下，酸流孔截面不变，单位时间内的流量是恒定的，其计算式为

$$G = \varphi f\sqrt{2gH} \tag{6-5}$$

式中，$\varphi=0.62\sim0.63$，为酸流量降低系数(考虑酸流收缩和流经孔时摩擦)；f 为酸流孔的截面积；g 为自由落体加速度；H 为形成酸柱的压头(恒位槽内的液位)。

在规定时间内向配酸机供给原料酸后，关闭阀门。当配制硝化混酸消耗到一定程度时，配酸机5液位达到规定最低液位，这时自动关闭配酸机出料管线上阀门，打开废酸上酸管路的阀门。在平行工作的配酸机6中，打开已经配制好的硝化混酸出料管线上的阀门，把硝化混酸打入混酸高位槽10内。配酸机5中废酸若达到规定液位，重复配酸机6的操作过程。恒定液位槽由高位槽8到9连续加入原料酸，由接收槽3和4用泵向高位槽打酸。

系统全部操作和监督都由自控电气元件完成，基本电气元件都集中在操作主板上，通过接收光信号，即时判断控制配酸过程。所有过程都是在控制台上进行。

6.4.3　纤维素的硝化生产工艺

工业生产中，将NC分为No.1NC(含氮量13%～15%)、No.2NC(含氮量

12.2%～12.4%)和弱棉(含氮量10.7%～12.2%)。多年来国内外对NC生产工艺进行了长期研究，在制造低氮量NC时，不断改进和完善硝化工艺；制造高氮量NC相当困难，然而随着现代化战争要求NC性能不断提高，生产含氮量接近理论含氮量(14.14%)的NC成为迫切需求。

然而，现有的工艺技术及方法生产高氮量NC几乎是不可能的。研究人员建议了各种方法来解决这一难题。俄罗斯NC专家A. Л. Закощинков、P. A. Малахов等曾建议采用纤维素两段硝化法，这个方法实质是将纤维素预先含硝酸量大的硝化混酸浸透硝化1min，随后再在硝酸含量较小的硝化混酸中硝化30min。

第一步硝化混酸的组成：HNO_3 40%～50%；H_2SO_4 40%～58%；H_2O 2%～10%；

第二步硝化混酸组成：HNO_3 20%～22%；H_2SO_4 59%～72%；H_2O 6%～21%；

但是用这种方法制取含氮量大于13.45%的NC也是困难的。为了实现高氮量NC生产，俄罗斯喀山化工研究院专家Г. Л. Штукатер、Г. Н. Марченко等人建议采用多段硝化的方法。实质上区别就在于硝化段是用较高硝酸含量的硝化混酸硝化，而在最后硝化段处理纤维素用浓硝酸进行硝化。

No. 1NC主要是采用间断硝化工艺，采用ЦА品号的纤维素为原料。在制造No. 1NC时，采用密实的木纤维РБ品号制造NC，其酯化度降低了1～2mLNO/g。利用РБ品号木纤维原料，采用多段硝化法可以达到No. 1NC需要的硝化度级别的严品。该硝化过程容易在连续硝化工艺中实现，图6-8是典型的工艺流程。

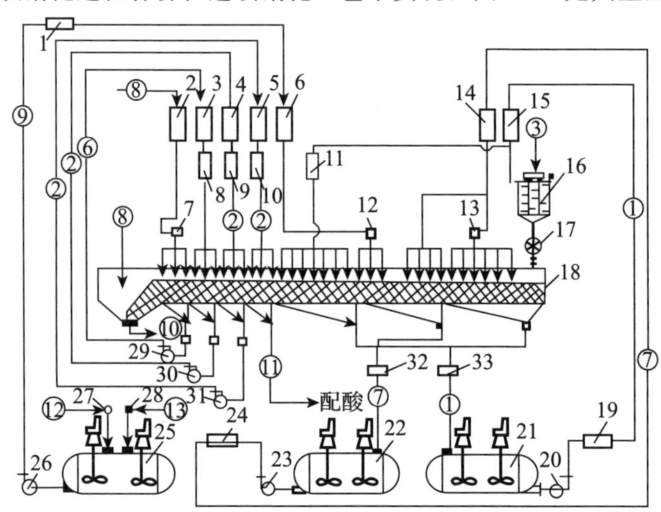

图6-8 纤维素多段硝化工艺流程

①—一段硝化混酸；②—第二基置换酸；③—硝化混合物；④—第三级置换酸；⑤—废酸；⑥—第四级置换酸；⑦—二段硝化混酸；⑧—工艺水；⑨—三段硝化混酸；⑩—未细断的NC；⑪—第一级置换酸；⑫—硝酸；⑬—发烟硫酸。

1，8，9，10，11—冷却器；2，3，4，5，6，14，15—高位槽；7—检验罩；12，13，27，28—转子流量计；16—硝化机；17—出料开关；18—圆形设备；19—换热器；20，23，26，29，30，31—泵；21，22，25—收集槽；24—换热器；32，33—过滤器。

纤维素从计量仓斗进人硝化机 16，同时从高位槽 15 给第一段硝化段供硝化混酸。硝化混酸是从收集槽 21，由泵 20 经过换热器 19 进行冷却或加热到需要温度后，送入高位槽 15 中。经过规定硝化时间，自动地拧开出料开关 17，硝化反应混合物料从硝化机进入圆形设备 18 的环形布料筛板之上。出料的硝化物料沿环形传送带的假底进行漫流布料。而废酸自然地透过假底，流入相应的底槽之内，然后经过滤器 33 进入一段硝化的硝化混酸收集槽 21 中备用。随着环形传动筛板的转动，NC 进入置换段，在置换段中吸附酸被等体积的二段硝化混酸置换，由此 NC 进入了第二硝化段。

二段硝化的硝化混酸，其中硝酸含量较高。二段的硝化混酸是从收集格 22 用泵 23 经过换热器 24 加热或冷却到规定温度后，打送到高位槽 14 中的。硝化混酸由高位槽 14 部分经过转子流量计 13 送至喷淋置换段。在置换段，置换出来的废酸从圆形设备底槽经过过滤器 33 进入收集格 21 中。

另外一部分硝化混酸则去喷淋二段硝化的 NC。通过 NC 棉层硝化混酸就进入底槽，再经过过滤器 32 返回收集槽 22，以便重复利用。二段硝化之后 NC 进入三段硝化，在三段硝化中用三段硝化混酸置换出二段硝化吸附酸。为此，三段硝化的混酸从收集槽 25 用泵 26 经过冷却器 1 打入高位槽 6，由此经过转子流量计 12 进入三段硝化酸喷淋器。从 NC 中置换出来的二段硝化所吸附的酸，经过过滤器 32 进入收集槽 22，此酸要恢复成分和增加硝化混酸总量，再作为二段硝化混酸。

三段硝化后，NC 吸附是用一段硝化的、冷却过的硝化混酸置换的。为此，混酸从高位槽 15，经过冷却器 11 进入喷淋器。三段硝化中被置换的吸附酸经过过滤器 33 进入一段硝化混酸收集槽 21，此酸也要经过修配，以达到规定组成。

随着圆形设备环形传动筛板转动，冷却过的 NC 进入酸的回收段，根据 NC 置换程度，用浓度渐降的酸进行喷淋置换，最后的第四段用水喷淋置换。进入回收循环的水是由高位槽 2，经过检验罩 7 打入的。置换出来的稀酸，质量浓度为 30%～40%，流入相应的单独的底槽，再由泵 29 打入三段置换高位槽 3 中，这些稀酸经冷却器 8 和集流管去喷琳第三置换段中 NC。置换后质量浓度为 50%～60%的酸，用泵 30 打入高位槽 4 中，经过冷却器 9 去喷淋第二段置换的 NC。置换后质量浓度 65%～75%的酸，用泵 31 打入高位槽 5 经过冷却器 10 去喷淋第一置换段物料，置换 NC 中首次硝化后吸附的酸。

置换酸进入酸循环。在工艺循环中，原料酸、硝酸、发烟硫酸量经严格计算计量后，通过相应转子流量计 27 和 28 进入收集槽 25。经过三段硝化，由 PБ

品号纤维素制成的 No.1NC 含氮量为 13.54%～13.60%。整个硝化过程工艺见表 6-9。

表 6-9 三段硝化工艺条件

硝化段数	硝化条件	硝化温度/℃	硝化时间/min	硝化混酸的组成/%		
				HNO_3	H_2SO_4	H_2O
第一段	硝化系数 1∶25	30～35	14	38～40	50～52	10～12
第二段	流动硝化	38	7	46～50	43～49	5～7

注：硝化三段用的硝化混酸由工业硝酸和发烟硫酸制备，比例为 2∶1

6.4.4 硝化纤维素的后处理

硝化纤维素的后处理，即安定处理。在实际生产中，安定处理不仅仅是通过化学方法破坏不稳定杂质的过程，也是驱除和分解引起 NC 不安定杂质的过程，该过程主要受温度的影响。NC 安定处理主要包括两个过程：①本身的安定处理，清除 NC 中不安定的杂质和影响安定性的副产物，保证化学安定性；②使 NC 符合技术指标，即保证它所需的黏度、聚合度、溶解度及细断度。

NC 实际生产中安定处理包括煮洗、细断和精洗等几个工序，而煮洗是 NC 安定处理的关键工艺过程。一般来讲，煮洗分为酸煮和碱煮两个阶段，NC 通过酸煮去掉残酸、纤维素硫酸酯，通过碱煮去掉硝硫混合酯和各种酯化糖类，使其中的不安定因素杂质分解和破坏而除去，从而提高 NC 的安定性。

1. 煮洗

在实际生产中，预安定处理的过程是在煮洗桶里将 NC 先以酸介质、后以碱介质进行蒸煮。但近年来，随着对 NC 安定处理过程物理和化学理论研究的深入，再加上 NC 生产技术的改进(如酸回收技术的开发等)，缩短了安定处理的工艺周期。在 NC 蒸煮过程中(除 No.1NC 外)，化学性质不安定的杂质被破坏的速度大于黏度、聚合度降低的速度。因此，蒸煮时间不取决于是否已达到所需的化学安定性，而主要由是否达到所需的黏度来定。No.1NC 的黏度通过煮洗可达到 8～10°E，No.2NC 可达到 6～10°E，漆棉可达到 2～2.3°E，在实际生产条件下有时要高些。

图 6-9 是煮洗的工艺路线图。水洗后，NC 被浆泵送入煮铁桶 3 中，在 NC 装入煮洗桶的整个过程中，不停地排出酸性输送水。桶内装满了 NC，输送

水被排出后，用洁净水装满桶，介质要求的酸度由 NC 中所含的酸保证。酸度由蒸煮初的 0.1%～0.3%，然后提高到 0.5%，蒸煮温度为 95～100℃。为了将桶中物料加热到沸点，应将蒸气管线上的气动阀门 11 打开，蒸气通过喷嘴送入。桶内温度达到沸点后，关闭该气动阀门，蒸气通过旁通气动阀门 12 进入桶内，桶内保持恒温，蒸气管路上所有气闪开关都高于桶中水的水平。有时在酸煮前，要用洁净冷水冲去 NC 表面的酸。考虑到在酸的回收(置换)、水洗及将 NC 送入煮洗桶的过程中，这些酸会被部分冲洗掉，且输送水的酸值为 0.15%～0.5%，那么该冲洗环节并非必不可少的。

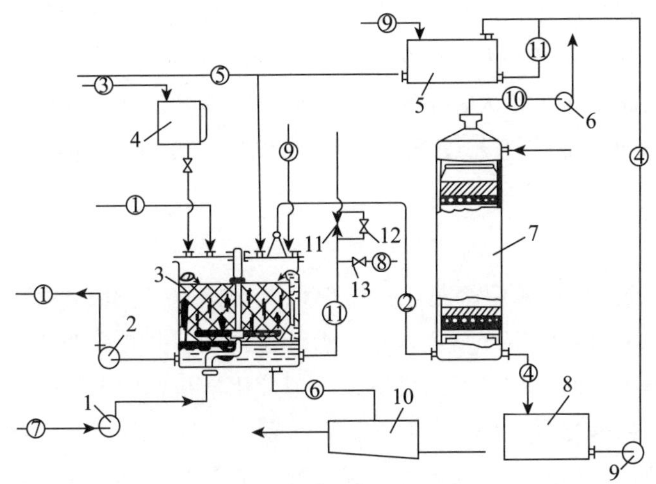

图 6－9　煮洗的工艺路线图

①—未细断的强棉物料；②—蒸气；③—碳酸钠水溶液；④—冷凝水；⑤—热水；⑥—污水；⑦—高压工艺水；⑧—放气管线；⑨—工艺水；⑩—蒸气、空气混合物；⑪—0.3～0.5MPa 的蒸气。
1—高压泵；2—浆泵；3—煮洗桶；4—碳酸钠溶液计量槽；5—热水槽；6—通风机；7—冷凝塔；8—热水储槽；9—热水泵；10—过滤器；11、12—气动阀门；13—放泄阀。

酸煮后，将酸性的废水排出，冲洗 NC 料、清除蒸煮时酸水夹杂的杂质。将加热到 95℃的洁净水从热水槽 5 注入煮洗桶，规定时间后将水排出，然后再重新注入洁净热水供碱煮用。

2. 细断

NC 经过细断后，不仅改变纤维的几何尺寸，而且使比表面积等也发生变化。细断不仅是制造 NC，而且是制造单基火药和 Ballistite 火药最重要的工序之一。但并非所有的 NC 都需细断。只有用于制造火药、强棉纤维布及漆布用弱棉需细断，而漆胶弱棉、硝化纤维溶液一类的弱棉则不需进行细断。

若不经细断加工，用通常的安定处理方法(在水中蒸煮)，实际上不可能生产出酯化度高于13%且化学安定性又符合要求的NC。细断加工可解决高氮量NC的安定性、应用和储存等存在的问题。

NC经过细断，冲洗液体能很快进入其纤维内部，使得在安定处理第一阶段，就基本将NC的纤维腔道中残留的游离酸清除。另外，细断有可能使不同类型的NC在水介质中匀质混合，如用混同No.1NC及No.2NC而得到混合棉，若不经细断二者难以均匀混合。

细断的NC比未细断的NC有更高的装填密度。细断后的NC，由于有不同的细断性质、颗粒尺寸、形状，使其物理和化学性能，如吸附能力、与溶剂相互作用的性质和速度等发生了变化。小分子物质(如增塑剂或溶剂)对NC的增塑速度受其细断度影响很大，细断的程度越高，增塑的速度越快。由于单基火药和Ballistite火药制造工艺过程的差别，细断对二者加工性能的影响程度是不一样的。

3. 精洗

NC进入安定处理最后阶段，其物理化学指标(含氮量、黏度、细断度等)差别很大。根据目前的生产技术水平，若不经混同，想使每批NC在各项指标上都一致是不可能的。造成不同批NC物理及化学指标间差别的原因在于生产过程不稳定，如酯化后，NC的含氮量不一致；预安定处理后，黏度和溶解性不一致；细断后，细断度不均匀等。经过每台精洗机的NC浆料属单批，如果弱棉的大批是由同类NC的小批组成，则只有通过搅拌才能使总批均匀。制备混同NC(No.1与No.2NC组成)时，各小批在混成总批前应该混匀。因此，在精洗机中除进行安定处理外，也有使各小批棉混匀的作用。

在NC作最终的安定处理(精洗)过程中，酸被完全中和，在细断和高压蒸煮中出现的、可溶于水的不安定杂质被除去，同时，NC应达到所需的黏度和聚合度。根据NC的牌号不同，安定处理的精洗过程可在碱性介质，也可在中性介质中进行，既可加热，又可不加热。

6.4.5　硝化纤维素的基本性能参数

目前国内生产军用NC的主要质量指标见表6-10。

表6-10　国内生产军用混合棉的主要质量指标

指标名称	M	BM	EM	CM	DM
硝化度/(mL NO · g^{-1})	206.0～	207.0～	208.0～	209.0～	—

（续）

指标名称	M	BM	EM	CM	DM
醇醚溶解/%	34～43	27～35	28～40	23～30	23～30
乙醇溶解/%	≤5	≤5	≤5	≤5	≤5
安定度/(mL NO·g^{-1})	≤2.8	≤2.8	≤2.8	≤2.8	≤2.8
碱度/%	≤0.25	≤0.25	≤0.25	≤0.25	≤0.25
灰分/%	≤0.5	≤0.5	≤0.5	≤0.5	≤0.5
黏度/(mm^2·S^{-1})(°E)	≥29.5	≥29.5	≥29.5	≥29.5	≥29.5
细段度/mL	≤90	≤90	≤90	≤90	≤90
C 棉含量/%	33～37	20.5～	≥27.5	20.5～	≥20
回收棉含量/%	≤25	≤12	≤25	≤20	≤12
水分/%	—	—	22～29	—	—
外来杂质	无明显可见的木屑、泥沙、橡皮、玻璃、油污和金属物				

注：(1)M、BM、CM、DM、EM 等各种军用 NC 主要用于不同种类弹药的火药；(2)以上的指标名称采用军用硝化棉通用规范 GJB3204－98 的名称

除了 NC 的硝化度、溶解度、黏度等质量指标以外，安定度和细断度也是硝化纤维素的重要质量指标。

6.5 纤维素新型硝化技术

硝硫混酸具有很多优点，但也存在着许多不足：由于采用硫酸作脱水剂，纤维素被硝酸酯化的同时还生成硫酸酯及硝硫混合酯，这些副产物酯不稳定，易引起 NC 的分解，放出氧化氮，甚至发生自燃或爆炸。同时，NC 纤维毛细管中吸留的残余硝酸和硫酸，经大量的实验已经证明，它能加速 NC 的分解，具有催化剂的作用。由毛细现象而吸附在 NC 纤维内部的游离硫酸是高氮量 NC 的主要杂质，也是难于安定处理的主要原因。因为 NC 纤维大分子之间或微纤维之间的腔道很小，只能允许一价离子通过。硝酸是一价离子，容易向纤维外部扩散，容易被除去。而硫酸是二价离子，扩散就比较困难，不易被除去。因此高氮量的 NC 即使长时间的煮沸，残酸也难以全部除去。同时，在 NC 的储存过程中，很可能发生后酯化，生成低氮量和副产物酯，影响 NC 的质量及安定性。

制备 NC 的方法各有优劣，从原料、产品质量、后处理、污染、经济等方面综合考虑，现在各国仍大都采用硝硫混酸酯化纤维素的方法。主要是因为硫酸易得、廉价、废酸回收也不太困难、产物含氮量较高等优点，故至今仍广为国内外工厂所采用。但由于硫酸与纤维素生成不稳定的硫酸酯副产物及硝硫混合酯，会引起 NC 的降解，引起自燃甚至爆炸，如 2015 年天津港“8·12”爆炸事故即因为 NC 高温自燃引发爆炸。而且硫酸对纤维素具有裂解作用，造成酯化产物黏度降低，甚至纤维形态被破坏；NC 纤维毛细管中吸留的残余硫酸也很难除去，能加速 NC 的分解。这些都是引起 NC 不安定性的原因。此外，硫酸对钢铁有腐蚀性，硫酸酯对环境有污染。用硝硫混酸制备的 NC 必须经过长时间安定处理，废酸回收工序也较多。故各国的工作者们都致力于寻找能取代硝硫混酸并经济地用于工业规模生产的新型制备 NC 的方法。

6.5.1 五氧化二氮绿色硝化技术

近年来，许多学者都将注意力集中在 N_2O_5 这一高效酯化剂上，进行了大量实验研究。N_2O_5 作为酯化剂具有比硝硫混酸更好的酯化能力，避免了使用硫酸所带来的许多不利因素。普遍认为 N_2O_5 在含能材料的合成化学上应用前景巨大。新硝化体系和生产工艺的研究和应用，都会对 NC 的生产有深远影响，也势必引起硝化设备的改进和革新。

1. 原理方法

N_2O_5 可以与纤维素反应生成 NC，故是一种酯化剂；同时由于它可与酯化过程中生成的水分子相结合，保证了有效酯化剂的浓度，故又可作为脱水剂。早在 1849 年，Deville 就已制备出了 N_2O_5，但直到 20 世纪初，它才被作为酯化剂受到重视，开始了一系列的研究。主要原因是 N_2O_5 的制备工艺还比较落后，不易制备大量的纯的 N_2O_5 试剂，且由于 N_2O_5 的热不稳定性而难以储存。

1912 年，A. Dufay 提出了用硝酸和 N_2O_5 混合溶液酯化纤维素的方法，并已详细描述了用 P_2O_5 与硝酸制备 N_2O_5 的过程。反应式如下：

$$C_{24}H_{40}O_{20}+16.5N_2O_5+nNO_3H \longrightarrow C_{24}H_{29}(NO_3)_{11}O_9+11H_2O+22NNO_3+nHNO_3 \tag{6-6}$$

Dufay 认为用 N_2O_5 代替硝硫混酸中的硫酸防止了硫酸酯的生成。而且因为反应在硝酸介质中进行，不会引起副反应。用含 4% N_2O_5 的 96% 的硝酸溶液酯化纤维素，可获得含氮量为 13.7% 的稳定性很好的 NC；而用 96% 的硝酸单独酯化所得产物含氟量仅为 13.0%。Hoitsema 利用 N_2O_5 制得了含氮量为 14% 的

NC，而 Berl 和 Idaye 则制得了含氮量为13.86%的NC。

在 $HNO_3-N_2O_5$体系中，N_2O_5不仅作为酯化剂，而且起着脱水剂的作用。硝酸溶液可有效地浸润纤维素纤维，反应生成的水分子与 N_2O_5结合生成硝酸，反应式如下：

$$N_2O_5 + H_2O \longrightarrow 2HNO_3 \tag{6-7}$$

Wilson 和 Miles 等人通过测定硝酸溶液上硝酸蒸气和水的分压证实了酯化平衡，认为平衡反应是

$$—OH + 2NNO_3 \rightleftharpoons —OHNO_2 + NNO_3 + H_2O \tag{6-8}$$

由此存在两个平衡常数 K_1和 K_2，由下述两式决定：

$$\begin{cases} K_1 = \dfrac{[—NO_3][HNO_3 \cdot H_2O]}{[—OH][HNO_3]} \\ K_2 = \dfrac{[HNO_3 \cdot H_2O]}{[H_2O][HNO_3]} \end{cases} \tag{6-9}$$

可以看出，N_2O_5与平衡体系中的水结合，使水合硝酸浓度减少，平衡反应向右进行。纤维素酯化完全，避免了由于硝酸的稀释而对纤维的凝胶化及溶解作用，减少了硝酸扩散进入纤维内部的阻力，提高了酯化产物的均匀性和酯化度。

虽然产物NC会吸附一定量的硝酸，但如前面所述，残酸的去除比较容易，避免了硫酸难以除尽而带来的产物不安定性。

综上所述，用 N_2O_5作酯化剂可制得比硝硫混酸酯化含氮量更高的NC，避免了传统酯化体系的一系列缺点，产物安定性由于无硫酸酯和硝硫混合酯而提高，而且废酸回收过程简单，残留在纤维毛细管内的硝酸也易除去，解决了硫酸的污染和腐蚀问题。

2. 工艺流程

N_2O_5纤维素酯化工艺流程见图6-10。N_2O_5无硫硝化技术包括 N_2O_5制备、纤维素的烘干与输送、硝化、分离、安定处理等过程。硝化过程是从预反应器开始，用时3～5min，驱除废酸也采用离心驱酸设备。改变 $N_2O_5/HNO_3/N_2O_4$溶液组分比例，可得到不同含氮量的NC。产品化学安定性高，安定处理时间短，用弱酸、弱碱处理后再进行细断处理。

采用 N_2O_5/HNO_3硝化剂生产NC工艺具有以下优点：

(1)采用新硝化剂有利于硝化反应的进行，既可以制得含氮量13.8%以上的高氮量优质硝化棉，也可制得各种低氮量的军用和民用硝化棉。

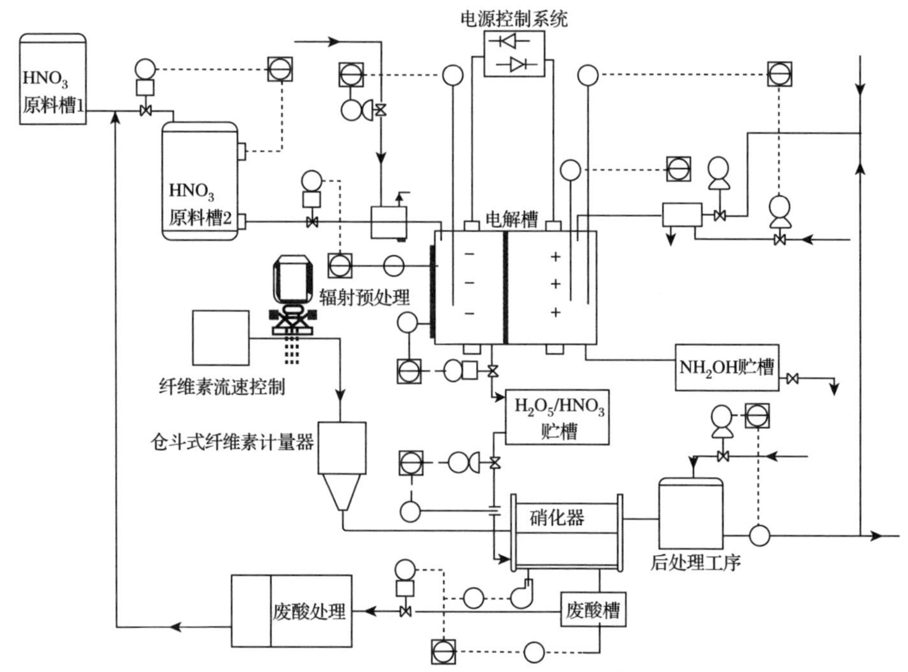

图 6-10 N_2O_5法生产 NC 工艺示意图

(2)由于不用硫酸，避免了硫酸酯和硝硫混合酯等不稳定物质的产生，硝化棉安定性好，这将大大缩短安定处理时间，简化工艺，提高火炸药生产的本质安全和产品使用、储存的安全性。

(3)废酸中无硫酸存在，简化了“三废”处理的工艺，减少了设备及厂房，减轻环境污染，改善生态环境。

我国在这方面也进行了大量研究，已用 N_2O_5/HNO_3 对精制棉分别进行了气相硝化和液相硝化小试研究，初步探索了硝化工艺条件，可制得各种氮量的硝化棉，最高含氮量在 13.8%以上。同时发现气相硝化，废酸处理十分简单，所得的硝化棉比较松软，后处理简便，只需水煮洗即可。此外，还开展了高能电子和$^{60}Co\gamma$ 射线对纤维素的辐射降解研究，证明两种高能辐射源都能对纤维素产生有效降解，辐射剂量与纤维素降解后的相对分子质量或黏度有较强相关性，均匀性也很好。

采用 N_2O_5/HNO_3作硝化剂来改造目前硝化纤维素生产工艺，生产过程采用自功控制，硝化剂组分进行在线检测，生产过程建立单机和联机的数据库，可全面提高 NC 的质量，提高生产安全性，降低生产成本。新工艺可生产各种含氮量的硝化棉。

6.5.2 气-液两相硝化技术

气-液两相硝化技术是将纤维素的硝化过程分为两段，第一段为气相硝化，即采用饱和硝酸蒸气将纤维素部分硝化；第二段为液相硝化，即继续在浓硝酸中完成全部硝化。

工艺过程与常规硝化纤维素生产类似，梳解后的纤维物料，经过烘干管道送到硝化工房。絮状纤维素经旋风分离器落入气相硝化反应塔，经过塔顶徐徐落下，浓硝酸经过汽化器转变为饱和硝酸蒸气，从不锈钢鼓风机塔底进入反应塔，与纤维物料逆向接触反应，气相反应后的产物在由鼓风机送出，经过管道、旋风分离器落入搅拌式液相硝化反应器，同时加入98%的硝酸。硝化反应完成后，经过脉冲式驱酸机，分离出的稀硝酸送往酸浓缩处理工序，以回收处理再使用。

得到的酸性硝化纤维素经过水洗后，送往安定处理工序，由于无硫酸，安定处理工序极大简化，生产周期大大缩短。

这种硝化新工艺的主要特点是：

(1)硝化剂是浓硝酸而不含硫酸，在硝化纤维素中不含有纤维素硫酸酯、硝硫混合酯和游离硫酸，提高了硝化纤维素的质量，简化了安定处理设备，缩短生产周期。

(2)无配酸工序，简化废酸处理工序，节约能源和基建投资。

(3)废水中没有硫酸，处理简单，可全部回收。

(4)工艺与现有的相似，仅需新增加气相硝化反应塔及附属设备，其他设备可利用现有硝化纤维素生产线的，技术改造容易，投资少。

(5)这种硝化新工艺的硝化剂是浓硝酸，但与单纯使用浓硝酸液相硝化不同，因为单纯使用浓硝酸液相硝化是将纤维素直接加入浓硝酸中，在纤维素表面会发生胶化，形成一层凝胶层，使硝酸分子不能向纤维内部继续扩散，使硝化反应不完全，且不均匀。本工艺系将纤维素先与硝酸蒸气反应，避免了纤维素的表面胶化，再经过浓硝酸液相硝化，可使反应完全。

气-液两相硝化技术在国外有类似的报导，德国在第二次世界大战期间曾进行过这项工艺研究，国内还没有开展这方面的研究。

此外，除上述制备NC的新工艺以外，国内外还探索采用硝酸-磷酸-五氧化二磷、硝酸-醋酸-醋酐、或硝酸-五氧化二磷-五氧化二氮等非硫酸体系，制得三取代的NC。而水溶性的NC，则可以采用N_2O_4/DMF硝化剂体系，经内酯基转移法(Transesterification)制得。

6.6 细菌硝化纤维素制备工艺

传统的硝化纤维素生产中，常常以棉花、木浆等作为原料，虽然这些植物纤维中纤维素的含量很高，但其中仍然含有少量的木质素、半纤维素、蛋白质、蜡质、脂肪等，需要酸碱漂洗、细断处理制成精制棉，但这些工序降低了硝化纤维素的力学强度。细菌纤维素为空间网状多孔结构，强度高，含有活性羟基基团，易发生衍生化反应。除了具有独特的纳米纤维结构外，细菌纤维素还具有纯度高、生物相容性好、可生物降解等特点。

微生物合成的纤维素，总称微生物纤维素，或细菌纤维素。细菌纤维素不仅合成速率快、产率高——在一英亩表面积的浅盘培养，每年至少可产生11.13t 纤维素，这是植物生产纤维素无法达到的；更重要的是细菌具有许多植物纤维素无法比拟的优良性能，如纯度高(凝胶干重中 99%为纤维素)、结晶度高、极佳的形状维持能力和抗撕力，超强(高杨氏模量)，良好的分子取向、吸水量高(大约每克可含 150g 水)以及生物相容性好、可生物降解，生物合成时性能的可调控性等，故而被认为是目前世界上性能最好的纤维素。

6.6.1 细菌纤维素制备工艺、原理及特点

1. 细菌纤维素的产生菌的种类和分离改良

细菌纤维素是由醋杆菌属(acetobacter)、无色杆菌属(achromobacter)、气杆菌属(aerobacter)、土壤杆菌属(agrobacterium)、产碱杆菌属(alcaligenes)、根瘤菌属(rhizobium)、假单胞杆菌属(pseudomonas)、八叠球菌属(sarcina)、动胶菌属(zoogloea)等属的微生物合成的。目前细菌纤维素菌株的选育主要是从天然环境中分离纤维素产生菌，然后通过传统的驯化方法选育出优良菌株。

2. 培养基成分

培养基的组成对细菌纤维素的发酵生产有很大影响，早在 20 世纪 50 年代，Hestrin 等就开展了关于优化发酵培养条件以提高纤维素产量的工作，其培养基组成为葡萄糖 2.0g/100mL、蛋白胨 0.5g/100mL、酵母浸入液 0.5g/100mL、磷酸氢二钠 0.27g/100mL、柠檬酸 0.11g/100mL、pH = 6.0。这种组成的培养基常作为后来研究者的基础培养基。

3. 发酵条件

发酵条件主要包括 O_2 分压和 CO_2 分压、pH 值和溶氧、温度。

Chao 等用木醋杆菌 BPR2001 在一个 50L 的内部环状气升式发酵罐中合成细菌纤维素，当向罐内提供富氧空气时，经过 28 h 发酵后，纤维素产量达 5.63g/L，而提供普通空气的纤维素产量仅为 2.3g/L。当果糖浓度不同时，富氧空气和普通空气对细菌纤维素产量的影响也不同。当果糖浓度为 40 g/L 时，富氧空气下细菌纤维素产量为 2.64 g/L，而普通空气下产量仅为 1.65 g/L；果糖浓度为 70g/L 时，富氧空气下细菌纤维素产量达 6.16g/L。

pH 值和溶氧是细菌纤维素合成过程中比较重要的因素，菌株不同，最适宜 pH 值也不同，通常在 4.0～7.0 变化，而菌体生长的最适 pH 值不一定就是纤维素合成的最佳 pH 值。温度也会影响菌体生长和纤维素的产量。在已报道的大多数试验中，发现适宜纤维素生产的温度范围是 28～30℃。

4. 培养方式

培养方式对纤维素的产量、结构和性质有显著影响。细菌纤维素的培养方式有静置培养和摇瓶振荡培养，可根据细菌纤维素的用途选择合适的培养方式。静置培养时，细菌纤维素在发酵液表面产生一层厚的凝胶膜，其产量受容器表面积、装液体积等影响。当盛放培养液的容器表面积一定时，随着层厚度的增加，溶氧减少，从而抑制菌体产纤维素。振荡培养时纤维素呈不规则的丝状、星状、絮状或团块状分散于发酵液中，但药瓶振荡培养的纤维素易团结，且菌株易突变为不产纤维素菌，致使纤维素产量下降。权衡静置培养和摇瓶振荡培养的利弊，设计独特的发酵工艺和反应设备对工业化生产细菌纤维素来说尤为重要。

近年来，纳米科技不断发展，其在纤维素发酵技术中也有所涉及。Yan 等人对碳纳米管存在条件下的细菌纤维素动态发酵生产进行了研究，所得的产品在结构和性能上均不同于普通静态和动态发酵得到的产品，这也预示着细菌纤维素将具有更为广阔的应用前景。

发酵操作方式也是发酵培养重要的一个方面。根据微生物生长特性不同，发酵可分为分批培养和连续培养，目前细菌纤维素的发酵方式主要有分批培养、补料分批培养、反复分批培养和连续培养。

5. 提取和纯化

静置培养或摇瓶振荡培养所得的细菌纤维素并不是纯净的纤维素，其中常常含有木醋杆菌细胞以及残余培养基等杂质。在应用之前，必须将这些杂质除去，以保证不影响细菌纤维素的物理和化学性能。

最常用的纯化方法之一是用碱(如强氧化钠、氢氧化钾)溶液、氯化钠、次氯酸盐、过氧化氢溶液、稀酸、有机溶剂或热水溶液来处理细菌纤维素。可以将这些试剂结合起来使用，也可以单独使用。在高温下(55～65℃)，将细菌纤维素浸泡在上述溶液中 14～18 h，某些情况下浸泡 24 h，能够大大降低发酵产物中的细胞数量和着色度。

6.6.2 硝化细菌纤维素的合成

鉴于棉花生长条件的限制及保护现有森林的必要性，寻找棉纤维或木纤维素以外的硝化纤维素原料来源，已经受到广泛关注，其中以细菌纤维素为原料成为最重要的一种方法。

1. 细菌纤维素与织物纤维素的比较

细菌纤维素在物理性质、化学组成和分子结构上与天然(植物)纤维素相近，均是由 D-吡喃葡萄糖以 β-1,4 糖苷键连接而成的直链多糖。与普通植物纤维素相比，细菌纤维素纯度高(99%以上)，并且以单一纤维存在，而普通植物纤维中却含有木质素和半纤维素等杂质。细菌纤维素是纳米级材料，纤维丝带宽度为 30～100 nm，厚度为 3～8 nm，其直径和宽度仅为棉纤维直径的 1/100～1/1000。细菌纤维素具有生物合成可调控性，而植物纤维的品质却受到地域和气候的影响较大。

2. 硝化细菌纤维素的合成

硝化细菌纤维素的硝化方法主要包括硝酸硝化、硝硫混酸硝化、无机盐存在下的硝酸硝化以及其他硝化方式。其中采用硝硫混酸硝化最为常见，主要过程为：在细菌硝化纤维素粉末中加入一定体积的硫硝混酸，反应一定时间后稀释，抽滤，水洗至中性，然后干燥即得到所需要含氮量的硝化纤维素。

对硝化产物含氮量的影响因素主要有含水量(%)、硫硝比、酯化系数和温度(℃)。硝化反应时间为 30min。结果表明，这些影响因素的顺序为：含水量＞硫硝比＞酯化系数＞温度。含氮量随含水量减少而增加，当含水量为 21%时，含氮量较小。而当含水量减为 15%时，含氮量达到 10%左右。温度升高时，含氮量也随着升高；但温度过高时，副反应增加且反应不易控制。通过正交表分析得优化工艺条件为含水量 15%，硫硝比为 3，酯化系数 57 和温度 30℃。在此优化条件下制备所得的硝化细菌纤维素的含氮量为 10.42%。

对硝化细菌纤维素的安定处理包括以下两种方式：

方式 1：将洗至中性的硝化细菌纤维素置于 60℃ 中搅拌 30min，两次冷洗将酸除去，60℃ 干燥 8 h 得到粉末状样品。

方式 2：将洗至中性的硝化细菌纤维素置于 0.05%的硫酸溶液中煮沸 2h，再冷洗至中性，60℃ 干燥 8h 得到粉末状样品。

从 100℃耐热性实验、碱度、灰度数据看，采用方式 2 能更好地增强硝化细菌纤维素的安全性，减少硝化产物中的微量杂质。其原因一方面是煮洗时间长、温度高，能使细菌纤维素中残留的少量蛋白质和核酸等杂质在硝化和水洗过程中更好地除去；另一方面是纤维素硫酸酯、硫硝混合酯、硝化糖等少量的副产物在弱酸中煮沸时容易分解，能较好地去除掉。

6.7 纳米硝化纤维素制备工艺

纳米技术的快速发展，为提高含能材料燃烧、爆炸、能量等性能提供了新的理论基础与技术手段。含能材料的纳米化可以改善包括其熔点、分解温度等在内的多种热力学性能，有利于材料的快速分解和完全燃烧(或爆炸)，从而提高其能量性能。研究表明，纳米含能材料将提供如下潜在性能优势：极高的能量释放速率、超常的燃烧(能量转化)效率、能量释放的高度可调性和降低敏感性，纳米含能材料也可以增强火炸药的力学性能。传统 NC 是由直径 40～50 μm左右纤维构成的棉球，由于其属于典型的半刚性链高分子材料，作为火药黏合剂时，其热塑性有限，且含氮量越高，越难被硝酸酯增塑剂吸收，使得火药成型加工困难，力学性能较差。若将传统 NC 纳米化，获得具有纳米级直径的 NC 纤维，可使 NC 具有更大的比表面积，有利于硝酸酯增塑剂的吸收；同时，纳米化可改善 NC 的燃烧性能、提高能量转换效率，进而提高 NC 基火炸药的性能。目前纳米硝化纤维素主要通过化学法和静电纺丝法而制备。

6.7.1 化学法制备纳米纤维素纤维

化学法制备纳米纤维素纤维是指通过强酸水解掉纤维素中的无定形区域，得到结晶度很高的纳米纤维素晶体(nanocrystalline cellulose，NCC)，其中形貌是棒状纤维的纳米纤维素晶体，称为纤维素纳米晶须(cellulose nano-whiskers，CNW)，之后 CNW 再通过硝化反应而得到。

以化学法制备的 CNW 为原料制备硝化纤维素，由于 CNW 特殊的尺寸和表面效应，使硝化反应在一种近似均相的条件下进行，将可能改变纤维素的硝化特性，例如，加快反应速度，得到含氮量更高的硝化纤维素，这不仅可以帮助人们更清楚地认识纤维素的硝化历程和机理，而且得到的纳米尺度的硝化纤维素也具有许多潜在的应用前景。

化学法则是最早被用来制备纳米纤维素的方法。早在 20 世纪 40 年代，Nickerson 便采用 $HCl-FeCl_3$的方法对纤维素水解进行研究，并确认水解过程是通过对纤维素的非结晶区中糖苷键的断裂而进行，在中等氧化程度条件下，纤维素的结晶区仅少量被水解。Conrad、Battista 的研究也确认了这样的判断。1952 年，Ranby 报道了使用酸水解制备纳米纤维素的方法。时至今日，采用酸水解制备纳米纤维素的方法，仍是众多有关纳米纤维素研究中经常使用的方法。

NCC 的制备所用的无机酸有硫酸、盐酸、磷酸等。其中硫酸最为常用，也有人将硫酸和盐酸以一定比例配合使用，酸水解的效果较好。用盐酸和硫酸在中等温度(60℃左右)水解不同的纤维素原料(棉花、木浆、细菌纤维素、被囊类动物纤维素等)可以制备 1 %左右的纳米纤维素悬浮溶液。强酸的种类、温度、浓度、纤维素的用量、反应时间等水解条件会影响纳米晶体的性质。不同的酸影响悬浮液的性质表现在：盐酸水解产生的纳米纤维素有最小的表面电荷；而用硫酸水解则产生高稳定的水溶液悬浮液，这是由于硫酸酯化纳米纤维素表面羟基可以被酯化，因此该法所制得的纳米纤维素悬浮液的稳定性要高于盐酸水解所制得的纤维素悬浮液。在高于临界浓度时，表面改性的纳米纤维素晶体形成各向异性的液态晶体结构。酸的浓度低则粒径大，反之粒径小。纤维素的用量少则粒径小。反应时间越长生成的纳米晶体越短。

6.7.2 静电纺丝法制备纳米纤维素纤维

静电纺丝是指聚合物溶液或熔体在外加电场作用下的纺丝工艺。在电场力作用下，处于纺丝喷头的聚合物溶液或熔体液滴，克服自身的表面张力而形成带电细流，在喷射过程中细流分裂多次，经溶剂挥发或冷凝后形成超细纤维，最终被收集在接收屏上，形成非织造超细纤维膜(图 6 - 11)。

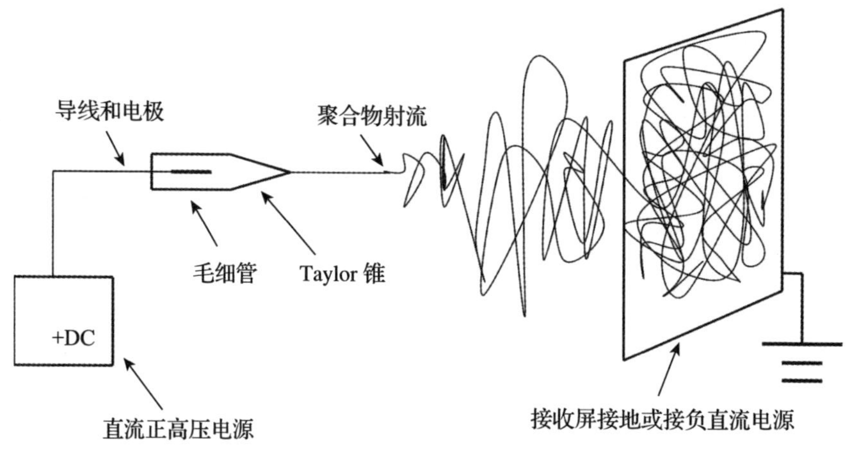

图 6 - 11 静电纺丝原理示意图

静电纺丝开始作为一种纤维纺织技术起源于 20 世纪 30 年代，是目前制备纳米纤维的最重要的方法之一。作为一种新型制备超细纤维的纺丝技术，静电纺丝不但可以制备有机高分子纳米纤维，还可以制备无机纳米纤维，得到许多的功能材料，如超疏水纤维、中空碳纤维等。静电纺丝纤维具有较高比表面积和大的长径比等独特的性能。

静电纺丝的影响因素有很多，大体上可以分为三个方面：

(1)纺丝溶液性质，包括浓度、黏度、电导率、表面张力、弹性、溶剂的挥发性等。

(2)电纺过程参数，包括纺丝电压、纺丝距离、挤出率等。

(3)环境参数，包括温度、湿度、空气流速、大气压、气氛等。

其中主要因素包括：

(1)纺丝液的质量分数(纺丝液浓度)。纺丝液浓度是影响纤维直径最重要的因素之一，溶液的浓度决定了其黏度和表面张力，因此，聚合物不是在任意浓度下都能电纺成纤，当液体浓度过低时，纺丝液黏度低，导致拉伸性能差，在电场中延展性差，因此出现液滴、断头，不能成纤。随着纺丝液浓度的提高，纺丝液黏度增大，液滴、断头明显减少，有利于成纤。当其他条件一定时，随着纺丝液浓度的增加，其黏度增大，纤维直径变大。

(2)电场强度(电压)。电场强度是影响纤维直径的另一个重要因素。当极距一定时，电场强度与施加的电压大小成正比。随着电场强度的增大，纺丝液的射流具有更高的电荷浓度，因而具有更大的静电斥力，使纤维的分化能力增强，有利于纤维的拉伸，制得的纤维直径变小；也有研究者认为，电压的升高导致电纺射流在空中的飞行时间变短，纤维的直径变大。

(3)极距(接收距离)。极距就是喷丝口到接收装置之间的距离，它决定了射流在空中的飞行时间(溶剂的挥发时间)，所以，其对纤维的直径也会造成一定的影响。在电场强度一定的条件下，随着极距的增大，聚合物液滴经毛细管口喷出后，在空气中的运动时间变长，有利于溶剂挥发，使得纤维直径变小。

(4)静电纺丝流体的流动速率(纺丝流速)。纺丝液的流动速率决定了单位时间内的射流量。当喷丝头孔径固定时，纤维直径和射流的流动速率成正比，但溶液流速过大时，会出现珠串结构。

对于影响静电纺丝纳米纤维形貌和直径的因素，纺丝液浓度、纺丝电压、接收距离、挤出率、溶液电导率这几个因素在文献中研究较多，而对于温度、湿度、空气流速、大气压以及气氛等环境因素对电纺的影响的研究则相对比较少。此外，收集装置的不同也会影响电纺纳米纤维的状态，当使用固定接收板时，所得纳米纤维呈现随机不规则情形；当使用旋转式收集筒时，所得纳米纤维呈现平行规则排列。

典型静电纺丝法制备纳米硝化纤维素实验过程为：首先将硝化棉加入到混合溶剂中，配制成一定浓度的纺丝溶液；在室温下，将纺丝液注入已连接微型计算泵的注射器中，调节挤出速度、接收距离，开启高压装置，调节电压，在静电场作用下即可制备出纳米硝化纤维素。纳米硝化纤维素制备的影响因素主要有以下几方面：

1. 混合溶剂的含水率

混合溶剂(水和易挥发溶剂组成)中含水率(基于溶剂总质量)对硝化纤维素静电纺丝有较大的影响，不仅影响溶液的黏度、电导率，还会影响纺丝过程中溶剂的挥发速度。当含水率较低或不含水时，硝化纤维素电纺产物有黏连情况，且有珠结；当水的比例增高时，可得到光滑的硝化纤维素纳米纤维。这是由于溶剂的含水率对其黏度、电导率以及纺丝过程中溶剂的挥发均有影响。溶液的黏度随溶剂含水率的增加先降低后升高。含水率较低或不含水时，溶液体系的黏度较大，且体系中的易挥发组分含量高，纺丝过程中溶剂挥发较快，最终导致硝化纤维素有珠结和黏连现象。溶剂的含水率增加，体系的电导率增加，有利于静电纺丝纤维的形成。

2. 溶液浓度

溶液浓度越大，纺出的纤维直径越大。这是由于溶液浓度大，其黏度大，拉伸阻力越大，因而在相同的静电力作用下所纺出的纤维直径也越大。实验证明，硝化纤维素溶液的浓度大于10%时，由于黏度太大不能纺丝；而溶液浓度低于5%时，则不能形成连续的纤维丝。

3. 纺丝电压

在可比条件下，随着纺丝电压升高，所纺出的纤维直径变细。纺丝电压越高，施加于纺丝液的拉伸力越大，因而其直径越小。相对而言，电压对硝化纤维素纤维的形态和直径影响较小。

4. 电纺液流速对硝化纤维素电纺的影响

电纺液流速增加，得到的纤维直径会变大。这是由于电纺液流速越大，在相同的电压和时间内较多的硝化纤维素被拉伸变为纤维，因此直径较大。因此，在纤维直径和形态不受影响的前提下，可尽量提高纺丝液流速，因为这样可以提高纺丝生产效率。

化学法和静电纺丝作为制备纳米纤维素的两种主要方法，上面对其做了简单介绍。当然这两种方法还存在一定的局限性：化学方法需要用强酸水解，对反应设备要求高，回收和处理反应后的残留物困难；静电纺丝制备微细纤维横截面大，横截面分布也很宽。因此研究发展出新型的简单、绿色、低能耗、快速、高效的制备纳米纤维素方法刻不容缓。

参考文献

[1] 张瑞庆.火药用原材料性能与制备[M].北京:北京理工大学出版社,1995.

[2] 刘继华.火药的物理化学性能[M].北京:北京理工大学出版社,1991.

[3] 梁松扬.硝化棉[M].北京:国防工业出版社,1982.

[4] 厉宝琯,白文英,王继勋.硝化纤维素化学工艺学[M].北京:国防工业出版社,1982.

[5] 邵自强,王文俊.硝化纤维素结构与性能[M].北京:国防工业出版社,2011.

[6] Myers G A. Relationship of fiber preparation and characteristics to performance of medium-density hardboards[J]. Forest Products Journal, 1983,36 (10): 43 - 51.

[7] 机械电子工业部教育司统编.硝化棉制造工艺学[M].北京:机械工业出版社,1990.

[8] 扎柯申柯夫.硝化纤维素[M].北京:国防工业出版社,1956.

[9] Frank, Douglas, Miles. Cellulose Nitrate[M]. London: Published for Imperial ChemicalIndustries Limited, 1955.

[10] 邵自强.硝化纤维素生产工艺及设备[M].北京:北京理工大学出版社,2002.

[11] Shao Z Q, Ma F G, Wang, J M, et al. The nitration of cotton cellulose treated by the steam explosion method[C]. SHAOXING: 4th International Autumn Seminar on Propellants, Explosives and Pyrotechnics,2001.

[12] 张辰.硝化纤维素的酯化反应和安定处理研究[D].南京:南京理工大学,2007.

[13] 邓国栋,刘宏英,靳玉强.硝化纤维素细断新工艺技术研究[J].爆破器材,2011,40(1):12 - 15.

[14] 刘洪波,冯才敏,张永雄.利用新型硝化体系制备硝化纤维素的工艺研究[J].广东化工,2009, 36 (5): 38 - 40.

[15] Li L L, Frey M. Preparation and characterization of cellulose nitrate-acetate mixed ester fibers[J]. Polymer, 2010, 51 (16) : 3774 - 3783.

[16] 孙东平，杨加志.细菌纤维素功能材料及其工业应用[M]. 北京:科学出版社,2010.

[17] Vandamme E J, De B S, Vanbaelen A, et al, Improvedproduction of bacterial cellulose and its application potential[J]. Polym Degrad Stab, 1998, 59(1 - 3): 93 - 99.

[18] Sun D P, Ma B, Zhu C L, et al. Novel nitrocellulose made from bacterial cellulose[J]. Journalofenergeticmaterials, 2010, 28(2): 85 - 97.

[19] Young G, Wang H Y, Zachariah M R. Application of nano-aluminum/nitrocellulose mesoparticles in composite solid rocket propellants[J]. Propellants Explosives Pyrotechnics, 2015, 40(3): 413 - 418.

[20] Azizi S, Fannie A, Alain D. Review o f recent researchinto cellulosic whiskers, their properties and their application in nanocomposite field[J]. Biomacromolecules, 2005, 6(2):612 - 626.

[21] 王文俊，邵自强，张凤侠，等. 以纳米纤维素晶须悬浮液为原料制备纳米硝化棉[J]. 火炸药学报，2011，34(2)：73 - 76.

[22] 邓辉平.硝化棉纺丝技术及其应用研究[D].南京:南京理工大学,2012.

[23] Manis A E, Bowman J R, Bowlin G L, et al. Electrospun nitrocellulose and nylon: design and fabrication of novel high performance platforms for protein blotting applications[J]. Journal of biological engineering, 2007(1): 2 - 7.

符号说明

M_g	燃气相对分子质量	H_{50}	特性落高
n_{20}^{D}	折光率	P	压强
I_{sp}	比冲	P_{CJ}	爆压
M_n	数均相对分子质量	Q_V	爆热
M_w	重均相对分子质量	R	—NCO与—OH的摩尔比
n	燃速压力指数	T	温度
T_f	绝热火焰温度	T_d	分解温度
T_g	玻璃化转变温度	T_m	熔融温度
T_V	爆温	VOD	爆炸速度
γ	绝热指数	ΔH_f	标准摩尔生成焓
ε	伸长率	η	黏度
σ	拉伸强度	ρ	密度
AIBN	偶氮二异丁腈	AMEO	3-叠氮甲基-3-乙基氧杂环丁烷
AMMO	3-叠氮甲基-3-甲基氧杂环丁烷	AMNMO	3-叠氮甲基-3-硝酸酯甲基环氧丁烷
AN	硝酸铵	AZOX	3-叠氮基氧杂环丁烷
ASF	六氟化锑酸银	BCMO	3,3-双氯甲基氧杂环丁烷
BAMO	3,3-二叠氮甲基氧杂环丁烷	BDFAO	3,3-双(二氟氨基甲基)环氧丁烷
BBMO	3,3-二溴甲基氧杂环丁烷	BDT	1,4-丁二醇双氟甲基磺酸酯
BEMO	双(乙氧基甲基)-氧杂环丁烷	C-GAP	共聚聚叠氮缩水甘油醚
BF_3	三氟化硼	DBNPG	2,2-二溴甲基-1,3-丙二醇
$BF_3 \cdot OEt_2$	三氟化硼乙醚	DCC	对二(2-氯异丙基)苯

（续）

B-GAP	支化聚叠氮缩水甘油醚	DFAMO	3-二氟氨基甲基-3-甲基环氧丁烷
BHMPL	α,α-二卤代甲基-β-丙内酯	DMAC	二甲苯乙酰胺
BMNAMO	3,3-二甲硝胺甲基环氧丁烷	DMSO	二甲基亚砜
BNMMO	3,3-二硝氧甲基氧杂环丁烷	ETPE	含能热塑性弹性体
BNOX	3,3-二硝基氧杂环丁烷	FNOX	3-氟-3-硝基氧杂环丁烷
DEP	二乙酞酸酯	FOE	3-甲基-3-(2-氟-2,2-二硝基乙氧甲基)环氧丁烷
DNDE	聚(乙二醇-4,7-二硝基氮杂癸二酸酯)	GAP	聚叠氮缩水甘油醚
ECH	环氧氯丙烷	G-GAP	改性聚叠氮缩水甘油醚
ET	三氟甲基磷酸乙酯	HEDM	高能量密度材料
GA	叠氮缩水甘油醚	HMMO	3-羟甲基-3-甲基氧杂环丁烷
GYLN/GN	缩水甘油醚硝酸酯	HMMPL	α-卤代甲基-α-甲基-β-丙内酯
H-GAP	均聚聚叠氮缩水甘油醚	HNF_2	二氟胺
HMPA	六甲基磷酰胺	NC	硝化纤维素
IPN	互穿聚合物网络	NHTPB	硝酸酯基端羟基聚丁二烯
MNAMMO	1,3-甲硝胺甲基-3-甲基环氧丁烷	NSAN	未稳定化硝酸铵
N_2F_4	四氟肼	PAMMO	3-叠氮甲基环氧丁烷均聚物
NGE	2-甲硝胺基乙基缩水甘油醚	PAzMA	聚甲基丙烯酸叠氮乙酯
NIMMO	3-硝氧甲基-3-甲基氧杂环丁烷	PBAMO	聚3,3-二叠氮甲基氧杂环丁烷
NTOX	3-硝基氧杂环丁烷	PGN	聚缩水甘油醚硝酸酯
PAPL	聚(叠氮化丙内酯)	PNIMMO	聚(3-甲基硝酸酯-3-甲基环氧丁烷)
PBX	高聚物粘结炸药	PNP	多硝基苯撑聚合物
PDNPA	聚丙烯酸偕二硝基丙酯	PP4	聚(1,2-环氧-4-硝基氮杂戊烷)

（续）

PNP	聚三硝基苯	$SnCl_4$	四氯化锡
$SbCl_5$	五氯化锑	TBNPA	三溴新戊醇
TMMO	3-对甲苯磺酰氧甲基-3-甲基氧杂环丁烷	TEPB	三-(乙氧苯基)铋
TOEP	六氟化磷三乙基氧盐	TMP	三羟甲基丙烷
XMMO	卤代羟甲基氧杂环丁烷	N-100	脂肪族聚异氰酸酯
TDI	甲苯二异氰酸酯	IPDI	异佛尔酮二异氰酸酯
HDI	六亚甲基二异氰酸酯	PU	聚氨酯
T_{12}	二丁基二月桂酸锡